電腦輔助工程分析實務

周卓明　編著

全華圖書股份有限公司

近年來拜奈米製程技術之賜,使得電腦輔助工程分析軟體(ANSYS)的運算速度超快與分析能力超強。另外是,電腦輔助工程分析軟體(ANSYS)的使用介面非常的人性化,因此深受一般大學生與研發工程師的喜愛。再者是,目前的電腦輔助工程分析軟體(ANSYS)幾乎可以直接在視窗上建構任何想像的到的 3D 模型,而不一定要事先在電腦繪製軟體上繪製 3D 模型再轉檔進入電腦輔助工程分析軟體(ANSYS)的世界裡。所以說,無論是否學過電腦繪製軟體,均不會影響到初學者對電腦輔助工程分析軟體(ANSYS)的學習興趣或製圖能力。

　　再一是,該電腦輔助工程分析軟體(ANSYS)在初期或前處理器(Preprocessor)建構 3D 模型時,非常的人性化,因此非常適合用來從事專利寫作或專利繪圖的前置作業。舉凡 3D 模型的爆炸圖、組立圖、多視圖或解剖圖,它都可以透過建模(Modeling)中的建構(Create)、操作(Operate)、移動/修正(Move/Modify)、複製(Copy)、反射(Reflect)與 Delete(刪除)等操作指令來完成。

　　而最值的一提的是,電腦輔助工程分析軟體(ANSYS)的分析結果或輸出結果,特別是指圖式化與動畫的分析結果或輸出結果,往往可以超越人類的想像。因為,電腦輔助工程分析軟體(ANSYS)的運算分析能力與圖像處理能力,不是目前人類單靠徒手計算或繪製可以達到的境界。尤其是,動則幾萬個到幾十萬個有限元素(Finite Element)或運算方程式(Equations),如果單靠徒手計算不知何時才能完成求解與圖像繪製。

　　也因為拜電腦輔助工程分析軟體(ANSYS)的運算速度超快與分析能力超強之賜,使得初學者可以透過學習很快進入這個奇妙的物理世界,其中包括力學、熱學、電(磁)學、壓電力學等。當然,對於研發工程師而言,它更是創新產品設計與分析的好幫手。因為,不需要在創新產品機械加工與開模之前,就可以事先完成所有可能的分析與判斷,大大的節省製造與處理善後之成本。

　　本書為了讓初學者瞭解電腦輔助工程分析軟體(ANSYS)的操作方式與技巧,特別規劃了授課大綱,讓授課者或初學者可以概略的瞭解本書之全貌與實施方式。另外是,規劃了 16 個範例與章節,讓初學者可以很快的熟悉電腦輔助工程分析軟體(ANSYS)的操作方式與機電工程實務。該課程內容包括:以力學分析(靜力分析)為主的試棒、工字樑、齒輪、彈簧與扳手,而以熱學分析(熱傳遞學分析)為主的流線形散熱裝置與時下流行的披薩窯，以壓電力學分析(模態分析與穩態分析)爲主的壓電變壓器、壓電致動器、壓電感測器、線性超音波馬達與旋轉式超音波馬達，以微機電系統電學分析爲主的微型致動器，以磁力學分析爲主的電磁式致動器，以流體力學分析(空氣或熱氣的流場分析)爲主的排氣管，以及以暫態分析爲主的鑄造(鑄造過程分析)等。另外，在各個範例與章節前後特別加設了學習目標、結果與討論、結論與建議與習題，來加深初學者的學習印象與學習能力。最後，在附錄中放置了常用材料的物理性質表與單位換算表，以方便初學者練習與參考之用。

最後，要感謝 <u>虎門科技股份有限公司</u> 引進電腦輔助工程分析軟體(ANSYS)、訓練課程、技術服務、諮詢以及每年定期舉辦研討會(ANSYS Conference)，讓學校的老師、學生與研發者得以大大的受惠與精進，本書作者特此致謝。

作者 周卓明撰

作者簡介

- 現職：正修科技大學 機械工程系 暨 機電工程研究所 副教授
- 學歷：台灣大學應用力學研究所博士
- 專長：創意思考訓練、專利寫作、壓電系統控制工程、微機電系統、應用力學、商標(平面)設計
- 經歷：台灣與大陸企業界與教育界"創意思考訓練"專業講師、教育部創造力教育訪視委員、專利審查委員、發明人
- 考訓練講師
- 著作：創意思考訓練、專利寫作、壓電力學、電腦輔導工程分析實務
- 證照：專利代理人(06364)
- 空間：創意工作坊與創意思考訓練教室
- 專利：各式專利 102 筆(2011/05/06)
- 商標：莉透・雷蒂(Litou・Leidi)
- 榮耀：曾經榮獲兩次績學優良總統獎
- 榮獲 The Marquis Who's Who Editorial Department 推薦為"2011 世界名人錄候選人"
- 榮獲 International Biographical Centre 推薦為"2011 百強工程師"
  榮獲大陸清華大學邀請演講以及協助規劃"創意思考訓練"課程
- 獎項：2011 年教育部南區策略聯盟專題製作特優獎
  2010 年德國紐倫堡第 62 屆國際發明展生活智慧產品類別雙銅牌獎
  2009 年德國紐倫堡第 61 屆國際發明展寵物用品類組金牌獎
  2009 年德國紐倫堡第 61 屆國際發明展機電類組銀牌獎
  2009 台北國際發明展寵物用品類組銀牌獎
  2008 年德國紐倫堡第 60 屆國際發明展能源科技產品類組銀牌獎

編輯部序

「系統編輯」是我們的編輯方針，我們所提供給您的，絕不只是一本書，而是關於這門學問的所有知識，它們由淺入深，循序漸進。

本書為了讓初學者瞭解電腦輔助工程分析軟體(ANSYS)的操作方式與技巧，特別規劃了授課大綱，讓授課者或初學者可以概略的瞭解本書之全貌與實施方式。讓授課者或初學者可以概略的瞭解本書之全貌與實施方式。另外是，規劃了16個範例與章節，讓初學者可以很快的熟悉電腦輔助工程分析軟體(ANSYS)的操作方式與機電工程實務。並且在各個範例與章節前後特別加設了學習目標、結果與討論、結論與建議與習題，來加深初學者的學習印象與學習能力。最後，在附錄中放置了常用材料的物理性質表與單位換算表，以方便初學者練習與參考之用。

同時，為了使您能有系統且循序漸進研習相關方面的叢書，我們列出各有關圖書的閱讀順序，已減少您研習此門學問的摸索時間，並能對這門學問有完整的知識。若您在這方面有任何問題，歡迎來函聯繫，我們將竭誠為您服務。

相關叢書介紹

書號：05481017
書名：ANSYS 電腦輔助工程實務
　　　分析(附範例光碟)
編著：陳精一
16K/824 頁/650 元

書號：05215007
書名：ANSYS 7.0 拉伸式入門
　　　(附範例光碟片)
編著：蔡國忠
20K/392 頁/350 元

書號：06112007
書名：ANSYS V12 影音教學範例
　　　(附影音教學光碟)
編著：謝忠祐.蔡國銘.陳明義.林佩儒
　　　林一嘉
16K/480 頁/480 元

書號：05961
書名：Moldex 3D 模流分析技術與
　　　應用
編著：科盛科技股份有限公司
16K/340 頁/580 元

書號：05692017
書名：Abaqus 實務入門引導(附動態
　　　影音教學及試用版光碟片)
編著：愛發股份有限公司
16K/576 頁/550 元

書號：05890
書名：ABAQUS 進階動力學 by APIC
編著：愛發股份有限公司
16K/288 頁/350 元

書號：05693017
書名：MOLDFLOW MPI 實用基礎
　　　(附範例光碟片)(修訂版)
編著：陳良相.黃子健.劉昭宏
16K/288 頁/350 元

書號：05653
書名：逆向工程技術與系統
編著：章　明.姚宏宗.鄭正元
　　　林宸生.姚文隆
20K/368 頁/380 元

書號：05902007
書名：MSC.FEA(MSC.Patran + MSC.
　　　Nastran)有限元素結構分析：
　　　基礎與實例演練
　　　(附試用版及範例光碟片)
編著：吳佳璋.黃俊銘
16K/552 頁/560 元

◎上列書價若有變動，請以
　最新定價為準。

Contents

目錄

例題一

如圖 1-1 所示，係為一支圓柱形試棒(楊氏係數 EX = 140GPa, 帕松比 PRXY = 0.3)，當固定端的截面積完全被固定住(All DOF = 0)，自由端的截面積受到 P = 1MPa 的拉應力時，試分析其最大變形(DMX)、最大應力(SMX)與最大應變(smax)為何？

(Element Type：SOLID 187, Mesh Tool：Smart Size 6, Shape：Tex _ Free)

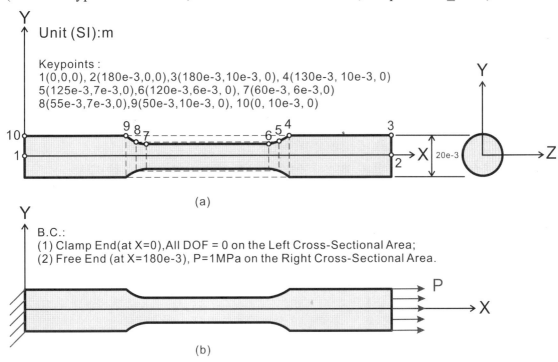

Y

Unit (SI):m

Keypoints :
1(0,0,0), 2(180e-3,0,0),3(180e-3,10e-3, 0), 4(130e-3, 10e-3, 0)
5(125e-3,7e-3,0),6(120e-3,6e-3, 0), 7(60e-3, 6e-3,0)
8(55e-3,7e-3,0),9(50e-3,10e-3, 0), 10(0, 10e-3, 0)

(a)

Y

B.C.:
(1) Clamp End(at X=0),All DOF = 0 on the Left Cross-Sectional Area;
(2) Free End (at X=180e-3), P=1MPa on the Right Cross-Sectional Area.

(b)

🔾 圖 1-1　試棒之正視圖、側視圖、邊界條件以及關鍵點之示意圖

【補充說明】

1. 本例題之試棒可視爲一種線性的、彈性的與等向的立體碳鋼棒,所以分析時必須考慮到帕松比(Poisson Ratio)。

2. 邊界條件設定,如圖 1-1(b)所示,其固定端截面積的自由度爲零,而自由端截面積受到 1MPa(1,000,000N/m²)的壓力。

3. 本例題所採用之力學參數公制單位:長度(m_公尺)、壓力(Pa_帕 or N/m²_牛頓/平方公尺)、應力(Pa_帕)、楊氏係數(Pa_帕)、應變(N.A._無)、帕松比(N.A._無)、密度(kg/m³)。

【學習重點】

1. 熟悉如何從各執行步驟中來瞭解試棒受力後之變形、應力與應變分佈概況。

2. 熟悉如何功能選單,其中包括如何更改作業名稱與標題以及設定偏好等。

3. 熟悉如何執行前處理,其中包括各種元素型態與機械性質的設定以及點、線、面與體積的建構,再者是物件的網格化等。

4. 熟悉如何求解,其中包括如何設定力學的自然與強制邊界條件等。

5. 熟悉如何執行後處理器,其中如何包括檢視最大變形、最大應力與最大應變等。

6. 熟悉如何操作多視圖之視窗,使輸出結果有較好的視角。

7. 熟悉如何功能選單來處理圖式之存檔以及動畫之輸出等之技巧。

▶ **執行步驟 1.1** 如圖 1-2 所示,更改作業名稱(Change Jobname):Utility Menu(功能選單)>File(檔案)>Change Jobname(更改作業名稱)>CH01_TestRod(作業名稱)>Yes(是否爲新的記錄或錯誤檔)>OK(完成作業名稱之更改或設定)。

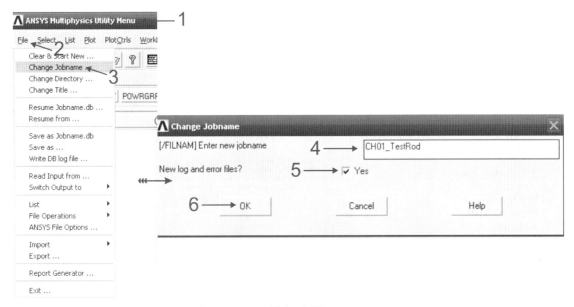

⏻ 圖 1-2　執行步驟 1.1-1～6

【補充說明 1.1】更改作業名稱(Change Jobname)，其中作業名稱之字元中間不可以留空。

▶ 執行步驟 1.2　　　如圖 1-3 所示，更改標題(Change Title)：Utility Menu(功能選單或畫面)>File(檔案)>更改標題(Change Title)>CH01 Test Rod(標題名稱)>OK(完成標題之更改或設定)。

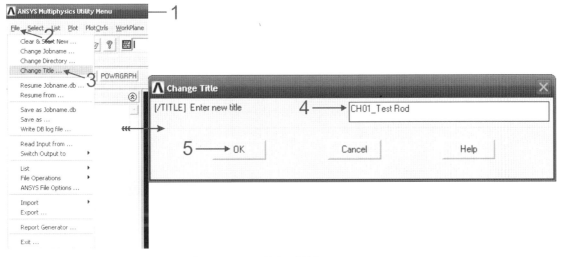

⏻ 圖 1-3　執行步驟 1.2-1～5

【補充說明 1.2】更改標題(Change Title)，其中標題之字元中間可以留空，如 CH01_Test Rod 或 CH01 Test Rod。

▶ **執行步驟 1.3** 如圖 1-4 所示，Preferences(偏好選擇)：ANSYS Main Menu (ANSYS 主要選單)>Preferences(偏好選擇)>Structural(結構的)>OK(完成偏好之選擇)。

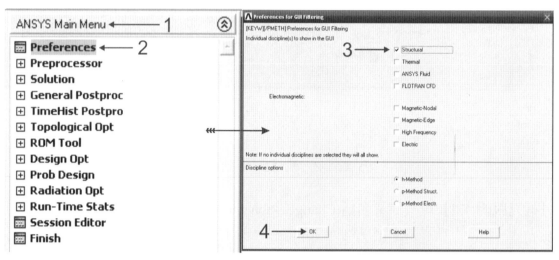

⏻ 圖 1-4 執行步驟 1.3-1～4

【補充說明 1.3】Preferences(偏好選擇)之設定，可勾選 Structural(結構的)以節約元素型態(Element Type)之選擇以及比較貼切分析之主題。

▶ **執行步驟 1.4** 如圖 1-5 所示，設定元素型態(Element Type)：Preprocessor (前處理器)>Element Type(元素型態)>Add/Edit/Delete(增加/編輯/刪除)>Add(增加)> Solid(立體元素)>Tet 10node 187(四角形 10 個節點之立體元素)>Close(關閉元素型態之視窗)。

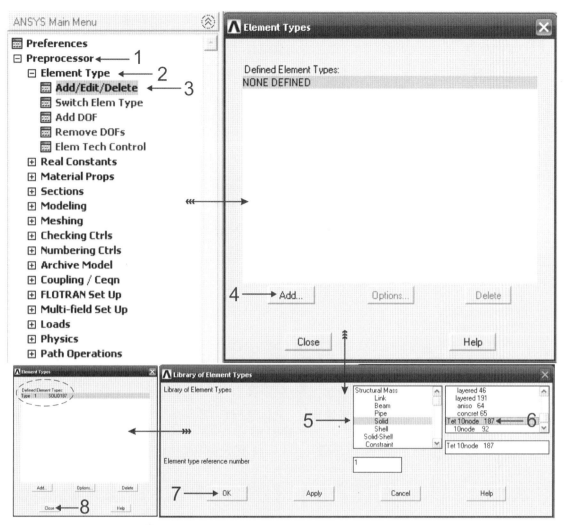

⏻ 圖 1-5　執行步驟 1.4-1〜8 設定元素型態

▶ **執行步驟 1.5**　　如圖 1-6 所示，設定試棒之材料性質(Material Props)：
Preprocessor(前處理器)>Material Props(材料性質)>Material Models(材料模式)>
Structural(結構的)>Linear(線性的)>Elastic(彈性的)>Isotropic(等向性的)>1.4e11(在
EX 欄位內輸入楊氏係數或彈性模數 140GPa)>0.3(在 PRXY 欄位內輸入帕松比
0.3)>OK(完成材料性質之設定)> ☒ (檢視材料性質無誤後點選 ☒ 關閉視窗)。

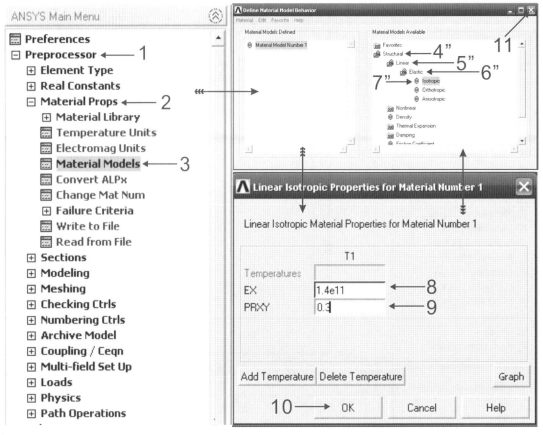

⏻ 圖 1-6　執行步驟 1.5-1～11 設定試棒之材料性質

【補充說明 1.5】執行步驟 1.5-4"～7"，代表連續點擊滑鼠左鍵 2 次。而初學者常犯的錯誤有：(a)輸入楊氏係數與帕松比之後，沒有按壓 OK 鍵，即點選 ☒ 關閉視窗，造成材料性質設定程序沒有完成；(b)輸入楊氏係數與帕松比之後，即按壓 OK 鍵，但是沒有點選 ☒ 關閉視窗，造成往後之設定程序無法執行。

▶ **執行步驟 1.6**　　如圖 1-7 所示，設定關鍵點(Keypoints)：Preprocessor(前處理器)>Modeling(建模)>Create(建構)>Keypoints(關鍵點)>In Active CS(在主座標系統上)>1(在 NPT Keypoint number 輸入第一關鍵點 1)>(0,0,0)(在 X,Y,Z Location in active CS 輸入座標(0,0,0)m)>Apply(完成第一關鍵點之設定，重覆 6～8 之步驟，繼續執行步驟 9～32，執行關鍵點 K2～K9 之輸入)>10(在 NPT Keypoint number 輸入第一關鍵點 10)>(0,0.01,0)(在 X,Y,Z Location in active CS 輸入座標(0,0.01,0)m)>OK(完成 10 個關鍵點之設定)。

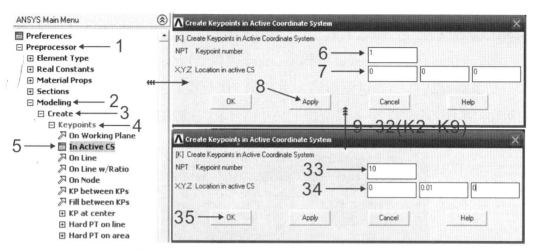

⏻ 圖 1-7 執行步驟 1.6-1～35 設定關鍵點

【補充說明 1.6】如圖 1-8 所示，錯誤刪除(Delete)_關鍵點輸入後，如果發現有誤可以依以下程序刪除之，如：Preprocessor(前處理器)>Modeling(建模)>Delete(刪除)>Keypoints(關鍵點)>10(直接點選關鍵點或鍵入關鍵點編號 10)>OK(完成關鍵點 10 之刪除)。

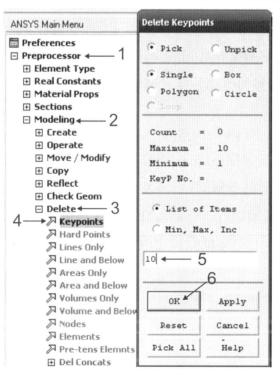

⏻ 圖 1-8 補充說明 1.6-1～6 錯誤刪除

▶ **執行步驟 1.7** 如圖 1-9 所示,建構直線(Straight Line):Preprocessor(前處理器)>Modeling(建模)>Create(建構)>Lines(線條)>Lines(線條)>Straight Line(直線)>1(點選關鍵點 1)>2(點選關鍵點 2,完成第 1 條直線 L1,繼續點選關鍵點 2-3, 3-4, 6-7, 9-10, 10-1,完成第 2~6 條直線 L2~L6)>OK(完成直線之建構)。

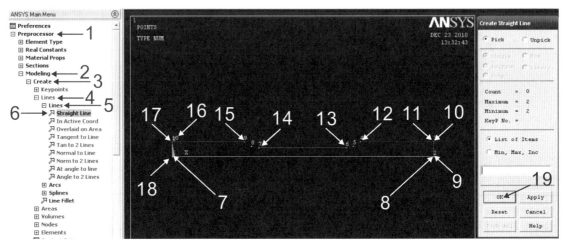

↻ 圖 1-9 執行步驟 1.7-1~19 建構直線

【補充說明 1.7】如果建構直線錯誤時,可以依序執行 Preprocessor>Modeling>Delete>Lines Only 之指令來完成錯誤之刪除。其中要避免點選 Line and Below(線及以下)之指令,否則線條與原先設定之關鍵點會被刪除掉。

▶ **執行步驟 1.8** 如圖 1-10 所示,建構弧線(Arcs):Preprocessor(前處理器)>Modeling(建模)>Create(建構)>Lines(線條)>Arcs(弧線)>Through 3 KPS(透過三個關鍵點)>K4 & K6(先分別點選關鍵點 K4 & K6)>K5(再點選關鍵點 K5)>Apply(施用,完成第 1 條弧線 L7,繼續執行下一個步驟)>K7 & K9(先分別點選關鍵點 K7 & K9)>K8(再點選關鍵點 K8)>OK(完成弧線之建構)。

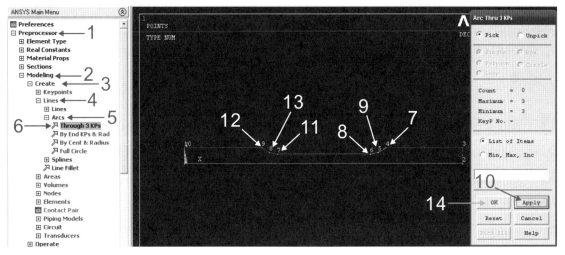

⏻ 圖 1-10　執行步驟 1.8-1～14 弧線

【補充說明 1.8】要記得點選 Toolbar 欄位下之 SAVE_DB 鍵隨時存檔。

▶ **執行步驟 1.9**　　　如圖 1-11 所示，建構面積(Straight Line)：Preprocessor(前處理器)>Modeling(建模)>Create(建構)>Areas(面積)>Arbitrary(任意的)>By Line(透過直線)>L1～L8(點選線條 L1～L8)>OK(完成面積之建構)。

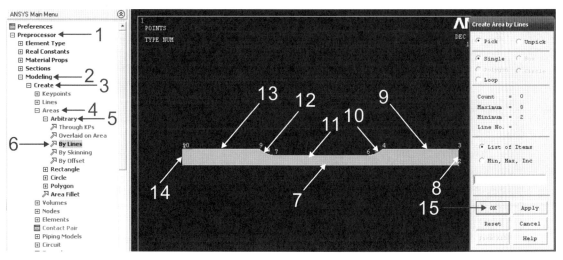

⏻ 圖 1-11　執行步驟 1.9-1～15 與面積建構之完成圖

【補充說明 1.9】當 Pick All(全選)呈現反白現象，所以無法透過 Pick All(全選)來完成面積之建構。此時只能透過一一點選線條 L1～L8 以及按壓 OK 鍵來完成面積之建構。

▶ **執行步驟 1.10**　如圖 1-12 所示，試棒體積的拉伸(Extrude)：Preprocessor(前處理器)>Modeling(建模)>Operate(操作)>Extrude(拉伸)>Areas(面積拉伸)>About Axis(透過軸來拉伸一個體積，先在視窗中點選面積 A1)>A1(點選面積 A1)>Apply(施用，繼續執行下一個步驟)>K1&K2(點選關鍵點 K1&K2)>OK(完成面積與關鍵點之點選)>360(在 ARC Arc length in degrees 欄位輸入拉伸體積之圓弧角度 360)>4(在 NSEG No. of volume segments 欄位內輸入分割數量4)>OK(完成試棒體積的拉伸)。

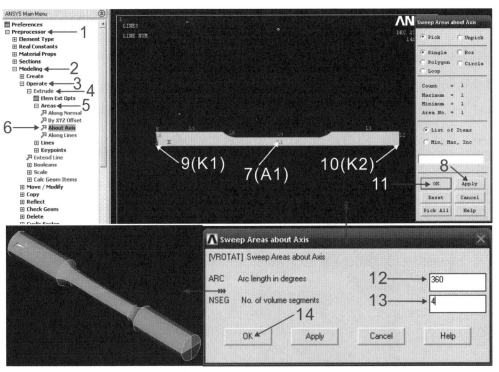

⏻ 圖 1-12　執行步驟 1.10-1～14 與試棒體積拉伸之完成圖

▶ **執行步驟 1.11**　如圖 1-13 所示，試棒體積合成(Add)：Preprocessor(前處理器)>Modeling(建模)>Operate(操作)>Booleans(布林運算)>Add(合成)>Volumes(體積)>Pick All(全選_完成試棒體積合成)。

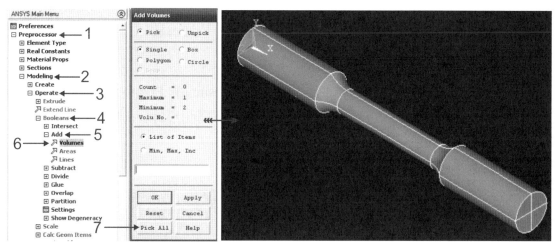

⏻ 圖 1-13　執行步驟 1.11-1～7 與試棒體積合成之完成圖

▶ **執行步驟 1.12**　　如圖 1-14 所示，試棒兩端的面積合成(Add)：Preprocessor (前處理器)>Modeling(建模)>Operate(操作)>Booleans(布林運算)>Add(合成)> Areas(面積)>A21～A24(點選左端面積 A21～A24)>Apply(完成左端面積之合成，繼續執行下一個步驟)>A25～A28(點選右端面積 A21～A24)>OK(完成試棒兩端面積的合成)。

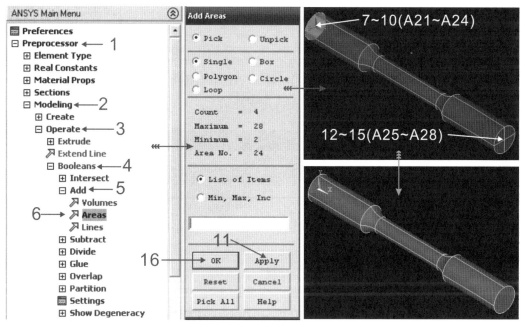

⏻ 圖 1-14　執行步驟 1.12-1～16 與試棒兩端面積合成之完成圖

【補充說明 1.12】如圖 1-14 所示之試棒兩端面積合成之完成圖，係方便邊界條件之設定。

▶ 執行步驟 1.13　　如圖 1-15 所示，網格化(Meshing)：Preprocessor(前處理器)>Meshing(網格化)>MeshTool(網格工具)>Smart Size(精明尺寸)>6(點選精明尺寸 6，一般精明尺寸內定為 6，只要勾選精明尺寸即自動設定為 6)>Mesh(網格化啓動)>Pick All(全選_完成試棒網格化)。

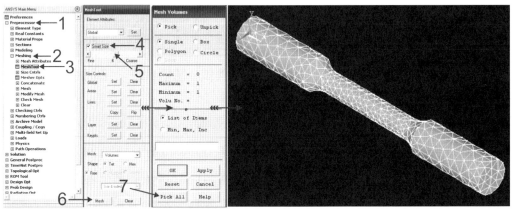

⏻ 圖 1-15　執行步驟 1.13-1～7 與試棒網格化之完成圖

【補充說明 1.13】本例題之精明尺寸 6 (Smart Size 6)之有限元素數量為 2950 個。

▶ 執行步驟 1.14　　如圖 1-16 所示，設定分析型態(Analysis Type)：Solution(求解的方法)>Analysis Type(分析型態)>New Analysis(新分析型態)>Static(靜力的)>OK(完成分析型態之選定)。

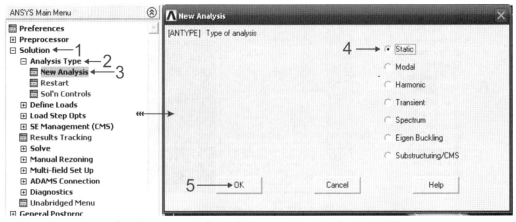

⏻ 圖 1-16　執行步驟 1.14-1～5 設定分析型態

▶ **執行步驟 1.15**　如圖 1-17 所示，設定固定端之自然邊界條件：Solution(解法)>Defined Loads(定義負載)>Apply(設定)>Structural(結構的)>Displacement(位移的)>On Areas(在面積上)>A1(點選左端之面積 A1)>OK(完成左端面積之點選)>All DOF(所有自由度)>0(在 VALUE Displacement value 欄位內輸入位移量 0m)>OK(完成固定端自然邊界條件之設定)。

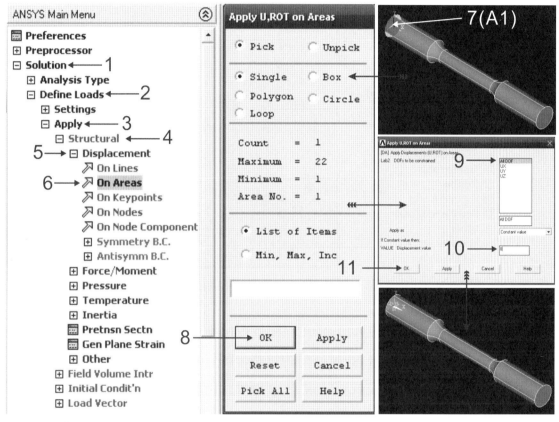

⏻ 圖 1-17　執行步驟 1.15-1～11 與固定端自然邊界條件設定之完成圖

▶ **執行步驟 1.16**　如圖 1-18 所示，設定自由端之強制邊界條件：Solution(解法)>Defined Loads(定義負載)>Apply(設定)>Structural(結構的)>Pressure(壓力)>On Areas(在面積上)>A8(點選自由端之面積 A8)>OK(完成自由端面積之點選)>1e6(在 VALUE Load PRES value 欄位內輸入壓力 1MPa)>OK(完成自由端強制邊界條件的設定)。

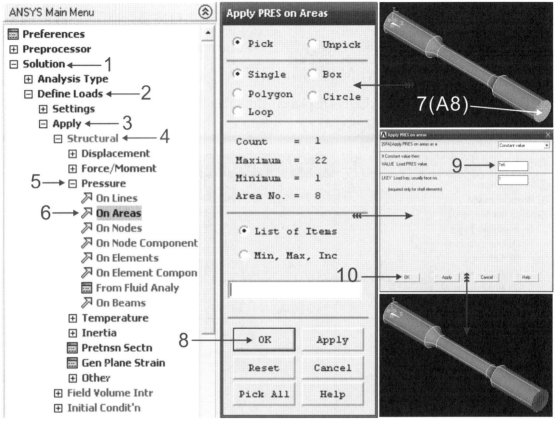

⏻ 圖 1-18　執行步驟 1.16-1～10 與自由端強制邊界條件設定之完成圖

▶ **執行步驟 1.17**　如圖 1-19 所示，求解(Solve)：Solution(解法)>Solve(求解)>Current LS or Current Load Step(目前的負載步驟)>OK(完成執行步驟開始求解)>Yes(執行求解)>Close(求解完成關閉視窗)>File(點選檔案)>Close(關閉檔案)。

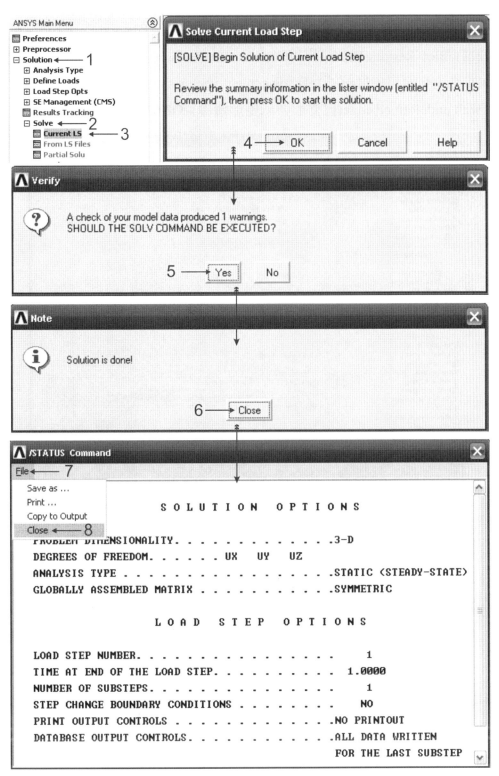

⏻ 圖 1-19　執行步驟 1.17-1～8 求解

▶ **執行步驟 1.18**　　如圖 1-20 所示，檢視變形輸出：General Postprocessor(一般後處理器)>Plot Results(繪製結果)>Contour Plot(輪廓繪製)>Nodal Solution(節點解答)>DOF Solution(自由度解答)>Displacement vector sum(位移向量總合)>Deformed Shape with undeformed edge(已變形與未變形邊緣)>OK(完成變形輸出)。

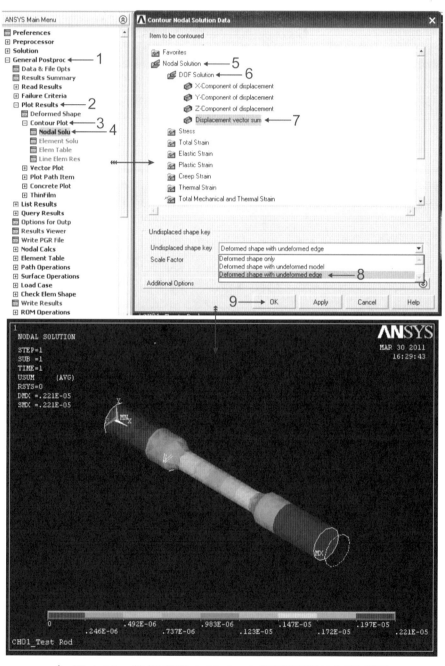

⏻ 圖 1-20　執行步驟 1.18-1～9 與變形輸出之完成圖

執行步驟 1.19　如圖 1-21 所示，檢視應力輸出：General Postprocessor(一般後處理器)>Plot Results(繪製結果)>Contour Plot(輪廓繪製)>Nodal Solution(節點解答)>Stress(應力)>von Mises stress(應力總合)>Deformed Shape with undeformed edge(已變形與未變形邊緣)>OK(完成應力輸出)。

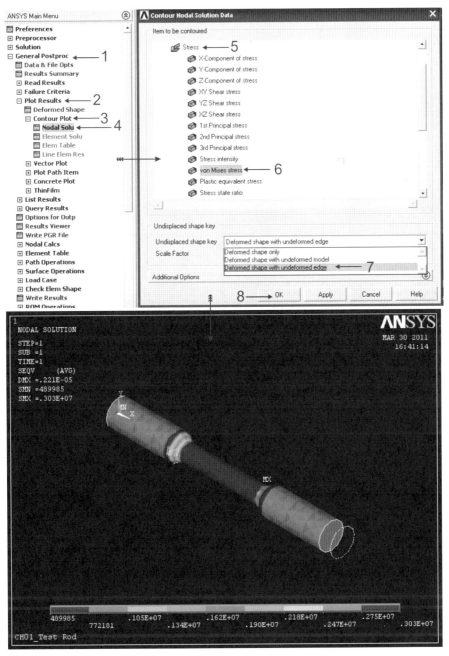

⏻ 圖 1-21　執行步驟 1.19-1～8 與應力輸出之完成圖

▶ **執行步驟 1.20** 如圖 1-22 所示，檢視應變輸出：General Postprocessor(一般後處理器)>Plot Results(繪製結果)>Contour Plot(輪廓繪製)>Nodal Solution(節點解答)>Total Strain(所有應變)>von Mises total strain(總應變)>Deformed Shape with undeformed edge(已變形與未變形邊緣之輸出)>OK(完成應變輸出)。

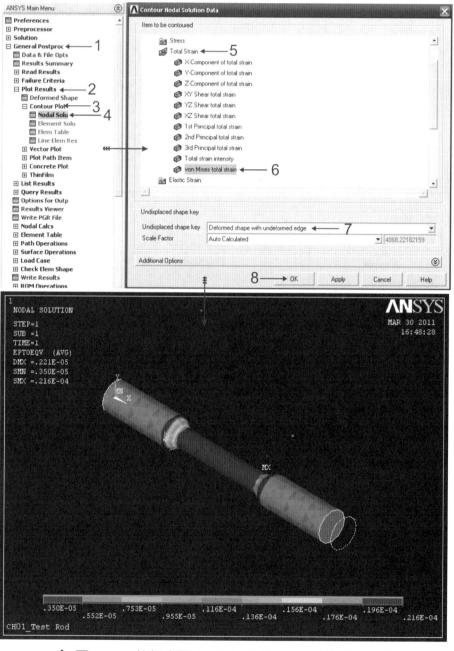

⏻ 圖 1-22 執行步驟 1.20-1～8 與應變輸出之完成圖

▶ **執行步驟 1.21**　　如圖 1-23 所示以及_重覆執行步驟 1.18，變形輸出之多視窗佈局(Multi-Window Layout)：Utility Menu(功能選單)>PlotCtrls(繪圖控制)>Multi-Window Layout(多視窗之佈局)>Three(Top/2Bot)(三視圖_上視窗 1 張圖/下視窗 2 張圖)>OK(完成多視窗之佈局)>1(點選 Active Window Number 主動視窗編號1)> 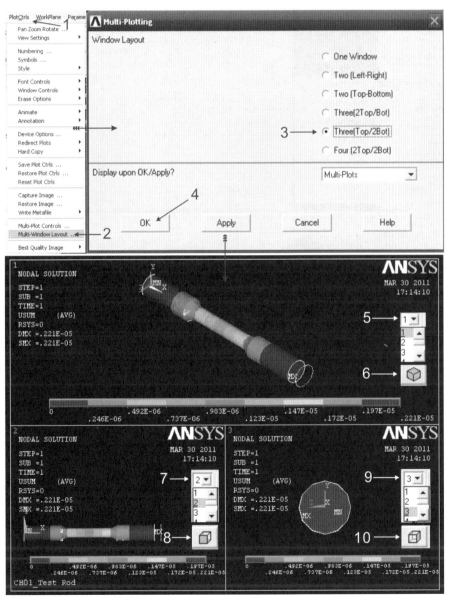 (點選等視圖 ⬢)>2(點選 Active Window Number 主動視窗編號 2)> ⬠ (點選正視圖 ⬠)>3(點選 Active Window Number 主動視窗編號 3)> ⬡ (點選右側視圖 ⬡)。

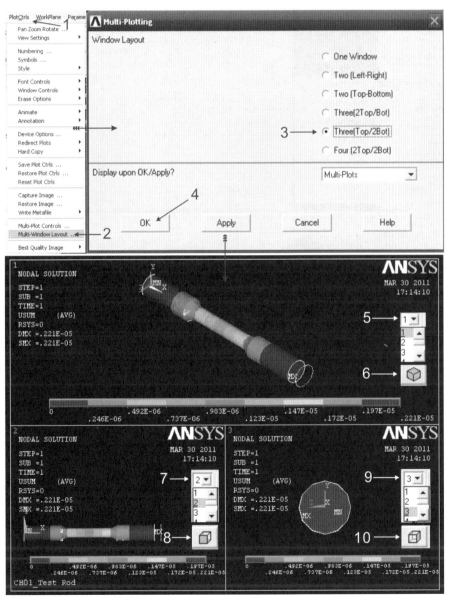

⟳ 圖 1-23　執行步驟 1.21-1～10 與變形輸出多視窗佈局之完成圖

▶ **執行步驟 1.22** 如圖 1-24 所示，轉換圖式(Redirect Plots)：Utility Menu(功能選單)>PlotCtrls(繪圖控制)>Redirect Plots(轉換圖式)>To JPEG File(轉換成 jpeg 或 jpg 檔)>On(點選背景反白視窗)>OK(完成變形多視窗佈局輸出)。

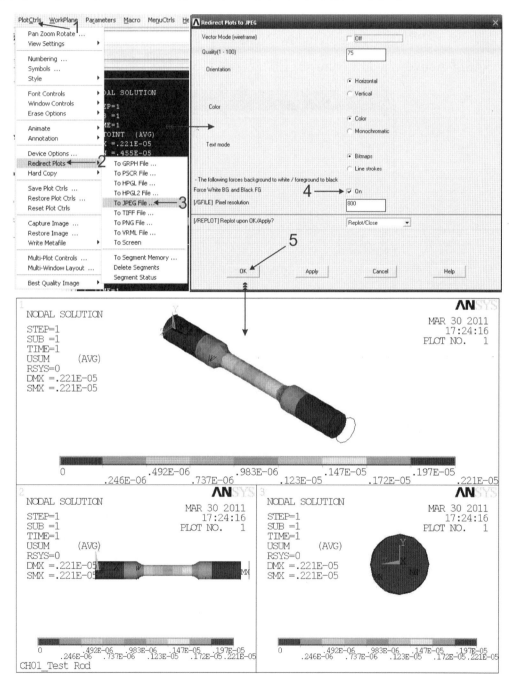

○ 圖 1-24 執行步驟 1.22-1～5 與變形多視窗佈局輸出之完成圖

▶ **執行步驟 1.23**　　如圖 1-25 所示，變形多視窗動畫輸出(Aniamte)：Utility Menu(功能選單)>PlotCtrls(繪圖控制)>Aniamte(動畫輸出)>Deformed Results(變形結果輸出)>DOF solution(自由度解答)>USUM(位移或變形合成輸出)>OK(完成動畫輸出)>Close(檢視後關閉動畫控制器)> ☒ (檢視變形多視窗動畫輸出後，點選 ☒ 關閉視窗)。

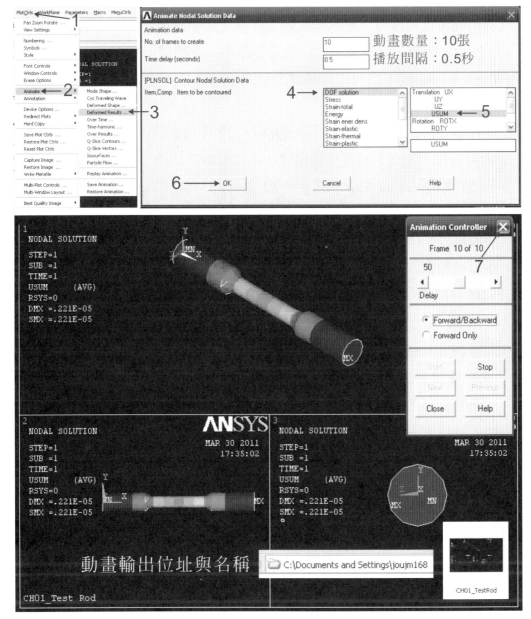

⟳ 圖 1-25　執行步驟 1.23-1～7 與變形多視窗動畫輸出之完成圖

【結果與討論】

1. 如圖 1-1 所示，由本例題所述之試棒其漸縮處係為一凹形弧線，該凹形弧線係試棒之基本要求。如果機械加工無法達到此要求或標準，則會影響到試棒測試之可透過度。因此本例題在建模之前必須確定弧線的尺寸與相關位置，並且利用 3 個關鍵點來建構一條符合要求之凹形弧線。也就是本例題不適合利用圓錐體來建模，雖然圓錐體之建模比本例題所述之程序簡化許多。

2. 如圖 1-5 所示，元素型態可以依需要做不同之選擇，例如 Quad 4node 42 或 Brick 8node 45 不妨也可以嘗試，原則是只要分析結果準確且可以節省分析時間就是好的元素型態。

3. 如圖 1-7 所示，本例題在建構關鍵點時，如果座標欄位內為空白者，代表 "0"。

4. 如圖 1-12 所示，本例題是要建構一中央漸縮之試棒，所在拉伸(Extrude)時，只適合點選 About Axis 來拉伸一體積，至於其他指令則不適合選用。

5. 如圖 1-14 所示，單一材料的體積合成比較單純，所在布林運算(Booleans)與體積合成(Add Volumes)之選項中，只要點選全選(Pick All)即可完成之；如果遇到複合材料所構成之結構時，則必須小心處理。

6. 如圖 1-15 所示，本例題採用精明尺寸 6(Smart Size 6)，其有限元素的數量為 2950 個。這個數量尚在一般教育版 ANSYS Code 的範圍內(有限元素的最大數量為 10,000 個)，如果將點選精明尺寸 3(有限元素的最大數量為 19,841 個)可能就無法繼續執行分析工作了。另外，如精明尺寸選擇 5，則其有限元素的數量為 4179 個。如精明尺寸選擇 4，則其有限元素的數量為 9123 個。如不選擇或空白，則其有限元素的數量為 3353 個。

7. 如圖 1-18 所示，在 Apply PRES on areas 的視窗中有三種選擇，分別是 Constant value(固定值或稱定常值，例如均佈壓力)，Existing table(現有的表格)與 New table(新表格)三種。其中 Existing table(現有的表格)與 New table(新表格)必須由讀者自行選擇或設定之。

8. 如圖 1-19 所示，求解(Solve)過程如果出現紅色錯誤(Error)訊息時，代表設定過程有誤，所以不會出現 Note_Soltion is done!的訊息，此時必須將步驟倒回去一一的檢視。

9.　如圖 1-20 所示，變形之輸出結果圖與彈性力學之基本理論一致，只是我們更容易從圖像中看出試棒在受拉應力之後，其不同長度的變形變化狀態。

10.　如圖 1-21 所示，最大應力區域(或稱爲應力集中區)剛好落在欲測試之區域，該區域即爲試棒拉伸時預期斷裂之處。實驗時，如果該試棒斷裂處剛好落該區域，代表測試結果之相關數據(如最大負載、降伏強度、抗拉強度與楊氏係數等)可信度高。

11.　如圖 1-22 所示，最大應變區域(或稱爲應變集中區)與最大應力區域(或稱爲應力集中區)一致，該區域即爲試棒預期斷裂之處。

12.　如圖 1-21 或圖 1-22 所示，本例題所述之試棒，其最大應力(應變)或應力(應變)集中區與一般直棒不同，因爲一般直棒的最大應力(應變)集中在固定端。所以透過 ANSYS 的分析有助於對試棒受拉應力之後的瞭解，特別是最大應力(應變)或應力(應變)集中區是否剛好落在試棒之測試區段內。如果分析結果發現最大應力(應變)或應力(應變)集中區沒有落在試棒之測試區段內，則必須重新設計試棒漸縮處之凹形弧線。如果分析結果是正確的，實際測試時，試棒斷裂之處沒有落在測試區，則代表試棒在加工時出了問題。

13.　如圖 1-23 所示，多視窗佈局時，必須適當的調整圖式之位置，且要避免圖式被文字或數字遮蔽住。一般多視窗佈局，最多是四視圖或四個視窗輸出；以本例題爲例，因爲試棒具對稱性，所以只要圖式輸出只要三視圖(等視圖、前視圖與右側視圖)即可。其中三視圖之佈局與輸出可以由讀者自行決定，因爲多視圖包括等視圖(Isometric View)、斜視圖(Oblique View)、前視圖(Front View)、後視圖(Back Veiw)、上視圖(俯視圖_Top View)、下視圖(仰視圖_Bottom View)、左側視圖(Left View)與右側視圖(Right View)等。

14.　如執行步驟 1.22 與圖 1-24 所示，在 Redirect Plots to JPEG 視窗中之 Force White BG and Black FG 點選 On，代表輸出圖式之背景是白色的。如圖 1-24 所示，其最大變形三視圖之輸出背景是白色的，它的檔案大小爲 132KB。如圖 1-23 所示，如果最大變形三視圖之輸出背景是黑色的，則其檔案大小爲 732KB。可見黑色背景之圖式比較占記載體，而且也比較不適合出現在黑白輸出之書籍或論文中。

15. 如圖 1-25 所示，動畫輸出時，其原始檔名為 CH01_TestRod，且儲存於執行 ANSYS 軟體的目錄中(例如 C：\Documents and Settings\ANSYS)。為了儲存更多的動畫檔案，在執行下一個動畫輸出時，必須先將動畫輸出之原始檔名作更改(如 CH01_Test Rod(Deformation Animation)，CH01_Test Rod(Strain Animation)或 CH01_Test Rod(Stress Animation)等)。以本例題為例，其動畫檔案之記憶體大小約為 730KB。

【結論與建議】

1. 本例題可以透過工具選單來更改作業名稱與標題以及做好偏好之設定。
2. 本例題可以利用前處理器,來處理各種元素型態與機械性質的設定以及如何完成點、線、面與體積的建構,再者是如何完成物件的網格化。
3. 本例題可以透過求解法,來設定力學的自然與強制邊界條件以及如何求解。
4. 本例題可以透過後處理器來處理或檢視變形、應力與應變等輸出結果。
5. 本例題可以透過多視圖視之窗操作,讓分析結果有較好的視角輸出。
6. 本例題透過工作選單來處理圖式與動畫輸出等之問題。
7. 本例題可行的變化例,尚有:
   (1) 改變材料的楊氏係數,試分析其結果如何?
   (2) 改變材料的帕松比,試分析其結果如何?
   (3) 改變自由端的邊界條件,例如施以不同的壓力或拉應力、集中力或力矩等強制邊界條件,試分析其結果如何?
   (4) 選擇不同的元素型態(Element Type),試分析其結果如何?
   (5) 選擇不同的精明尺寸(Smart Size),試分析其結果如何?以及採用何種精明尺寸時,即可讓變形、應力與應變等輸出結果收斂?
   (6) 在材料性質建構中,考慮加入密度條件,試分析其結果如何?
   (7) 改變漸縮處之導角半徑,試分析其結果如何?
   (8) 改變漸縮處之長度,試分析其結果如何?
   (9) 給試棒不同的溫度(加入膨脹係數),試分析其結果如何?

(10)　在試棒中加入其他材質(複合材料或複合層)，試分析其結果如何？

(11)　如果試棒是非等向性材料(Anisotropic Material)，則其結果又如何？

(12)　如果試棒是鋁材(Al_6061)、銅材(Pure Copper)與不銹鋼(304 Steel)，其楊氏係數(EX)分別是 73GPa, 117GPa & 193GPa 且帕松比(PRXY)分別是 0.33, 0.3 & 0.29，試分析其結果如何？

(13)　將試棒改變成試片，則其結果又如何？

(14)　根據上述輸出結果，嘗試找出適當的本構方程式、靜力平衡方程式與理論解來。

Ex1-1：如例題一所述，在相同條件之下，如果楊氏係數分別是 150, 160, 170 and 180GPa，試比較其最大變形(DMX)、最大應力(SMX)與最大應變(smax)為何？

楊氏係數 EX (Pa)	140	150	160	170	180
最大變形 DMX (μm)	2.21				
最大應力 SMX (MPa)	3.03				
最大應變 smax (E-6)	21.6				

Ex1-2：如例題一所述，在相同條件之下，如果帕松比分別是 0.0, 0.1, 0.2, 0.3 and 0.4，試比較其最大變形(DMX)、最大應力(SMX)與最大應變(smax)為何？

帕松比(N.A.)	0.0	0.1	0.2	0.3	0.4
最大變形 DMX (μm)				2.21	
最大應力 SMX (MPa)				3.03	
最大應變 smax (E-6)				21.6	

Ex1-3：如例題一所述，在相同條件之下，如果自由端的截面積分別受到 P = 1, 2, 3, 4 and 5Mpa 的拉應力時，試比較其最大變形(DMX)、最大應力(SMX)與最大應變(smax)為何？

拉應力(MPa)	1	2	3	4	5
最大變形 DMX (μm)	2.21				
最大應力 SMX (MPa)	3.03				
最大應變 smax (E-6)	21.6				

Ex1-4：如例題一所述，在相同條件之下，使用不同的元素型態(Element Type)如
　　　　Solid 45, 95, 185, 186 and 187 等，試比較其最大變形(DMX)、最大應力(SMX)
　　　　與最大應變(smax)為何？

元素型態 Element Type (Solid)	45	95	185	186	187
最大變形量 DMX (μm)					2.21
最大應力 SMX (MPa)					3.03
最大應變量 smax (E-6)					21.6

Ex1-5：如例題一所述，在相同條件之下，如果網格化之精明尺寸(Smart Size)分別
　　　　是 2, 3, 4, 5 and 6，試比較其最大變形(DMX)、最大應力(SMX)與最大應變
　　　　(smax)為何？

精明尺寸(Smart Size)	2	3	4	5	6
最大變形 DMX (μm)					2.21
最大應力 SMX (MPa)					3.03
最大應變 smax (E-6)					21.6

習題演練步驟

【習題演練說明】　試棒的力學分析，其習題計有五題(25 個問題)，除了範例演練的解答之外，另外有 20 個問題待解。本章節之習題以不改變試棒之尺寸為原則，作不同機械性質、元素數量與邊界條件的演練，係讓讀者熟練 ANSYS 軟體的操作環境。並希望就電腦模擬分析結果自行尋找理論與實驗之可透過依據，以作比較。藉此來訓練讀者具有設計、推理、分析、歸納、判斷、思考、創新與下結論之能力。

▶ **習題演練步驟 I**　　　　如圖 1-26 所示，邊界條件刪除(Delete)：Solution(解法)>Delete(刪除)>All Load Data(所有負載數據)>All Loads & Opts(所有負載與操作數據)>OK(完成所有邊界條件之刪除)。

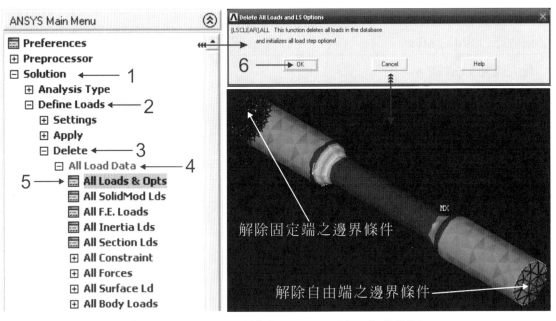

⏻ 圖 1-26　習題演練步驟 I-1～6 邊界條件刪除

▶ **習題演練步驟 II**　　　如圖 1-27 所示，網格清除(Clear)：Preprocessor(前處理器)>Meshing(網格化)>MeshTool(網格工具)>Clear(清除)>Pick All(全選，完成所有網格清除)。

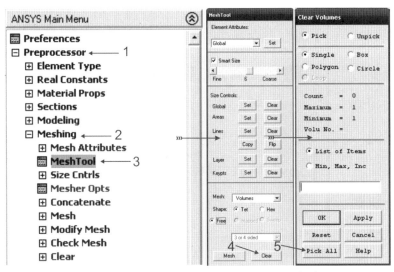

↻ 圖 1-27　習題演練步驟 II-1～5 網格清除

▶ **習題演練步驟 III**　　　如圖 1-28 所示，更改材料模式(Material Models)：Preprocessor(前處理器)>Material Props(材料性質)>Material Models(材料模式)>Material Model Number 1(連續點擊材料模式編號 1)>Linear Isotropic(線性等向性的)>150e9(更改楊氏係數)>0.3(更改帕松比)>OK(完成機械性質之更改)> ☒ (關閉視窗，回到主畫面)。

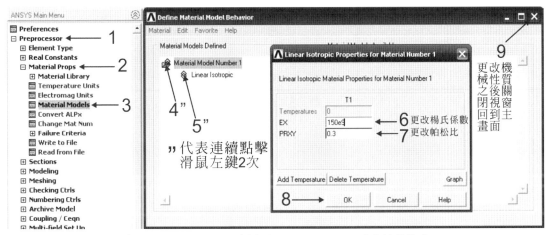

↻ 圖 1-28　習題演練步驟 III-1～9 更改材料模式

【圖式操作視窗簡單說明_如圖 1-29 所示】

⟳ 圖 1-29　ANSYS 圖式操作視窗簡單說明

【補充說明】 "主視窗編號"運用於主畫面呈現多視窗之狀態時,其中"1"代表第一個主畫面視窗,其他編號依此類推。按壓"動態模型之模式"後,即可操作圖式作平移(按壓滑鼠左鍵)或旋轉(按壓滑鼠右鍵)之動作。 "模型操作的變化比例"如為 30 代表圖式每次平移 30 單位長度或旋轉或 30 度。

工字樑

例題二

如圖 2-1 所示,係為一支工字樑(其中,樑的長寬高_L × W × H = 1.5m × 0.2m × 0.2m, 樑的厚度 t = 0.04m,其內緣處有導角,而導角半徑 r = 0.02m,且楊氏係數 EX = 140GPa, 帕松比 PRXY = 0.3),當該工字樑之上表面積受到 P = 1MPa 的壓力時,試分析其最大變形(DMX)、最大應力(SMX)與最大應變(smax)為何?(Element Type:SOLID 187, Mesh Tool:Smart Size 6, Shape:Tex_Free)

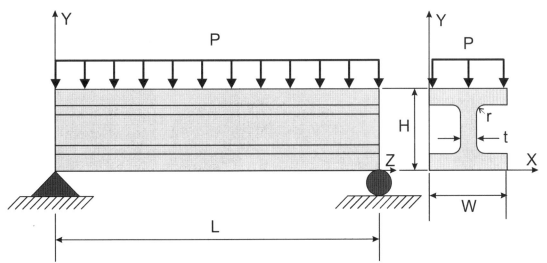

B.Cs.:Ux=Uy=Uz=0, at Y=Z=0; Ux=Uy=0, at Y=0 and Z=L.

⟳ 圖 2-1　工字樑之正視圖、側視圖與邊界條件示意圖

【補充說明】

1. 本例題所述之工字樑係為一種線性的、彈性的與等向的立體材質。

2. 工字樑之自然邊界條件：All DOF=0, at Y = Z = 0; $U_x = U_y = 0$, at Y = 0, Z = L。

3. 工字樑之強制邊界條件：P =1MPa=10^6 N/m^2，在上表面積。

4. 力學參數之公制單位：長度(m_公尺)、楊氏係數與應力(Pa_帕)、應變(N.A_無)。

【學習重點】

1. 熟悉如何從各執行步驟中來瞭解工字樑受力後之變形、應力與應變分佈概況。

2. 熟悉如何利用工作平面(Work Plane)來建構面積。

3. 熟悉如何利用複製(Copy)工具來建構相同的面積。

4. 熟悉如何利用減除法(Subtract)建構工字樑之截面積。

5. 熟悉如何建構工字樑截面積之內緣導角(Fillet Lines)。

6. 熟悉如何利用合成法(Add)完成工字樑主面積與內緣導角面積之建構。

7. 熟悉如何利用拉伸法(Extrude)建構工字樑之體積。

8. 熟悉如何設定工字樑之自然與強制邊界條件(Displacement & Pressure)。

9. 熟悉如何解讀最大變形(DMX)、最大應力(SMX)與最大應變(smax)之輸出結果。

10. 熟悉如何利用多視窗之佈局(Multi-Window Layout)來完成三視圖或多視圖之圖式與動畫檔的輸出。

▶ **執行步驟 2.1** 　　請參考第 1 章執行步驟 1.1 與圖 1-2，更改作業名稱(Change Jobname)：Utility Menu(功能選單)>File(檔案)>Change Jobname(更改作業名稱)>CH02_ITypeBeam(作業名稱)>Yes(是否為新的記錄或錯誤檔)>OK(完成作業名稱之更改或設定)。

▶ **執行步驟 2.2**　　　請參考第 1 章執行步驟 1.2 與圖 1-3，更改標題(Change Title)：Utility Menu(功能選單或畫面)>File(檔案)>更改標題(Change Title)>CH02 I Type Beam(標題名稱)>OK(完成標題之更改或設定)。

▶ **執行步驟 2.3**　　　請參考第 1 章執行步驟 1.3 與圖 1-4，Preferences(偏好選擇)：ANSYS Main Menu(ANSYS 主要選單)>Preferences(偏好選擇)>Structural(結構的)>OK(完成偏好之選擇)。

▶ **執行步驟 2.4**　　　請參考第 1 章執行步驟 1.4 與圖 1-5，選擇元素型態(Element Type)：Preprocessor(前處理器)>Element Type(元素型態)>Add/Edit/Delete(增加/編輯/刪除)>Add(增加)>Solid(立體元素)>Tet 10node 187(四角形 10 個節點之立體元素)>Close(關閉元素型態_Element Types 之視窗)。

▶ **執行步驟 2.5**　　　請參考第 1 章執行步驟 1.5 與圖 1-6，設定工字樑之材料性質(Material Props)：Preprocessor(前處理器)>Material Props(材料性質)>Material Models(材料模式)>Structural(結構的)>Linear(線性的)>Elastic(彈性的)>Isotropic(等向性的)>1.4e11(在 EX 欄位內輸入楊氏係數或彈性模數 140GPa)>0.3(在 PRXY 欄位內輸入帕松比 0.3)>OK(完成材料性質之設定)> ☒ (檢視材料性質無誤後點選 ☒ 關閉視窗)。

▶ **執行步驟 2.6**　　　如圖 2-2 所示，建構方形面積(Rectangle)：Preprocessor(前處理器)>Modeling(建模)>Create(建構)>Areas(面積)>Rectangle(方形)>By Dimensions(透過維度)>0.2(在 X1X2 X-coordinate 欄位內輸入長度 0.2m)>0.2(在 Y1Y2 Y-coordinate 欄位內輸入寬度 0.2m)>OK(完成面積建構)。

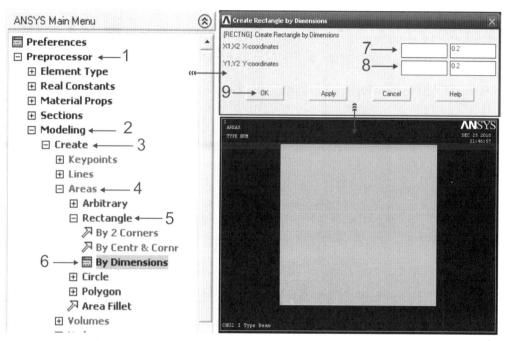

🔱 圖 2-2　執行步驟 2.6-1～9 與面積建構之完成圖

▶ **執行步驟 2.7**　　如圖 2-3 所示，顯示工作平面(Display Working Plane)：
WorkPlane(工作平面選單)>Display Working Plane(顯示工作平面)。

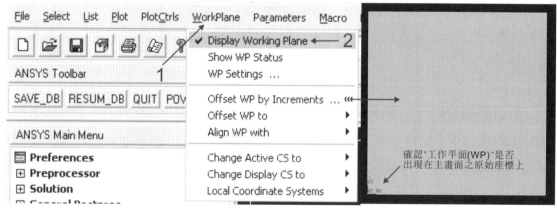

🔱 圖 2-3　執行步驟 2.7-1～2

【補充說明 2.7】顯示工作平面(Display Working Plane)的顯示有助於分析物件的
繪製。

▶ **執行步驟 2.8**　　如圖 2-4 所示，工作平面設定(WP Settings)：WorkPlane(工作平面)>Display Working Plane(顯示工作平面)>WP Settings(工作平面設定)>0.01(在 Snap Incr 欄位內設定平移增量 0.01m)>0.0001(在 Tolerance 欄位設定容許誤差為 1e-5)>OK(完成工作平面選單之設定)。

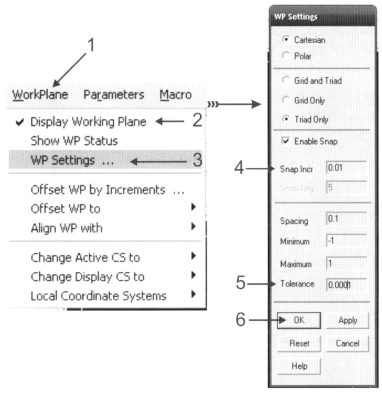

⏻ 圖 2-4　執行步驟 2.8-1～6

▶ **執行步驟 2.9**　　如圖 2-5 所示，設定&開啟透過增量補償工作平面(Offset WP by Increments)：WorkPlane(工作平面選單)>Offset WP by Increments(透過增量補償工作平面)>4(設定平移尺度 1 單位)>30(設定旋轉角度 30 度)>OK(完成透過增量補償工作平面之設定&開啟)。

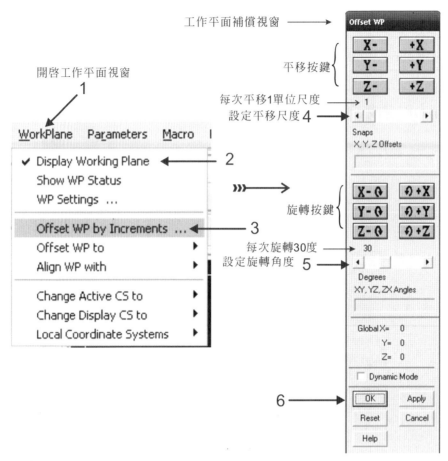

⏻ 圖 2-5　執行步驟 2.9-1〜6 設定&開啓透過增量補償工作平面

【補充說明 2.9】初次開啓工作平面補償視窗(Offset WP)時，其中之平移與旋轉增量分別內定為 1 與 30。

▶ **執行步驟 2.10**　　如圖 2-6 所示，建構小面積(Areas)：Raise Hidden(點選隱藏鍵開起工作平面補償視窗)>+Y(按壓垂直平移鍵 4 次，讓工作平面座標距離原始座標上方 0.04m 處)>Preprocessor(前處理器)>Modeling(建模)>Create(建構)>Areas(面積)>Rectangle(方形)>By Dimension(透過維度)>0.08(在 X1X2 X-coordinates 欄位輸入長度 0.08m)>0.12(在 Y1Y2 Y-coordinates 欄位輸入寬度 0.012m)>OK(完成小面積建構)。

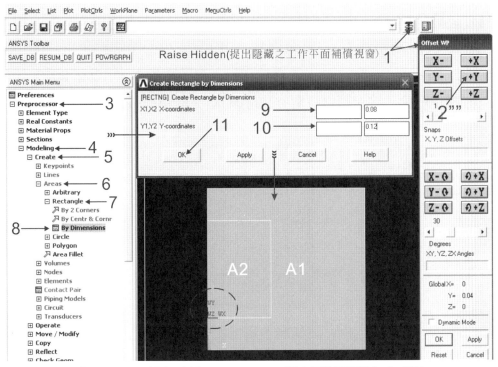

☝ 圖 2-6　執行步驟 2.10-1～11 與小面積建構之完成圖

▶ **執行步驟 2.11**　　如圖 2-7 所示，顯現線條(Lines)：Utility Menu(功能選單)>
Plot(繪圖)>Lines(線條_將主畫面之圖式以線條方式來呈現)。

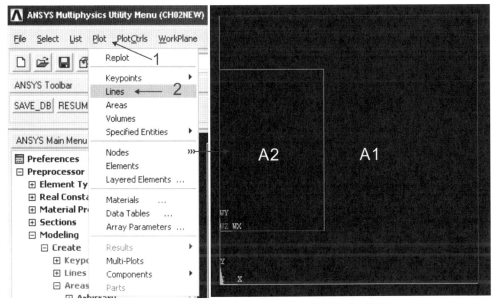

☝ 圖 2-7　執行步驟 2.11-1～2 與顯現線條圖

▶ **執行步驟 2.12** 如圖 2-8 所示，小面積複製(Copy)：Preprocessor(前處理器)>
Modeling(建模)>Copy(複製)>Areas(面積)>OK(完成小面積知點選)> 2(在 ITIME
Number of copies–including original 欄位內輸入複製數量 2)>0.12(在 DX X-offset in
active CS 欄位內輸入欲複製之位置 0.12m)>OK(完成小面積複製)。

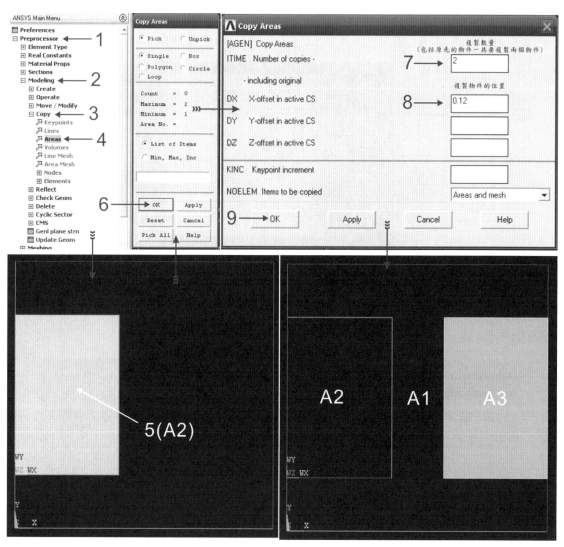

⟲ 圖 2-8　執行步驟 2.12-1～9 與小面積複製之完成圖

【**補充說明 2.12**】從執行步驟 2.12 之小面積複製完成圖，可以看出工字樑之雛型。

▶ **執行步驟 2.13**　　如圖 2-9 所示，小面積減除(Subtract)：Preprocessor(前處理器)>Modeling(建模)>Operate(操作)>Booleans(布林運算)>Subtract(減除)>Areas(面積)>A1(點選主面積 A1)>OK(完成主面積之點選)>A2(點選小面積 A2)>A3(點選小面積 A3)>OK(完成小面積減除)>Utility Menu(功能選單)>Plot(繪圖)>Lines(線條)。

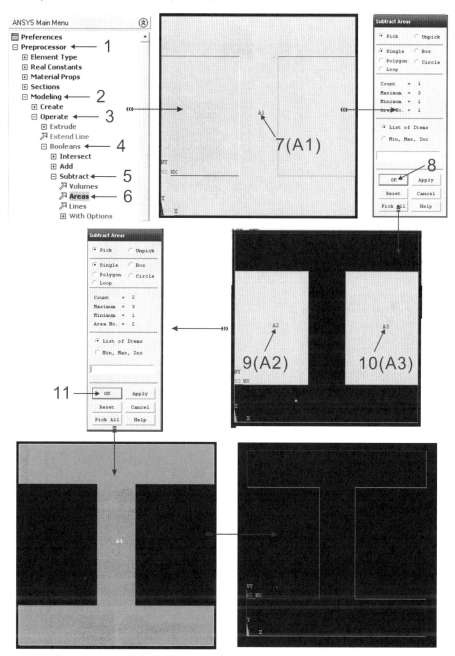

⊕ 圖 2-9　執行步驟 2.13-1～11 與小面積減除之完成圖

▶ **執行步驟 2.14** 如圖 2-10 所示，建構導角線條(Line Fillet)：Preprocessor(前處理器)>Modeling(建模)>Create(建構)>Lines(線條)>Line Fillet(導角線條)>L6(點選線條 L6)>L7(點選線條 L7)>Apply(施用，繼續執行下一個步驟)>0.02(在 RAD Fillet radius 欄位內輸入導角半徑 0.02m)>Apply(施用，繼續執行下一個步驟，重覆步驟 6～10，直到所有導角線條被建構完成為止)>OK(完成導角線條建構)。

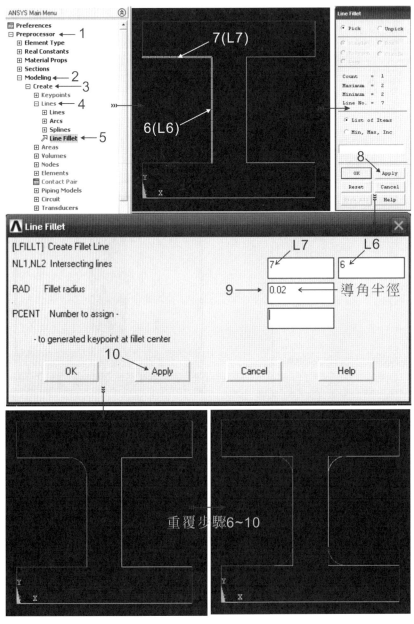

⬆ 圖 2-10 執行步驟 2.14-1～10 與導角線條建構之完成圖

執行步驟 2.15　　　如圖 2-11 所示，建構導角面積(Areas)：Preprocessor(前處理器)>Modeling(建模)>Create(建構)>Areas(面積)>Arbitrary(任意的)>By Lines(透過線條)>L2, L4 & L8(點選線條 L2, L4 & L8)>Apply(施用，繼續執行下一個步驟，重覆步驟 7~10，直到所有導角面積建構完成為止)>Utility Menu(功能選單)>PlotCtrls(繪圖控制)>On(在 AREA Area numbers 欄位內點選啟動 On)>colors & numbers(在 [/NUM] Numbering shown with 欄位內點選色彩與編號 colors & numbers)>OK(完成繪圖控制設定)>Utility Menu(功能選單)>Plot(繪製)>Areas(以面積來呈現)>ANSYS Toolbar(ANSYS 工具欄)>SAVE_DB(存檔)。

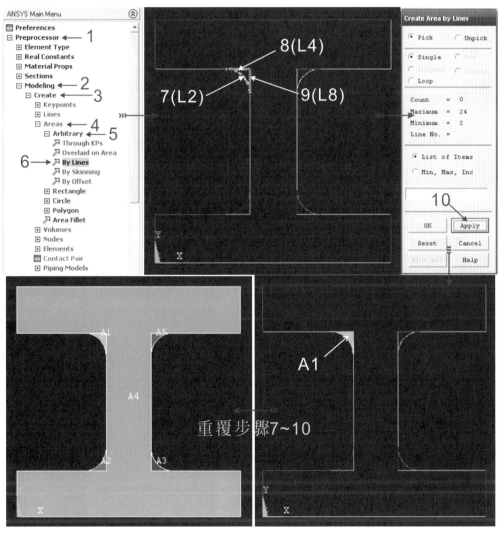

⏻ 圖 2-11　執行步驟 2.15-1～10 與導角面積建構之完成圖

執行步驟 2.16 如圖 2-12 所示，所有導角面積與主面積之合成(Add)：Preprocessor(前處理器)>Modeling(建模)>Operate(操作)>Booleans(布林運算)>Add(合成)>Areas(面積之合成)>Pick All(全選_完成所有導角面積與主面積之合成)。

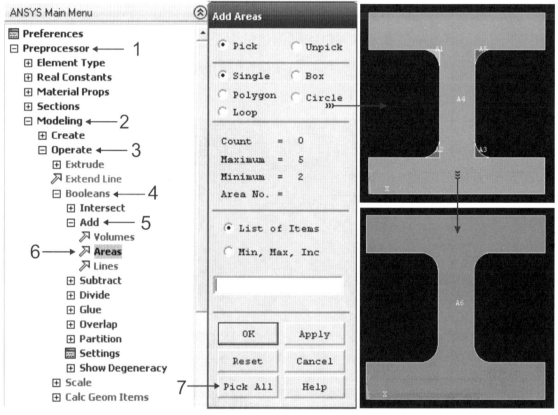

⏻ 圖 2-12 執行步驟 2.16-1～7 與所有導角面積與主面積合成之完成圖

執行步驟 2.17 如圖 2-13 所示，工字樑體積的拉伸(Extrude)：Preprocessor(前處理器)>Modeling(建模)>Operate(操作)>Extrude(拉伸)>Areas(面積)>By XYZ Offset(透過 XYZ 座標補償)>A6(點選面積 A6)>OK(完成主面積之點選)>1.5(在 Extrude By XYZ Offset 視窗之 Z 方向座標之欄位內輸入 1.5m)>OK(完成拉伸)> ⬛ (點選 ⬛ Isometric View_等視圖)> 🔍 (點選 🔍 Fit View_固定視角)>Utility Menu(功能選單)>PlotCtrls(繪圖控制)>Off(在 AREA Area numbers 欄位內點選啟動 Off)>OK(完成繪圖控制設定)>Utility Menu(功能選單)>Plot(繪製)>Volumes(以體積來呈現)>ANSYS Toolbar(ANSYS 工具欄)>SAVE_DB(存檔)。

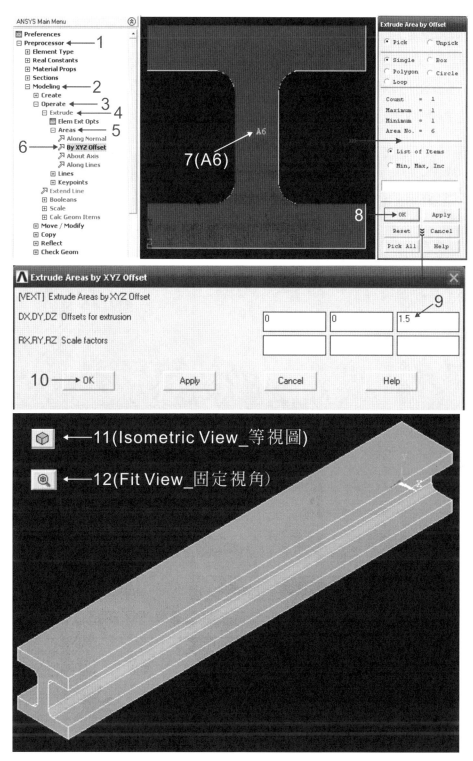

⏻ 圖 2-13　執行步驟 2.17-1～12 與工字樑體積拉伸之完成圖

▶ **執行步驟 2.18** 　請參考第 1 章執行步驟 1.13 與圖 1-15 以及如圖 2-14 所示，工字樑網格化(Meshing)：Preprocessor(前處理器)>Meshing(網格化)>MeshTool(網格工具)>Smart Size(精明尺寸)>6(點選精明尺寸6)>Mesh(網格化啓動)>Pick All(全選_完成工字樑網格化)。

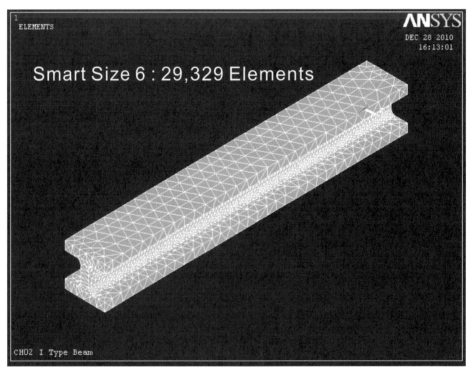

⏻ 圖 2-14　工字樑網格化之完成圖

▶ **執行步驟 2.19** 　請參考第 1 章執行步驟 1.14 與圖 1-16，分析型態之選定(Analysis Type)：Solution(求解的方法)>Analysis Type(分析型態)>New Analysis(新的分析型態)>Static(靜力的)>OK(完成分析型態之選定)。

▶ **執行步驟 2.20**　　如圖 2-15 所示，將物件以線條(Lines)來呈現：Utility Menu(功能選單)>Plot(繪圖)>Lines(線條，物件以線條來呈現)。

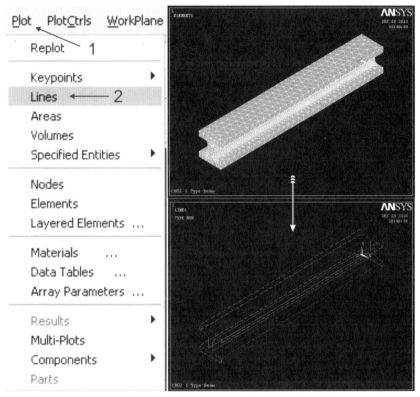

⏏ 圖 2-15　執行步驟 2.20-1～2 與物件以線條呈現之完成圖

▶ **執行步驟 2.21**　　如圖 2-16 所示，設定工字樑自然邊界條件：Solution(解法)>Defined Loads(定義負載)>Apply(設定)>Structural(結構的)>Displacement(位移的)>On Lines(在線條上)>L1(點選線條 L1)>OK(完成線條點選)>All DOF(在 Lab2 DOFs to be constrained 欄位內點選自由度限制 All DOF)>0(在 VALUE Displacement value 欄位位輸入 0)>Apply(施用)>L17(點選線條 L17)>OK(完成線條點選)>UX(在 Lab2 DOFs to be constrained 欄位內點選自由度限制 UX)>0(在 VALUE Displacement value 欄位位輸入 0)>Apply(施用)>L17(點選線條 L17)>OK(完成線條點選)>UY(在 Lab2 DOFs to be constrained 欄位內點選自由度限制 UY)>0(在 VALUE Displacement value 欄位位輸入 0)>OK(完成設定工字樑邊界條件設定)。

電腦輔助工程分析實務

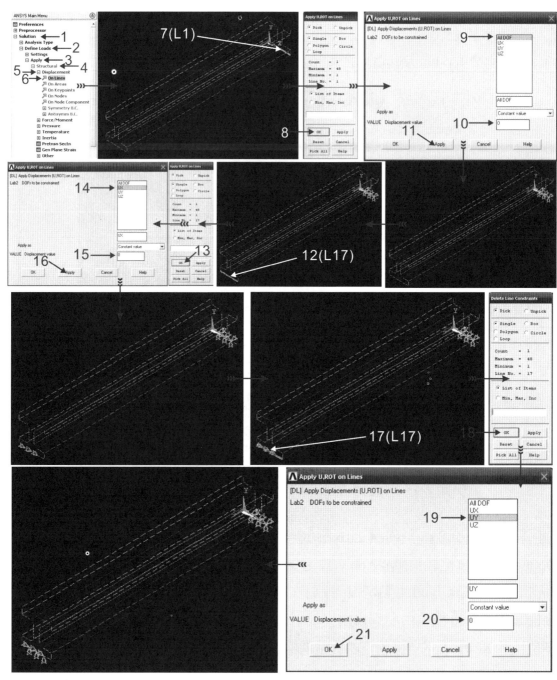

⏻ 圖 2-16　執行步驟 2.21-1〜21 與工字樑自然邊界條件設定之完成圖

▶ **執行步驟 2.22**　　如圖 2-17 所示，物件以面積(Areas)來呈現：Utility Menu(功能選單)>Plot(繪圖)>Areas(面積，物件以面積來呈現)。

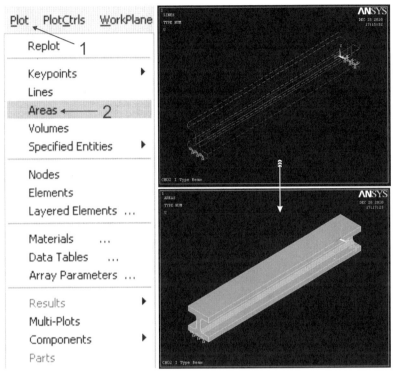

⏻ 圖 2-17　執行步驟 2.22-1～2 與物件以面積呈現之完成圖

▶ **執行步驟 2.23**　　如圖 2-18 所示，設定工字樑之強制邊界條件_壓力(Pressure)：Solution(求解的方法)>Defined Loads(定義負載)>Apply(設定)>Pressure(壓力)>On Areas(在面積上)>A13(點選面積 A13)>OK(完成面積點選)>1e6(在 VALUE Load PRES value 欄位內輸入定常壓力 1e6Pa or 1MPa)>OK(完成工字樑之強制邊界條件設定)>SAVE_DB(存檔)。

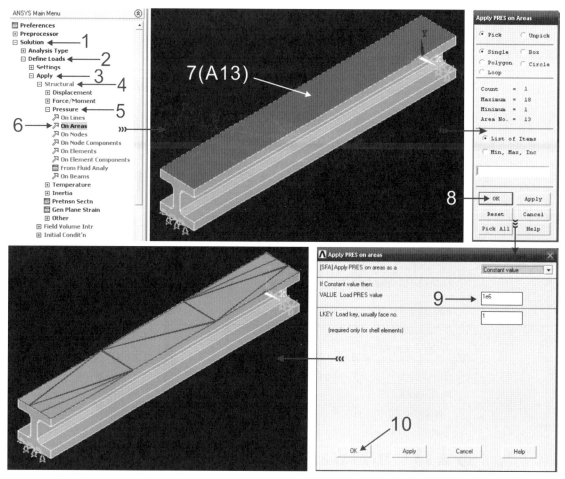

⏻ 圖 2-18　執行步驟 2.23-1～10 與工字樑之強制邊界條件設定之完成圖

▶ **執行步驟 2.24**　　請參考第 1 章執行步驟 1.17 與圖 1-19，求解(Solve)：
Solution(解法)>Solve(求解)>Current LS or Current Load Step(目前的負載步驟)>
OK(完成執行步驟開始求解)>Yes(執行求解)>Close(求解完成關閉視窗)>
File(點選檔案)>Close(關閉檔案)。

▶ **執行步驟 2.25**　　請參考第 1 章執行步驟 1.18 & 1.21 與圖 1-20 & 1-23，以及
如圖 2-19 所示，檢視變形輸出：General Postprocessor(一般後處理器)>Plot Results(繪
製結果)>Contour Plot(輪廓繪製)>Nodal Solution(節點解答)>DOF Solution(自由度
解答)>Displacement vector sum(位移向量總合)>Deformed Shape with undeformed
edge(已變形與未變形邊緣)>OK(完成變形輸出)>Utility Menu(功能選單)>

PlotCtrls(繪圖控制)>Multi-Window Layout(多視窗之佈局)>Three(Top/2Bot)(三視圖_上視窗 1 張圖/下視窗 2 張圖)>OK(完成多視窗之佈局)>1(點選 Active Window Number 主動視窗編號 1)> ⬡ (點選等視圖 ⬡)>2(點選 Active Window Number 主動視窗編號 2)> ▢ (點選正視圖 ▢)>3(點選 Active Window Number 主動視窗編號 3)> ▢ (點選右側視圖 ▢)。

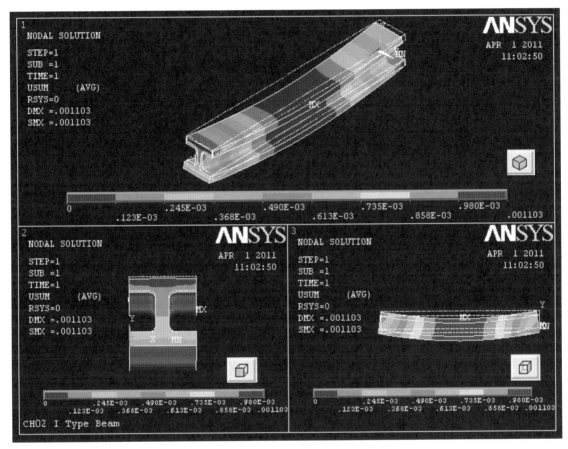

⬆ 圖 2-19　變形輸出之完成圖

【補充說明 2.25】工字樑最大變形發生在樑的中央，其最大變形(DMX)為 0.001103mm。

▶ **執行步驟 2.26** 請參考第 1 章執行步驟 1.19 & 1.21 與圖 1-21 & 1-23，以及如圖 2-20 所示，檢視應力輸出：General Postprocessor(一般後處理器)>Plot Results(繪製結果)>Contour Plot(輪廓繪製)>Nodal Solution(節點解答)>Stress(應力)>von Mises stress(應力總合)>Deformed Shape with undeformed edge(已變形與未變形邊緣)>OK(完成最大應力輸出)>Utility Menu(功能選單)>PlotCtrls(繪圖控制)>Multi-Window Layout(多視窗之佈局)>Three(Top/2Bot)(三視圖_上視窗 1 張圖/下視窗 2 張圖)>OK(完成多視窗之佈局)>1(點選 Active Window Number 主動視窗編號 1)> ▣ (點選等視圖 ▣)>2(點選 Active Window Number 主動視窗編號 2)> ▣ (點選正視圖 ▣)>3(點選 Active Window Number 主動視窗編號 3)> ▣ (點選右側視圖 ▣)。

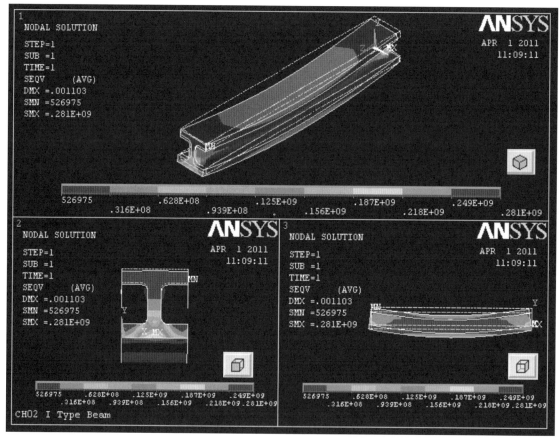

⭘ 圖 2-20 應力輸出之完成圖

【補充說明 2.26】工字樑最大應力發生在樑的兩端，其最大應力為 0.281GPa。

▶ **執行步驟 2.27**　　請參考第 1 章執行步驟 1.20 & 1.21 與圖 1-22 & 1-23，以及如圖 2-21 所示，檢視應變輸出：General Postprocessor(一般後處理器)>Plot Results(繪製結果)>Contour Plot(輪廓繪製)>Nodal Solution(節點解答)>Total Strain(所有應變)>von Mises total strain(總應變)>Deformed Shape with undeformed edge(已變形與未變形邊緣之輸出)>OK(完成應變輸出)>Utility Menu(功能選單)>PlotCtrls(繪圖控制)>Multi-Window Layout(多視窗之佈局)>Three(Top/2Bot)(三視圖_上視窗 1 張圖/下視窗 2 張圖)>OK(完成多視窗之佈局)>1(點選 Active Window Number 主動視窗編號 1)> ⬢ (點選等視圖 ⬢)>2(點選 Active Window Number 主動視窗編號 2)> ⬔ (點選正視圖 ⬔)>3(點選 Active Window Number 主動視窗編號 3)> ⬔ (點選右側視圖 ⬔)。

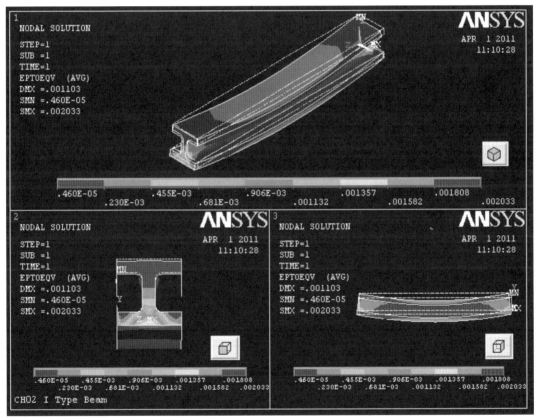

⏻ 圖 2-21　應變輸出之完成圖

【補充說明 2.27】工字樑最大應變發生在樑的兩端，其最大應變為 2.033E-3(N.A._無單位)。

【結果與討論】

1. 如圖 2-8 所示，執行小面積複製(Copy)時，必須先計算好欲移動之距離。

2. 如圖 2-10～2-11 所示，建構導角線條與面積時，可依順時或逆時方向來建構，以免漏失或重覆建構。再者，建構導角面積時，只要將滑鼠游標移到導角線條之中心點，然後快擊滑鼠左鍵三次即可。

3. 如圖 2-12 所示，由於工字樑之主體與導角係同一材質，所以利用全選(Pick All)方式來合成(Add)所有面積，比較有效率。

4. 如圖 2-13 所示，利用 By XYZ Offset(透過 XYZ 座標補償)來拉伸體積之操作方式顯得比較方便與快速。

5. 如圖 2-14 所示，模型網格化(Meshing)之前，必須先考量 ANSYS 的元素數量極限，再次是要考慮分析時可用之時間。

6. 如圖 2-16 所示，本例題所述之工字樑係為一簡支樑，所以在設定自然邊界條件時必須符合簡支樑的設定標準。

7. 如圖 2-17 所示，本例題所設定的強制邊界條件_壓力，係為一定常壓力或稱為均佈壓力。如果為非定常壓力時，則可以嘗試輸入壓力函數。

8. 如圖 2-19 所示，該工字樑之最大變形位置發生在樑的中間。

9. 如圖 2-20～2-21 所示，根據模擬結果發現，最大應力(應變)出現在工字樑的兩端底部。代表工字樑超過負荷時，其斷裂位置可能發生在工字樑的兩底端處。

【結論與建議】

1. 當本例題有效的使用工作平面(Work Plane)工具時，可以適當的提升建模之效率。

2. 對於相同的面積或物件而言，使用複製(Copy)工具可以節約建模時間。

3. 運用布林運算(Booleans)的減除法(Subtract)來建構工字樑之面積比利用關鍵點法(Keypoints)來得快速。

4. 建構工字樑的導角時，必須注意導角半徑的限制。因為導角越小，其所需之有限元素數量越大。根據經驗，過大的有限元素數量，除了增加分析時間之外，也有可能導致系統當機。

5. 利用合成法(Add)之全選鍵時，必須先確認物件的機械性質是否均一或單一。

6. 根據經驗，當工字樑的自然邊界條件設定錯誤時，將無法求解。

7. 一般理論解的最大應力(應變)發生出現在簡支樑的中間，但是根據模擬結果發現，卻出現在簡支樑的兩端底部。可見 ANSYS Code 的分析結果比較接近事實，一般基本理論所述的結果均是在理想狀態下。

8. 本例題可行的變化例，尚有：

    (1) 在相同條件之下，該樑的上表面分別受到不同的強制邊界條件，則其結果又如何。

    (2) 在相同條件之下，該樑之截面積由工字型改變成方形，則其結果又如何？

    (3) 在相同條件之下，該樑之截面積由工字型改變成中空方形，則其結果又如何？

    (4) 在相同條件之下，該樑之截面積由工字型改變成圓形，則其結果又如何？

    (5) 在相同條件之下，該樑之截面積由工字型改變成中空圓形，則其結果又如何？

    (6) 在相同條件之下，該樑問題改變成懸臂樑問題，則其結果又如何？

習題 ● Exercise

Ex2-1：如例題二所述，在相同的自然與強制邊界條件以及使用最少的有限元素數量條件之下，如果內緣導角之半徑 r 分別是 1, 2, 3, 4 與∞cm (代表工字樑沒有導角，亦即 r →∞)，試比較其最大變形(DMX)、最大應力(SMX)與最大應變(smax)爲何？

內緣導角半徑 r (cm)	1	2	3	4	∞
最大變形 DMX (mm)		1.103			
最大應力 SMX (MPa)		281			
最大應變 smax (E-3)		2.033			

Ex2-2：如例題二所述，在相同的自然與強制邊界條件以及使用最少的有限元素數量條件之下，如果工字樑的長度(L)分別是 1.0, 1.5, 2.0, 2.5 and 3.0m，試比較其最大變形(DMX)、最大應力(SMX)與最大應變(smax)爲何？

工字樑的長度 L (m)	1.0	1.5	2.0	2.5	3.0
最大變形 DMX (mm)		1.103			
最大應力 SMX (MPa)		281			
最大應變 smax (E-3)		2.033			

Ex2-3：如例題二所述，在相同的自然與強制邊界條件以及使用最少的有限元素數量條件之下，如果工字樑的厚度(t)分別是 2, 3, 4, 5 and 6cm，試比較其最大變形(DMX)、最大應力(SMX)與最大應變(smax)爲何？

工字樑的厚度 t (cm)	2	3	4	5	6
最大變形 DMX (mm)			1.103		
最大應力 SMX (MPa)			281		
最大應變 smax (E-3)			2.033		

Ex2-4：如例題二所述，在相同的自然與強制邊界條件以及使用最少的有限元素數量條件之下，使用不同的元素型態如 Solid 45, 95, 185, 186 and 187 等，試比較其最大變形(DMX)、最大應力(SMX)與最大應變(smax)爲何？

元素型態 Element Type (Solid)	45	95	185	186	187
最大變形 DMX (mm)					1.103
最大應力 SMX (MPa)					281
最大應變 smax (E-3)					2.033

Ex2-5：如例題二所述，在相同的自然與強制邊界條件以及使用最少的有限元素數量條件之下，如果樑的截面形狀分別是工字形、T 字形、■字形、ㄇ字形與口字形，試比較其最大變形(DMX)、最大應力(SMX)與最大應變(smax)爲何？

截面形狀 (字形)	工	T	■	ㄇ	口
最大變形 DMX (mm)	1.103				
最大應力 SMX (MPa)	281				
最大應變 smax (E-3)	2.033				

例題三

如圖 3-1～3-2 所示,係為一具有 20 個輪齒之齒輪,該齒輪之相關數據如表 3-1 所示。其中楊氏係數 EX = 140GPa, 帕松比 PRXY = 0.3,當該齒輪穿孔之內緣表面積被固定住(All DOF = 0),且輪齒之某一表面積受到瞬間壓力 P = 1MPa 的壓力時,試分析其最大變形(DMX)、最大應力(SMX)與最大應變(smax)為何?(Element Type:SOLID 187, Mesh Tool:Smart Size 6, Shape:Tex_Free)

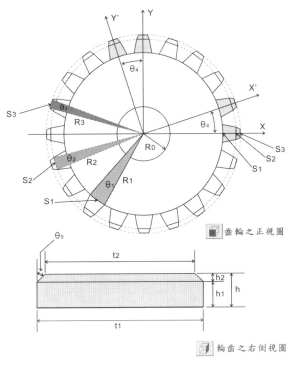

■ 齒輪之正視圖

■ 輪齒之右側視圖

🔄 圖 3-1　齒輪與輪齒之示意圖

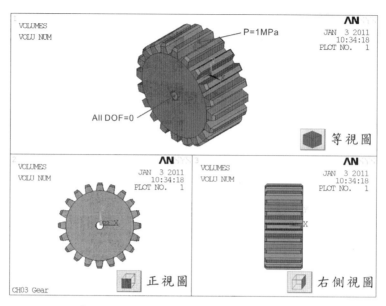

⏻ 圖 3-2　齒輪之三視圖與邊界條件

表 3-1　齒輪與輪齒之相關數據

穿孔半徑 R_0=3mm	齒根半徑 R_1=9mm	齒頸半徑 R_2=10.5mm	齒冠半徑 R_3=11mm
輪齒高度 h=2mm	齒根弧長 S_1=2mm	齒頸弧長 S_2=1.4mm	齒冠弧長 S_3=1mm
輪齒夾角 θ_4=18°	齒根夾角 θ_1=12.7°	齒頸夾角 θ_2=7.64°	齒頸夾角 θ_3=5.21°
根頸間距 h_1=1.5mm	頸冠間距 h_2=0.5mm	根頸厚度 t_1=10mm	齒冠厚度 t_2=9mm
輪齒(齒頸到齒冠間)之導角 θ_5 = 45°			
輪齒夾角之計算公式 θ_i = (S_i / R_i)×(180°/π)=57.3°(S_i / R_i), i=1〜3			

【補充說明】

1. 本例題所述之齒輪係為一種線性的、彈性的與等向的立體材質。

2. 齒輪之自然邊界條件：All DOF=0，穿孔內緣表面積。

3. 齒輪之強制邊界條件：P =1MPa=10^6 N/m^2，單一輪齒之接觸面積。

4. 力學參數之公制單位：長度(m_公尺)、楊氏係數與應力(Pa_帕)、應變(N.A._無)。

【學習重點】

1. 熟悉如何從各執行步驟中來瞭解齒輪受力後之變形、應力與應變分佈概況。
2. 熟悉如何利用齒輪之幾何特性來建構輪齒之面積。
3. 熟悉如何利用工作平面(Work Plane)來建構輪齒之體積與導角。
4. 熟悉如何利用工作平面(Work Plane)來建構齒輪之導角。
5. 熟悉如何轉換座標系統來複製(Copy)複製輪齒。

▶ **執行步驟 3.1**　　請參考第 1 章執行步驟 1.1 與圖 1-2，更改作業名稱(Change Jobname)：Utility Menu(功能選單)>File(檔案)>Change Jobname(更改作業名稱)>CH03_Gear(作業名稱)>Yes(是否為新的記錄或錯誤檔)>OK(完成作業名稱之更改或設定)。

▶ **執行步驟 3.2**　　請參考第 1 章執行步驟 1.2 與圖 1-3，更改標題(Change Title)：Utility Menu(功能選單或畫面)>File(檔案)>更改標題(Change Title)>CH03 Gear(標題名稱)>OK(完成標題之更改或設定)。

▶ **執行步驟 3.3**　　請參考第 1 章執行步驟 1.3 與圖 1-4，Preferences(偏好選擇)：ANSYS Main Menu(ANSYS 主要選單)>Preferences(偏好選擇)>Structural(結構的)>OK(完成偏好之選擇)。

▶ **執行步驟 3.4**　　請參考第 1 章執行步驟 1.4 與圖 1-5，選擇元素型態(Element Type)：Preprocessor(前處理器)>Element Type(元素型態)>Add/Edit/Delete(增加/編輯/刪除)>Add(增加)>Solid(立體元素)>Tet 10node 187(四角形 10 個節點之立體元素)>Close(關閉元素型態_Element Types 之視窗)。

▶ **執行步驟 3.5**　　請參考第 1 章執行步驟 1.5 與圖 1-6，設定齒輪之材料性質(Material Props)：Preprocessor(前處理器)>Material Props(材料性質)>Material Models(材料模式)>Structural(結構的)>Linear(線性的)>Elastic(彈性的)>Isotropic(等向性的)>1.4e11(在 EX 欄位內輸入楊氏係數或彈性模數 140GPa)>0.3(在 PRXY 欄位

內輸入帕松比 0.3)>OK(完成材料性質之設定)> ☒ (檢視材料性質無誤後點選 ☒ 關閉視窗)。

▶ **執行步驟 3.6** 如圖 3-3 所示,建構齒根之圓弧面積(Circle):Preprocessor(前處理器)>Modeling(建模)>Create(建構)>Areas(面積)>Circle(圓形)>By Dimension(透過維度)>0.009(在 RAD1 Outer radius 欄位內輸入外半徑 0.009m)>0.2(在 RAD2 Optional inner radius 欄位內輸入內半徑 0.003m)>6.35(在 THETA1 Starting angle [degrees]輸入起始角度 6.35)>−6.35(在 THETA2 Ending angle[degrees]輸入終止角度 −6.35)>Apply(施用,並繼續下一個執行步驟)。

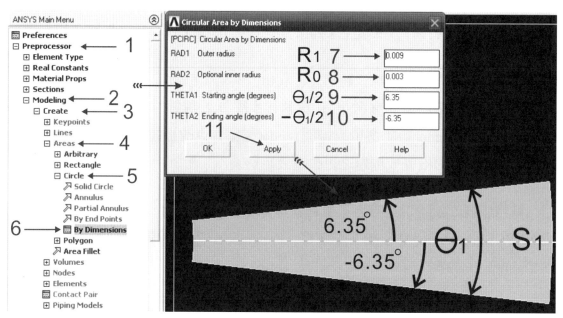

↻ 圖 3-3　執行步驟 3.6-1～11 與齒根圓弧面積建構之完成圖

▶ **執行步驟 3.7** 如圖 3-4 所示,建構齒頸之圓弧面積(Circle):Preprocessor(前處理器)>Modeling(建模)>Create(建構)>Areas(面積)>Circle(圓形)>By Dimension(透過維度)>0.0105(在 RAD1 Outer radius 欄位內輸入外半徑 0.0105m)>0.003(在 RAD2 Optional inner radius 欄位內輸入內半徑 0.003m)>3.82(在 THETA1 Starting angle[degrees]輸入起始角度 3.82)>−3.82(在 THETA2 Ending angle[degrees]輸入終止角度−3.82)>Apply(施用,並繼續下一個執行步驟)。

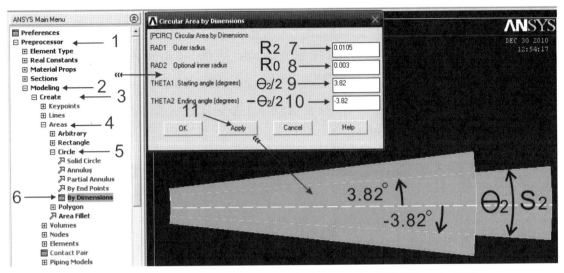

⏻ 圖 3-4　執行步驟 3.7-1～11 與齒頸圓弧面積建構之完成圖

▶ **執行步驟 3.8**　　　如圖 3-5 所示，建構齒冠之圓弧面積(Circle)：Preprocessor(前處理器)>Modeling(建模)>Create(建構)>Areas(面積)>Circle(圓形)>By Dimension(透過維度)> 0.011(在 RAD1 Outer radius 欄位內輸入外半徑 0.011m)>0.003(在 RAD2 Optional inner radius 欄位內輸入內半徑 0.003m)>2.61(在 THETA1 Starting angle [degrees]輸入起始角度 2.61)>−2.61(在 THETA2 Ending angle[degrees]輸入終止角度 −2.61)>OK(完成齒冠圓弧面積之建構)。

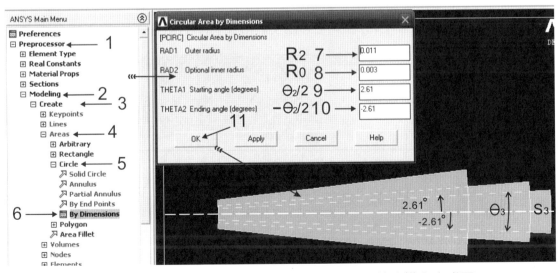

⏻ 圖 3-5　執行步驟 3.8-1～11 與齒冠圓弧面積建構之完成圖

▶ **執行步驟 3.9** 如圖 3-6 所示，建構輪齒之輪廓或線條(Lines)：
Preprocessor(前處理器)>Modeling(建模)>Create(建構)>Lines(線條)>Lines(線條)>
Straight Line(直線)>K2 & K6(鍵點選關鍵點 K2 & K6)>K6 & K10(鍵點選關鍵點 K6
& K10)>K9 & K5(鍵點選關鍵點 K9 & K5)>K5 & K1(鍵點選關鍵點 K5 & K1)>OK
(完成輪齒輪廓或線條之建構)。

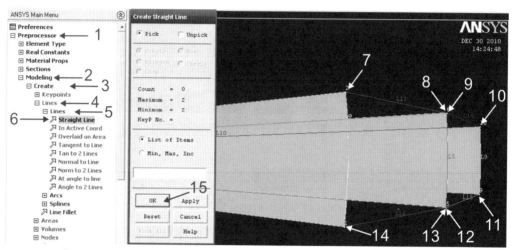

⏻ 圖 3-6　執行步驟 3.9-1～15 與輪齒輪廓(線條)建構之完成圖

▶ **執行步驟 3.10** 如圖 3-7 所示，建構輪齒之面積(Areas)：Preprocessor(前處
理器)>Modeling(建模)>Create(建構)>Areas(面積)>Arbitrary(任意)>L13, L14, L9,
L15, L16 & L1(點選線條 L13, L14, L9, L15, L16 & L1)>OK(完成輪齒面積之建構)。

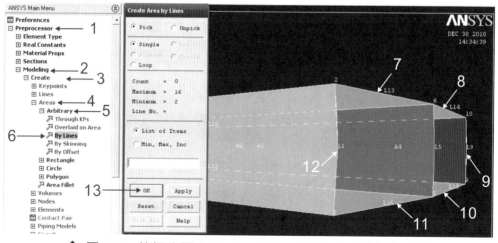

⏻ 圖 3-7　執行步驟 3.10-1～13 與輪齒面積建構之完成圖

▶ **執行步驟 3.11**　　如圖 3-8 所示，面積刪除(Delete)：Preprocessor(前處理器)>Modeling(建模)>Delete(刪除)>Area and Below(面積及以下)>A1, A2 & A3(點選面積 A1, A2 & A3)>OK(完成面積刪除)。

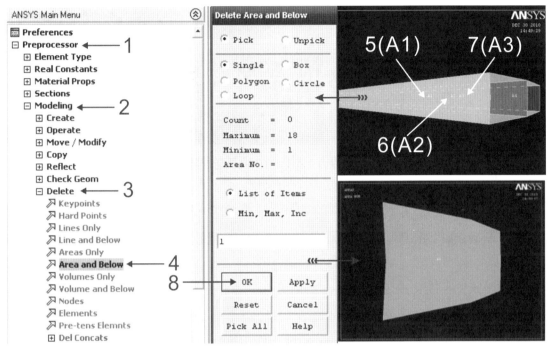

↻ 圖 3-8　執行步驟 3.11-1～8 與面積刪除之完成圖

▶ **執行步驟 3.12**　　如圖 3-9 所示，輪齒體積的拉伸(Extrude)：Preprocessor(前處理器)>Modeling(建模)>Operate(操作)>Extrude(拉伸)>Areas(面積)>By XYZ Offset(透過 XYZ 座標補償)>A4(點選面積 A4)>OK(完成面積之點選)>0.01(在 Extrude By XYZ Offset 視窗之 Z 方向座標之欄位內輸入"0.01")>OK(完成拉伸)> ◉ (點選 ◉ Isometric View_等視圖)> 🔍 (點選 🔍 Fit View_固定視角)>Utility Menu(功能選單)>PlotCtrls(繪圖控制)>Off(在 AREA Area numbers 欄位內點選啟動 Off)>OK(完成繪圖控制設定)>Utility Menu(功能選單)>Plot(繪製)>Volumes(以體積來呈現)>ANSYS Toolbar(ANSYS 工具欄)>SAVE_DB(存檔)。

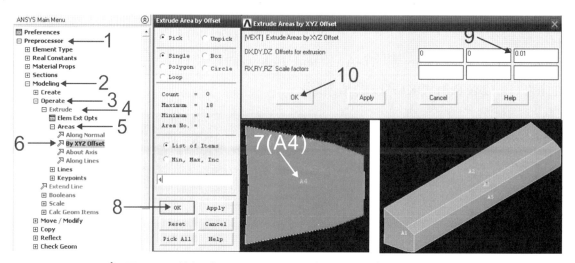

⏻ 圖 3-9　執行步驟 3.12-1～10 與輪齒體積拉伸之完成圖

▶ **執行步驟 3.13**　請參考第 2 章執行步驟 2.7～2.9 與圖 2-3～2-5，啟動工作平面選單(WorkPlane)與完成設計平移增量與容許誤差設定(Snap Incr 5e-4 and Tolerance 1e-5)。

▶ **執行步驟 3.14**　如圖 3-10 所示，設定工作平面(WorkPlane)：WorkPlane(工作平面選單)>Display Working Plane(顯示工作平面)>Offset WP to(補償工作平面到)>Keypoints +(關鍵點)>K5(點選關鍵點 K5)>OK(完成關鍵點之點選)>Offset WP by Increment(點選透過增量補償工作平面)>45(在 Degrees 欄位內調整旋轉角度為 45)>Y+(按壓 Y+鍵一次)>OK(完成關鍵點設定)。

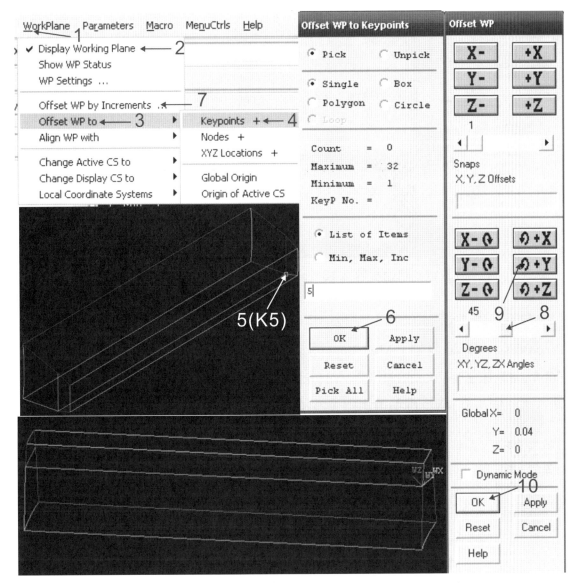

🔄 圖 3-10　執行步驟 3.14-1～10 與工作平面設定之完成圖

▶ **執行步驟 3.15**　如圖 3-11 所示，建構右端斜角體積 (Volumes)：
Preprocessor(前處理器)>Modeling(建模)>Create(建構)>Volumes(體積)>Block
(方塊)>By Dimension(透過維度)>0.001(在 X1X2 X-coordinates 欄位內輸入長度
0.001m)>0.0015(在 Y1Y2 Y-coordinates 欄位內輸入寬度 0.001m)>(−0.001, 0.001)(在
Z1Z2 Z-coordinates 欄位內輸入厚度範圍(−0.001, 0.001)m)>OK(完成右端斜角體積
之建構)。

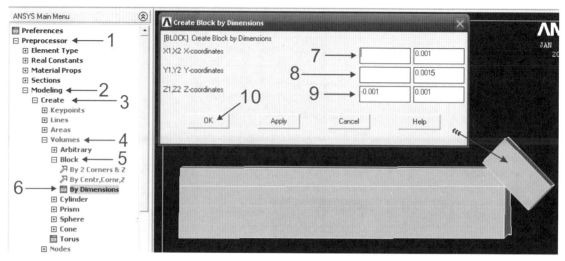

⏻ 圖 3-11　執行步驟 3.15-1～10 與右端斜角體積建構之完成圖

▶ **執行步驟 3.16**　如圖 3-12 所示，右端斜角體積之減除 (Subtract)：Preprocessor(前處理器)>Modeling(建模)>Operate(操作)>Booleans(布林運算)>Subtract(減除法)>Volumes(積體)>V1(先點選輪齒之主體積 V1)>Apply(施用，繼續執行下一個步驟)>V2(再點選體積 V2)>OK(完成右端斜角體積之減除)。

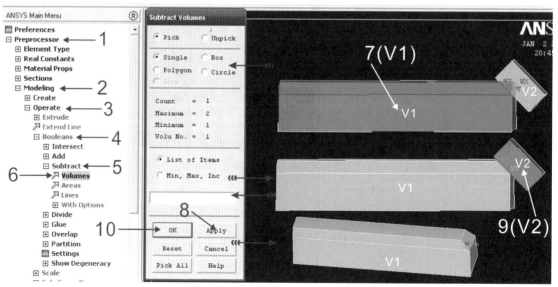

⏻ 圖 3-12　執行步驟 3.16-1～10 與右端斜角體積減除之完成圖

執行步驟 3.17　重覆執行步驟 3.14～3.16，完成左端斜角體積之減除，如圖 3-13 所示。

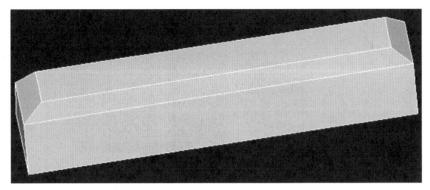

⏻ 圖 3-13　左端體積減除之完成圖

執行步驟 3.18　如圖 3-14 所示，建構齒輪基部之體積(Volumes)：Preprocessor(前處理器)>Modeling(建模)>Create(建構)>Volumes(體積)>Cylinder(圓柱)>Hollow Cylinder(中空圓柱)>9e-3(在 Rad-1 欄位內輸入外半徑 9mm)>3e-3(在 Rad-2 欄位內輸入內半徑 3mm)>1e-3(在 Depth 欄位內輸入深度 1mm)>OK(完成齒輪基部體積之建構)。

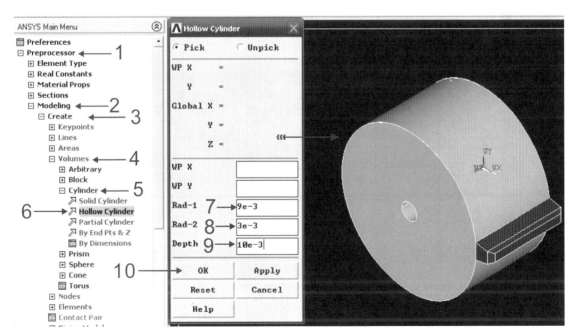

⏻ 圖 3-14　執行步驟 3.18-1～10 與齒輪基部體積建構之完成圖

▶ **執行步驟 3.19**　　如圖 3-15 所示，設定圓柱座標系統(Global Cylindrical)：Utility Menu(功能選單或畫面)>WorkPlane(工作平面)>Change Active CS(改變主座標系統)>Global Cylindrical(圓柱座標系統)。

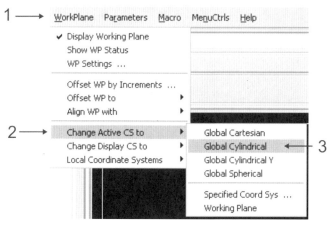

⏻ 圖 3-15　執行步驟 3.19-1～3 設定圓柱座標系統

▶ **執行步驟 3.20**　　如圖 3-16～3-17 所示，輪齒之複製(Copy)：Preprocessor(前處理器)>Modeling(建模)>Copy(複製)>Volumes(體積)>V3(點選輪齒體積 V3)>OK(完成輪齒體積之點選)>20(在 Number of Copies-including original 欄位內輸入複數量 20 個)>18(在 Y-offset Active CSl 欄位內輸入相隔角度 18°)> OK(完成輪齒之複製)。

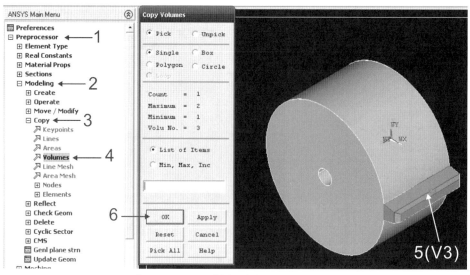

⏻ 圖 3-16　執行步驟 3.20-1～6

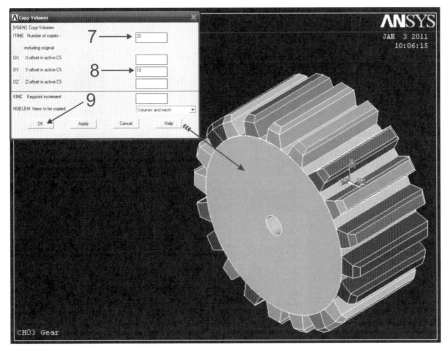

⟲ 圖 3-17　執行步驟 3.20-7～9 與輪齒複製之完成圖

▶ **執行步驟 3.21**　　如圖 3-18 所示，體積之合成(Add)：Preprocessor(前處理器)>Modeling(建模)>Operate(操作)>Booleans(布林運算)>Add(合成)>Volumes(體積)>Pick All(全選，完成體積之合成)。

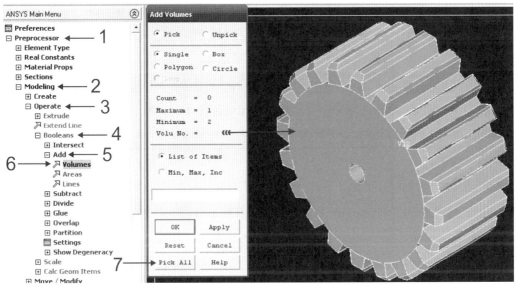

⟲ 圖 3-18　執行步驟 3.21-1～7 與體積合成之完成圖

▶ **執行步驟** 3.22　　請參考第 1 章執行步驟 1.13 與圖 1-15 以及如圖 3-19 所示，網格化(Meshing)：Preprocessor(前處理器)>Meshing(網格化)>MeshTool(網格工具)>Smart Size(精明尺寸)>6(點選精明尺寸 6)>Mesh(網格化啓動)>Pick All(全選_完成齒輪網格化)。

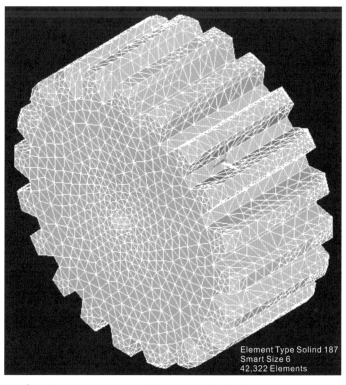

⬆ 圖 3-19　執行步驟 3.22 齒輪網格化之完成圖

▶ **執行步驟** 3.23　　請參考第 1 章執行步驟 1.14 與圖 1-16，設定分析型態(Analysis Type)：Solution(求解的方法)>Analysis Type(分析型態)>New Analysis(新分析型態)>Static(靜力的)>OK(完成分析型態之選定)。

▶ **執行步驟** 3.24　　如圖 3-20～3-21 所示，設定齒輪之自然邊界條件：Solution(求解的方法)>Defined Loads(定義負載)>Apply(設定)>Structural(結構的)>Displacement(位移的)>On Areas(設定在面積上)>A9 & A10(點選面積 A9 & A10)>OK(完成面積之點選)>All DOF(所有自由度)>0(在 VALUE Displacement value 欄位內輸入位移量 0m)>OK(完成齒輪自然邊界條件之設定)。

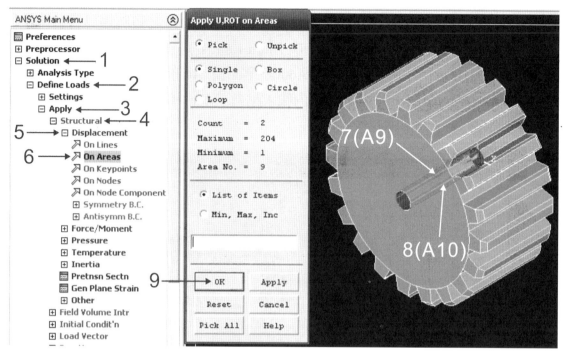

⟳ 圖 3-20　執行步驟 3.24-1～9 設定齒輪之自然邊界條件

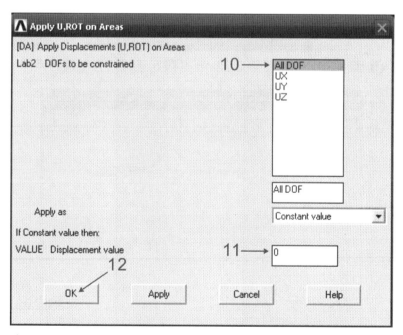

⟳ 圖 3-21　執行步驟 3.24-10～12 設定齒輪之自然邊界條件

▶ **執行步驟 3.25** 如圖 3-22～3-23 所示，設定齒輪之強制邊界條件_壓力
(Pressure)：Solution(求解的方法)>Defined Loads(定義負載)>Apply(設定)>
Pressure(壓力)>On Areas(在面積上)>A60(點選面積 A60)>OK(完成面積之點選)>
1e6(在 VALUE Load PRES value 欄位內輸入壓力 1MPa)>OK(完成齒輪強制邊界條
件_壓力之設定)。

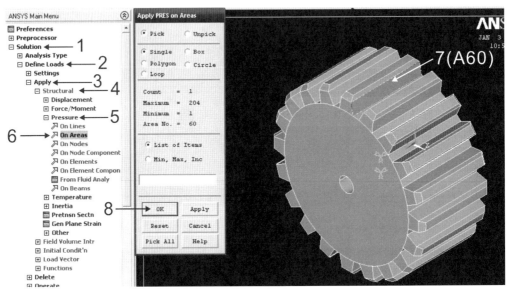

⏻ 圖 3-22　執行步驟 3.25-1～8 設定齒輪之強制邊界條件

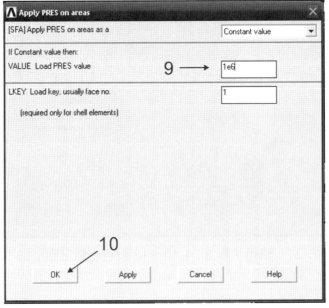

⏻ 圖 3-23　執行步驟 3.25-9～10 設定齒輪之強制邊界條件

▶ **執行步驟 3.26**　　請參考第 1 章執行步驟 1.17 與圖 1-19，求解(Solve)：
Solution(解法)>Solve(求解)>Current LS or Current Load Step(目前的負載步驟)>
OK(完成執行步驟開始求解)>Yes(執行求解)>Close(求解完成關閉視窗)>File(點選
檔案)>Close(關閉檔案)。

▶ **執行步驟 3.27**　　請參考第 1 章執行步驟 1.18, 1.21 & 1.22 與圖 1-20, 1-23 &
1-24，以及如圖 3-24 所示，檢視變形輸出：General Postprocessor(一般後處理器)>Plot
Results(繪製結果)>Contour Plot(輪廓繪製)>Nodal Solution(節點解答)>DOF
Solution(自由度解答)>Displacement vector sum(位移向量總合)>Deformed Shape
with undeformed edge(已變形與未變形邊緣)>OK(完成變形輸出)>Utility Menu(功能
選單)>PlotCtrls(繪圖控制)>Multi-Window Layout(多視窗之佈局)>Three(Top/2Bot)
(三視圖_上視窗 1 張圖/下視窗 2 張圖)>OK(完成多視窗之佈局)>1(點選 Active
Window Number 主動視窗編號 1)> ▣ (點選等視圖 ▣)>2(點選 Active Window
Number 主動視窗編號 2)> ▣ (點選正視圖 ▣)>3(點選 Active Window Number
主動視窗編號 3)> ▣ (點選右側視圖 ▣)>Utility Menu(功能選單)>PlotCtrls(繪
圖控制)>Redirect Plots(轉換圖式)>To JPEG File(轉換成 jpeg 或 jpg 檔)>On(點選背
景反白視窗)>OK(完成變形多視窗佈局輸出)。

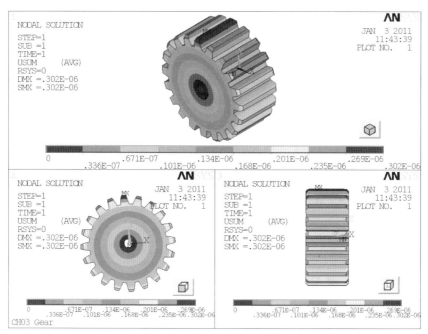

↻ 圖 3-24　變形輸出之完成圖

【補充說明 3.27】齒輪最大變形為 0.302e-6m or 0.302μm。

▶ **執行步驟 3.28**　　請參考第 1 章執行步驟 1.19, 1.21 & 1.22 與圖 1-21, 1-23 & 1-24，以及如圖 3-25 所示，檢視應力輸出：General Postprocessor(一般後處理器)>Plot Results(繪製結果)>Contour Plot(輪廓繪製)>Nodal Solution(節點解答)>Stress(應力)> von Mises stress(應力總合)>Deformed Shape with undeformed edge(已變形與未變形邊緣)>OK(完成最大應力輸出)>Utility Menu(功能選單)>PlotCtrls(繪圖控制)>Multi-Window Layout(多視窗之佈局)>Three(Top/2Bot)(三視圖_上視窗 1 張圖/下視窗 2 張圖)>OK(完成多視窗之佈局)>1(點選 Active Window Number 主動視窗編號 1)> ⬛ (點選等視圖 ⬛)>2(點選 Active Window Number 主動視窗編號 2)> ⬛ (點選正視圖 ⬛)>3(點選 Active Window Number 主動視窗編號 3)> ⬛ (點選右側視圖 ⬛)>Utility Menu(功能選單)>PlotCtrls(繪圖控制)>Redirect Plots(轉換圖式)> To JPEG File(轉換成 jpeg 或 jpg 檔)>On(點選背景反白視窗)>OK(完成變形多視窗佈局輸出)。

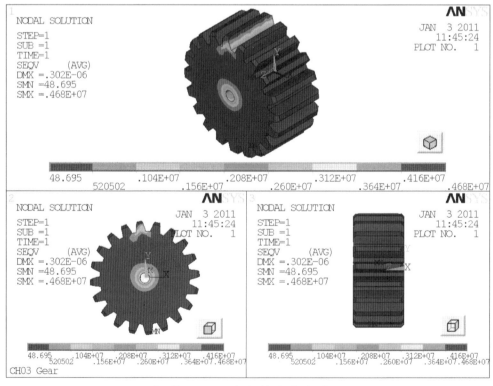

⏻ 圖 3-25　應力輸出之完成圖

【補充說明 3.28】齒輪最大應力為 0.468E+7Pa or 4.68Mpa。

▶ 執行步驟 3.29　　請參考第 1 章執行步驟 1.20, 1.21 & 1.22 與圖 1-22, 1-23 & 1-24，以及如圖 3-26 所示，檢視應變輸出：General Postprocessor(一般後處理器)>Plot Results(繪製結果)>Contour Plot(輪廓繪製)>Nodal Solution(節點解答)>Total Strain(所有應變)>von Mises total strain(總應變)>Deformed Shape with undeformed edge(已變形與未變形邊緣之輸出)>OK(完成應變輸出)>Utility Menu(功能選單)>PlotCtrls(繪圖控制)>Multi-Window Layout(多視窗之佈局)>Three(Top/2Bot)(三視圖 _上視窗 1 張圖/下視窗 2 張圖)>OK(完成多視窗之佈局)>1(點選 Active Window Number 主動視窗編號1)> 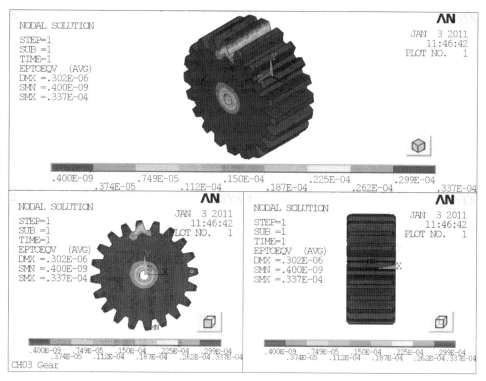(點選等視圖)>2(點選 Active Window Number 主動視窗編號 2)> (點選正視圖)>3(點選 Active Window Number 主動視窗編號 3)> (點選右側視圖)>Utility Menu(功能選單)>PlotCtrls(繪圖控制)>Redirect Plots(轉換圖式)>To JPEG File(轉換成 jpeg 或 jpg 檔)>On(點選背景反白視窗)>OK(完成變形多視窗佈局輸出)。

🔄 圖 3-26　應變輸出之完成圖

【補充說明 3.29】齒輪最大應變為 0.337E-04(N.A._無單位)。

 【結果與討論】

1. 如圖 3-1 所示,在建構齒輪前,必須對齒輪之實際的幾何形狀與相關尺寸必須確實的瞭解,才有助於建模與求解。

2. 如圖 3-10 所示,要善用"補償工作平面視窗"與"圖式操作視窗"之按鍵,來移動或旋轉輪齒至最佳視角以方便建構物件。

3. 如圖 3-11～3-12 所示,直接在輪齒兩端之齒頸處分別建構一塊傾斜體積,再利用減除法(Subtract)來建構輪齒之導角的方法,比較省時且有效率。

4. 如圖 3-14 所示,直接在原點建構中空圓柱體積比先建構中空圓柱面積,再利用拉伸(Extrude)體積的方法也比較省時且有效率。

5. 如圖 3-18 所示,由於齒輪基部與輪齒係同一材質,所以利用全選(Pick All)方式來合成(Add)所有體積,比較省時省工。

6. 如圖 3-24 所示,齒輪瞬間受到壓力 P=1MPa 時,其最大變形僅有 0.302μm,顯然齒輪材質的選用相當重要。

7. 如圖 3-25 所示,齒輪瞬間受到壓力 P=1MPa 時,其最大應力為 4.68MPa,尚未超過齒輪材質的楊氏係數。

8. 如圖 3-26 所示,齒輪瞬間受到壓力 P=1MPa 時,其最大應變趨勢與最大應力一致。

【結論與建議】

1. 在建構齒輪前，必須對齒輪之實際的幾何形狀、機械性質與尺寸要相當的熟悉，才有助於後續的建模與求解。

2. 實務中，齒輪的導角設計相當重要，因爲它除了可以避免割傷工作人員之外，主要是避免物件或齒輪之間的摩擦。

3. 選用精明尺寸(Smart Size)6 來網格化齒輪，其有限元素的數量高達 42,332 個。對於只有 10,000 個有限元素數量限制的教育版分析軟體顯然無法使用。

4. 對於只能使用教育版分析軟體來分析齒輪時，不妨只分析 1/4 的齒輪即可，其中邊界條件的設定要特別謹愼。

5. 如果可以事先知道齒輪的機械性質與邊界條件，則對問題的分析與求解助益更大。

6. 從求解(Slove)與後處理器(Post Processor)可以協助瞭解齒輪與輪齒受力後的變形與應力集中概況，藉此可以來強化齒輪與輪齒之強度或變更設計。

7. 本例題可行的變化例，尚有：

    (1) 在相同條件之下，依比例放大齒輪之齒數爲 30, 40, 50, 60 and 70 輪齒，則其結果又如何？

    (2) 在相同條件之下，將一個齒輪改變成兩個相同齒輪接合，則其結果又如何？

    (3) 在相同條件之下，將一個齒輪改變成一大一小的兩個齒輪接合，則其結果又如何？

    (4) 在相同條件之下，將一個齒輪改變成一個齒輪與一條排齒的接合，則其結果又如何？

    (5) 在相同條件之下，將一個齒輪改變成一個齒輪與一根輪桿的接合，則其結果又如何？

電腦輔助工程分析實務

習題 ● Exercise

Ex3-1：如例題三所述，在相同條件之下，如果齒輪的厚度由 10mm 漸次增加至 14mm，試比較其最大變形(DMX)、最大應力(SMX)與最大應變(smax)為何？

齒輪厚度 t (mm)	10	11	12	13	14
最大變形 DMX (μm)	0.302				
最大應力 SMX (MPa)	4.68				
最大應變 smax (E-6)	33.7				

Ex3-2：如例題三所述，在相同條件之下，如果受到瞬間壓力 P=1MPa 漸次增加至 5MPa，試比較其最大變形(DMX)、最大應力(SMX)與最大應變(smax)為何？

壓力 P (MPa)	1	2	3	4	5
最大變形 DMX (μm)	0.302				
最大應力 SMX (MPa)	4.68				
最大應變 smax (E-6)	33.7				

Ex3-3：如例題三所述，在相同條件之下，如果其一輪齒之輪頸線條處受到瞬間力 F_x=10kN 漸次增加至 50kN，試比較其最大變形(DMX)、最大應力(SMX)與最大應變(smax)為何？

力 F_x (kN)	10	20	30	40	50
最大變形 DMX (μm)					
最大應力 SMX (MPa)					
最大應變 smax (E-6)					

Ex3-4：如例題三所述，在相同條件之下，如果受到瞬間角速度 ω_z=100rad/sec 漸次增加至 500rad/sec，試比較其最大變形(DMX)、最大應力(SMX)與最大應變(smax)為何？

角速度 ω_z (rad/sec)	100	200	300	400	500
最大變形 DMX (μm)					
最大應力 SMX (MPa)					
最大應變 smax (E-6)					

Ex3-5：如例題三所述，在相同條件之下，如果受到瞬間角加速度 α_z=10rad/sec^2 漸次增加至 50rad/sec^2，試比較其最大變形(DMX)、最大應力(SMX)與最大應變(smax)為何？

角加速度 α_z (rad/sec^2)	10	20	30	40	50
最大變形 DMX (μm)					
最大應力 SMX (MPa)					
最大應變 smax (E-6)					

Ex3-6：如例題三所述，在相同條件之下，如果齒輪之單一輪齒面積受到 UX=1mm 漸次增加至 5mm 之推動位移，試比較其其最大變形(DMX)、最大應力(SMX)與最大應變(smax)為何？

推動位移 UX (mm)	1	2	3	4	5
最大變形 DMX (μm)					
最大應力 SMX (MPa)					
最大應變 smax (E-6)					

例題四

如圖 4-1～4-2 所示，係為一 5 圈彈簧，該彈簧的線徑為 1mm，其中心線所圍繞線圈直徑為 20mm，每一圈的距離為 4mm。另外其楊氏係數 EX=140kN/mm^2，帕松比 PRXY = 0.3，當該彈簧下表面積被固定住(All DOF=0, on Area)，而上表面積受到瞬間壓力 P=1N/mm^2 時，試分析其最大變形(DMX)、最大應力(SMX)與最大應變(smax)為何？(Element Type：SOLID 187, Mesh Tool：Smart Size 6, Shape：Tex_Free)

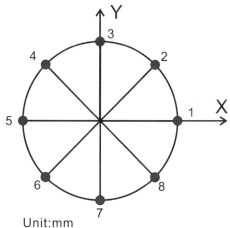

Unit:mm
Keypoints:
1(10, 0, 0); 2(7.07, 7.07, 0.5);
3(0, 10, 1); 4(-7.07, 7.07, 1.5);
5(-10, 0, 2); 6(-7.07, -7.07, 2.5);
7(0, -10, 3); 8(7.07, -7.07, 3.5).

⏻ 圖 4-1　彈簧各關鍵點之示意圖

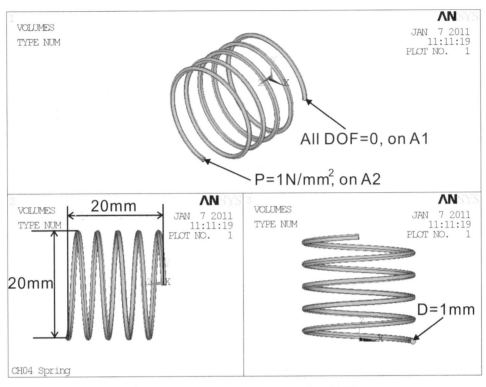

⏻ 圖4-2　彈簧之三視圖與邊界條件

【補充說明】

1. 本例題所述之彈簧係為一種線性的、彈性的與等向的立體材質。

2. 彈簧之自然邊界條件：All DOF = 0，於彈簧起點之截面積。

3. 彈簧之強制邊界條件：P = 1N/mm²，於彈簧終點之截面積。

4. 本例題力學分析所採用之單位分別是：長度(mm_公釐)、帕松比與應變 (N.A._無)以及壓力、應力與楊氏係數(N/mm²_牛頓/平方公釐)。

 ## 【學習重點】

1. 熟悉如何從各執行步驟中來瞭解彈簧受力後之變形、應力與應變分佈概況。

2. 熟悉如何學習單位之換算，讓物件或彈簧之建模更為方便。

3. 熟悉如何利用關鍵點(Keypoints)來建構彈簧之圍線座標。

4. 熟悉如何利用弧線法(Arcs)來建構彈簧之圓弧線。

5.　熟悉如何利用合成法(Add)來建構彈簧之圍線。

6.　熟悉如何利用工作平面(Work Plane)來建構彈簧之截面積。

7.　熟悉如何利用拉伸法(Extrude)來建構彈簧之體積。

8.　熟悉如何利用求解(Slove)與後處理器(Post Processor)來瞭解彈簧受力後之變形概況。

▶ **執行步驟 4.1**　　請參考第 1 章執行步驟 1.1 與圖 1-2，更改作業名稱(Change Jobname)：Utility Menu(功能選單)>File(檔案)>Change Jobname(更改作業名稱)>CH04_Spring(作業名稱)>Yes(是否為新的記錄或錯誤檔)>OK(完成作業名稱之更改或設定)。

▶ **執行步驟 4.2**　　請參考第 1 章執行步驟 1.2 與圖 1-3，更改標題(Change Title)：Utility Menu(功能選單或畫面)>File(檔案)>更改標題(Change Title)>CH04 Spring(標題名稱)>OK(完成標題之更改或設定)。

▶ **執行步驟 4.3**　　請參考第 1 章執行步驟 1.3 與圖 1-4，Preferences(偏好選擇)：ANSYS Main Menu(ANSYS 主要選單)>Preferences(偏好選擇)>Structural(結構的)>OK(完成偏好之選擇)。

▶ **執行步驟 4.4**　　請參考第 1 章執行步驟 1.4 與圖 1-5，選擇元素型態(Element Type)：Preprocessor(前處理器)>Element Type(元素型態)>Add/Edit/Delete(增加/編輯/刪除)>Add(增加)>Solid(立體元素)>Tet 10node 187(四角形 10 個節點之立體元素)>Close(關閉元素型態_Element Types 之視窗)。

▶ **執行步驟 4.5**　　請參考第 1 章執行步驟 1.5 與圖 1-6，設定彈簧之材料性質(Material Props)：Preprocessor(前處理器)>Material Props(材料性質)>Material Models(材料模式)>Structural(結構的)>Linear(線性的)>Elastic(彈性的)>Isotropic(等向性的)>1.4e5(在 EX 欄位內輸入楊氏係數或彈性模數 $1.4e5N/mm^2$)>0.3(在 PRXY 欄位內輸入帕松比 0.3)>OK(完成材料性質之設定)> ☒ (檢視材料性質無誤後點選 ☒ 關閉視窗)。

▶ **執行步驟 4.6**　　如圖 4-3 所示，建構關鍵點(Keypoints)：Preprocessor(前處理器)>Modeling(建模)>Create(建構)>Keypoints(關鍵點)>In Active CS(在主座標系統上)>1(在 NPT Keypoint number 輸入第一關鍵點)>(10, 0, 0)(在 X, Y, Z Location in active CS 輸入座標(10,0,0))>Apply(施用，重覆執行步驟 6～8，直到完成第 8 個關鍵點之設定爲止)>OK(完成關鍵點之設定)>Utility Menu(功能選單)>Plot(繪圖)>Keypoints(關鍵點)> ▣ (點選等視圖 ▣)。

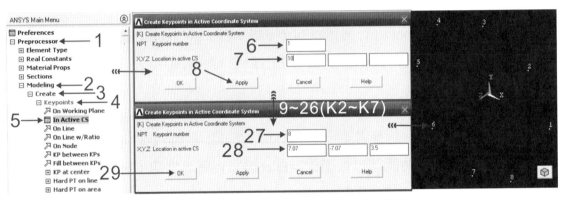

↻ 圖 4-3　執行步驟 4.6-1～28 與關鍵點建構之完成圖

▶ **執行步驟 4.7**　　如圖 4-4 所示，關鍵點之複製(Copy)：Preprocessor(前處理器)>Modeling(建模)>Copy(複製)>Keypoints(關鍵點)>Pick All(全選_8 個關鍵點全選)>5(在 Number of Copies-including original 欄位內輸入複製數量 5)>4(在 Z-offset in active CS 輸入欲放置之位置 4mm)>OK(完成關鍵點之複製)>Utility Menu(功能選單)>Plot(繪圖)>Keypoints(關鍵點)> ▣ (點選等視圖 ▣)。

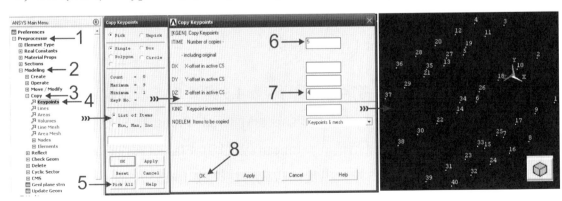

↻ 圖 4-4　執行步驟 4.7-1～8 關鍵點複製之完成圖

▶ **執行步驟 4.8**　　　如圖 4-5 所示，建構圓弧線(Arcs)：Preprocessor(前處理器)>
Modeling(建模)>Create(建構)>Lines(線條)>Arcs(圓弧線)>Through 3 KPs(透過 3 個
關鍵點)>K1(利用滑鼠左鍵先點選關鍵點 K1)>K3(利用滑鼠左鍵再點選關鍵點 K3)>
K2(利用滑鼠左鍵點最後選關鍵點 K2)>Apply(施用，繼續執行下一個步驟，重覆步
驟 7～10，直到最後一條圓弧線建構完成爲止 K37～K39)>OK(完成所有圓弧線之
建構)。

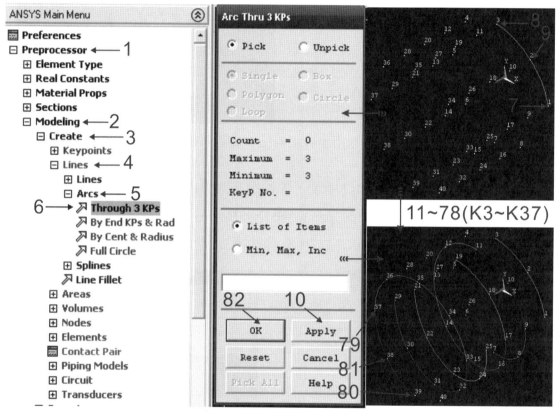

⏻ 圖 4-5　執行步驟 4.8-1～82 與彈簧螺旋圓弧線建構之完成圖

▶ **執行步驟 4.9**　　　如圖 4-6 所示，刪除(Delete)多餘之關鍵點(Keypoints)：
Preprocessor(前處理器)>Modeling(建模)>Delete(刪除)>Keypoints(關鍵點之刪除)>
40(利用滑鼠左鍵點選關鍵點 40)>OK(完成多餘關鍵點之刪除)。

電腦輔助工程分析實務

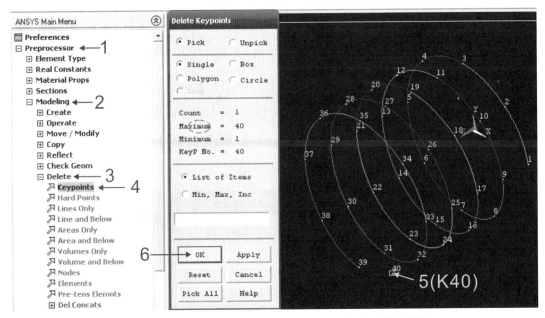

⟳ 圖 4-6　執行步驟 4.9-1～6 刪除多餘之關鍵點

▶ **執行步驟 4.10**　如圖 4-7 所示，彈簧螺旋圓弧線之合成(Add)：Preprocessor
(前處理器)>Modeling(建模)>Operate(操作)>Booleans(布林運算)>Add(合成)>
Lines(線條)>Pick All(全選)>OK(完成所有彈簧螺旋圓弧線之合成)。

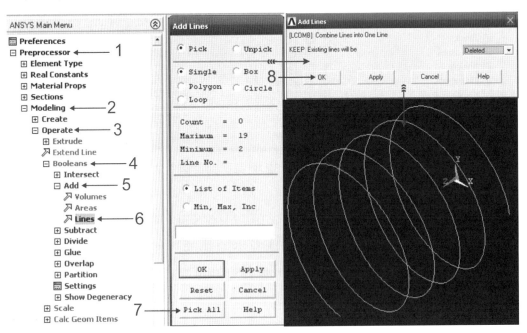

⟳ 圖 4-7　執行步驟 4.10-1～8 與所有彈簧螺旋圓弧線合成之完成圖

4-6

執行步驟 4.11　　如圖 4-8 所示，設定工作平面(WorkPlane)：WorkPlane(工作平面選單)>Display Working Plane(顯示工作平面)>Offset WP to(補償工作平面到)>Keypoints +(關鍵點)>K1(點選關鍵點 K1)>+X(利用滑鼠左鍵按壓+X 三次)>OK(完成工作平面設定)。

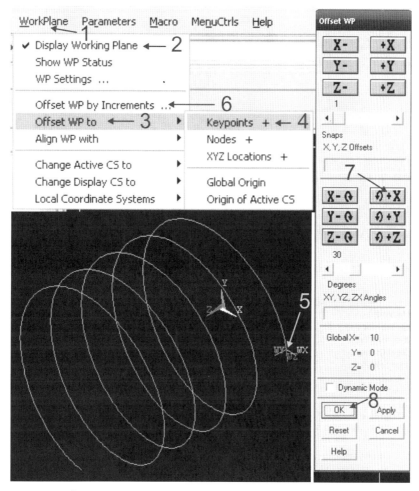

⏻ 圖 4-8　執行步驟 4.11-1～8 設定工作平面

執行步驟 4.12　　如圖 4-9 所示，建構圓形面積(Circle Areas)：Preprocessor (前處理器)>Modeling(建模)>Create(建構)>Areas(面積)>Circle(圓形)>Sloid Circle (實心圓)>0.5(在 Radius 欄位輸入半徑 0.5mm)>OK(完成圓形面積之建構)。

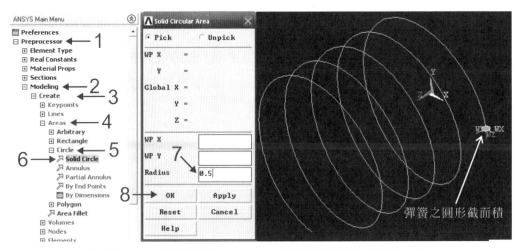

⏻ 圖 4-9　執行步驟 4.12-1～8 與圓形面積建構之完成圖

▶ **執行步驟 4.13**　如圖 4-10 所示，彈簧體積的拉伸(Extrude)：Preprocessor(前處理器)>Modeling(建 模)>Operate(操 作)>Extrude(拉 伸)>Areas(面 積)>Along Lines(沿著線條)>A1(點選面積 A1)>Apply(施用，繼續執行下一個步驟)>L1(點選線條 L1)>OK(完成拉伸)。

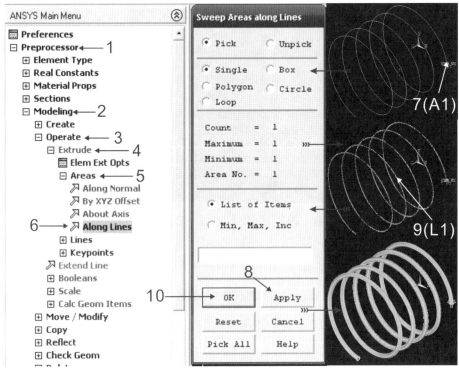

⏻ 圖 4-10　執行步驟 4.13-1～10 與彈簧體積拉伸之完成圖

▶ **執行步驟 4.14**　　請參考第 1 章執行步驟 1.13 與圖 1-15 以及如圖 4-11 所示，網格化(Meshing)：Preprocessor(前處理器)>Meshing(網格化)>MeshTool(網格工具)>Smart Size(精明尺寸)>6(點選精明尺寸　6)>Mesh(網格化啟動)>Pick All(全選_完成彈簧網格化)。

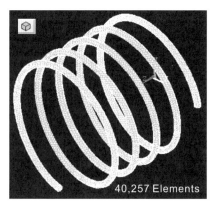

⟳ 圖 4-11　執行步驟 4.14 彈簧網格化

▶ **執行步驟 4.15**　　請參考第 1 章執行步驟 1.14 與圖 1-16，設定分析型態(Analysis Type)：Solution(求解的方法)>Analysis Type(分析型態)>New Analysis(新分析型態)>Static(靜力的)>OK(完成分析型態之選定)。

▶ **執行步驟 4.16**　　如圖 4-12 所示，設定彈簧之自然邊界條件(On Areas)：Solution(求解的方法)>Defined Loads(定義負載)>Apply(設定)>Structural(結構的)>Displacement(位移的)>On Areas(設定在面積上)>A1(點選彈簧之截面積 A1)>OK(完成自然邊界條件之點選)>All DOF(所有自由度)>0(在 VALUE Displacement value 欄位內輸入位移量 0m)>OK(完成彈簧自然邊界條件之設定)。

電腦輔助工程分析實務

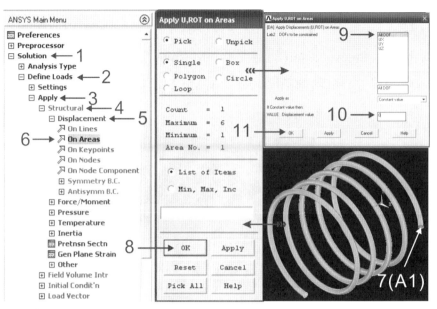

⏻ 圖 4-12　執行步驟 4.16-1～11 設定彈簧之自然邊界條件

▶ **執行步驟 4.17**　如圖 4-13 所示，設定彈簧之強制邊界條件_壓力(Pressure)：Solution(解法)>Defined Loads(定義負載)>Apply(設定)>Pressure(壓力)>On Areas(設定在面積上)>A6(點選面積 A6)>OK(完成面積之點選)>1(在 VALUE Load PRES value 欄位內輸入壓力 1N/mm²)>OK(完成彈簧強制邊界條件_壓力之設定)。

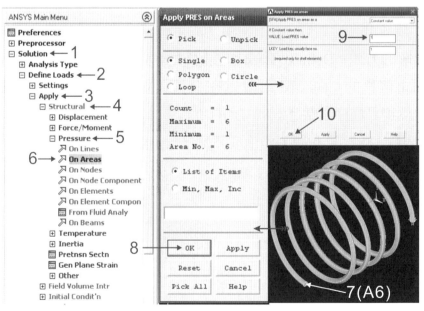

⏻ 圖 4-13　執行步驟 4.17-1～10 與設定彈簧之強制邊界條件

▶ **執行步驟 4.18**　　請參考第 1 章執行步驟 1.17 與圖 1-19，求解(Solve)：Solution (解法)>Solve(求解)>Current LS or Current Load Step(目前的負載步驟)>OK(完成執行步驟開始求解)>Yes(執行求解)>Close(求解完成關閉視窗)>File(點選檔案)>Close (關閉檔案)。

▶ **執行步驟 4.19**　　請參考第 1 章執行步驟 1.18, 1.21 & 1.22 與圖 1-20, 1-23 & 1-24，以及如圖 4-14 所示，檢視變形輸出：General Postprocessor(一般後處理器)>Plot Results(繪製結果)>Contour Plot(輪廓繪製)>Nodal Solution(節點解答)>DOF Solution(自由度解答)>Displacement vector sum(位移向量總合)>Deformed Shape with undeformed edge(已變形與未變形邊緣)>OK(完成變形輸出)>Utility Menu(功能選單)>PlotCtrls(繪圖控制)>Multi-Window Layout(多視窗之佈局)>Three(Top/2Bot) (三視圖_上視窗 1 張圖/下視窗 2 張圖)>OK(完成多視窗之佈局)>1(點選 Active Window Number 主動視窗編號 1)> ⬡ (點選等視圖 ⬡)>2(點選 Active Window Number 主動視窗編號 2)> ▱ (點選右側視圖 ▱)>3(點選 Active Window Number 主動視窗編號 3)> ▱ (點選 ▱ 仰視圖)>Utility Menu(功能選單)>PlotCtrls (繪圖控制)>Redirect Plots(轉換圖式)>To JPEG File(轉換成 jpeg 或 jpg 檔)>On(點選背景反白視窗)>OK(完成變形多視窗佈局輸出)。

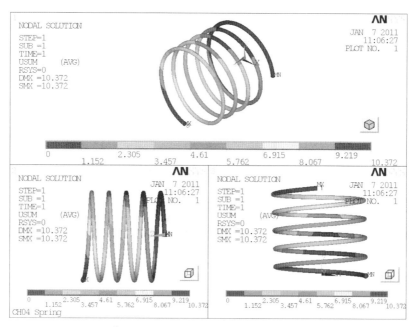

⏻ 圖 4-14　變形輸出之完成圖

【補充說明4.19】彈簧最大變形為 10.372mm。

▶ 執行步驟 4.20 請參考第 1 章執行步驟 1.19, 1.21 & 1.22 與圖 1-21, 1-23 & 1-24，以及如圖 4-15 所示，檢視應力輸出：General Postprocessor(一般後處理器)> Plot Results(繪製結果)>Contour Plot(輪廓繪製)>Nodal Solution(節點解答)> Stress(應力)>von Mises stress(應力總合)>Deformed Shape with undeformed edge(已變形與未變形邊緣)>OK(完成最大應力輸出)>Utility Menu(功能選單)> PlotCtrls(繪圖控制)>Multi-Window Layout(多視窗之佈局)>Three(Top/2Bot)(三視圖_上視窗 1 張圖/下視窗 2 張圖)>OK(完成多視窗之佈局)>1(點選 Active Window Number 主動視窗編號 1)> ◈ (點選等視圖 ◈)>2(點選 Active Window Number 主動視窗編號 2)> ◱ (點選右側視圖 ◱)>3(點選 Active Window Number 主動視窗編號 3)> ◱ (點選 ◱ 仰視圖)>Utility Menu(功能選單)>PlotCtrls(繪圖控制)> Redirect Plots(轉換圖式)>To JPEG File(轉換成 jpeg 或 jpg 檔)>On(點選背景反白視窗)>OK(完成變形多視窗佈局輸出)。

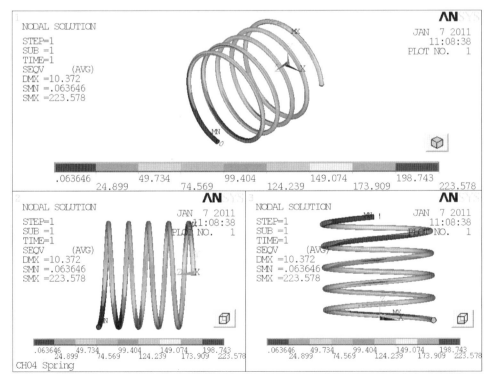

⏻ 圖 4-15 應力輸出之完成圖

【補充說明 4.20】彈簧最大應力為 $223.578 N/mm^2$ or $223.578 MPa$。

▶ **執行步驟 4.21**　　請參考第 1 章執行步驟 1.20, 1.21 & 1.22 與圖 1-22, 1-23 & 1-24，以及如圖 4-16 所示，檢視應變輸出：General Postprocessor(一般後處理器)>Plot Results(繪製結果)>Contour Plot(輪廓繪製)>Nodal Solution(節點解答)>Total Strain(所有應變)>von Mises total strain(總應變)>Deformed Shape with undeformed edge(已變形與未變形邊緣之輸出)>OK(完成應變輸出)>Utility Menu(功能選單)>PlotCtrls(繪圖控制)>Multi-Window Layout(多視窗之佈局)>Three(Top/2Bot)(三視圖 _上視窗 1 張圖/下視窗 2 張圖)>OK(完成多視窗之佈局)>1(點選 Active Window Number 主動視窗編號 1)> ⬡ (點選等視圖 ⬡)>2(點選 Active Window Number 主動視窗編號 2)> ◰ (點選右側視圖 ◰)>3(點選 Active Window Number 主動視窗編號 3)> ◰ (點選 ◰ 仰視圖)>Utility Menu(功能選單)>PlotCtrls(繪圖控制)>Redirect Plots(轉換圖式)>To JPEG File(轉換成 jpeg 或 jpg 檔)>On(點選背景反白視窗)>OK(完成變形多視窗佈局輸出)。

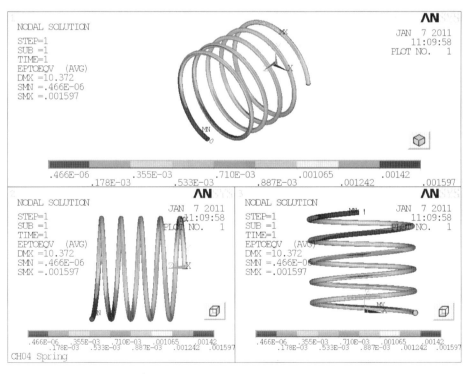

⏏ 圖 4-16　應變輸出之完成圖

【補充說明 4.21】彈簧最大應變爲 1.597E-03(N.A._無單位)。

 【結果與討論】

1. 如圖 4-1～4-2 所示，在建構彈簧前，必須先確定彈簧之實際尺寸。

2. 如圖 4-4 所示，其所建立的關鍵點，係爲一漸次上升的立體關鍵點。

3. 如圖 4-5 所示，在建立彈簧圓弧線之前，利用 "動態模型之模式" 視窗將所複製的所有關鍵點調整到最佳視覺角度，以方便彈簧圓弧線之建構。

4. 如圖 4-6 所示，其中第 40 個關鍵點係爲一個多餘的關鍵點，可以選擇刪除以避免誤判。

5. 如圖 4-7 所示，彈簧圓弧線的合成是否成功，決定在關鍵點的建立與複製程序上。如果利用單一循環圓弧線來大量複製其他圓弧線時，通常無法讓所有圓弧線條順利的合成(此部分之操作，讀者不妨可以嘗試看看。

6. 如圖 4-8～4-10 所示，設定工作平面係關係到彈簧圓形截面積之建構與拉伸是否成功之關鍵。如果工作平面之 WZ 座標與圓形截面積 A1 無法垂直於關鍵點 K1，則無法拉伸一條完美的彈簧來。

7. 如圖 4-11 所示，彈簧選擇點選精明尺寸 6 時，其元素數量爲 40,257 個。

8. 如圖 4-14 所示，彈簧自由端受到壓力 P=1N/mm^2 時，其最大變形(DMX)爲 10.372mm。

9. 如圖 4-15 所示，彈簧自由端受到壓力 P=1N/mm^2 時，其最大應力(SMX)爲 223.578N/mm^2。

10. 如圖 4-16 所示，彈簧自由端受到壓力 P=1N/mm^2 時，其最大應變(smax)爲 0.001597。

【結論與建議】

1. 本章節所使用之單位與前幾章節不同，主要目的係希望讓物件或彈簧之建模更為方便。

2. 本章節所使用之長度單位為 mm，而壓力單位為 N/mm^2。

3. 一般彈簧的前後端係為一平整的平面，此部分可由讀者自行練習之。

4. 本例題所述之最大應力尚未超過材料之降伏強度，亦即其受力後仍然處在彈性與線性之範圍內。

5. 從求解(Slove)與後處理器(Post Processor)可以協助瞭解彈簧受力後的變形與應力集中概況，藉此可以來強化彈簧之強度或變更設計。

6. 本例題可行的變化例，尚有：

   (1) 在相同條件之下，彈簧的楊氏係數(EX)由 140GP 依序增加至 190GPa，則其結果又如何？

   (2) 在相同條件之下，彈簧的帕松比(PRXY)由 0.0 依序增加至 0.4，則其結果又如何？

   (3) 在相同條件之下，如果元素型態(Element Type)選擇 Solid 42, 45, 92 or 95，則其結果又如何？

   (4) 在相同條件之下，如果精明尺寸(Smart Size)選擇 5, 4, 3 or 2，則其結果又如何？

   (5) 在相同條件之下，如果彈簧間距由 0.3mm 增加依序至 0.7mm，則其結果又如何？

   (6) 在相同條件之下，該彈簧由 5 圈依序增加至 25 圈，則其結果又如何？

   (7) 在相同條件之下，在彈簧上下各加一塊平板，則其結果又如何？

   (8) 在相同條件之下，在複製四個彈簧且上下各加一塊平板，則其結果又如何？

   (9) 在相同條件之下，在複製四個彈簧且上下各加一塊平板，並且在上平板上加上不同的負載，則其結果又如何？

習題　　Exercise

Ex4-1：如例題四所述，在相同條件之下，如果受到壓力 P=1N/mm² 漸次增加至 5 N/mm²，試比較其最大變形(DMX)、最大應力(SMX)與最大應變(smax)為何？

壓力 P (N/mm²)	1	2	3	4	5
最大變形 DMX (mm)	10.372				
最大應力 SMX (N/mm²)	223.578				
最大應變 smax (E-3)	1.579				

Ex4-2：如例題四所述，在相同條件之下，如果彈簧自由端受到 F_z=1kN 漸次增加至 5kN，試比較其最大變形(DMX)、最大應力(SMX)與最大應變(smax)為何？

力 F_z (kN)	1	2	3	4	5
最大變形 DMX (mm)					
最大應力 SMX (N/mm²)					
最大應變 smax (E-3)					

Ex4-3：如例題四所述，在相同條件之下，如果彈簧自由端受到 F_y=1kN 漸次增加至 5kN，試比較其最大變形(DMX)、最大應力(SMX)與最大應變(smax)為何？

力 F_y (kN)	1	2	3	4	5
最大變形 DMX (mm)					
最大應力 SMX (N/mm²)					
最大應變 smax (E-3)					

Ex4-4：如例題四所述，在相同條件之下，如果彈簧的直徑由 D=1mm 漸次增加至
1.4mm，試比較其最大變形(DMX)、最大應力(SMX)與最大應變(smax)為
何？

彈簧直徑 (mm)	1	1.1	1.2	1.3	1.4
最大變形 DMX (mm)	10.372				
最大應力 SMX (N/mm^2)	223.578				
最大應變 smax (E-3)	1.579				

Ex4-5：如例題四所述，在相同條件之下，如果彈簧圈數由 3 圈漸次增加至 7 圈，
試比較其最大變形(DMX)、最大應力(SMX)與最大應變(smax)為何？

彈簧圈數	3	4	5	6	7
最大變形 DMX (mm)			10.372		
最大應力 SMX (N/mm^2)			223.578		
最大應變 smax (E-3)			1.579		

例題五

如圖 5-1～5-2 所示，係為一 M12 & M10 之固定扳手，其楊氏係數 EX=140kN/mm^2，帕松比 PRXY = 0.3，當該扳手 M12 端之內表面積被固定住(All DOF=0, on Area)，而 M10 端之內上表面積受到壓力 P = −1N/mm^2 與 M10 端之內下表面積受到壓力 P = 1N/mm^2 時，試分析其最大變形(DMX)、最大應力(SMX)與最大應變(smax)為何？(Element Type：SOLID 187, Mesh Tool：Smart Size 6, Shape：Tex_Free)

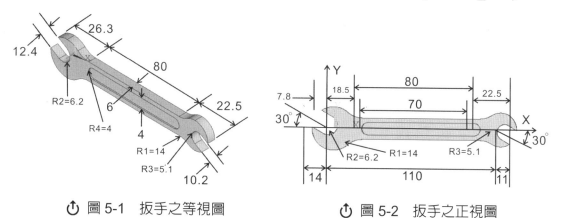

　　↻ 圖 5-1　扳手之等視圖　　　　　　　　　↻ 圖 5-2　扳手之正視圖

【補充說明】

1. 本例題所述之扳手係為一種線性的、彈性的與等向的立體材質。

2. 扳手之自然邊界條件：All DOF = 0，於扳手 M12 端之內表面積。

3. 扳手之強制邊界條件：P = −1N/mm^2，於扳手 M10 端之內上表面積。

4. 扳手之強制邊界條件：$P = 1N/mm^2$，於扳手 M10 端之內下表面積。

5. 扳手外緣四個導角之半徑均為 $R_1 = 14mm$。

6. 扳手總長為 135mm、寬度為 14mm、厚度為 6mm、M12 端之半徑為 14mm、M10 端之半徑為 11mm。

7. 扳手 M12 端之導角半徑為 $R_2 = 6.2mm$。扳手 M10 端之導角半徑為 $R_3 = 5.1mm$。

8. 扳手兩側凹槽之總長為 80mm、寬度為 8mm、深度為 1mm、凹槽之導角半徑為 $R_4 = 4mm$。

9. 本例題力學分析所採用之單位分別是：長度(mm_公釐)、帕松比與應變(N.A._無)以及壓力、應力與楊氏係數(N/mm^2_牛頓/平方公釐)。

【學習重點】

1. 熟悉如何從各執行步驟中來瞭解扳手受力後之變形、應力與應變分佈概況。

2. 熟悉如何利用方形(Rectangle)與圓形(Circle)面積(Areas)來建構扳手之輪廓。

3. 熟悉如何利用工作平面(Work Plane)與方形(Rectangle)面積(Areas)來建構扳手之缺槽。

4. 熟悉如何利用導角線條(Line Fillet)來建構扳手內外緣之導角。

5. 熟悉如何利用工作平面(Work Plane)來建構扳手凹槽之面積。

6. 熟悉如何利用拉伸法(Extrude)來建構扳手與外側凹槽之體積。

7. 熟悉如何利用複製法(Copy)來建構扳手內側凹槽之體積。

8. 熟悉如何利用減除法(Subtract)來建構扳手內外側之凹槽。

9. 熟悉如何利用求解(Slove)與後處理器(Post Processor)來瞭解扳手受力後之變形概況。

執行步驟 5.1 請參考第 1 章執行步驟 1.1 與圖 1-2，更改作業名稱(Change Jobname)：Utility Menu(功能選單)>File(檔案)>Change Jobname(更改作業名稱)>CH05_Spanner(作業名稱)>Yes(是否為新的記錄或錯誤檔)>OK(完成作業名稱之更改或設定)。

▶ **執行步驟 5.2**　　請參考第 1 章執行步驟 1.2 與圖 1-3，更改標題(Change Title)：Utility Menu(功能選單或畫面)>File(檔案)>更改標題(Change Title)>CH05_Spanner(標題名稱)>OK(完成標題之更改或設定)。

▶ **執行步驟 5.3**　　請參考第 1 章執行步驟 1.3 與圖 1-4，Preferences(偏好選擇)：ANSYS Main Menu(ANSYS 主要選單)>Preferences(偏好選擇)>Structural(結構的)>OK(完成偏好之選擇)。

▶ **執行步驟 5.4**　　請參考第 1 章執行步驟 1.4 與圖 1-5，選擇元素型態(Element Type)：Preprocessor(前處理器)>Element Type(元素型態)>Add/Edit/Delete(增加/編輯/刪除)>Add(增加)>Solid(立體元素)>Tet 10node 187(四角形 10 個節點之立體元素)>Close(關閉元素型態_Element Types 之視窗)。

▶ **執行步驟 5.5**　　請參考第 1 章執行步驟 1.5 與圖 1-10～1-11，設定扳手之材料性質(Material Props)：Preprocessor(前處理器)>Material Props(材料性質)>Material Models(材料模式)>Structural(結構的)>Linear(線性的)>Elastic(彈性的)>Isotropic(等向性的)>1.4e5(在 EX 欄位內輸入楊氏係數或彈性模數 $1.4e5N/mm^2$)>0.3(在 PRXY 欄位內輸入帕松比 0.3)>OK(完成材料性質之設定)> ☒ (檢視材料性質無誤後點選 ☒ 關閉視窗)。

▶ **執行步驟 5.6**　　如圖 5-3 所示，建構扳手握把處之面積(Areas)：Preprocessor(前處理器)>Modeling(建模)>Create(建構)>Areas(面積)>Rectangle(方形)>By Dimension(透過維度)>110(在 X1X2 X-coordinate 欄位內輸入長度 110mm)>(−7, 7)(在 Y1Y2 Y-coordinate 欄位內輸入寬度範圍(−7, 7)mm)>OK(完成扳手握把處面積之建構)。

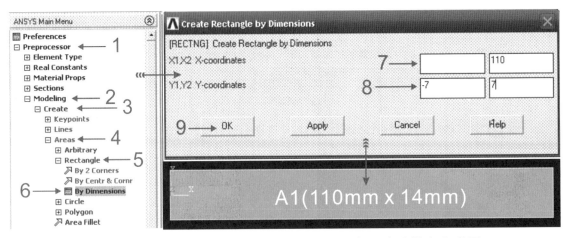

⏻ 圖 5-3　執行步驟 5.6-1～9 與扳手握把處面積建構之完成圖

▶ **執行步驟 5.7**　　　如圖 5-4 所示，建構扳手 M10 & M12 端之面積(Areas)：
Preprocessor(前處理器)>Modeling(建模)>Create(建構)>Areas(面積)>Circle(圓形)>
Solid Circle(實心圓)>14(在 Radius 欄位輸入 M12 端半徑 14mm)>Apply(施用，繼續
執行下一個步驟)>110(在 WP X 欄位輸入 M10 端之座標 110mm)>11(在 Radius 欄位
輸入 M10 端半徑 11mm)>OK(完成扳手 M10 端面積之建構)。

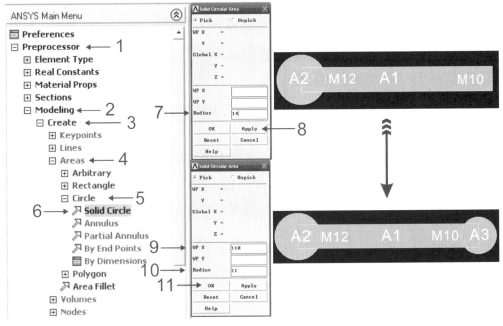

⏻ 圖 5-4　執行步驟 5.7-1～11 與扳手 M10 & M12 端面積建構之完成圖

▶ **執行步驟 5.8**　　如圖 5-5 所示，扳手握把處、M10 & M12 端面積的合成 (Add)：Preprocessor(前處理器)>Modeling(建模)>Operate(操作)>Booleans(布林運算)>Add(合成)>Areas(面積)>Pick All(全選，完成扳手握把處、M10 & M12 端面積的合成)。

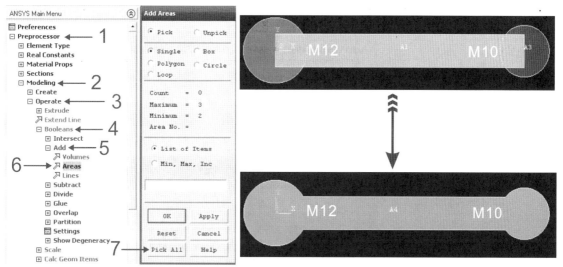

⏻ 圖 5.5　執行步驟 5.8-1～7 與扳手握把處、M10 & M12 端面積合成之完成圖

▶ **執行步驟 5.9**　　如圖 5-6 所示，啟動與設定工作平面(Working Plane)：WorkPlane(工作平面點選)>Display Working Plane(顯示工作平面)>Offset WP by Increments(透過增量補償工作平面) ⟳+Z (利用滑鼠左鍵敲擊 ⟳+Z 兩次，讓 WP 座標與 CS 座標之夾角為 60 度)。

⏻ 圖 5.6　執行步驟 5.9-1～4 與工作平面設定完成圖

▶ **執行步驟 5.10** 如圖 5-7 所示，建構扳手 M12 端之缺槽面積(Areas)：Preprocessor(前處理器)>Modeling(建模)>Create(建構)>Areas(面積)>Rectangle(方形)>By Dimension(透過維度)>(−6.2, 6.2)(在 X1X2 X-coordinate 欄位內輸入長度範圍(−6.2, 6.2)mm)>(−2, 15)(在 Y1Y2 Y-coordinate 欄位內輸入寬度範圍(−2, 15)mm)>OK(完成扳手 M12 端缺槽面積之建構)。

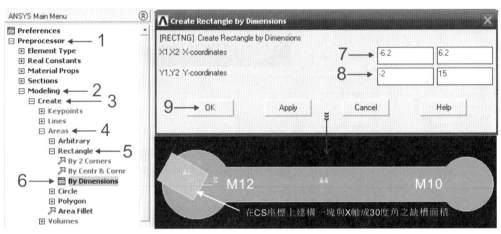

⏻ 圖 5-7　執行步驟 5.10-1～9 與扳手 M12 端缺槽面積建構之完成圖

▶ **執行步驟 5.11** 如圖 5-8 所示，設定工作平面(WorkPlane)：WorkPlane(工作平面)>Display Working Plane(顯示工作平面)>Offset WP to(補償工作平面到)>K10(點選關鍵點 10)>K12(點選關鍵點 12)>OK(完成工作平面之設定) **Z-Q** (利用滑鼠左鍵按壓 **Z-Q** 三次，讓 WP 座標與 X 軸之夾角為 30 度)。

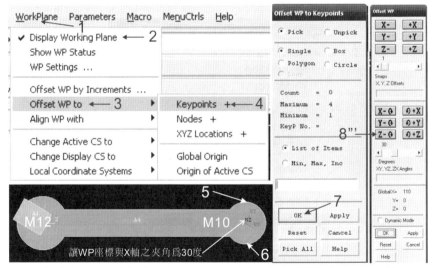

⏻ 圖 5-8　執行步驟 5.11-1～8 與工作平面設定之完成圖

執行步驟 5.12　　如圖 5-9 所示，建構扳手 M10 端之缺槽面積(Areas)：Preprocessor(前處理器)>Modeling(建模)>Create(建構)>Areas(面積)>Rectangle(方形)>By Dimension(透過維度)>(-2, 14)(在 X1X2 X-coordinate 欄位內輸入長度範圍(-2, 14)mm)>(-5.1, 5.1)(在 Y1Y2 Y-coordinate 欄位內輸入寬度範圍(-5.1, 5.1)mm)>OK(完成扳手 M10 端缺槽面積之建構)。

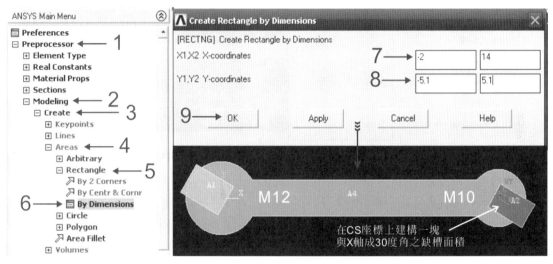

⏻ 圖 5-9　執行步驟 5.12-1～9 與扳手 M10 端缺槽面積建構之完成圖

執行步驟 5.13　　如圖 5-10 所示，扳手 M10 & M12 端缺槽面積的減除(Subtract)：Preprocessor(前處理器)>Modeling(建模)>Operate(操作)>Booleans(布林運算)>Subtract (減除)>Areas(面積)>A4(先點選主面積 A4)>Apply(施用，繼續執行下一個步驟)>A1(再點選 M12 端之缺槽面積 A1)>A2(最後點選 M10 端之缺槽面積 A2)>OK(完成扳手 M10 & M12 端缺槽面積的減除)。

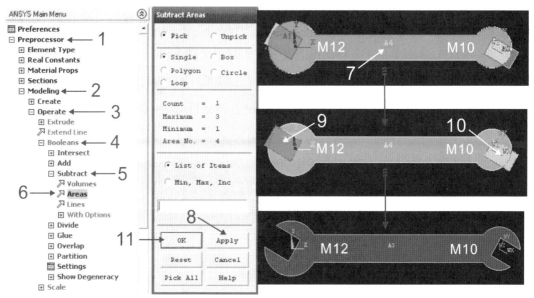

⏻ 圖 5-10 執行步驟 5.13-1～11 與扳手 M10 & M12 端缺槽面積減除之完成圖

▶ **執行步驟 5.14** 如圖 5-11 所示，建構導角線條(Line Fillet)：Preprocessor(前處理器)>Modeling(建模)>Create(建構)>Lines(線條)>Line Fillet(導角線條)>L3(先點選線條 L3)>L1(再點選線條 L1)>Apply(執行)>14(在 RAD Fillet radius 欄位內輸入導角半徑 14mm)>Apply(施用，繼續執行下一個步驟)>OK(完成導角線條之建構)。

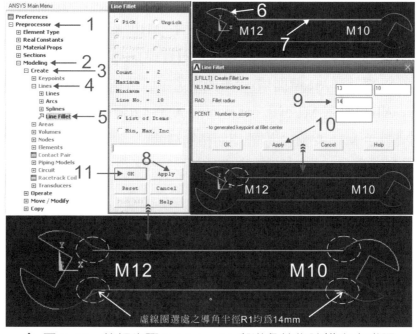

⏻ 圖 5-11 執行步驟 5.14-1～11 與導角線條建構之完成圖

▶ **執行步驟** 5.15　如圖 5-12 所示，扳手 M12 缺槽導角線條(Line Fillet)之建構：Preprocessor(前處理器)>Modeling(建模)>Create(建構)>Lines(線條)>Line Fillet(導角線條)>L5(先點選線條 L5)>L6(再點選線條 L6)>6.2(在 RAD Fillet radius 欄位內輸入導角半 6.2mm)>Apply(施用，繼續執行下一個步驟)>OK(完成扳手 M12 缺槽導角線條之建構)。

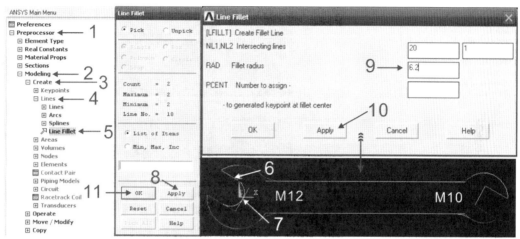

↻ 圖 5-12　執行步驟 5.15-1～11 與扳手 M12 缺槽導角線條建構之完成圖

▶ **執行步驟** 5.16　如圖 5-13 所示，扳手 M10 缺槽導角線條(Line Fillet)之建構：Preprocessor(前處理器)>Modeling(建模)>Create(建構)>Lines(線條)>Line Fillet(導角線條)>L13(先點選線條 L13)>L12(再點選線條 L12)>5.1(在 RAD Fillet radius 欄位內輸入導角半徑 5.1mm)>Apply(施用，繼續執行下一個步驟)>OK(完成扳手 M10 缺槽導角線條之建構)。

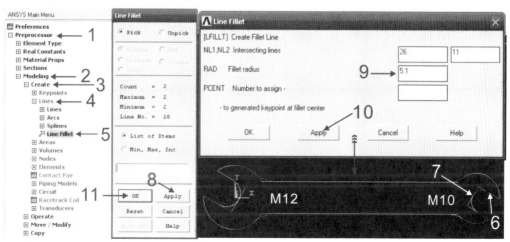

↻ 圖 5-13　執行步驟 5.16-1～11 與扳手 M10 缺槽導角線條建構之完成圖

▶ **執行步驟** 5.17   如圖 5-14 所示，建構扳手內外緣導角面積(Areas)：Preprocessor(前處理器)>Modeling(建模)>Create(建構)>Areas(面積)>By Lines(透過線條)>L3～L5(點選線條 L3～L5)>Apply(施用，繼續執行下一個步驟，直到完成所有導角面積之建構為止)>OK(完成扳手內外緣導角面積之建構)。

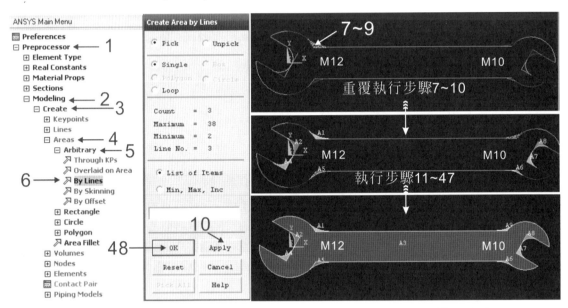

↻ 圖 5-14   執行步驟 5.17-1～48 與扳手內外緣導角面積建構之完成圖

▶ **執行步驟** 5.18   如圖 5-15 所示，扳手內外緣導角面積與主面積之合成(Add)：Preprocessor(前處理器)>Modeling(建模)>Operate(操作)>Booleans(布林法或布林運算法)>Add(合成所有面積)>Areas(面積之合成)>Pick All(全選_完成扳手內外緣導角面積與主面積之合成工作)。

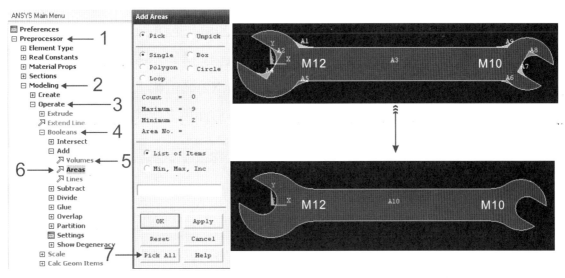

⏻ 圖 5-15　執行步驟 5.18-1～7 以及扳手內外緣導角面積與主面積合成之完成圖

▶ **執行步驟 5.19**　如圖 5-16 所示，設定工作平面(WorkPlane)：WorkPlane(工作平面)>Display Working Plane(顯示工作平面)>Offset WP to(補償工作平面到)>K4(點選關鍵點 K4)>K17(另點選關鍵點 17)>K23(再點選關鍵點 23)>K27(最後點選關鍵點 27)>OK(完成工作平面之設定，讓工作平面設定在扳手握把處面積之中心)。

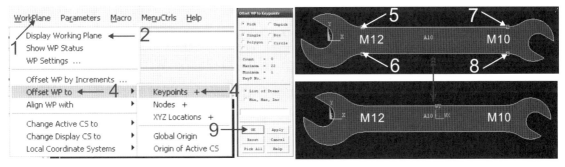

⏻ 圖 5-16　執行步驟 5.19-1～9 與工作平面設定之完成圖

▶ **執行步驟 5.20**　　如圖 5-17 所示，建構扳手凹槽方形(Rectangle)面積(Areas)：
Preprocessor(前 處 理 器)>Modeling(建 模)>Create(建 構)>Areas(面 積)>Rectangle
(方形)>By Dimension(透過維度)>(−35,35)(在(X1,X2)欄位輸入(−35,35))>(−4, 4)
(在(Y1, Y2)欄位輸入(−4, 4))>OK(完成扳手凹槽方形面積之建構)。

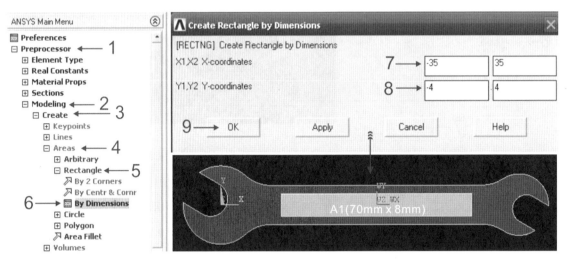

↻ 圖 5-17　執行步驟 5.20-1～9 與扳手凹槽方形面積建構之完成圖

▶ **執行步驟 5.21**　　如圖 5-18 所示，建構扳手凹槽圓形(Circle)面積(Areas)：
Preprocessor(前處理器)>Modeling(建模)>Create(建構)>Areas(面積)>Circle(圓形)>
Solid Circle(實心圓)>−35(在 WP X 欄位內輸入座標−35mm)>4(在 Radius 欄位內輸
入半徑 4mm)>Apply(施用，繼續執行下一個步驟)>35(在 WP X 欄位內輸入座標
35mm)>4(在 Radius 欄位內輸入半徑 4mm)>OK(完成扳手凹槽圓形面積之建構)。

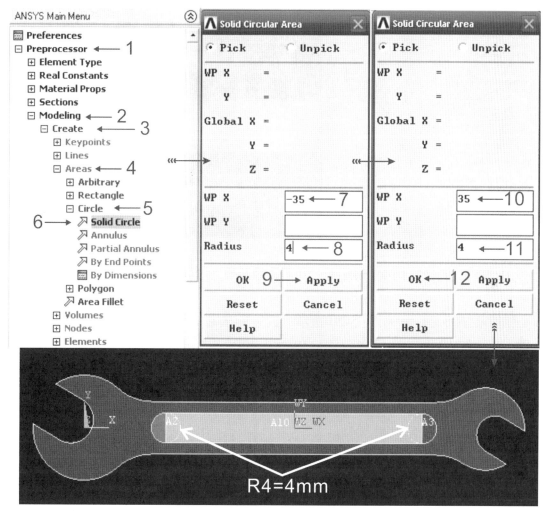

⏻ 圖 5-18　執行步驟 5.21-1～12 與扳手凹槽圓形面積建構之完成圖

▶ **執行步驟 5.22**　　如圖 5-19 所示，扳手凹槽方形與圓形面積之合成(Add)：
Preprocessor(前處理器)>Modeling(建模)>Operate(操作)>Booleans(布林運算)>Add
(合成)>Areas(面積)>A1(先點選扳手凹槽方形面積 A1)>A2(再點選扳手凹槽圓形面
積 A2)>A3(最後點選扳手凹槽圓形面積 A3)>OK(完成扳手凹槽方形與圓形面積之
合成)。

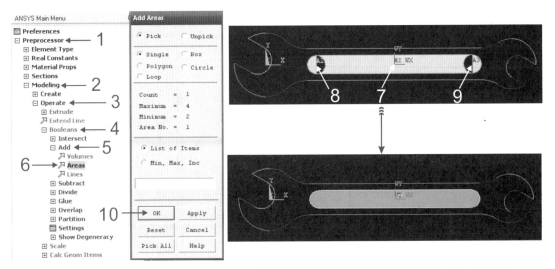

☉ 圖 5-19　執行步驟 5.22-1～10 與扳手凹槽方形與圓形面積合成之完成圖

▶ **執行步驟** 5.23　　如圖 5-20 所示，扳手體積之拉伸(Extrude)：Preprocessor(前處理器)>Modeling(建模)>Operate(操作)>Extrude(拉伸)>Areas(面積)>By XYZ Offset(透過 XYZ 座標補償)>A10(點選主面積 A10)>OK(完成主面積之點選)>6(在 DX,DY,DZ Offset for extrusion 欄位內之 Z 方向座標輸入 6mm)>OK(完成扳手體積之拉伸)> ◎ (點選等視圖 ◎)。

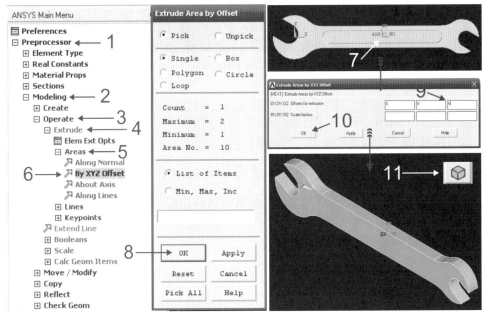

☉ 圖 5-20　執行步驟 5.23-1～11 與扳手體積拉伸之完成圖

▶ **執行步驟 5.24**　　如圖 5-21 所示，扳手凹槽體積之拉伸(Extrude)：
Preprocessor(前處理器)>Modeling(建模)>Operate(操作)>Extrude(拉伸)>Areas(面積)>
By XYZ Offset(透過 XYZ 座標補償)>A10(點選凹槽面積 A10)>OK(完成凹槽面積之
點選)>1(在 DX,DY,DZ Offset for extrusion 欄位內之 Z 方向座標輸入 1mm)>OK (完
成凹槽體積之拉伸)。

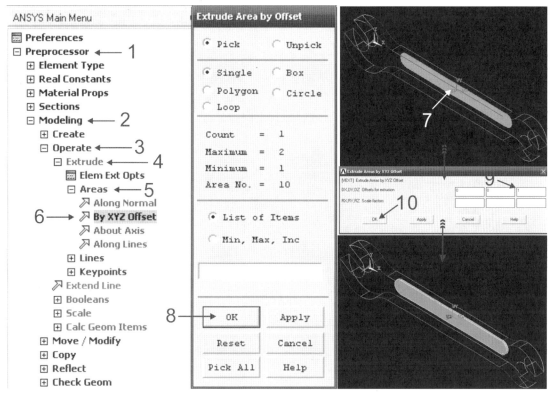

⟳ 圖 5-21　執行步驟 5.24-1～10 與扳手凹槽體積拉伸之完成圖

▶ **執行步驟 5.25**　如圖 5-22 所示，扳手凹槽體積之複製(Copy)：Preprocessor (前處理器)>Modeling(建模)>Copy(複製)>Volumes(體積)>V2(點選凹槽體積 V2)> OK(完成凹槽體積之點選)>2(在 Number of Copies-including original 欄位內輸入複製數量 2)>5(在 DZ Z-Offset in actives CS 欄位內輸入移動位移 5mm)>OK(完成第二塊凹槽體積之複製)。

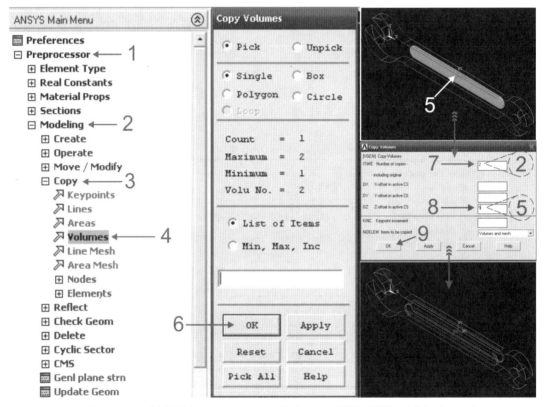

⟳ 圖 5-22　執行步驟 5.25-1～9 與第二塊凹槽體積複製之完成圖

▶ **執行步驟 5.26**　如圖 5-23 所示，扳手凹槽體積的減除(Subtract)：Preprocessor (前處理器)>Modeling(建模)>Operate(操作)>Booleans(布林運算)>Subtract(減除)> Volumes(體積)>V1(先點選主體積 V1)>Apply(施用，繼續執行下一個步驟)>V2 & V3(再點選凹槽體積 V2 & V3)>OK(完成扳手凹槽體積的減除)。

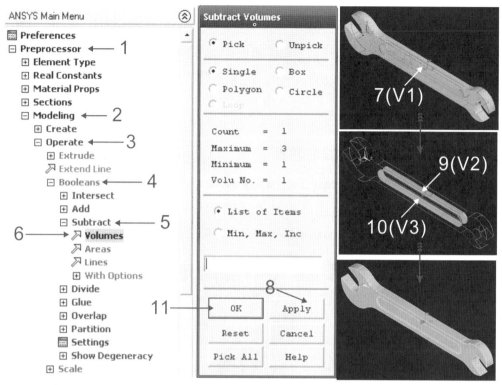

⏏ 圖 5-23　執行步驟 5.26-1～11 與扳手凹槽體積減除之完成圖

▶ **執行步驟 5.27**　請參考第 1 章執行步驟 1.13 與圖 1-15 以及如圖 5-24 所示，扳手網格化(Meshing)：Preprocessor(前處理器)>Meshing(網格化)>MeshTool(網格工具)>Smart Size(精明尺寸)>6(點選精明尺寸6)>Mesh(網格化啟動)>Pick All(全選_完成扳手網格化)。

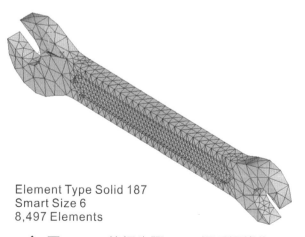

Element Type Solid 187
Smart Size 6
8,497 Elements

⏏ 圖 5-24　執行步驟 5.27 扳手網格化

▶ **執行步驟 5.28** 請參考第 1 章執行步驟 1.14 與圖 1-16，設定分析型態 (Analysis Type)：Solution(求解的方法)>Analysis Type(分析型態)>New Analysis(新分析型態)>Static(靜力的)>OK(完成分析型態之選定)。

▶ **執行步驟 5.29** 如圖 5-25 所示，設定扳手之自然邊界條件(On Areas)：Solution(解法)>Defined Loads(定義負載)>Apply(設定)>Structural(結構的)>Displacement(位移的)>On Areas(在面積上)>A3 & A7(點選面積 A3 & A7)>OK(完成面積之點選)>All DOF(所有自由度)>0(在 VALUE Displacement value 欄位內輸入位移量 0m)>OK(完成扳手自然邊界條件之設定)。

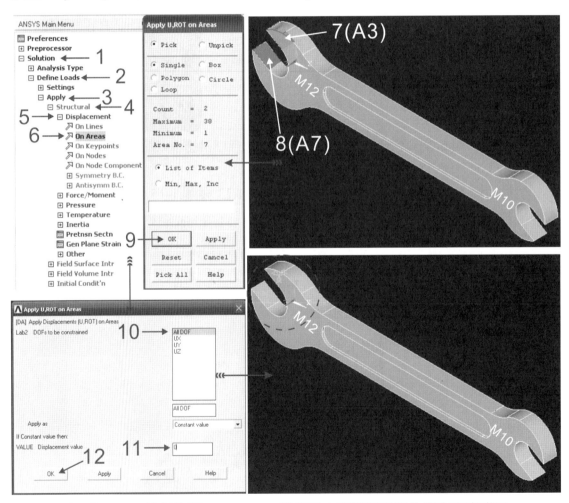

⏻ 圖 5-25 執行步驟 5.29-1～12 與扳手之自然邊界條件設定之完成圖

▶ **執行步驟** 5.30　　如圖 5-26 所示，設定 M10 端上表面積之強制邊界條件_壓力(Pressure)：Solution(求解的方法)>Defined　Loads(定義負載)>Apply(設定)>Pressure(壓力)>On　Areas(設定在面積上)>A16(點選面積 A16)>OK(完成面積之點選)>−1(在 VALUE Load PRES value 欄位內輸入壓力−1N/mm^2)>OK(完成 M10 端上表面積強制邊界條件_壓力之設定)。

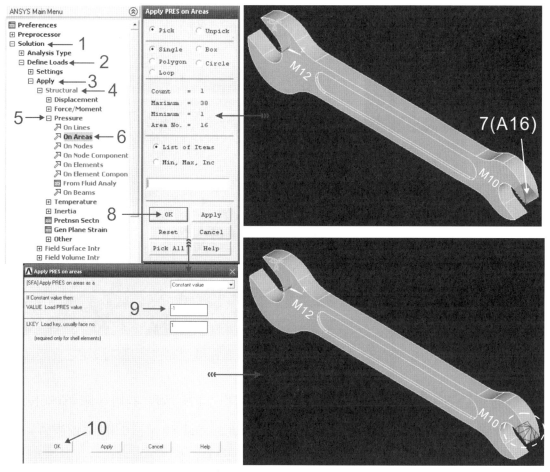

↻ 圖 5-26　執行步驟 5.30-1〜10 與 M10 端上表面積強制邊界條件設定之完成圖

▶ **執行步驟** 5.31　　如圖 5-27 所示，設定 M10 端下表面積之強制邊界條件_壓力(Pressure)：Solution(解法)>Defined Loads(定義負載)>Apply(設定)>Pressure(壓力)>On Areas(在面積上)>A19(點選面積 A19)>OK(完成面積之點選)>1(在 VALUE Load PRES value 欄位內輸入壓力 1N/mm^2)>OK(完成 M10 端下表面積強制邊界條件_壓力之設定)。

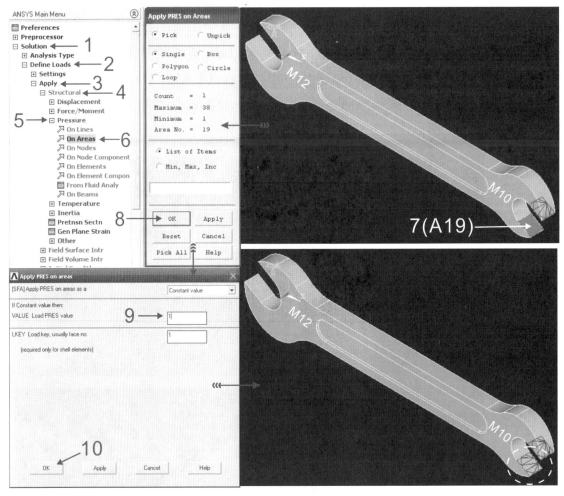

⏻ 圖 5-27　執行步驟 5.31-1～10 與 M10 端下表面積強制邊界條件設定之完成圖

▶ **執行步驟 5.32**　請參考第 1 章執行步驟 1.17 與圖 1-19，求解(Solve)：
Solution(解法)>Solve(求解)>Current LS or Current Load Step(目前的負載步驟)>OK
(完成執行步驟開始求解)>Yes(執行求解)>Close(求解完成關閉視窗)>File(點選檔案)>
Close(關閉檔案)。

▶ **執行步驟 5.33**　請參考第 1 章執行步驟 1.18, 1.21 & 1.22 與圖 1-20, 1-23 &
1-24，以及如圖 5-28 所示，檢視變形輸出：General Postprocessor(一般後處理器)>Plot
Results(繪製結果)>Contour Plot(輪廓繪製)>Nodal Solution(節點解答)>DOF
Solution(自由度解答)>Displacement vector sum(位移向量總合)>Deformed Shape

with undeformed edge(已變形與未變形邊緣)>OK(完成變形輸出)>Utility Menu(功能選單)>PlotCtrls(繪圖控制)>Multi-Window Layout(多視窗之佈局)>Three (Top/2Bot)(三視圖_上視窗 1 張圖/下視窗 2 張圖)>OK(完成多視窗之佈局)>1(點選 Active Window Number 主動視窗編號 1)> ⬒ (點選等視圖 ⬒)>2(點選 Active Window Number 主動視窗編號 2)> ⬓ (點選正視圖 ⬓)>3(點選 Active Window Number 主動視窗編號 3)> ⬔ (點選右側視圖 ⬔)>Utility Menu(功能選單)>PlotCtrls(繪圖控制)>Redirect Plots(轉換圖式)>To JPEG File(轉換成 jpeg 或 jpg 檔)>On(點選背景反白視窗)>OK(完成變形多視窗佈局輸出)。

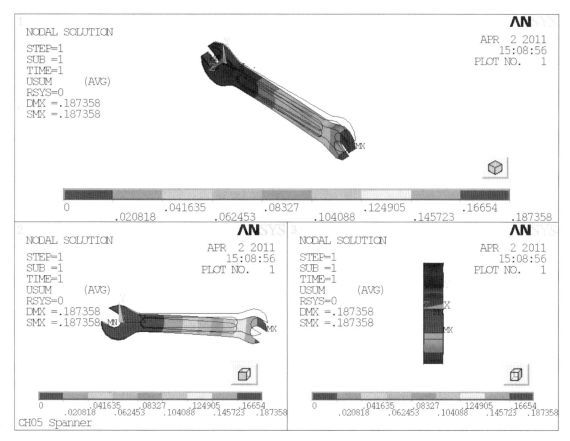

🔄 圖 5-28　變形輸出之完成圖

【補充說明 5.33】扳手之最大變形發生在 M10 端之上緣，其最大變形(DMX)為 0.187358mm。

▶ **執行步驟 5.34** 請參考第 1 章執行步驟 1.19, 1.21 & 1.22 與圖 1-21, 1-23 &1-24，以及如圖 5-29 所示，檢視應力輸出：General Postprocessor(一般後處理器)> Plot Results(繪製結果)>Contour Plot(輪廓繪製)>Nodal Solution(節點解答)> Stress(應力)>von Mises stress(應力總合)>Deformed Shape with undeformed edge(已變形與未變形邊緣)>OK(完成最大應力輸出)>Utility Menu(功能選單)>PlotCtrls(繪圖控制)>Multi-Window Layout(多視窗之佈局)>Three(Top/2Bot)(三視圖_上視窗 1 張圖/下視窗 2 張圖)>OK(完成多視窗之佈局)>1(點選 Active Window Number 主動視窗編號 1)> ◎ (點選等視圖 ◻)>2(點選 Active Window Number 主動視窗編號 2)> ◻ (點選正視圖 ◻)>3(點選 Active Window Number 主動視窗編號 3)> ◻ (點選右側視圖 ◻)>Utility Menu(功能選單)>PlotCtrls(繪圖控制)>Redirect Plots(轉換圖式)>To JPEG File(轉換成 jpeg 或 jpg 檔)>On(點選背景反白視窗)> OK(完成變形多視窗佈局輸出)。

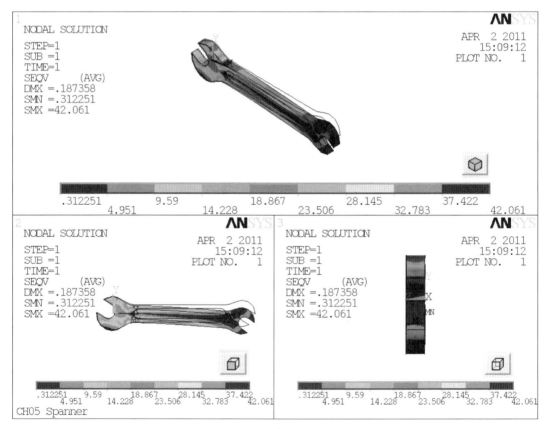

⏻ 圖 5-29 應力輸出之完成圖

【補充說明 5.34】扳手之最大應力為 $42.061N/mm^2$ or $42.061MPa$。

執行步驟 5.35　　請參考第 1 章執行步驟 1.20, 1.21 & 1.22 與圖 1-22, 1-23 & 1-24，以及如圖 5-30 所示，檢視應變輸出：General Postprocessor(一般後處理器)>Plot Results(繪製結果)>Contour Plot(輪廓繪製)>Nodal Solution(節點解答)>Total Strain(所有應變)>von Mises total strain(總應變)>Deformed Shape with undeformed edge(已變形與未變形邊緣之輸出)>OK(完成應變輸出)>Utility Menu(功能選單)> PlotCtrls(繪圖控制)>Multi-Window Layout(多視窗之佈局)>Three(Top/2Bot)(三視圖_上視窗 1 張圖/下視窗 2 張圖)>OK(完成多視窗之佈局)>1(點選 Active Window Number 主動視窗編號 1)> ▣ (點選等視圖 ▣)>2(點選 Active Window Number 主動視窗編號2)> ▱ (點選正視圖 ▱)>3(點選 Active Window Number 主動視窗編號 3)> ▱ (點選右側視圖 ▱)>Utility Menu(功能選單)>PlotCtrls(繪圖控制)> Redirect Plots(轉換圖式)>To JPEG File(轉換成 jpeg 或 jpg 檔)>On(點選背景反白視窗)>OK(完成變形多視窗佈局輸出)。

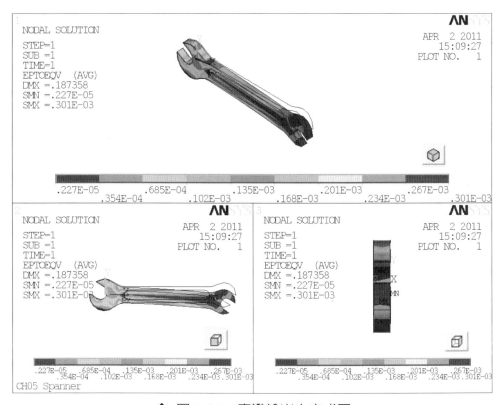

⏻ 圖 5-30　應變輸出之完成圖

【補充說明 5.35】扳手之最大應變爲 0.301E-3(N.A._無單位)。

 ## 【結果與討論】

1. 如圖 5-1～5-2 所示，可以看出扳手之幾何結構相當複雜。

2. 如圖 5-3 所示，可以看出利用公釐(mm)爲單位繪製面積比較簡易與方便。

3. 如圖 5-4 所示，可以看出建構 M10 & M12 之雛型。

4. 如圖 5-7～5-10 所示，可以看出利用工作平面(Working Plane)與減除法 (Subtract)，來建構 M10 & M12 之缺槽甚爲方便。

5. 如圖 5-11～5-15 所示，可以看出扳手導角線條與面積的建構，可以預防應 力過度集中問題。

6. 如圖 5-16～5-19 所示，可以看出利用工作平面(Working Plane)與合成法 (Add)，來建構扳手握把處之凹槽，比較貼近實際。

7. 如圖 5-20～5-23 所示，可以看出扳手主體積與凹槽體積的拉伸(Extrude)與複 製(Copy)，比較便捷與有效率。

8. 如圖 5-24 所示，可以看出扳手經過適當的建模可以有效的降低有限元素的 使用量。

9. 如圖 5-25～5-27 所示，可以看出扳手自然與強制邊界條件的設定方式。

10. 如圖 5-28 所示，扳手自由端(M10 端)缺槽之上下表面積受到壓力 $P=\pm1N/mm^2$ 時，其最大變形(DMX)爲 0.187mm，且發生在 M10 端之上緣。

11. 如圖 5-29 所示，扳手自由端(M10 端)缺槽之上下表面積受到壓力 $P=\pm1N/mm^2$ 時，其最大應力(SMX)爲 $42.061N/mm^2$ or 42.061MPa，且發生 在 M12 端之下緣。

12. 如圖 5-30 所示，扳手自由端(M10 端)缺槽之上下表面積受到壓力 $P=\pm1N/mm^2$ 時，其最大應變(smax)爲 3.01E-03，且發生在 M12 端之下緣。

【結論與建議】

1. 本例題利用方形(Rectangle)與圓形(Circle)面積(Areas)來建構扳手之輪廓，比較容易上手。

2. 本例題利用工作平面(Work Plane)與方形(Rectangle)面積(Areas)來建構扳手之缺槽，可以適合 M10 & M12 螺絲之開啓或鎖緊。

3. 本例題利用導角線條(Line Fillet)來建構扳手內外緣之導角，可以避免扳手過度應力集中。

4. 本例題利用工作平面(Work Plane)來建構扳手凹槽之面積，比較貼合實際。

5. 本例題利用拉伸法(Extrude)來建構扳手與外側凹槽之體積，比較便捷。

6. 本例題利用複製法(Copy)來建構扳手內側凹槽之體積，比較有效率。

7. 本例題利用減除法(Subtract)來建構扳手內外側之凹槽，係爲了符合實際。

8. 本例題利用求解(Slove)與後處理器(Post Processor)來瞭解扳手受力後之變形概況，可以幫助瞭解扳手之設計是否恰當或是否會被應力集中所破壞。

9. 本例題可行的變化例，尚有：

    (1) 在相同條件之下，依比例將 M10 & M12 之扳手改變成 M12 & M14 之扳手，則其結果又如何？

    (2) 在相同條件之下，依比例將 M10 & M12 之扳手改變成 M14 & M16 之扳手，則其結果又如何？

    (3) 在相同條件之下，依比例將 M10 & M12 之扳手改變成 M16 & M18 之扳手，則其結果又如何？

習題　　　　　　　　　　　◎ Exercise

Ex5-1：如例題五所述，在相同條件之下，如果 M12 端缺槽之上下表面積爲固定端，而 M10 端缺槽之上下表面積受到壓力 P=±1N/mm² 漸次增加至±5 N/mm²，試比較其最大變形(DMX)、最大應力(SMX)與最大應變(smax)爲何？

壓力 P (N/mm²)	±1	±2	±3	±4	±5
最大變形 DMX (mm)	0.187358				
最大應力 SMX (N/mm²)	42.061				
最大應變 smax (E-3)	0.301				

Ex5-2：如例題五所述，在相同條件之下，如果 M10 端缺槽之上下表面積爲固定端，而 M12 端缺槽之上下表面積受到壓力 P=±1N/mm² 漸次增加至±5 N/mm²，試比較其最大變形(DMX)、最大應力(SMX)與最大應變(smax)爲何？

壓力 P (N/mm²)	±1	±2	±3	±4	±5
最大變形 DMX (μm)					
最大應力 SMX (MPa)					
最大應變 smax (E-6)					

Ex5-3：如例題五所述，在相同條件之下，如果 M12 端缺槽之上下表面積爲固定端，而 M10 端缺槽之下表面積之四個角落之關鍵點受到 F_y=−1kN 漸次增加至−5kN，試比較其最大變形(DMX)、最大應力(SMX)與最大應變(smax)爲何？

力 F_y (kN)	−1	−2	−3	−4	−5
最大變形 DMX (mm)					
最大應力 SMX (N/mm²)					
最大應變 smax (E-3)					

Ex5-4：如例題五所述，在相同條件之下，如果 M10 端缺槽之上下表面積為固定端
，而 M12 端缺槽之下表面積之四個角落之關鍵點受到 $F_y = -10kN$ 漸次增
加至−50kN，試比較其最大變形(DMX)、最大應力(SMX)與最大應變(smax)
為何？

壓力 P (N/mm²)	−1	−2	−3	−4	−5
最大變形 DMX (mm)					
最大應力 SMX (N/mm²)					
最大應變 smax (E-3)					

流線形散熱裝置

如圖 6-1～6-2 所示，係為一具有 12 片散熱鰭片之鋁質流線形散熱裝置(其基座體積 V_{Base} = 3.1416 × 33^2 × 5 mm^3，熱傳導係數 KXX = 0.156W/mm-℃)，當該流線形散熱裝置在室溫 T_0=25℃ 受到熱對流係數(Convention Coefficient)h = 50E-6W/mm^2-℃ 之強制對流，而且散熱裝置底部面積受到溫度 T_B= 68℃ 時，試分析其最大節點溫度差、熱梯度與熱流通量為何？(Element Type：SOLID 87, Mesh Tool：Smart Size 6, Shape：Tex_Free)

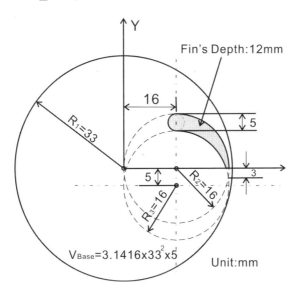

Y

Fin's Depth:12mm

16

5

R₁=33

R₂=16

5

3

R₃=16

V_{Base}=3.1416x33^2x5

Unit:mm

↻ 圖 6-1　流線形散熱裝置之相關尺寸示意圖

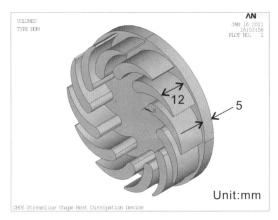

⏻ 圖 6-2　流線形散熱裝置之等視圖

【補充說明】

1. 本例題所述之流線形散熱裝置假設爲一種線性的、彈性的與等向的立體材質。

2. 流線形散熱鰭片最寬之處的直徑爲 5mm、深度爲 12mm。其中,該流線形散熱鰭片之尾鰭切掉長度爲 3mm。

3. 在基座上每 30°裝設一片流線形散熱鰭片,總計有 12 片。

4. 該流線形散熱裝置所受到的強制對流部分,爲流線形散熱鰭片與基座之上表面積。

5. 本例題所採用之熱學參數公制單位:熱傳導係數(W/mm-℃_瓦/公釐-攝氏度 C)、熱對流係數(W/mm²-℃_瓦/平方公釐-攝氏度 C)、熱通量(W/mm²_瓦/平方公釐)、熱梯度(℃/mm_攝氏度 C/公釐)。

【學習重點】

1. 熟悉如何從各執行步驟中來瞭解流線形散熱裝置受熱後之溫度、熱梯度與熱流通量分佈概況。

2. 熟悉如何利用圓形(Circle)面積(Areas)來建構流線形散熱裝置之輪廓。

3. 熟悉如何利用直線來切割(Divide)散熱鰭片之彎月形面積。

4. 熟悉如何利用工作平面(Work Plane)與圓形(Circle)面積(Areas)來建構散熱鰭片之鈍角。

5. 熟悉如何利用拉伸法(Extrude)來建構流線形散熱裝置之基座與散熱鰭片之體積。

6. 熟悉如何利用複製法(Copy)來大量複製散熱鰭片。

▶ **執行步驟 6.1**　　請參考第 1 章執行步驟 1.1 與圖 1-2，更改作業名稱(Change Jobname)：Utility Menu(功能選單)>File(檔案)>Change Jobname(更改作業名稱)>CH06_SSHDD(作業名稱)>Yes(是否為新的記錄或錯誤檔)>OK(完成作業名稱之更改或設定)。

▶ **執行步驟 6.2**　　請參考第 1 章執行步驟 1.2 與圖 1-3，更改標題(Change Title)：Utility Menu(功能選單或畫面)>File(檔案)>更改標題(Change Title)>CH06 Streamline Shape Heat Dissipation Device(標題名稱)>OK(完成標題之更改或設定)。

▶ **執行步驟 6.3**　　Preferences(偏好選擇)：ANSYS Main Menu(ANSYS 主要選單)>Preferences(偏好選擇)>Thermal(熱學的)>OK(完成偏好之選擇)。

▶ **執行步驟 6.4**　　選擇元素型態(Element Type)：Preprocessor(前處理器)>Element Type(元素型態)>Add/Edit/Delete(增加/編輯/刪除)>Add(增加)>Solid(立體元素)>Tet 10node 87(四角形 10 個節點之立體元素)>Close(關閉元素型態_Element Types 之視窗)。

▶ **執行步驟 6.5** 如圖 6-3 所示，設定流線形散熱裝置之熱傳導係數 (KXX)：Preprocessor(前處理器)>Material Props(材料性質)>Material Models(材料模式)>Thermal(溫度的)>Conductivity(傳導性)>Isotropic(等向性的)>0.156(在 KXX 欄位內輸入熱傳導係數 0.156W/mm-℃)>OK(完成流線形散熱裝置熱傳導係數之建檔)。

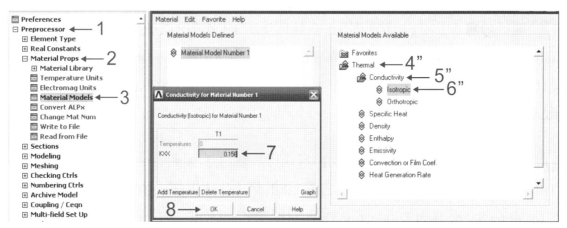

⏏ 圖 6-3 執行步驟 6.5-1～8 與完成流線形散熱裝置熱傳導係數之建檔

【補充說明 6.5】

1. 圖 6-3 中之符號 4", 5" and 6" 代表快速點選滑鼠左鍵 2 次。

2. 完成流線形散熱裝置熱傳導係數建檔後，該 Material Model Number 1 下方會出現 Thermal conduct. (iso)的字樣。

3. 雙擊 Thermal conduct. (iso)字樣，則會出現如第 7, 8 步驟之畫面以方便檢視第一筆材料熱傳導係數之建檔是否正確。如果正確，則繼續下一個步驟或選擇關閉視窗。

▶ **執行步驟 6.6** 如圖 6-4 所示，建構流線形散熱裝置底部面積(Areas)：Preprocessor(前處理器)>Modeling(建模)>Create(建構)>Areas(面積)>Circle(圓形)>Solid Circle(實心圓)>33(在 Radius 欄位內輸入半徑 33mm)>OK(完成流線形散熱裝置底部面積之建構)。

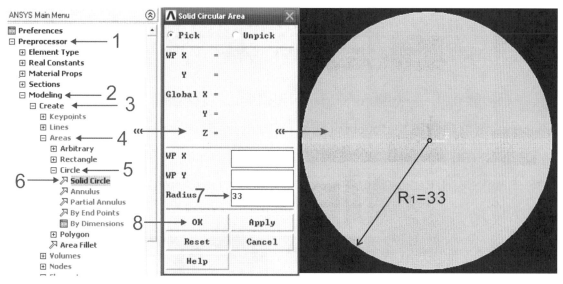

⏻ 圖 6-4　執行步驟 6.6-1～8 與流線形散熱裝置底部面積建構之完成圖

▶ **執行步驟 6.7**　　如圖 6-5 所示，建構第一個散熱鰭片之基礎面積(Areas)：
Preprocessor(前處理器)>Modeling(建模)>Create(建構)>Areas(面積)>Circle(圓形)>
Solid Circle(實心圓)>16(在 WP X 欄位內輸入座標 16mm)>16(在 Radius 欄位內輸入
半徑 16mm)>OK(完成第一個散熱鰭片基礎面積之建構)。

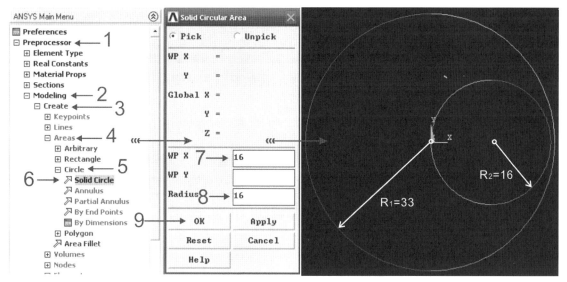

⏻ 圖 6-5　執行步驟 6.7-1～9 與第一個散熱鰭片基礎面積建構之完成圖

【補充說明 6.7】如果執行步驟 6.5 之第 8 個選擇按壓 Apply，則本執行步驟可以省略第 1～6 個步驟，直接從第 7～9 個步驟開始執行即可。

▶ **執行步驟 6.8** 　如圖 6-6 所示，建構第二個散熱鰭片之基礎面積(Areas)：Preprocessor(前處理器)>Modeling(建模)>Create(建構)>Areas(面積)>Circle(圓形)>Solid Circle(實心圓)>16(在 WP X 欄位內輸入座標 16mm)>−5(在 WP Y 欄位內輸入座標−5mm)>16(在 Radius 欄位內輸入半徑 16mm)>OK(完成第二個散熱鰭片基礎面積之建構)。

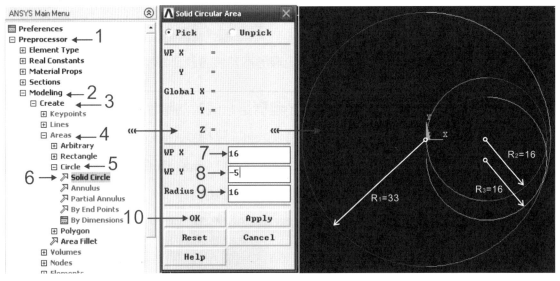

🔃 圖 6-6　執行步驟 6.8-1～10 與第二個散熱鰭片基礎面積建構之完成圖

▶ **執行步驟 6.9** 　如圖 6-7 所示，散熱鰭片基礎面積的減除(Subtract)：Preprocessor(前處理器)>Modeling(建模)>Operate(操作)>Booleans(布林運算)>Subtract(減除)>Areas(面積)>A2(先點選面積 A2)>Apply(施用，繼續進行下一個步驟)>A3(再點選面積 A3)>OK(完成散熱鰭片基礎面積的減除)。

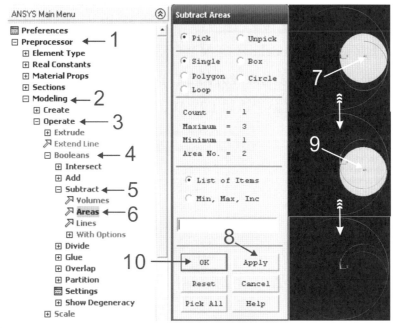

⏻ 圖 6-7　執行步驟 6.9-1～10 與散熱鰭片基礎面積減除之完成圖

▶ **執行步驟 6.10**　　如圖 6-8 所示，建構直線(Straight Line)：Preprocessor(前處理器)>Modeling(建模)>Create(建構)>Lines(線段)>Lines(線段)>Straight Line(直線)>K2(先點選關鍵點 K2)>K10(再點選關鍵點 K10)>OK(完成構直線之建構)。

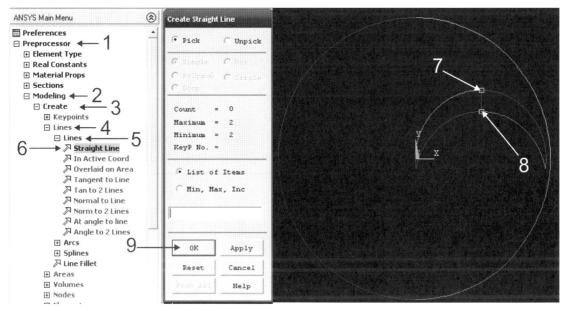

⏻ 圖 6-8　執行步驟 6.10-1～9 與直線建構之完成圖

▶ **執行步驟** 6.11　　如圖 6-9 所示，散熱鰭片面積的分割(Divide)：Preprocessor(前處理器)>Modeling(建模)>Operate(操作)>Booleans(布林運算)>Divide(分割)>Area by Line(透過線段分割面積)>A2(先點選面積 A2)>Apply(施用，繼續進行下一個步驟)>L7(再點選線段 L7)>OK(完成散熱鰭片面積的分割)。

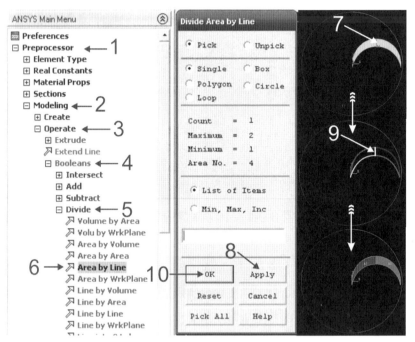

⏻ 圖 6-9　執行步驟 6.11-1～10 與散熱鰭片面積分割之完成圖

執行步驟 6.12　　如圖 6-10 所示，散熱鰭片左翼面積的刪除(Delete)：Preprocessor(前處理器)>Modeling(建模)>Delete(刪除)>Areas and Below(面積及以下)>A3(點選面積 A3)>OK(完成散熱鰭片左翼面積的刪除)。

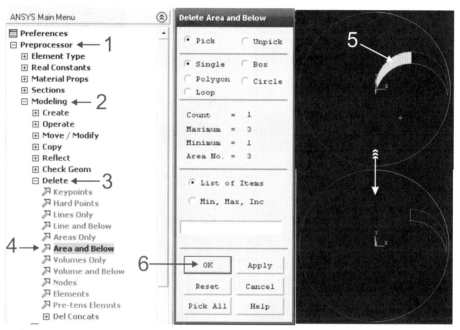

⏻ 圖 6-10　執行步驟 6.12-1～6 與散熱鰭片左翼面積刪除之完成圖

執行步驟 6.13　　如圖 6-11 所示，建構切除散熱鰭片尾端之面積(Areas)：Preprocessor(前處理器)>Modeling(建模)>Create(建構)>Areas(面積)>Rectangle(方形)>By Dimensions(透過維度)>33(在 X1X2 X-coordinates 欄位內輸入長度 33mm)>−5(在 Y1Y2 Y-coordinates 欄位內輸入寬度−5mm)>OK(完成切除散熱鰭片尾端面積之建構)。

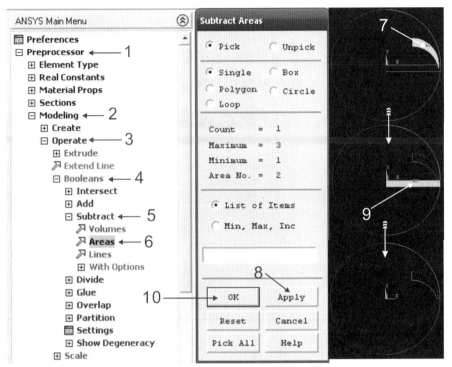

⏏ 圖 6-11　執行步驟 6.13-1～10 與切除散熱鰭片尾端面積建構之完成圖

▶ **執行步驟 6.14**　　如圖 6-12 所示，散熱鰭片尾端面積的減除(Subtract)：Preprocessor(前處理器)>Modeling(建模)>Operate(操作)>Booleans(布林運算)>Subtract(減除)>Areas(面積)>A2(先點選面積 A2)>Apply(施用，繼續進行下一個步驟)>A3(再點選面積 A3)>OK(完成散熱鰭片尾端面積的減除)。

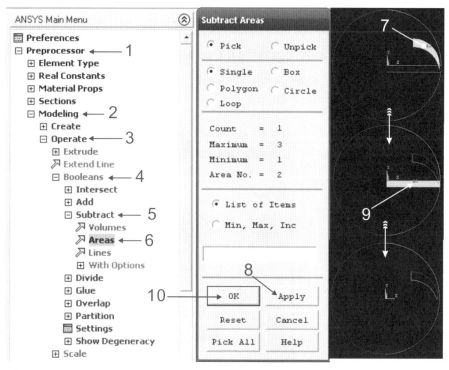

🔄 圖 6-12　執行步驟 6.14-1～10 與散熱鰭片尾端面積減除之完成圖

▶ **執行步驟 6.15**　　如圖 6-13 所示,設定工作平面(WorkPlane):WorkPlane(工作平面單)>Display Working Plane(顯示工作平面)>Offset WP to(補償工作平面到)>K6(先點選關鍵點 K6)>K10(再點選關鍵點 K10)>OK(完成工作平面之設定)。

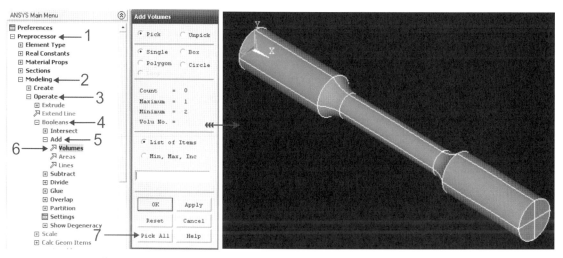

🔄 圖 6-13　執行步驟 6.15-1～7 與工作平面設定之完成圖

▶ **執行步驟 6.16**　　如圖 6-14 所示，建構散熱鰭片前端之圓形面積(Areas)：
Preprocessor(前處理器)>Modeling(建模)>Create(建構)>Areas(面積)>Circle(圓形)>
Solid Circle(實心圓)>2.5(在 Radius 欄位內輸入半徑 2.5mm)>OK(完成散熱鰭片前端
圓形面積之建構)。

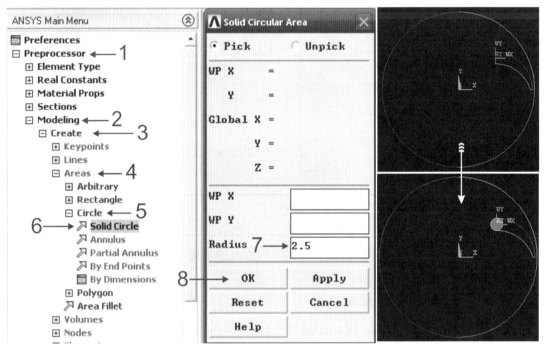

⟳ 圖 6-14　執行步驟 6.16-1～8 與散熱鰭片前端圓形面積建構之完成圖

執行步驟 6.17　　如圖 6-15 所示，散熱鰭片面積的合成(Add)：Preprocessor(前處理器)>Modeling(建模)>Operate(操作)>Booleans(布林運算)>Add(合成)>A2(先點選面積 A2)>A4(再點選面積 A4)>OK(完成散熱鰭片面積的合成)。

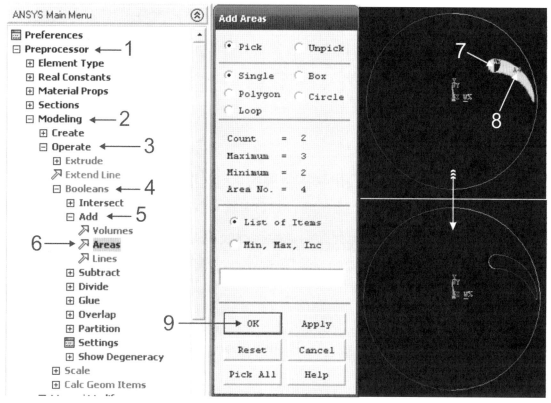

↻ 圖 6-15　執行步驟 6.17-1～9 與散熱鰭片面積合成之完成圖

執行步驟 6.18　　如圖 6-16 所示，散熱鰭片體積的拉伸(Extrude)：Preprocessor(前處理器)>Modeling(建模)>Operate(操作)>Extrude(拉伸)>Areas(面積)>By XYZ Offset(透過 XYZ 座標補償)>A3(點選散熱鰭片面積 A3)>OK(完成面積點選)>12(在 DX,DY,DZ Offset for extrusion 欄位的 DZ 座標內輸入 12mm)>OK(完成散熱鰭片體積的拉伸)。

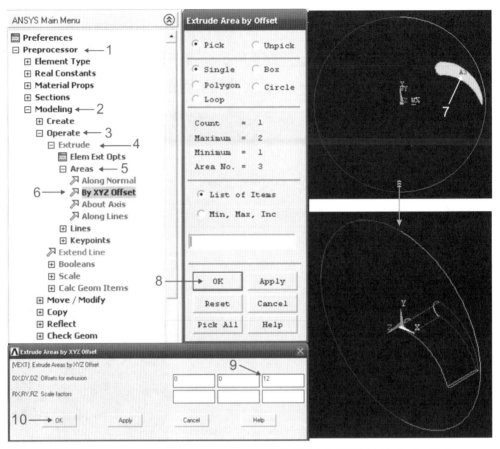

⏻ 圖 6-16　執行步驟 6.18-1～10 與散熱鰭片體積拉伸之完成圖

▶ **執行步驟 6.19**　如圖 6-17 所示，散熱裝置基座體積的拉伸(Extrude)：Preprocessor(前處理器)>Modeling(建模)>Operate(操作)>Extrude(拉伸)>Areas(面積)>By XYZ Offset(透過 XYZ 座標補償)>A1(點選散熱裝置基座面積 A1)>OK(完成面積點選)>−5(在 DX,DY,DZ Offset for extrusion 欄位的 DZ 座標內輸入−5mm)>OK(完成散熱裝置基座體積的拉伸)。

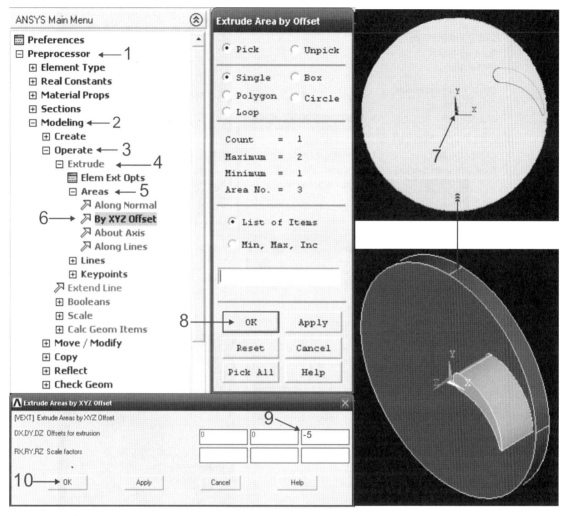

⏻ 圖 6-17　執行步驟 6.19-1～10 與散熱裝置基座體積拉伸之完成圖

▶ **執行步驟 6.20**　　如圖 6-18 所示，散熱鰭片之複製(Copy)：WorkPlane(啟動工作平面)>Change Active CS to(改變主座標系統到)>Global Cylindrical(圓柱座標系統)>Preprocessor(前處理器)>Modeling(建模)>Copy(複製)>Volumes(體積)>V1(點選散熱鰭片體積 V1)>OK(完成體積點選)>12(在 ITIME Number of copies-including original 欄位內輸入欲複製之數量 12 片)>30(在 DY Y-offset in active CS 欄位內輸入欲複製之角度　30)>OK(完成散熱鰭片之複製)>WorkPlane(啟動工作平面)>Change Active CS to(改變主座標系統到)>Global Cartesian(直角座標系統)。

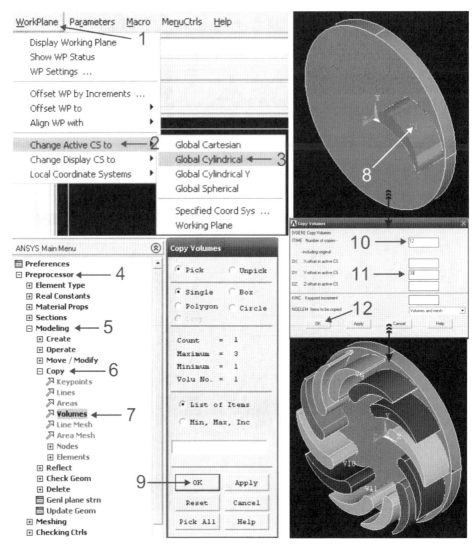

⏻ 圖 6-18 執行步驟 6.20-1～12 與散熱鰭片複製之完成圖

▶ **執行步驟 6.21** 如圖 6-19 所示，散熱基座與鰭片之合成 (Add)：Preprocessor(前處理器)>Modeling(建模)>Operate(操作)>Booleans(布林運算)>Add(合成)>Volumes(體積)>V1～V12(先分別點選散熱鰭片體積 V1～V12)>V13(再點選散熱基座體積 V13)>OK(完成散熱基座與鰭片之合成)。

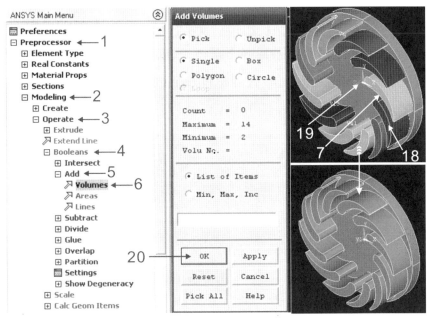

🔄 圖 6-19　執行步驟 6.21-1～20 與散熱基座與鰭片合成之完成圖

▶ **執行步驟 6.22**　　請參考第 1 章執行步驟 1.13 與圖 1-15 以及如圖 6-20 所示，散熱裝置網格化(Meshing)：Preprocessor(前處理器)>Meshing(網格化)>MeshTool(網格工具)>Smart Size(精明尺寸)>6(點選精明尺寸 6)>Mesh(網格化啟動)>Pick All(全選_完成流線形散熱裝置網格化)。

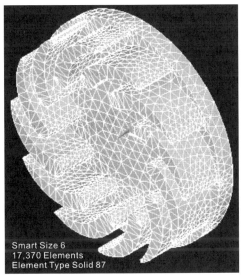

Smart Size 6
17,370 Elements
Element Type Solid 87

🔄 圖 6-20　執行步驟 6.22 與流線形散熱裝置網格化

▶ **執行步驟 6.23** 如圖 6-21 所示,散熱面積之選擇(Select):Select(選擇)>Entities(實體)>Areas(面積)>Unselect(不選擇)>OK(完成不想顯現之面積的設定)>A9～A13(點選基座四週之面積與底部之面積)>OK(完成散熱面積之選擇)>Utility Menu(功能選單)>Polt(繪圖)>Areas(面積)。

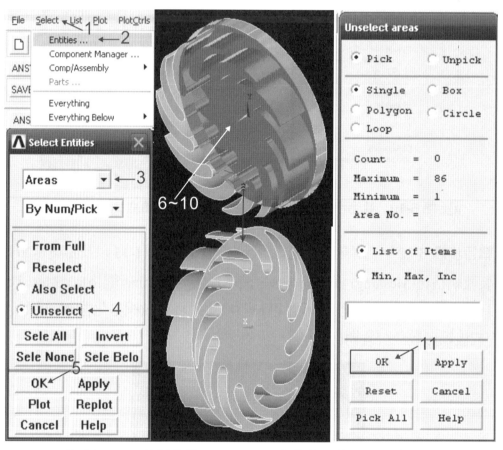

↻ 圖 6-21　執行步驟 6.23-1～11 與散熱面積選擇之完成圖

▶ **執行步驟 6.24** 請參考第 1 章執行步驟 1.14 與圖 1-16,分析型態之選定 (Analysis Type):Solution(求解的方法)>Analysis Type(分析型態)>New Analysis(新的分析型態)>Steady-State(穩態)>OK(完成分析型態之選定)。

▶ **執行步驟** 6.25　　如圖 6-22 所示，設定流線形散熱裝置之熱對流(Convection)與體積溫度(Bulk temperature)：Solution(求解的方法)>Defined Loads(定義負載)>Apply(施用，繼續執行下一個步驟)>Thermal(熱學的)>Convection(熱對流)>On Areas(在面積上)>Pick All(全選)>50e-6(在 VAL1 Film coefficient 欄位內輸入強制熱對流係數 50e-6W/mm²-℃)>25(在 VAL21 Bulk temperature 欄位內輸入溫度 25℃)>OK(完成流線形散熱裝置之熱對流與溫度之設定)。

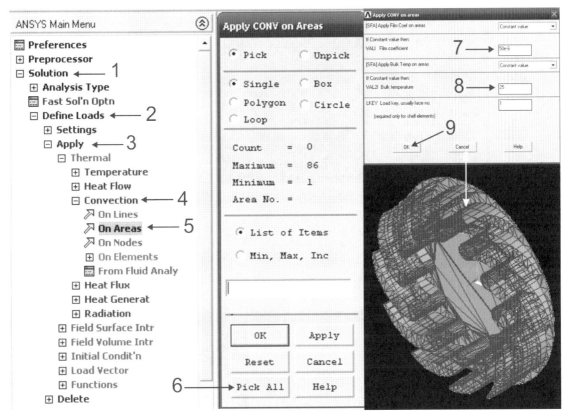

🔄 圖 6-22　執行步驟 6.25-1～9 以及流線形散熱裝置之熱對流與溫度設定之完成圖

▶ **執行步驟** 6.26　　如圖 6-23 所示，顯現所有面積(Areas)：Select(選擇)>Entities(實體)>Areas(面積)>From Full(來自於全部)>Select All(全選)>OK(完成顯現所有面積的設定)>Pick All(全選)>Utility Menu(功能選單)>Polt(繪圖)>Areas(面積)。

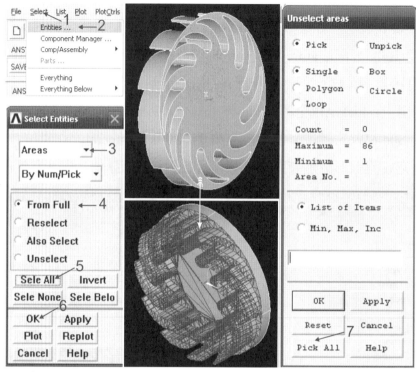

⏻ 圖 6-23　執行步驟 6.26-1～7 與顯現所有面積之完成圖

▶ **執行步驟 6.27**　　如圖 6-24 所示，強制對流之邊界條件以箭頭(Arrows)顯現：
Utility Menu(功能選單)>PlotCtrls(繪圖控制)>Symbols(符號)>Arrows(以箭頭顯現)>
OK(完成強制對流之邊界條件以箭頭顯現)。

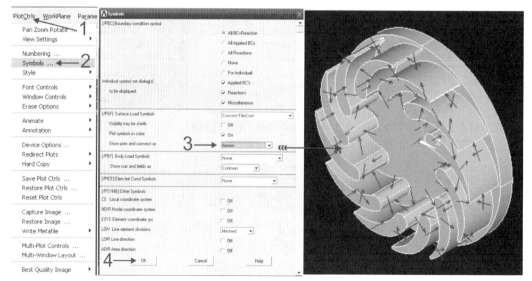

⏻ 圖 6-24　執行步驟 6.27-1～4 與強制對流邊界條件以箭頭顯現之完成圖

執行步驟 6.28　　如圖 6-25 所示，設定散熱裝置底部面積之溫度(Temperature)：Solution(求解的方法)>Defined Loads(定義負載)>Apply(施用，繼續進行下一個步驟)>Thermal(熱學的)>Temperature(溫度)>On Areas(在面積上)>A9(點選底部面積 A9)>OK(完成面積之點選)>TEMP(點選自由度為 TEMP)>68(設定底部面積溫度為 68℃)>OK(完成散熱裝置底部面積之溫度之設定)。

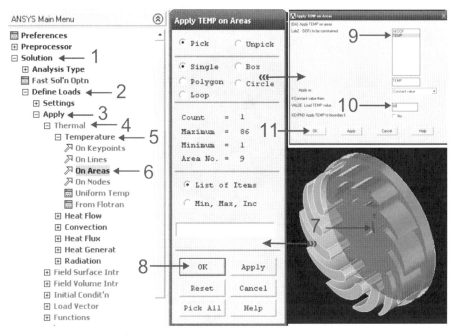

图 6-25　執行步驟 6.28-1～11

執行步驟 6.29　　請參考第 1 章執行步驟 1.17 與圖 1-19，求解(Solve)：Solution(解法)>Solve(求解)>Current LS or Current Load Step(目前的負載步驟)>OK(完成執行步驟開始求解)>Yes(執行求解)>Close(求解完成關閉視窗)>File(點選檔案)>Close(關閉檔案)。

執行步驟 6.30　　請參考第 1 章執行步驟 1.18, 1.21 & 1.22 與圖 1-20, 1-23 & 1-24，以及如圖 6-26 所示，檢視最大變形(DMX)輸出：General Postprocessor(一般後處理器)>Plot Results(繪製所有結果)>Contour Plot(輪廓繪製)>Nodal Solution(節點的解答)>DOF Solution(自由度的解答)>Nodal Temperature(節點溫度)>OK(完成節點溫度之輸出)>PlotCtrls(繪圖控制)>Multi-Window Layout(多視窗之佈局)>

Two(Top/Bot)(三視圖_上視窗 1 張圖/下視窗 1 張圖)>OK(完成多視窗之佈局)>1(點選 Active Window Number 主動視窗編號 1)> ⬡ (點選等視圖 ⬡)>2(點選 Active Window Number 主動視窗編號 2)> ▱ (點選正視圖 ▱)>3(點選 Active Window Number 主動視窗編號 3)> ▱ (點選仰視圖 ▱)>Utility Menu(功能選單)>PlotCtrls(繪圖控制)>Redirect Plots(轉換圖式)>To JPEG File(轉換成 jpeg 或 jpg 檔)>On(點選背景反白視窗)>OK(完成變形多視窗佈局輸出)。

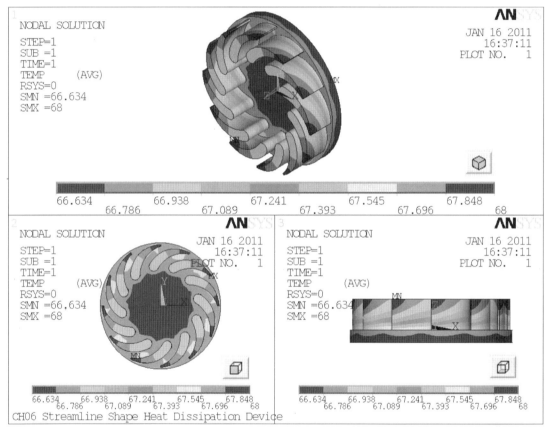

⏏ 圖 6-26　流線形散熱裝置節點溫度輸出結果之三視圖

【補充說明 6.30】流線形散熱裝置最低溫度發生在散熱鰭片之尾端，其最低溫度為 66.634℃。代表散熱裝置之底部溫度很快的傳遞到散熱鰭片之尾端，其中溫度差不到 2℃。

▶ **執行步驟 6.31**　　請參考第 1 章執行步驟 1.19, 1.21 & 1.22 與圖 1-21, 1-23 & 1-24，以及如圖 6-27 所示，檢視最大應力(SMX)輸出：General Postprocessor(一般後處理器)>Plot Results(繪製所有結果)>Contour Plot(輪廓繪製)>Nodal Solution(節點的解答)>Thermal Gradient(熱梯度)>Thermal gradient vector sum(熱梯度向量總合)>OK(完成熱梯度向量總合之輸出)>PlotCtrls(繪圖控制)>Multi-Window Layout(多視窗之佈局)>Two(Top/Bot)(三視圖_上視窗 1 張圖/下視窗 1 張圖)>OK(完成多視窗之佈局)>1(點選 Active Window Number 主動視窗編號 1)> 🔲 (點選等視圖 🔲)>2(點選 Active Window Number 主動視窗編號 2)> 🔲 (點選正視圖 🔲)>3(點選 Active Window Number 主動視窗編號 3)> 🔲 (點選仰視圖 🔲)>Utility Menu(功能選單)>PlotCtrls(繪圖控制)>Redirect Plots(轉換圖式)>To JPEG File(轉換成 jpeg 或 jpg 檔)>On(點選背景反白視窗)>OK(完成變形多視窗佈局輸出)。

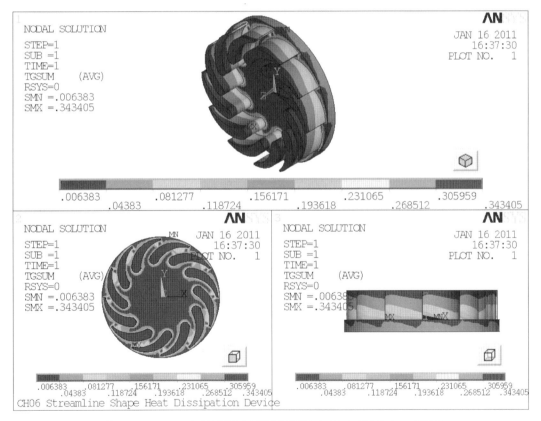

⏻ 圖 6-27　流線形散熱裝置熱梯度輸出結果之三視圖

【補充說明 6.31】流線形散熱裝置之最大熱梯度或溫度梯度為 0.343405℃/mm。

▶ **執行步驟 6.32** 請參考第 1 章執行步驟 1.20, 1.21 & 1.22 與圖 1-22, 1-23 & 1-24，以及如圖 6-28 所示，檢視最大應變(SMX)輸出：General Postprocessor(一般後處理器)>Plot Results(繪製所有結果)>Contour Plot(輪廓繪製)>Nodal Solution(節點的解答)>Thermal Flux(熱流通量)>Thermal flux vector sum(熱流通量總合輸出)>OK(完成最大變形之輸出)>PlotCtrls(繪圖控制)>Multi-Window Layout(多視窗之佈局)>Two(Top/Bot)(三視圖_上視窗 1 張圖/下視窗 1 張圖)>OK(完成多視窗之佈局)>1(點選 Active Window Number 主動視窗編號 1)> ⬚ (點選等視圖 ⬚)>2(點選 Active Window Number 主動視窗編號 2)> ⬚ (點選正視圖 ⬚)>3(點選 Active Window Number 主動視窗編號 3)> ⬚ (點選仰視圖 ⬚)>Utility Menu(功能選單)>PlotCtrls(繪圖控制)>Redirect Plots(轉換圖式)>To JPEG File(轉換成 jpeg 或 jpg 檔)>On(點選背景反白視窗)>OK(完成變形多視窗佈局輸出)。

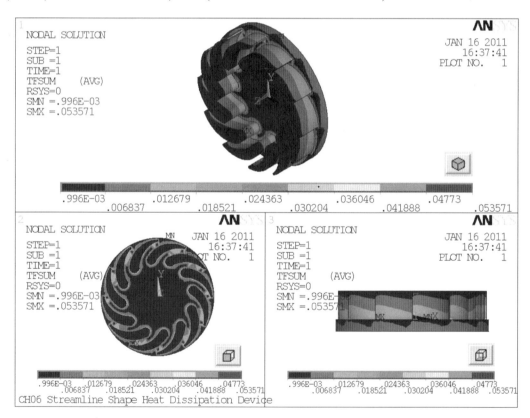

↻ 圖 6-28 流線形散熱裝置熱流通量輸出結果之三視圖

【補充說明 6.32】流線形散熱裝置之最大熱流通量為 0.053571W/mm²。

【結果與討論】

1. 如圖 6-5～6-6 所示，直接在 Solid Circular Area 選單上輸入工作平面座標與半徑，可以很快的建立流線形散熱裝置之基座與鰭片之基礎面積。

2. 如圖 6-8～6-9 所示，利用直線來分割散熱鰭片之面積，可謂是相當的便捷。

3. 如圖 6-11～6-12 所示，切除散熱鰭片尾翼之目的，一是係希望減少有限元素之數量或避免物件無法網格化之必要手段；二是散熱鰭片尾翼導角化比較符合現況。

4. 如圖 6-13～6-14 所示，利用工作平面來建構散熱鰭片之鈍角或圓形面積可說是相當的便捷與準確。

5. 如圖 6-15～6-16 所示，利用面積合成與體積拉伸可以快速的建構立體的散熱鰭片。

6. 如圖 6-18 所示，利用工作平面之轉換座標與複製方式，可以快速的複製大量的立體散熱鰭片。

7. 如圖 6-20 所示，將散熱裝置網格化後，其有限元素數量高達 17,370 個。

8. 如圖 6-21～6-24 所示，設定散熱裝置之強制熱對流邊界條件必須相當謹慎與小心。

9. 如圖 6-26～6-28 所示，看出流線形散熱裝置的節點溫度差、最大熱梯度與最大熱流通量分別是 1.366℃, 0.054℃/mm and 0.343 W/mm^2。

【結論與建議】

1. 本例題利用 Solid Circular Area 選單來建構流線形散熱裝置之輪廓，比較容易上手。

2. 本例題利用直線來切割(Divide)散熱鰭片之彎月形面積，相當的便捷與快速。

3. 本例題利用利用工作平面(Work Plane)與圓形(Circle)面積(Areas)來建構散熱鰭片之鈍角，比較符合流線形結構之要求。

4. 本例題利用工作平面(Work Plane)來建構流線形散熱裝置凹槽之面積，比較貼合實際。

5. 本例題利用拉伸法(Extrude)來建構流線形散熱裝置之基座與散熱鰭片之體積，可以克服曲線與複雜的立體結構之問題。

6. 本例題利用複製法(Copy)來大量複製散熱鰭片非常有效率。

7. 本例題利用選擇法(Select)來去除不必要之邊界條件，非常的省時省工。

8. 本例題利用之分析結果可以看出線形散熱裝置之變化趨勢與優勢。

9. 本例題可行的變化例，尚有：

    (1) 在相同條件之下，改變散熱鰭片之深度，則其結果又如何？
    (2) 在相同條件之下，改變散熱鰭片之彎度，則其結果又如何？
    (3) 在相同條件之下，改變散熱鰭片之厚度，則其結果又如何？
    (4) 在相同條件之下，改變散熱鰭片之材質，則其結果又如何？
    (5) 在相同條件之下，改變散熱鰭片之片數，則其結果又如何？

Ex6-1：如例題六所述，在相同條件之下，如果散熱裝置的熱傳遞係數 KXX=0.156W/mm-℃ 依序增加至 0.556W/mm-℃，試分析其最大節點溫度差、熱梯度與熱流通量為何？

熱傳遞係數 KXX (W/mm-℃)	0.156	0.256	0.356	0.456	0.556
最大節點溫度差 ΔT (℃)	1.366				
最大熱梯度 Thermal Gradient (℃/mm)	0.054				
最大熱流通量 Thermal Flux (W/mm^2)	0.343				

Ex6-2：如例題六所述，在相同條件之下，如果散熱裝置的熱對流係數(Convention Coefficient)h=50E-6W/mm^2-℃ 依序增加至 250E-6W/mm^2-℃，試分析其最大節點溫度差、熱梯度與熱流通量為何？

熱對流係數 Convention Coefficient (W/mm^2-℃)	50	100	150	200	250
最大節點溫度差 ΔT (℃)	1.366				
最大熱梯度 Thermal Gradient (℃/mm)	0.054				
最大熱流通量 Thermal Flux (W/mm^2)	0.343				

Ex6-3：如例題六所述，在相同條件之下，如果散熱裝置底部面積受到溫度 T_B=68℃ 依序增加至 108℃，試分析其最大節點溫度差、熱梯度與熱流通量為何？

底部面積溫度 T_B (℃)	68	78	88	98	108
最大節點溫度差 ΔT (℃)	1.366				
最大熱梯度 Thermal Gradient (℃/mm)	0.054				
最大熱流通量 Thermal Flux (W/mm^2)	0.343				

Ex6-4：如例題六所述，在相同條件之下，如果散熱裝置底部面積受到熱流通量 Heat Flux =25e-3W/mm² 依序降低至 5e-3W/mm²-℃，試分析其最大節點溫度差、熱梯度與熱流通量為何？

熱流通量 Heat Flux (W/mm²)	25	20	15	10	5
最大節點溫度差 ΔT (℃)	7.487				
最大熱梯度 Thermal Gradient (℃/mm)	1.198				
最大熱流通量 Thermal Flux (W/mm²)	0.187				

Ex6-5：如例題六所述，在相同條件之下，如果散熱裝置底部面積受到熱源 G_{source}=0.01Watts 依序增加至 0.05Watts，試分析其最大節點溫度差、熱梯度與熱流通量為何？

熱源 G_{source} (Watts)	0.01	0.02	0.03	0.04	0.05
最大節點溫度差 ΔT (℃)	5.649				
最大熱梯度 Thermal Gradient (℃/mm)	0.842				
最大熱流通量 Thermal Flux (W/mm²)	0.131				

壓電變壓器

例題七

如圖 7-1 所示，係為一種羅森型之壓電變壓器(The Piezoelectric Transformer or Rosen Type)及其機電邊界條件。其機電性質則如表 7-1～7-4 所示，當該壓電變壓器之輸入端輸入 1.0V 電壓時，試分析其半波模態與全波模態之輸出電壓。(Element Type：Couple Field, Scalar Tet 98, Mesh Tool：Smart Size 6, Shape：Tex_Free)

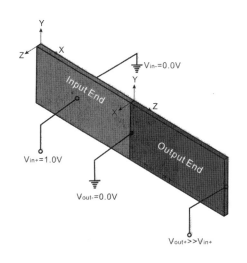

力學邊界條件：

● 輸入端與輸出端均無任何拘束(Free_Free)

電學邊界條件：

● 輸入端上表面輸入電壓 1.0Voltage
● 輸入端下表面輸入電壓 0.0Voltage(接地)
● 介面端之輸出電壓 0.0Voltage(接地)
● 輸出端之輸出電壓待求

⏻ 圖 7-1　壓電變壓器之等視圖與邊界條件

表 7-1　壓電變壓器之尺寸與機械性質	表 7-2　相對介電矩陣(單位：無)
整體尺寸：LxWxH = 48mmx12mmx1mm 輸入端尺寸：LxWxH = 24mmx12mmx1mm 輸出端尺寸：LxWxH = 24mmx12mmx1mm 密度：DENS = 7,500 kg/m³	$$[\varepsilon]_{3\times3} = \begin{bmatrix} 729 & 0 & 0 \\ 0 & 729 & 0 \\ 0 & 0 & 635 \end{bmatrix}_{3\times3}$$
表 7-3　剛性矩陣(單位：GPa)	表 7-4　壓電應力矩陣(單位：N/m-V)
$$[c]_{6\times6} = \begin{bmatrix} 139 & 77.8 & 74.3 & 0 & 0 & 0 \\ 77.8 & 139 & 74.3 & 0 & 0 & 0 \\ 77.8 & 74.3 & 115 & 0 & 0 & 0 \\ 0 & 0 & 0 & 30.6 & 0 & 0 \\ 0 & 0 & 0 & 0 & 25.6 & 0 \\ 0 & 0 & 0 & 0 & 0 & 25.6 \end{bmatrix}_{6\times6}$$	$$[e]_{6\times3} = \begin{bmatrix} 0 & 0 & -9.92 \\ 0 & 0 & -9.92 \\ 0 & 0 & 18.4 \\ 0 & 0 & 0 \\ 0 & 12.7 & 0 \\ 12.7 & 0 & 0 \end{bmatrix}_{6\times3}$$

【學習重點】

1. 熟悉如何從各執行步驟中來瞭解壓電變壓器之基本操作與升壓原理。

2. 熟悉如何利用 Material Models(材料模式)來建構壓電變壓器的機電性質(其中包括密度、相對介電常數矩陣、剛性矩陣與壓電應力矩陣)。

3. 熟悉如何利用 Create Local Coordinate Systems(建構局部座標系統)來建構壓電變壓器輸出端體積之新座標系統。

4. 熟悉如何利用新的分析型態來求解壓電變壓器的共振模態以及如何利用 Results Summary(結果摘要)與 By Pick(透過精選)來閱讀壓電變壓器的半波與全波模態的共振頻率。

5. 熟悉如何利用 General Postprocessor(一般後處理器)來檢視半波與全波的共振模態。

▶ **執行步驟 7.1**　　請參考第 1 章執行步驟 1.1 與圖 1-2，更改作業名稱(Change Jobname)：Utility Menu(功能選單)>File(檔案)>Change Jobname(更改作業名稱)>CH07_PT(作業名稱)>Yes(是否為新的記錄或錯誤檔)>OK(完成作業名稱之更改或設定)。

▶ **執行步驟 7.2**　　請參考第 1 章執行步驟 1.2 與圖 1-3，更改標題(Change Title)：Utility Menu(功能選單或畫面)>File(檔案)>更改標題(Change Title)>CH07 Piezoelectric Transformer(標題名稱)>OK(完成標題之更改或設定)。

▶ **執行步驟 7.3**　　Preferences(偏好選擇)：ANSYS Main Menu(ANSYS 主要選單)>Preferences(偏好選擇)>Structural(結構的)>Electric(電學的)>OK(完成偏好之選擇)。

▶ **執行步驟 7.4**　　選擇元素型態(Element Type)：Preprocessor(前處理器)>Element Type(元素型態)>Add/Edit/Delete(增加/編輯/刪除)>Add(增加)>Couple Field(複合領域)>Scalar Tet 98(標量四角形之機電立體元素)>Close(關閉元素型態_Element Types 之視窗)。

▶ **執行步驟 7.5**　　如圖 7-2 所示，設定壓電變壓器之密度(Density)：Preprocessor(前處理器)>Material Props(材料性質)>Material Models(材料模式)>Structural(結構的)>Density(密度)>7500(在 DENS 欄位內輸入密度 7500)>OK(完成密度之建檔)。

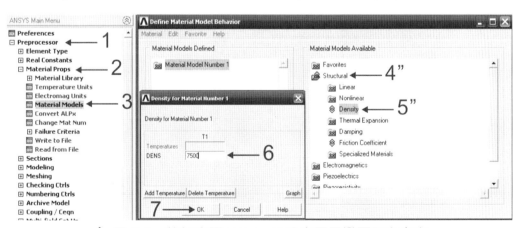

⏻ 圖 7-2　執行步驟 7.5-1～7 設定壓電變壓器之密度

【補充說明 7.5】

1.　圖 7-2 中之符號 4" and 5"代表快速點選滑鼠左鍵 2 次。
2.　完成密度建檔後，接著繼續執行剛性矩陣數據之輸入。

▶ **執行步驟 7.6**　　如圖 7-3 所示，設定壓電變壓器之剛性矩陣(Stiffness Matrix)或剛性型式(Stiffness form)：Preprocessor(前處理器)>Material Props(材料性質)>Material Models(材料模式)>Structural(結構的)>Linear(線性的)>Elastic(彈性的)>Anisotropic(非等向性的)>1.39e11～2.56e10(在 D11～D66 欄位內依序輸入剛性常數 1.39e11～2.56e10)>OK(完成剛性矩陣之建檔)。

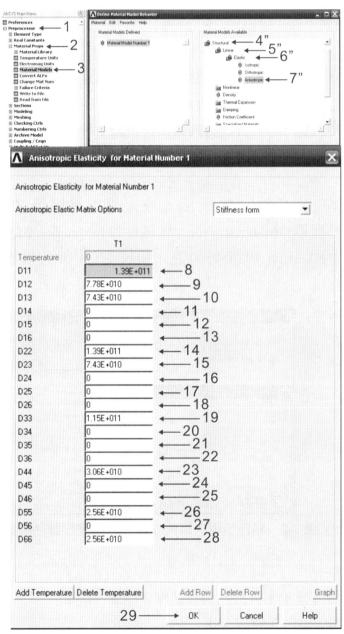

① 圖 7-3　執行步驟 7.6-1～29 設定壓電變壓器之剛性矩陣

執行步驟 7.7　　如圖 7-4 所示，設定壓電變壓器 e-form 之壓電應力矩陣 (Piezoelectric stress matrix [e])：Preprocessor(前處理器)>Material Props(材料性質)> Material Models(材料模式)>Piezoelectrics(壓電的)>Piezoelectric matrix(壓電矩陣)> −9.92～12.7(在 Piezoelectric stress matrix [e]欄位內依序輸入壓電應力常數−9.92～ 12.7)>OK(完成壓電應力矩陣之建檔)。

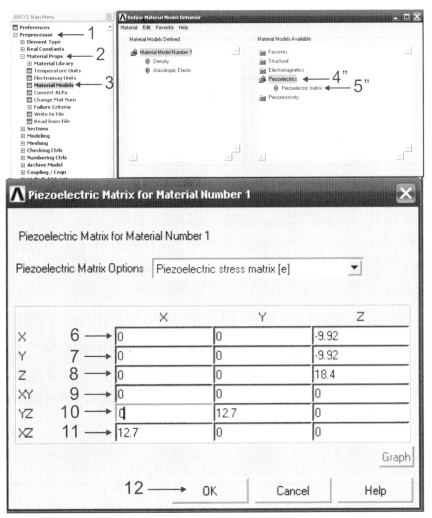

⏻ 圖 7-4　執行步驟 7.7-1～12 設定壓電變壓器 e-form 之壓電應力矩陣

▶ **執行步驟 7.8** 如圖 7-5 所示，設定壓電變壓器之相對介電常數(Relative Permittivity)：Preprocessor(前處理器)>Material Props(材料性質)>Material Models(材料模式)>Electromagnetics(電磁的)>Relative Permittivity(相對介電常數)>Orthotropic(正交性的)>729～653(在 Relative Permittivity 欄位輸入相對介電常數 729～653)>OK(完成相對介電常數之建檔)。

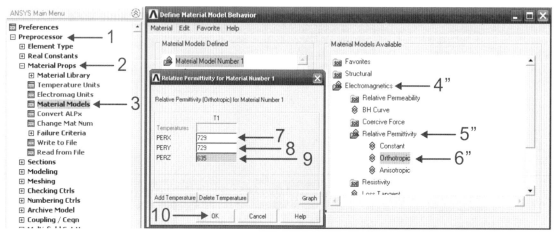

⏻ 圖 7-5　執行步驟 7.8-1～10 設定壓電變壓器之相對介電常數

▶ **執行步驟 7.9** 如圖 7-6 所示，建構壓電變壓器輸入端之體積(Volumes)：Preprocessor(前處理器)>Modeling(建模)>Create(建構)>Volumes(體積)>Block(方塊)>By Dimensions(透過維度)>0.024(在 X1X2 X-coordinates 欄位內輸入長度 0.024m)>0.012(在 Y1Y2 Y-coordinates 欄位內輸入寬度 0.012m)>0.001(在 Z1Z2 Z-coordinates 欄位內輸入厚度 0.001m)>OK(完成壓電變壓器輸入端體積之建構)。

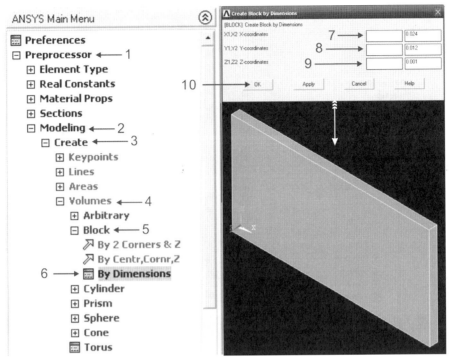

⤴ 圖 7-6　執行步驟 7.9-1〜10 與壓電變壓器輸入端體積建構之完成圖

▶ **執行步驟 7.10**　　如圖 7-7 所示，建構壓電變壓器輸出端之體積(Volumes)：
Preprocessor(前處理器)>Modeling(建模)>Create(建構)>Volumes(體積)>Block(方
塊)>By Dimensions(透過維度)>(0.024, 0048)(在 X1X2 X-coordinates 欄位內輸入長
度座標(0.024, 0048)m)>0.012(在 Y1Y2 Y-coordinates 欄位內輸入寬度 0.012m)>0.001
(在 Z1Z2 Z-coordinates 欄位內輸入厚度 0.001m)>OK(完成壓電變壓器輸出端體積
之建構)。

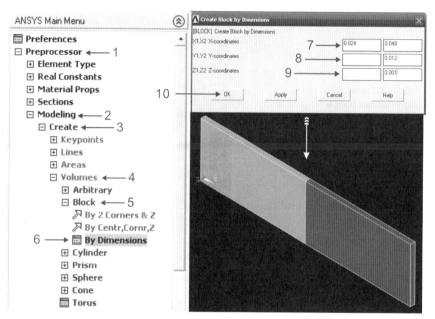

⏻ 圖 7-7　執行步驟 7.10-1～10 與壓電變壓器輸出端體積建構之完成圖

▶ **執行步驟 7.11**　如圖 7-8 所示，壓電變壓器輸入端與輸出端體積之膠合 (Glue)：Preprocessor(前處理器)>Modeling(建模)>Operate(操作)>Glue(膠合)>Pick All(全選，完成壓電變壓器輸入端與輸出端體積之膠合)。

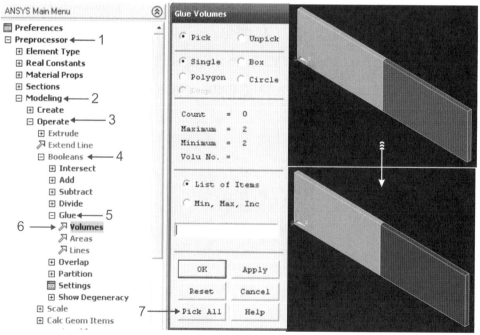

⏻ 圖 7-8　執行步驟 7.11-1～7 與壓電變壓器輸入端與輸出端體積膠合之完成圖

▶ **執行步驟 7.12**　　如圖 7-9 所示，建構壓電變壓器輸出端體積之新座標系統 (Create Local Coordinate Systems)：WorkPlane(工作平面)>Local Coordinate Systems(局部座標系統)>Create Local CS(建構座標系統)>By 3 Keypoints +(透過三個關鍵點)>K7, K6 & K14(依序點選關鍵點 K7, K6 & K14)>OK(完成新座標系統之建構，座標編號為 11)。

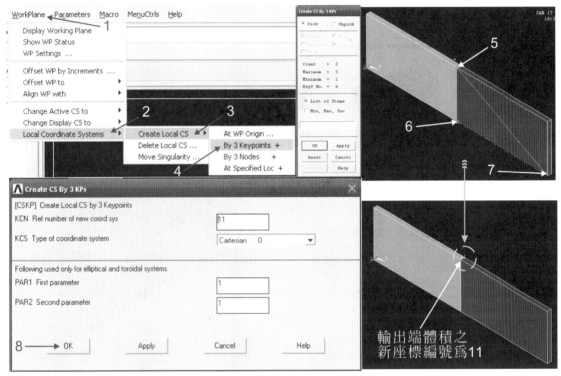

⏏ 圖 7-9　執行步驟 7.12-1〜8 與壓電變壓器輸出端體積新座標系統建構之完成圖

▶ **執行步驟 7.13**　　如圖 7-10 所示，壓電變壓器輸入端網格化(Meshing)：Preprocessor(前處理器)>Meshing(網格化)>MeshTool(網格工具)>Set(設定)>Smart Size 6(點選精明尺寸 6)>0(確定輸入端之座標系統編號為 0)>OK(完成元素型態、材料或座標系統編號之確認)>Mesh(網格化啟動)>V1(點選輸入端體積 V1)>OK(完成壓電變壓器輸入端網格化)。

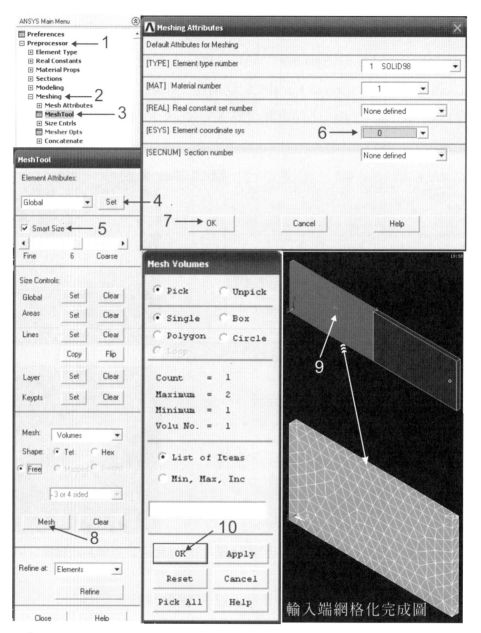

⏻ 圖 7-10　執行步驟 7.13-1～10 與壓電變壓器輸入端網格化完成圖

▶ **執行步驟 7.14**　　如圖 7-11 所示，壓電變壓器輸出端網格化(Meshing)：
Preprocessor(前處理器)>Meshing(網格化)>MeshTool(網格工具)>Set(設定)>Smart
Size 6(點選精明尺寸 6)>11(確定輸出端之座標系統編號為 11)>OK(完成元素型
態、材料或座標系統編號之確認)>Mesh(網格化啟動)>V2(點選輸入端體積 V2)>
OK(完成壓電變壓器輸出端網格化)。

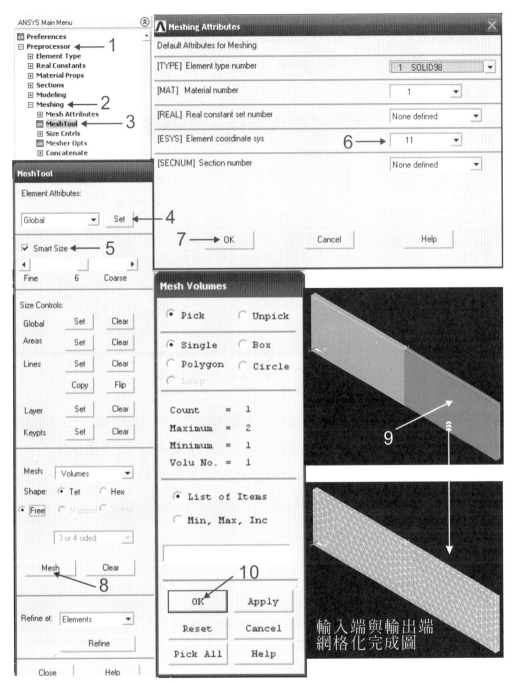

○ 圖 7-11　執行步驟 7.14-1～10 與壓電變壓器輸入端與輸出端網格化完成圖

▶ **執行步驟 7.15**　　如圖 7-12 所示，選擇模態分析(Modal Analysis)：Solution(求解)>Analysis Type(分析型態)>New Analysis(新分析)>Modal(模態)>OK(完成分析型態之選擇)。

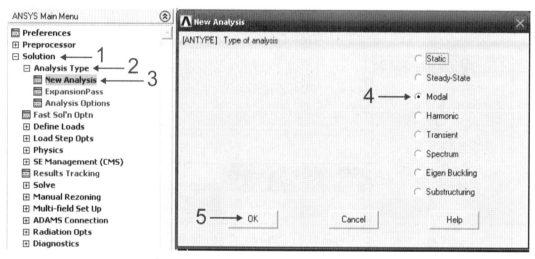

⏻ 圖 7-12　執行步驟 7.15-1～5

▶ **執行步驟 7.16**　　如圖 7-13 所示，共振模態的分析選擇(Analysis Options)：Solution(求解)>Analysis Type(分析型態)>Analysis Options(分析選擇)>31(分析 31 個模態)>OK(完成模態之分析選擇)>30000(共振模態之起始頻率　30kHz)>75000(共振模態之終止頻率 75kHz)>OK(完成共振模態頻率的分析選擇)。

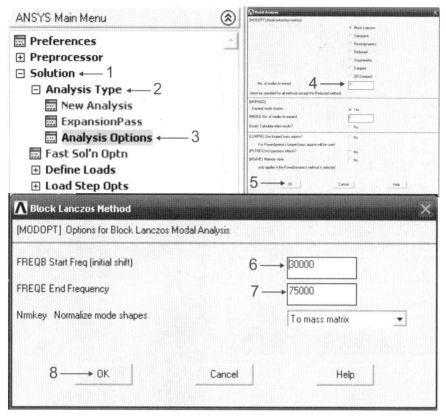

⏻ 圖 7-13　執行步驟 7.16-1〜8

▶ **執行步驟 7.17**　　如圖 7-14 所示，設定壓電變壓器的電學(接地)邊界條件：
Solution(求解的方法)>Defined Loads(定義負載)>Apply(設定)>Electric(電學的)>
Boundary(邊界)>Voltage(電壓)>On Areas(在面積上)>A1(點選輸入端之下表面積
A1)>A6(點選輸出端之內表面積 A6)> OK(完成輸入端與輸出端面積的點選)>0(設
定輸入電壓為 0V)>OK(完成壓電變壓器的電學(接地)邊界條件的設定)。

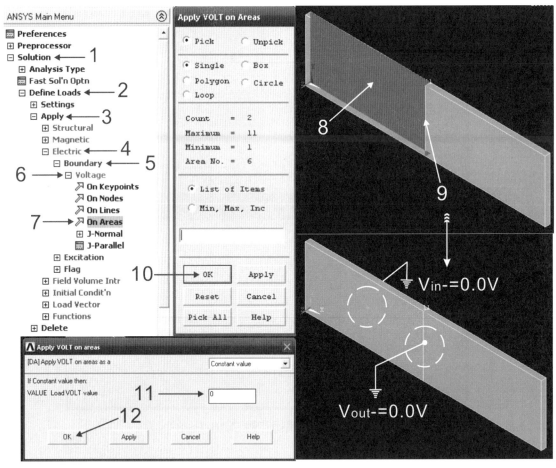

⏻ 圖 7-14 執行步驟 7.17-1～12 與壓電變壓器的電學(接地)邊界條件設定之完成圖

▶ **執行步驟 7.18** 如圖 7-15 所示，設定壓電變壓器的電學(火線)邊界條件：Solution(求解的方法)>Defined Loads(定義負載)>Apply(設定)>Electric(電學的)>Boundary(邊界)>Voltage(電壓)>On Areas(在面積上)>A2(點選輸入端之上表面積 A2)>OK(完成輸入端面積的點選)>1(設定輸入電壓為 1.0V)>OK(完成壓電變壓器的電學(火線)邊界條件的設定)。

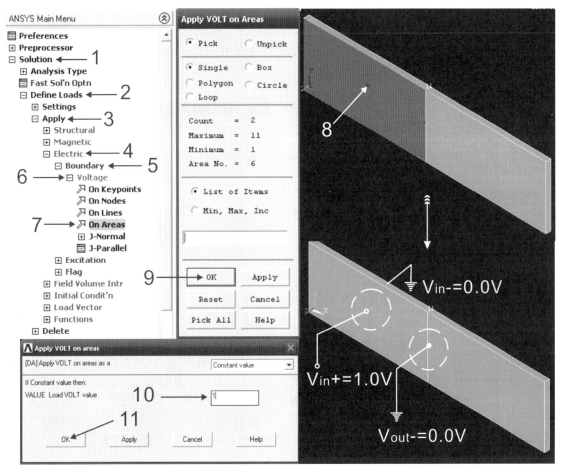

↻ 圖 7-15　執行步驟 7.18-1～11 與壓電變壓器的電學(火線)邊界條件設定之完成圖

▶ **執行步驟 7.19**　請參考第 1 章執行步驟 1.17 與圖 1-19，求解(Solve)：
Solution(解法)>Solve(求解)>Current LS or Current Load Step(目前的負載步驟)>
OK(完成執行步驟開始求解)>Yes(執行求解)>Close(求解完成關閉視窗)>File(點選
檔案)>Close(關閉檔案)。

▶ **執行步驟 7.20** 如圖 7-16 所示，檢視共振頻率之輸出結果摘要(Results Summary)：General Postprocessor(一般後處理器)>Results Summary(結果摘要)>X(檢視共振頻率之輸出結果摘要以後關閉視窗)。

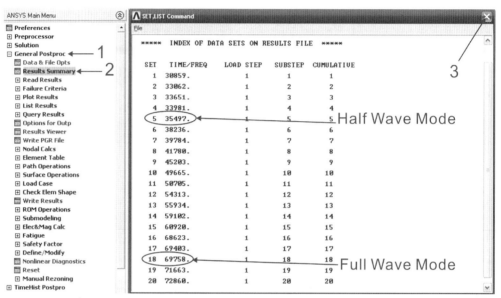

○ 圖 7-16 執行步驟 7.20-1～3 與共振頻率之輸出結果

【補充說明 7.20】圖中半波模態與全波模態之共振頻率係根據經驗找到的。

▶ **執行步驟 7.21** 如圖 7-17 所示，半波模態共振頻率之精選(By Pick)：General Postprocessor(一般後處理器)>Read Results(閱讀結果)>By Pick(透過精選)>35497(點選第 5 個共振頻率)>Read(閱讀)>Close(關閉視窗)。

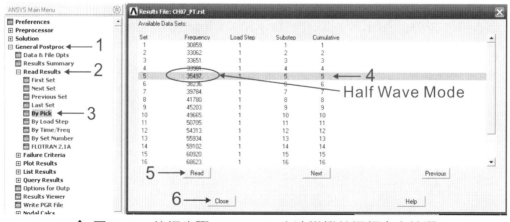

○ 圖 7-17 執行步驟 7.21-1～6 半波模態共振頻率之精選

【補充說明 7.21】直接閱讀半波模態之共振頻率，可以節省大量時間。

▶ 執行步驟 7.22　　如圖 7-18 所示，檢視壓電變壓器半波模態之輸出結果：
General Postprocessor(一般後處理器)>Plot Results(繪製所有結果)>Contour Plot(輪廓繪製)>Nodal Solution(節點的解答)>DOF Solution(自由度的解答)>Electric potential(電位)>Deformed shape with undeformed edge(已變形與未變形邊緣之輸出)> OK(完成)。

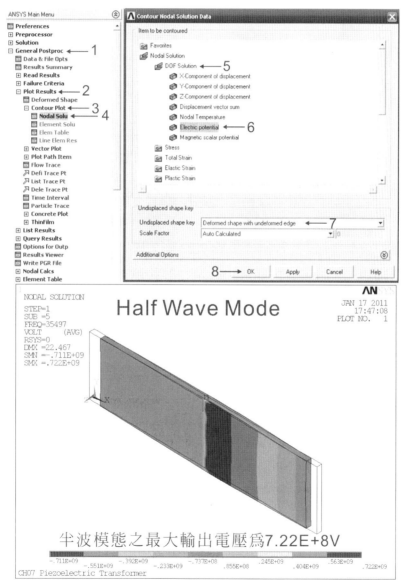

① 圖 7-18　執行步驟 7.22-1～8 與壓電變壓器半波模態之輸出結果

▶ **執行步驟 7.23**　如圖 7-19 所示，全波模態共振頻率之精選(By Pick)：General Postprocessor(一般後處理器)>Read Results(閱讀結果)>By Pick(透過精選)>69758(點選第 18 個共振頻率)>Read(閱讀)>Close(關閉視窗)。

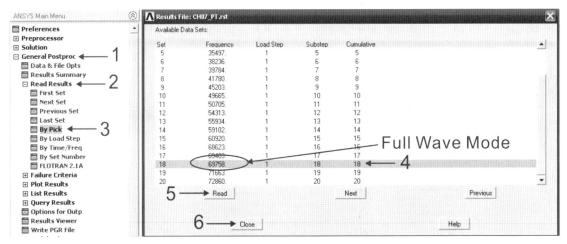

↻ 圖 7-19　執行步驟 7.23-1～6 全波模態共振頻率之精選

【補充說明 7.23】直接閱讀半波模態之共振頻率，可以節省大量時間。

▶ **執行步驟 7.24**　請參考執行步驟 7.22 與如圖 7-20 所示，檢視壓電變壓器全波模態之輸出結果：General Postprocessor(一般後處理器)>Plot Results(繪製所有結果)>Contour Plot(輪廓繪製)>Nodal Solution(節點的解答)>DOF Solution(自由度的解答)>Electric potential(電位)>Deformed shape with undeformed edge(已變形與未變形邊緣之輸出)>OK(完成)。

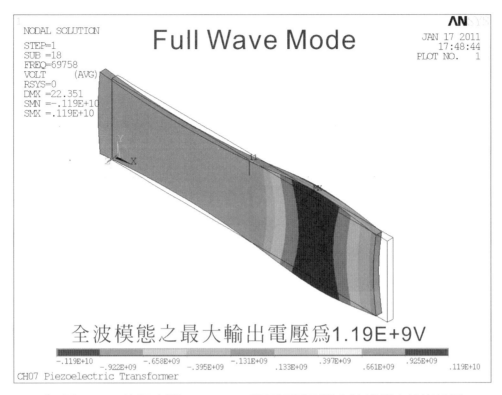

圖 7-20　執行步驟 7.22-1～8 與壓電變壓器全波模態之輸出結果

【結果與討論】

1. 如圖 7-3 所示，壓電變壓器的剛性常數矩陣係為一非等向性材料(Anisotropic material)，因此其剛性常數各異。其中省略部分之 D21 ＝ D11 ＝ 1.39E+11, D31＝ D12 ＝ 7.78E+10, D32 ＝ D13 ＝ 7.43E+10, D41 ＝ D42 ＝ D43 ＝ 0, D51 ＝ D52 ＝ D53 ＝ D54 ＝ 0, D61 ＝ D62 ＝ D63 ＝ D64 ＝ D65 ＝ 0。

2. 如圖 7-4 所示，壓電應力矩陣中之 $[e]_{6\times3} = [c]_{6\times6}[d]_{6\times3}$ or $[e]_{6\times3} = [D]_{6\times6}[d]_{6\times3}$，其中 $[c]_{6\times6}$ and $[d]_{6\times3}$ or $[D]_{6\times6}$ and $[d]_{6\times3}$ 分別代表剛性常數矩陣與壓電應變常數矩陣。

3. 如圖 7-5 所示，壓電變壓器的相對介電常數矩陣係為一正交性材料(Orthotropic material)，其中 PERX=PERY，亦即 $\varepsilon_{11} = \varepsilon_{22}$。

4. 如圖 7-9 所示，由於壓電變壓器的輸出端其 Z 軸方向與輸入端不同，所以必須透過工作平面之建構座標系統來建構其新座標系統，以符合實況。

5. 如圖 7-10～7-11 所示，由於壓電變壓器輸入端與輸出端之座標系統各異，所以執行網格化動作時必須分開進行。

6. 如圖 7-12 所示，分析壓電變壓器的共振模態時，必須選擇模態分析(Modal Analysis)模式。

7. 如圖 7-13 所示，其中共振模態的分析數量以及起始頻率與終止頻率的設定，係來自於從實驗中獲得。

8. 如圖 7-14 所示，設定壓電變壓器的電學邊界條件時，要特別注意輸入端與輸出端接地部分一定要設定為 0.0V，否則無法獲得正確的分析結果。

9. 如圖 7-16 所示，壓電變壓器正確的半波模態與全波模態共振頻率(35,479Hz and 69,758Hz)結果係從經驗中獲得的，一般初學者可以逐一檢視其共振頻率是否與實驗數據一致或相近。其中半波模態與全波模態的實驗數據分別是 34,180Hz and 68,250Hz。它們的差異應該是來自於機電性質的差異。因為一般廠商所提供的機電性質數據不是不夠完整，就是不夠正確，才會導致電腦模擬之分析結果與實驗結果不一致。

10. 如圖 7-17～7-20 所示，壓電變壓器半波模態與全波模態的共振頻率與廠商所提供的數據相似，但是其輸出電壓則是不正確的。根據實驗得知半波模態與全波模態的電壓升壓比分別是 6～40V(如表 7-4 與圖 7-21～24 所示之工業用之壓電變壓器)與 20～260V，而不是如電腦模擬之分析結果分別是 7.22E + 8V and 1.19E + 9V。

【結論與建議】

1. 本例題利用 Material Models(材料模式)來建構壓電變壓器的機電性質(其中包括密度、相對介電常數矩陣、剛性矩陣與壓電應力矩陣是對機電材料或系統的一種新的嘗試。

2. 本例題利用 Create Local Coordinate Systems(建構局部座標系統)來建構壓電變壓器輸出端體積之新座標系統，完成符合實際需要。

3. 本例題利用新的分析型態求解，可以讓讀者共振模態的運作方式，以及利用 Results Summary(結果摘要)與 By Pick(透過精選)來閱讀壓電變壓器的半波與全波模態的共振頻率，可以節省大量的後處理時間。

4. 本例題利用 General Postprocessor(一般後處理器)可以看到半波模態與全波模態的全貌，實有助於對壓電變壓器機電行為的瞭解。

表 7-5　工業用之壓電變壓器性能表(寰辰科技股份有限公司 http://www.eleceram.com.tw)

Model Number	ELM-410	ELS-30	ELS-60
尺寸_Dimension (mm, L×W×H)	30×6×2.5	35x6x1.2	48x7x2.6
共振頻率_Resonance Frequency (kHz)[1]	55	94	67
輸入靜態電容_Input Static Capacitance (nF)	130±15%	1000±10%	800±10%
輸出靜態電容_Output Static Capacitance (pF)	20	8±10%	9±10%
最大輸出電壓_Max Output Voltage (Vrms)	1,800	1,500	2,300
額定輸出功率_Rated Output Power (W)	4	2.5	8
電壓升壓比_Voltage Step-Up Ratio[2]	40	6	7
振動模態_Vibration Mode	$\lambda/2$[3]	$\lambda/2$	$\lambda/2$

[1]. Output open, Room Temperature, Small Signal Level (輸出開路，室溫，小信號位準)。

[2]. At rated output power (在額定輸出功率條件下)。

[3]. Half-Wave Vibration Mode (半波振動模態)。

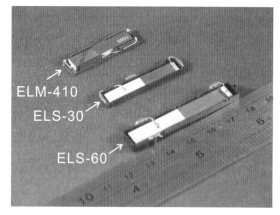

⏻ 圖 7-21　工業用壓電變壓器

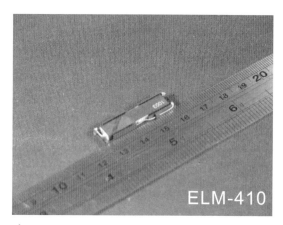

⏻ 圖 7-22　工業用壓電變壓器_ELM-410

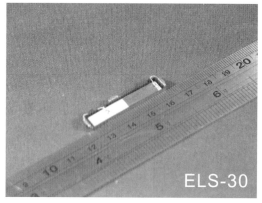

⏻ 圖 7-23　工業用壓電變壓器_ELS-30

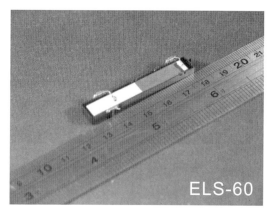

⏻ 圖 7-24　工業用壓電變壓器_ELS-60

Ex7-1：如例題七所述，在相同條件之下，如果壓電變壓器輸入端之長度分別是 8, 12, 16, 20 與 24mm，試分析其半波模態與全波模態之共振頻率與以及輸出電壓？

輸入端長度(mm)	8	12	16	20	24
半波共振頻率(Hz)					35,497
半波輸出電壓(10E+8V)					7.22
全波共振頻率(Hz)					69,758
全波輸出電壓 (10E+9V)					1.19

Ex7-2：如例題七所述，在相同條件之下，如果壓電變壓器輸出端之長度分別是 8, 12, 16, 20 與 24mm，試分析其半波模態與全波模態之共振頻率與以及輸出電壓？

輸出端長度(mm)	8	12	16	20	24
半波共振頻率(Hz)					35,497
半波輸出電壓(10E+8V)					7.22
全波共振頻率(Hz)					69,758
全波輸出電壓 (10E+9V)					1.19

Ex7-3：如例題七所述，在相同條件之下，如果壓電變壓器的厚度分別是 0.6, 0.7, 0.8, 0.9 與 1.0mm，試分析其半波模態與全波模態之共振頻率與以及輸出電壓？

壓電變壓器厚度(mm)	0.6	0.7	0.8	0.9	1.0
半波共振頻率(Hz)					35,497
半波輸出電壓(10E+8V)					7.22
全波共振頻率(Hz)					69,758
全波輸出電壓 (10E+9V)					1.19

Ex7-4：如例題七所述，在相同條件之下，如果壓電變壓器輸入端前端的寬度分別是 0.4, 0.6, 0.8, 1.0 與 1.2mm，試分析其半波模態與全波模態之共振頻率與以及輸出電壓？

輸入端前端寬度(mm)	0.4	0.6	0.8	1.0	1.2
半波共振頻率(Hz)					35,497
半波輸出電壓(10E+8V)					7.22
全波共振頻率(Hz)					69,758
全波輸出電壓 (10E+9V)					1.19

Ex7-5：如例題七所述，在相同條件之下，如果壓電變壓器輸出端末端的寬度分別是 0.4, 0.6, 0.8, 1.0 與 1.2mm，試分析其半波模態與全波模態之共振頻率與以及輸出電壓？

輸出端末端寬度(mm)	0.4	0.6	0.8	1.0	1.2
半波共振頻率(Hz)					35,497
半波輸出電壓(10E+8V)					7.22
全波共振頻率(Hz)					69,758
全波輸出電壓 (10E+9V)					1.19

例題八

如圖 8-1 與表 8-1～8-4 所示，係為一種壓電致動器(Piezoelectric Actuator)及其機電邊界條件。當該壓電致動器的尾端被固定住，而壓電陶瓷火線端輸入 100V 電壓，且接地端輸入 0.0V 時，試分析該壓電致動器在 45kHz～65kHz 之間的共振模態及其共振頻率為何？(Element Type：Couple Field, Scalar Tet 98, Mesh Tool：Smart Size 6, Shape：Tex_Free)

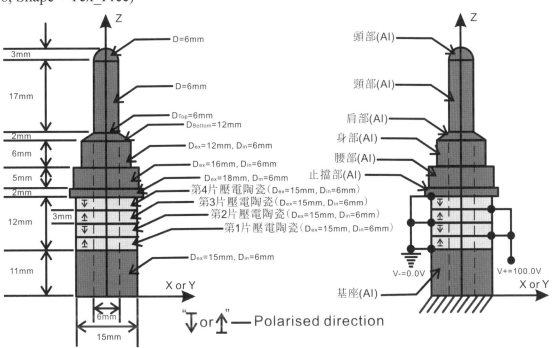

☝ 圖 8-1　壓電致動器之正視圖與邊界條件

表 8-1　壓電致動器之機械性質	表 8-2　壓電陶瓷之相對介電矩陣(單位：無)
PZT 壓電陶瓷的密度：DENS = 7,600 kg/m³ 鋁的密度：DENS = 2,700 kg/m³ 鋁的楊氏係數：EX = 73Gpa 鋁的帕松比：PRXY = 0.33	$$[\varepsilon]_{3\times3} = \begin{bmatrix} 3400 & 0 & 0 \\ 0 & 3400 & 0 \\ 0 & 0 & 3130 \end{bmatrix}_{3\times3}$$
表 8-3　壓電陶瓷之剛性矩陣(單位：GPa)	表 8-4　壓電應力矩陣(單位：N/m-V)
$$[c]_{6\times6} = \begin{bmatrix} 140 & 80 & 80 & 0 & 0 & 0 \\ 80 & 140 & 80 & 0 & 0 & 0 \\ 80 & 80 & 120 & 0 & 0 & 0 \\ 0 & 0 & 0 & 33 & 0 & 0 \\ 0 & 0 & 0 & 0 & 26 & 0 \\ 0 & 0 & 0 & 0 & 0 & 26 \end{bmatrix}_{6\times6}$$	$$[e]_{6\times3} = \begin{bmatrix} 0 & 0 & -21.9 \\ 0 & 0 & -21.9 \\ 0 & 0 & 71.6 \\ 0 & 0 & 0 \\ 0 & 19.3 & 0 \\ 19.3 & 0 & 0 \end{bmatrix}_{6\times3}$$

 【學習重點】

1. 熟悉如何從各執行步驟中來瞭解壓電致動器的基本操作與運動原理。

2. 熟悉如何利用 Material Models(材料模式)來建構壓電致動器的不同材料的機械性質與機電性質(其中包括密度、楊氏係數、帕松比、相對介電常數矩陣、剛性矩陣與壓電應力矩陣)。

3. 熟悉如何利用 Create Local Coordinate Systems(建構局部座標系統)來建構壓電致動器輸出端體積之新座標系統。

4. 熟悉如何利用 Results Summary(結果摘要)與 By Pick(透過精選)來閱讀壓電致動器的共振頻率。

5. 熟悉如何利用 General Postprocessor(一般後處理器)來檢視壓電致動器的共振模態。

▶ **執行步驟 8.1**　　　請參考第 1 章執行步驟 1.1 與圖 1-2，更改作業名稱(Change Jobname)：Utility Menu(功能選單)>File(檔案)>Change Jobname(更改作業名稱)>CH08_PA(作業名稱)>Yes(是否為新的記錄或錯誤檔)>OK(完成作業名稱之更改或設定)。

▶ **執行步驟 8.2**　　　請參考第 1 章執行步驟 1.2 與圖 1-3，更改標題(Change Title)：Utility Menu(功能選單或畫面)>File(檔案)>更改標題(Change Title)>CH08 Piezoelectric Actuator(標題名稱)>OK(完成標題之更改或設定)。

▶ **執行步驟 8.3**　　　Preferences(偏好選擇)：ANSYS Main Menu(ANSYS 主要選單)>Preferences(偏好選擇)>Structural(結構的)>Electric(電學的)>OK(完成偏好之選擇)。

▶ **執行步驟 8.4**　　　選擇元素型態(Element Type)：Preprocessor(前處理器)>Element Type(元素型態)>Add/Edit/Delete(增加/編輯/刪除)>Add(增加)>Couple Field(複合領域)>Scalar Tet 98(標量四角形之機電立體元素)>Close(關閉元素型態_Element Types 之視窗)。

▶ **執行步驟 8.5**　　　如圖 8-2 所示，設定鋁材之材料性質(Material Props)：Preprocessor(前處理器)>Material Props(材料性質)>Material Models(材料模式)>Structural(結構的)>Linear(線性的)>Elastic(彈性的)>Isotropic(等向性的)>73e9(在 EX 欄位輸入 6061 鋁的楊氏係數 73e9GPa)>0.33(在 PRXY 欄位輸入 6061 鋁的帕松比 0.33)>OK(完成 6061 鋁的楊氏係數與帕松比建檔)>Linear(關閉線性的視窗)>Density(密度)>2700(在 DENS 欄位輸入 6061 鋁的密度 2700)>OK(完成 6061 鋁的密度之建檔)。

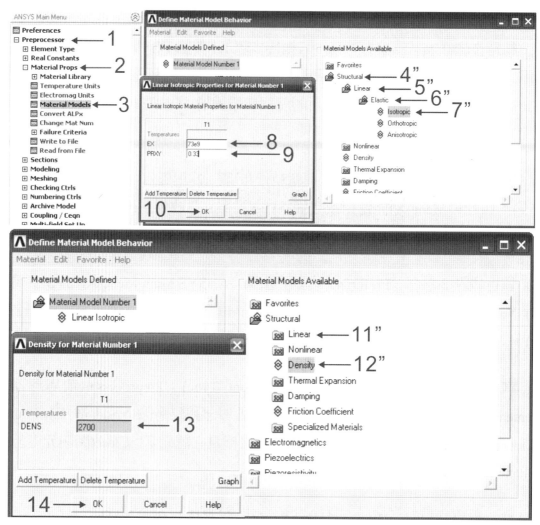

↻ 圖 8-2　執行步驟 8.5-1～14 設定鋁材之材料性質

▶ **執行步驟 8.6**　　如圖 8-3 所示，設定壓電陶瓷之剛性矩陣(Stiffness Matrix)或剛性型式(Stiffness form)：Preprocessor(前處理器)>Material Props(材料性質)>Material Models(材料模式)> Material(材料)>New Model(新模式)>OK(完成第二筆新材料模式的開啟)>Structural(結構的)>Linear(線性的)>Elastic(彈性的)>Anisotropic(非等向性的)>1.4E11～2.6E10(在 D11～D66 欄位內依序輸入剛性常數 1.39E11～2.56E10)>OK(完成壓電陶瓷剛性矩陣之建檔)。

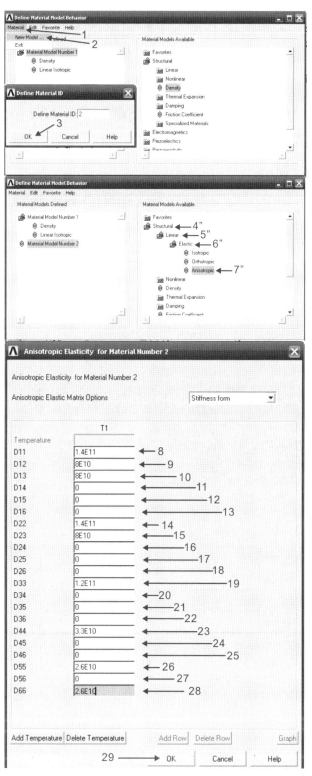

⚡ 圖 8-3　執行步驟 8.6-1～29 設定壓電陶瓷之剛性矩陣

▶ **執行步驟 8.7** 如圖 8-4 所示，設定壓電陶瓷之 e-form 壓電應力矩陣 (Piezoelectric stress matrix [e])：Preprocessor(前處理器)>Material Props(材料性質)>Material Models(材料模式)>Material Model Number 2(第二筆材料模式)>Piezoelectrics(壓電的)>Piezoelectric matrix(壓電矩陣)>−21.9～19.3(在 Piezoelectric stress matrix [e]欄位內依序輸入壓電應力常數−21.9～19.3)>OK(完成第二筆材料模式壓電應力矩陣之建檔)。

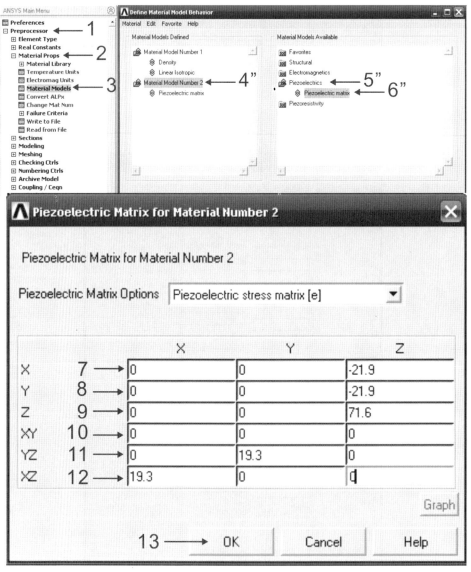

⏻ 圖 8-4 執行步驟 8.7-1～13 設定壓電陶瓷之 e-form 壓電應力矩陣

▶ **執行步驟 8.8**　　如圖 8-5 所示，設定壓電陶瓷之相對介電常數(Relative Permittivity)：Preprocessor(前處理器)>Material Props(材料性質)>Material Models(材料模式)>Material Model Number 2(第二筆材料模式)>Electromagnetics(電磁的)>Relative Permittivity(相對介電常數)>Orthotropic(正交性的)>3400～3130(在 Relative Permittivity 欄位輸入相對介電常數 3400～3130)>OK(完成第二筆材料模式相對介電常數之建檔)。

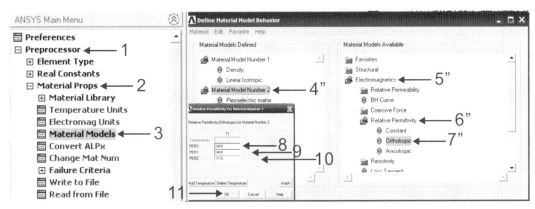

⏻ 圖 8-5　執行步驟 8.8-1～11 設定壓電陶瓷之相對介電常數

▶ **執行步驟 8.9**　　如圖 8-6 所示，設定壓電陶瓷之密度(Density)：Preprocessor(前處理器)>Material Props(材料性質)>Material Models(材料模式)>Material Model Number 2(第二筆材料模式)>Structural(結構的)>Density(密度)>7600(在 DEN 欄位輸入第二筆材料模式之密度 7600)>OK(完成第二筆材料模式密度之建檔)。

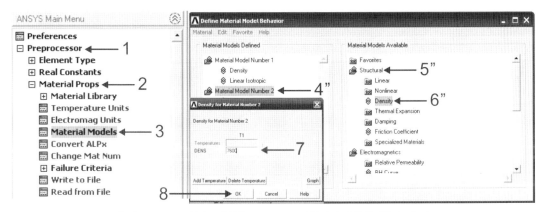

⏻ 圖 8-6　執行步驟 8.9-1～8 設定壓電陶瓷之密度

▶ **執行步驟 8.10** 如圖 8-7 所示,建構壓電致動器基座之體積(Volumes):
Preprocessor(前處理器)>Modeling(建模)>Create(建構)>Volumes(體積)>Cylinder(圓柱形)>Hollow Cylinder(中空圓柱形)>7.5E-3(在 Rad-1 欄位內輸入半徑 7.5E-3m)>3E-3(在 Rad-2 欄位內輸入半徑 3E-3m)>1E-3(在 Depth 欄位內輸入深度 1E-3m)>OK(完成壓電致動器基座體積之建構)。

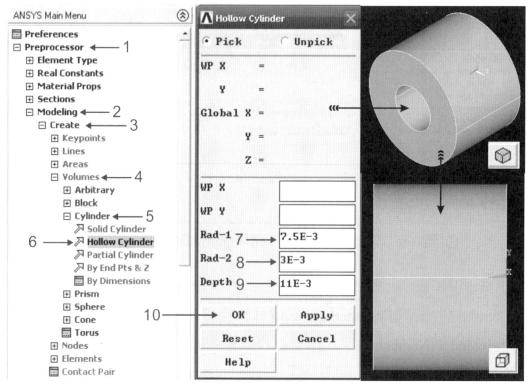

⏻ 圖 8-7 執行步驟 8.10-1~10 與壓電致動器基座體積建構之完成圖

▶ **執行步驟** 8.11　　如圖 8-8 所示，設定與平移工作平面(Working Plane)：WorkPlane(工作平面)>Display Working Plane(顯示工作平面)>WP Settings(工作平面設定)>0.001(在 Snap Incr 欄位輸入平移增量 0.001)>0.0001(在 Tolerance 欄位容許誤差 0.0001)>OK(完成工作平面設定)>Offset WP by Increments(透過增量補償工作平面)>+Z(按壓+Z 鍵 11 次將工作平面平移 Z = 0.011 位置)>OK(完成工作平面之平移)。

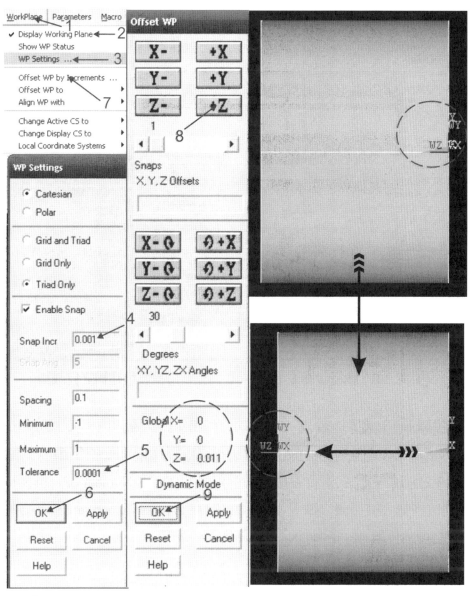

⏻ 圖 8-8　執行步驟 8.11-1～9 以及設定與平移工作平面之完成圖

▶ **執行步驟 8.12** 如圖 8-9 所示，建構壓電陶瓷之體積(Volumes)：
Preprocessor(前處理器)>Modeling(建模)>Create(建構)>Volumes(體積)>Cylinder(圓柱形)>Hollow Cylinder(中空圓柱形)>7.5E-3(在 Rad-1 欄位內輸入半徑 7.5E-3m)>3E-3(在 Rad-2 欄位內輸入半徑 3E-3m)>3E-3(在 Depth 欄位內輸入深度 3E-3m)>OK(完成壓電陶瓷體積之建構)。

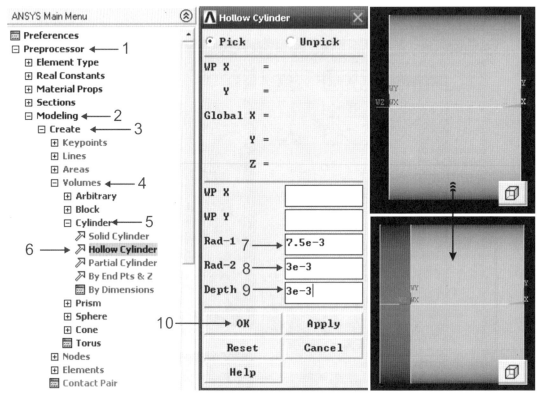

① 圖 8-9 執行步驟 8.12-1~10 與壓電陶瓷體積建構之完成圖

▶ **執行步驟 8.13** 如圖 8-10 所示，壓電陶瓷體積之複製(Copy)：
Preprocessor(前處理器)>Modeling(建模)>Copy(複製)>Volumes(體積)>V2(點選壓電陶瓷體積 V2)>OK(完成欲複製體積之點選)>4(在 ITIME Number of copies-including original 欄位內輸入欲複製之數量 4)>3e-3(在 DZ Z-offset in active CS 欄位內輸入欲複製體積之擺放位置 3E-3m)>OK(完成壓電陶瓷體積之複製，且將工作平面座標移到最前端)。

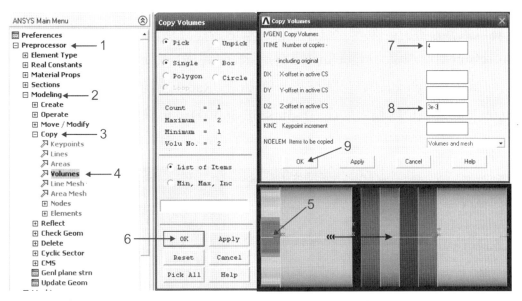

⏻ 圖 8-10　執行步驟 8.13-1～9 與壓電陶瓷體積複製之完成圖

▶ **執行步驟 8.14**　如圖 8-11 所示，建構壓電致動器止擋部之體積(Volumes)：Preprocessor(前處理器)>Modeling(建模)>Create(建構)>Volumes(體積)>Cylinder(圓柱形)>Hollow Cylinder(中空圓柱形)>9E-3(在 Rad-1 欄位內輸入半徑 9E-3m)>3E-3(在 Rad-2 欄位內輸入半徑 3E-3m)>2E-3(在 Depth 欄位內輸入深度 2E-3m)>OK(完成壓電致動器止擋部體積之建構，並將工作平面座標移到最前端)。

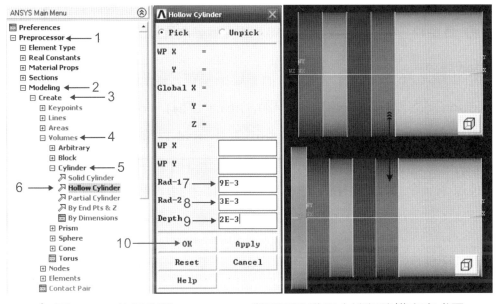

⏻ 圖 8-11　執行步驟 8.14-1～10 與壓電致動器止擋部建構之完成圖

▶ **執行步驟 8.15** 如圖 8-12 所示,建構壓電致動器腰部之體積(Volumes):
Preprocessor(前處理器)>Modeling(建模)>Create(建構)>Volumes(體積)>Cylinder(圓柱形)>Hollow Cylinder(中空圓柱形)>8E-3(在 Rad-1 欄位內輸入半徑 8E-3m)>3E-3(在 Rad-2 欄位內輸入半徑 3E-3m)>5E-3(在 Depth 欄位內輸入深度 5E-3m)>OK(完成壓電致動器腰部體積之建構,並將工作平面座標移到最前端)。

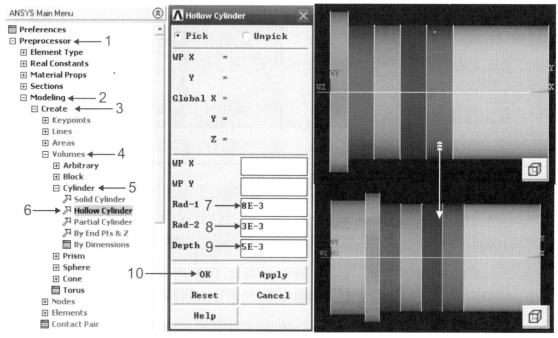

🔃 圖 8-12 執行步驟 8.15-1~10 與壓電致動器腰部之體積建構之完成圖

▶ **執行步驟 8.16** 如圖 8-13 所示,建構壓電致動器身部之體積(Volumes):
Preprocessor(前處理器)>Modeling(建模)>Create(建構)>Volumes(體積)>Cylinder(圓柱形)>Hollow Cylinder(中空圓柱形)>6E-3(在 Rad-1 欄位內輸入半徑 6E-3m)>3E-3(在 Rad-2 欄位內輸入半徑 3E-3m)>6E-3(在 Depth 欄位內輸入深度 6E-3m)>OK(完成壓電致動器身部體積之建構,並將工作平面座標移到最前端)。

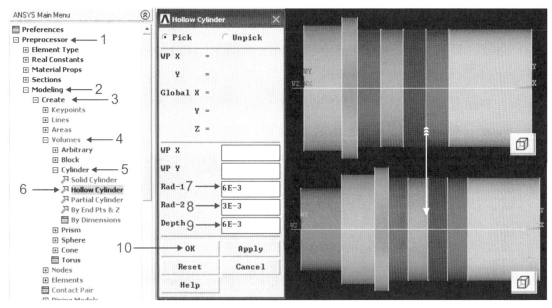

⏻ 圖 8-13　執行步驟 8.16-1～10 與壓電致動器身部體積建構之完成圖

▶ **執行步驟 8.17**　如圖 8-14 所示，建構壓電致動器肩部之體積(Volumes)：Preprocessor(前處理器)>Modeling(建模)>Create(建構)>Volumes(體積)>Cone(圓錐形)>By Picking(透過精選)>6E-3(在 Rad-1 欄位內輸入半徑 6E-3m)>3E-3(在 Rad-2 欄位內輸入半徑 3E-3m)>2E-3(在 Depth 欄位內輸入深度 2E-3m)>OK(完成壓電致動器肩部體積之建構，並將工作平面座標移到最前端)。

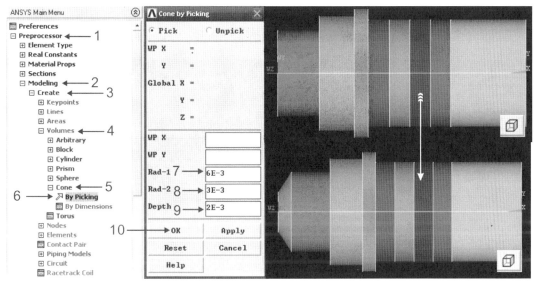

⏻ 圖 8-14　執行步驟 8.17-1～10 與壓電致動器肩部體積建構之完成圖

執行步驟 8.18 如圖 8-15 所示，建構壓電致動器頸部之體積(Volumes)：Preprocessor(前處理器)>Modeling(建模)>Create(建構)>Volumes(體積)>Cylinder(圓柱形)>Solid Cylinder(實心圓柱形)>3E-3(在 Radius 欄位內輸入半徑 3E-3m)>17E-3(在 Depth 欄位內輸入深度 17E-3m)>OK(完成壓電致動器頸部體積之建構，並將工作平面座標移到最前端)。

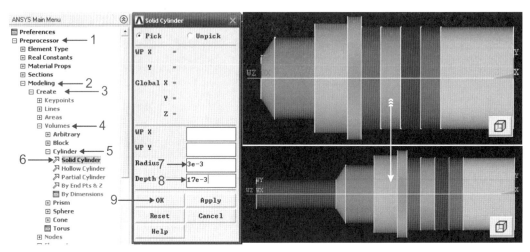

⬆ 圖 8-15　執行步驟 8.18-1～9 與壓電致動器頸部體積建構之完成圖

執行步驟 8.19 如圖 8-16 所示，建構壓電致動器頭部之體積(Volumes)：Preprocessor(前處理器)>Modeling(建模)>Create(建構)>Volumes(體積)>Sphere(球形)>Solid Sphere(實心球形)>3E-3(在 Radius 欄位內輸入半徑 3E-3m)>OK(完成壓電致動器頭部體積之建構，並將工作平面座標移回原點，且取消顯示工作平面座標)。

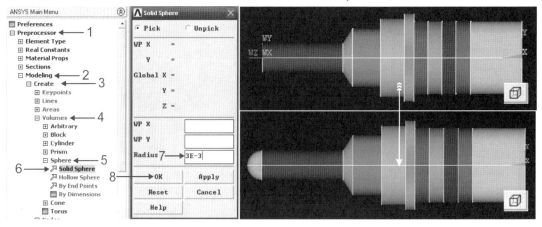

⬆ 圖 8-16　執行步驟 8.19-1～8 與壓電致動器頭部體積建構之完成圖

【補充說明 8.19】在實際的壓電致動器之壓電陶瓷片的中間，夾帶著銅片以做為導電片之用。再者，壓電致動器中空部位裝設一支緊置螺絲藉此來鎖固鋁材與壓電陶瓷。本例題為了簡化演練程序，故省略導電片與螺絲部分。其省略部分可能會導致定量與定性分析些許的差異。

▶ **執行步驟 8.20**　　如圖 8-17 所示，止擋部到頭部體積之合成(Add)：Preprocessor(前處理器)>Modeling(建模)>Operate(操作)>Add(合成)>Volumes (體積)>V6～V11(點選止擋部到頭部之體積 V6～V11)>OK(完成止擋部到頭部體積之合成)。

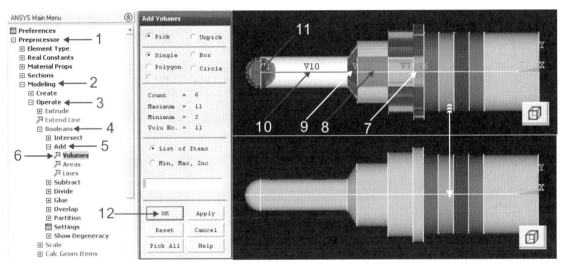

⏻ 圖 8-17　執行步驟 8.20-1～12 與止擋部到頭部體積合成之完成圖

【補充說明 8.20】止擋部到頭部體積合成前後之體積顏色不一樣，尚未合成前止擋部到頭部的體積顏色各異，合成後止擋部到頭部的體積顏色為同一顏色。

▶ **執行步驟 8.21** 如圖 8-18 所示，壓電致動器所有體積之膠合(Glue)：
Preprocessor(前處理器)>Modeling(建模)>Operate(操作)>Glue(膠合)>Pick All(全選，完成壓電致動器所有體積之膠合)。

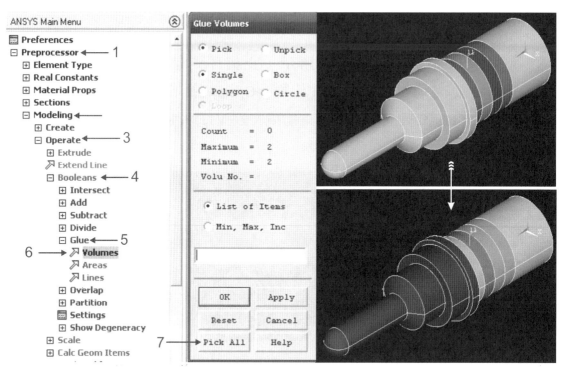

⏻ 圖 8-18 執行步驟 8.21-1～7 與壓電致動器所有體積膠合之完成圖

▶ **執行步驟 8.22** 如圖 8-19 所示，建構第 2, 4 片壓電陶瓷新座標系統(Create Local Coordinate Systems)：WorkPlane(工作平面)>Local Coordinate Systems(局部座標系統)>Create Local CS(建構座標系統)>By 3 Keypoints +(透過三個關鍵點)>74, 76 and 60(依序點選第 2 片壓電陶瓷關鍵點 74, 76 and 60)>Apply(繼續執行下一個步驟)>42, 44 and 28(依序點選第 4 片壓電陶瓷關鍵點 42, 44 and 28)>OK(完成第 2, 4 片壓電陶瓷新座標系統之建構，其新座標編號均為 11)。

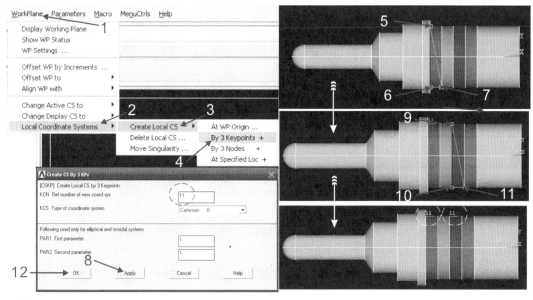

🔾 圖 8-19　執行步驟 8.22-1～12 與第 2, 4 片壓電陶瓷新座標系統建構之完成圖

【補充說明 8.22】建構第 2, 4 片壓電陶瓷新座標系統的目的是，在於欲造成第 2, 4 片壓電陶瓷之極化方向與第 1, 3 片壓電陶瓷之極化方向兩兩相對。

▶ **執行步驟 8.23**　　如圖 8-20 所示，鋁材體積網格化(Meshing)：Preprocessor(前處理器)>Meshing(網格化)>MeshTool(網格工具)>Set(設定)>Smart Size 6(點選精明尺寸 6)>0(確定鋁材體積之座標系統編號爲 0)>OK(完成元素型態、材料或座標系統編號之確認)>Mesh(網格化啓動)>V1 and V12(點選鋁材體積 V1 and V12)>OK(完成鋁材體積網格化)。

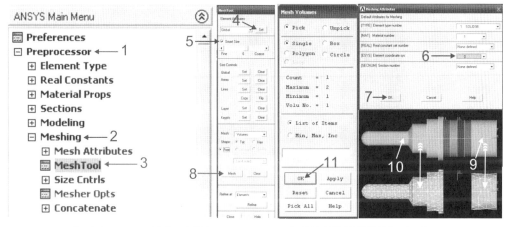

🔾 圖 8-20　執行步驟 8.23-1～11 與鋁材體積網格化完成圖

▶ **執行步驟 8.24** 如圖 8-21 所示，第 1, 3 片壓電陶瓷網格化(Meshing)：
Preprocessor(前處理器)>Meshing(網格化)>MeshTool(網格工具)>Set(設定)>Smart
Size 6(點選精明尺寸 6)>2(點選材料編號為 2)>OK(完成元素型態、材料或座標系統
編號之確認)>Mesh(網格化啟動)>V2 and V4(點選第 1, 3 片壓電陶瓷體積 V2 and
V4)>OK(完成第 1, 3 片壓電陶瓷網格化)。

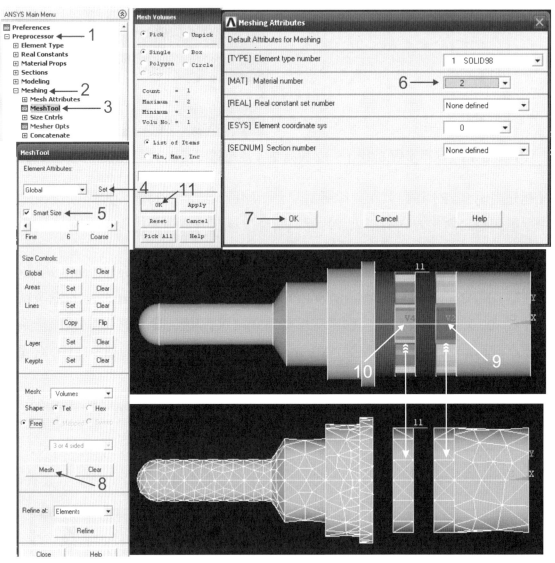

⏻ 圖 8-21 執行步驟 8.24-1～11 與第 1, 3 片壓電陶瓷網格化完成圖

▶ **執行步驟 8.25**　　如圖 8-22 所示，第 2, 4 片壓電陶瓷網格化(Meshing)：
Preprocessor(前處理器)>Meshing(網格化)>MeshTool(網格工具)>Set(設定)>Smart
Size 6(點選精明尺寸 6)>2(點選材料編號為 2)>11(點選座標系統編號 11)>OK(完成
元素型態、材料或座標系統編號之確認)>Mesh(網格化啟動)>V3 and V5(點選第 2, 4
片壓電陶瓷體積 V3 and V5)>OK(完成第 2, 4 片壓電陶瓷網格化)。

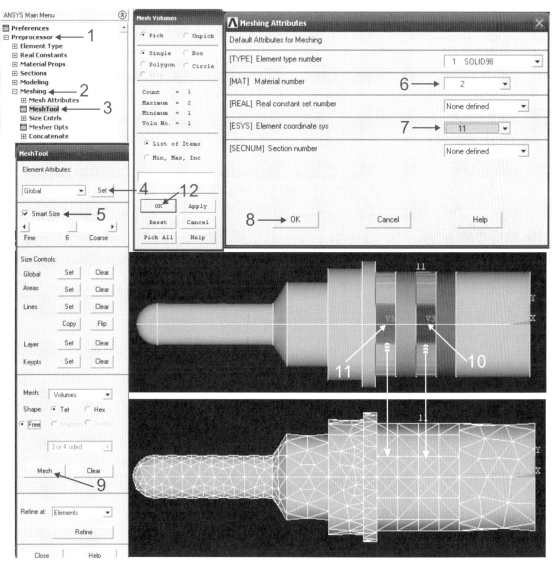

◔ 圖 8-22　執行步驟 8.25-1～12 與第 2, 4 片壓電陶瓷與整體網格化完成圖

執行步驟 8.26 如圖 8-23 所示，選擇模態分析(Modal Analysis)：Solution(求解)>Analysis Type(分析型態)>New Analysis(新分析)>Modal(模態)>OK(完成分析型態之選擇)。

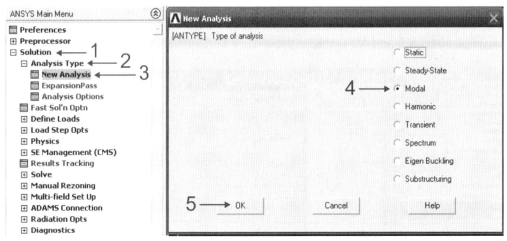

⟳ 圖 8-23 執行步驟 8.26-1～5

執行步驟 8.27 如圖 8-24 所示，共振模態的分析選擇(Analysis Options)：Solution(求解)>Analysis Type(分析型態)>Analysis Options(分析選擇)>21(分析 21 個模態)>OK(完成模態之分析選擇)>45e3(共振模態之起始頻率 45kHz)>65000(共振模態之終止頻率 65kHz)>OK(完成共振模態頻率的分析選擇)。

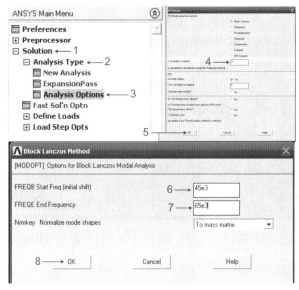

⟳ 圖 8-24 執行步驟 8.27-1～8

▶ **執行步驟 8.28** 如圖 8-25 所示，設定壓電致動器的電學(接地)邊界條件：Solution(求解的方法)>Defined Loads(定義負載)>Apply(設定)>Electric(電學的)>Boundary(邊界)>Voltage(電壓)>On Areas(在面積上)>A2, A14 and A26(點選第 1, 3 片壓電陶瓷之下表面積 A2, A14 以及第 4 片壓電陶瓷之上表面積 A26)>OK(完成壓電陶瓷接地面積的點選)>0(在 VALUE Load VOLT value 欄位內輸入電壓 0V)>OK(完成壓電致動器的電學(接地)邊界條件的設定)。

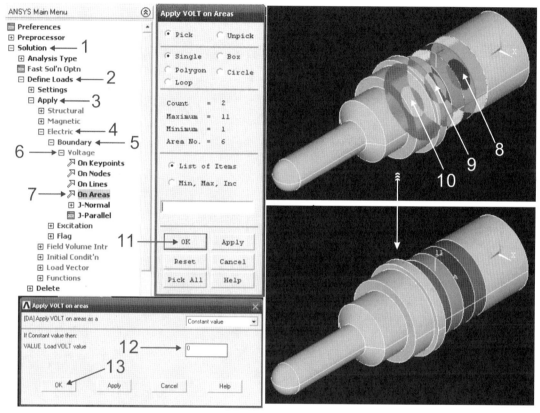

⏻ 圖 8-25　執行步驟 8.28-1～13 與壓電致動器的電學(接地)邊界條件設定之完成圖

▶ **執行步驟 8.29**　如圖 8-26 所示，設定壓電致動器的電學(火線)邊界條件：Solution(求解的方法)>Defined Loads(定義負載)>Apply(設定)>Electric(電學的)>Boundary(邊界)>Voltage(電壓)>On Areas(在面積上)>A8 and A20(點選第 2, 4 片壓電陶瓷之下表面積 A8 and A20)>OK(完成火線面積的點選)>100(在 VALUE Load VOLT value 欄位內輸入電壓 100V)>OK(完成壓電致動器的電學(火線)邊界條件的設定)。

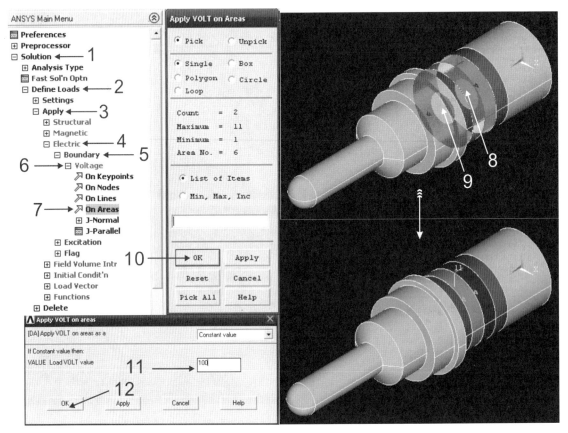

⟳ 圖 8-26　執行步驟 8.29-1～12 與壓電致動器的電學(火線)邊界條件設定之完成圖

▶ **執行步驟 8.30**　請參考第 1 章執行步驟 1.17 與圖 1-19，求解(Solve)：Solution(解法)>Solve(求解)>Current LS or Current Load Step(目前的負載步驟)>OK(完成執行步驟開始求解)>Yes(執行求解)>Close(求解完成關閉視窗)>File(點選檔案)>Close(關閉檔案)

▶ **執行步驟** 8.31　　如圖 8-27 所示，檢視共振頻率之輸出結果摘要(Results Summary)：General Postprocessor(一般後處理器)>Results Summary(結果摘要)>X(檢視共振頻率之輸出結果摘要以後關閉視窗)。

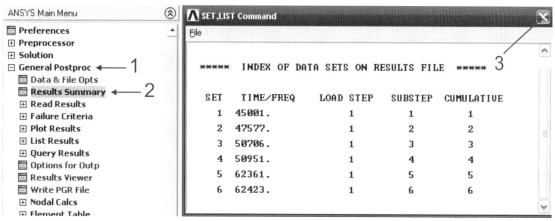

🔅 圖 8-27　執行步驟 8.31-1～3 與共振頻率之輸出結果

▶ **執行步驟** 8.32　　如圖 8-28 所示，透過精選(By Pick)讀取與檢視第 1 個共振模態：General Postprocessor(一般後處理器)>Read Results(閱讀結果)>By Pick(透過精選)>45001(點選第 1 個共振頻率)>Read(閱讀)>Close(關閉視窗)>Plot Results(繪製所有結果)>Contour Plot(輪廓繪製)>Nodal Solution(節點的解答)>DOF Solution(自由度的解答)>Displacement vector sum(位移向量總合之輸出)>Deformed shape with undeformed edge(已變形與未變形邊緣之輸出)>OK(完成第 1 個共振模態之輸出)>Utility Menu(功能選單)>PlotCtrls(繪圖控制)>Multi-Window Layout(多視窗之佈局)>Three(Top/2Bot)(三視圖_上視窗 1 張圖/下視窗 2 張圖)>OK(完成多視窗之佈局)。

電腦輔助工程分析實務

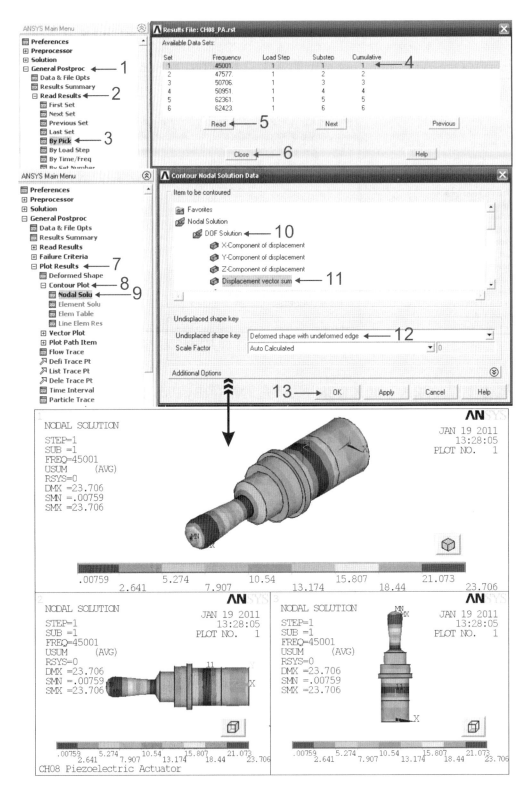

⏱ 圖 8-28　執行步驟 8.32-1～13 與第 1 個共振模態(45,001Hz)輸出完成之三視圖

▶ **執行步驟 8.33**　如圖 8-29 所示，透過精選(By Pick)讀取與檢視第 2 個共振模態：General Postprocessor(一般後處理器)>Read Results(閱讀結果)>By Pick(透過精選)>47577(點選第 2 個共振頻率)>Read(閱讀)>Close(關閉視窗)>Plot Results(繪製所有結果)>Contour Plot(輪廓繪製)>Nodal Solution(節點的解答)>DOF Solution(自由度的解答)>Displacement vector sum(位移向量總合之輸出)>Deformed shape with undeformed edge(已變形與未變形邊緣之輸出)>OK(完成第 2 個共振模態之輸出)>Utility Menu(功能選單)>PlotCtrls(繪圖控制)>Multi-Window Layout(多視窗之佈局)>Three(Top/2Bot)(三視圖_上視窗 1 張圖/下視窗 2 張圖)>OK(完成多視窗之佈局)。

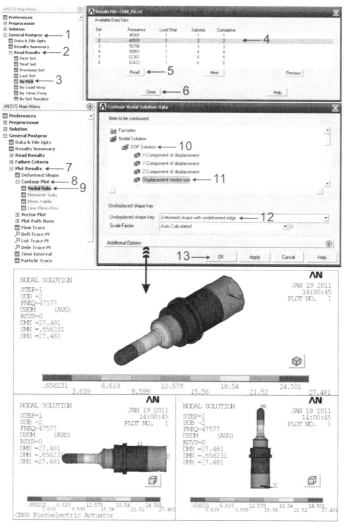

↺ 圖 8-29　執行步驟 8.33-1～13 與第 2 個共振模態(47,577Hz)輸出完成之三視圖

執行步驟 8.34 如圖 8-30 所示,透過精選(By Pick)讀取與檢視第 3 個共振模態:General Postprocessor(一般後處理器)>Read Results(閱讀結果)>By Pick(透過精選)>50706(點選第 3 個共振頻率)>Read(閱讀)>Close(關閉視窗)>Plot Results(繪製所有結果)>Contour Plot(輪廓繪製)>Nodal Solution(節點的解答)>DOF Solution(自由度的解答)>Displacement vector sum(位移向量總合之輸出)>Deformed shape with undeformed edge(已變形與未變形邊緣之輸出)>OK(完成第 3 個共振模態之輸出)>Utility Menu(功能選單)>PlotCtrls(繪圖控制)>Multi-Window Layout(多視窗之佈局)>Three(Top/2Bot)(三視圖_上視窗 1 張圖/下視窗 2 張圖)>OK(完成多視窗之佈局)。

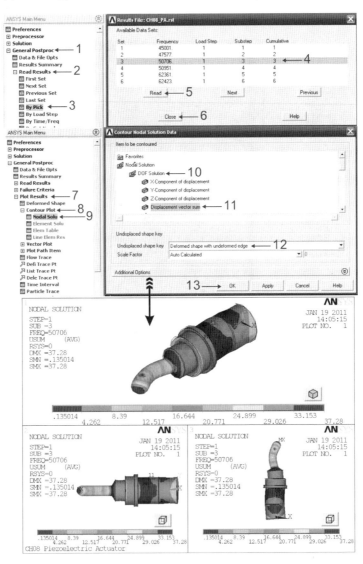

⏻ 圖 8-30 執行步驟 8.34-1~13 與第 3 個共振模態(50,706Hz)輸出完成之三視圖

執行步驟 8.35　　如圖 8-31 所示，透過精選(By Pick)讀取與檢視第 4 個共振模態：General Postprocessor(一般後處理器)>Read Results(閱讀結果)>By Pick(透過精選)>50951(點選第 4 個共振頻率)>Read(閱讀)>Close(關閉視窗)>Plot Results(繪製所有結果)>Contour Plot(輪廓繪製)>Nodal Solution(節點的解答)>DOF Solution(自由度的解答)>Displacement vector sum(位移向量總合之輸出)>Deformed shape with undeformed edge(已變形與未變形邊緣之輸出)>OK(完成第 4 個共振模態之輸出)>Utility Menu(功能選單)>PlotCtrls(繪圖控制)>Multi-Window Layout(多視窗之佈局)>Three(Top/2Bot)(三視圖_上視窗 1 張圖/下視窗 2 張圖)>OK(完成多視窗之佈局)。

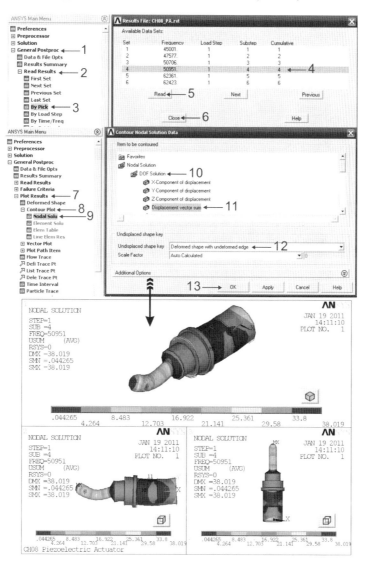

○ 圖 8-31　執行步驟 8.35-1～13 與第 4 個共振模態(50,951Hz)輸出完成之三視圖

▶ **執行步驟 8.36** 如圖 8-32 所示，透過精選(By Pick)讀取與檢視第 5 個共振模態：General Postprocessor(一般後處理器)>Read Results(閱讀結果)>By Pick(透過精選)>62361(點選第 5 個共振頻率)>Read(閱讀)>Close(關閉視窗)>Plot Results(繪製所有結果)>Contour Plot(輪廓繪製)>Nodal Solution(節點的解答)>DOF Solution(自由度的解答)>Displacement vector sum(位移向量總合之輸出)>Deformed shape with undeformed edge(已變形與未變形邊緣之輸出)>OK(完成第 5 個共振模態之輸出)>Utility Menu(功能選單)>PlotCtrls(繪圖控制)>Multi-Window Layout(多視窗之佈局)>Three(Top/2Bot)(三視圖_上視窗 1 張圖/下視窗 2 張圖)>OK(完成多視窗之佈局)。

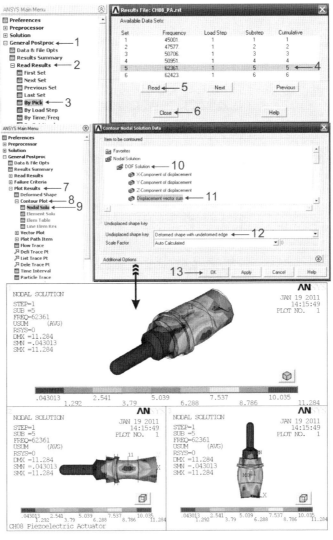

⏻ 圖 8-32　執行步驟 8.36-1～13 與第 5 個共振模態(62,361Hz)輸出完成之三視圖

執行步驟 8.37　如圖 8-33 所示，透過精選(By Pick)讀取與檢視第 6 個共振模態：General Postprocessor(一般後處理器)>Read Results(閱讀結果)>By Pick(透過精選)>62423(點選第 6 個共振頻率)>Read(閱讀)>Close(關閉視窗)>Plot Results(繪製所有結果)>Contour Plot(輪廓繪製)>Nodal Solution(節點的解答)>DOF Solution(自由度的解答)>Displacement vector sum(位移向量總合之輸出)>Deformed shape with undeformed edge(已變形與未變形邊緣之輸出)>OK(完成第 6 個共振模態之輸出)>Utility Menu(功能選單)>PlotCtrls(繪圖控制)>Multi-Window Layout(多視窗之佈局)>Three(Top/2Bot)(三視圖_上視窗 1 張圖/下視窗 2 張圖)>OK(完成多視窗之佈局)。

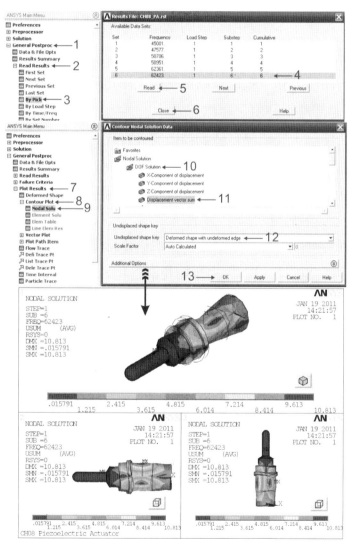

⏻ 圖 8-33　執行步驟 8.37-1～13 與第 6 個共振模態(62,423Hz)輸出完成之三視圖

【結果與討論】

1. 如圖 8-2～8-6 所示，先建立鋁材之機械性質(其中包括密度、楊氏係數與帕松比)；再建立壓電陶瓷之機電性質(其中包括密度、相對介電常數矩陣、剛性矩陣與壓電應力矩陣)。

2. 如圖 8-8 所示，可以利用工作平面(Working Plane)來建構壓電致動器之各個元件。

3. 如圖 8-10 所示，可以利用複製法(Copy)大量的複製壓電陶瓷片。

4. 如圖 8-16 所示，本例題所完成的壓電致動器刻意省略導電片與螺絲部分以簡化演練程序。

5. 如圖 8-17 所示，除了壓電致動器基座與壓電陶瓷部分，其他壓電致動器之止擋部到頭部體積必須合而為一。

6. 如圖 8-18 所示，完成壓電致動器所有元件之建構後，壓電致動器所有體積必須完成膠合之動作，否則會影響求解與分析結果。

7. 如圖 8-19 所示，其新座標系統之建構係為了符合層狀壓電陶瓷片其極化方向兩兩相對之特性。

8. 如圖 8-20～8-22 所示，壓電致動器網格化步驟一共有 3 個；其中先對鋁材網格化，再次是對第 1, 3 片壓電陶瓷網格化，最後對第 2, 4 片壓電陶瓷網格化。 因為是其材料與座標各異，所以必須分段進行。

9. 如圖 8-24 所示，壓電致動器共振模態數量與起迄頻率的分析選擇完成是由經驗得來的，此部分必須與實驗結果作比對才能獲悉。

10. 如圖 8-25～8-26 所示，設定壓電致動器的電學(接地與火線)邊界條件時，必須準確的點選所需要之面積。如果誤選面積或物件時，可以按壓滑鼠右鍵取消誤選之面積或物件。

11. 如圖 8-27～8-33 所示，本例題的壓電致動器在 45kHz～65kHz 範圍內一共有 6 個共振模態與頻率。其中，第 1～2 個共振模態的壓電致動器可以用來製成霧化器。而第 3～4 個共振模態的壓電致動器則可以用來製成超音波馬達。至於，第 5～6 個共振模態的壓電致動器因為不具有功效，所以不適合拿來運用。

【結論與建議】

1. 本例題利用 Material Models(材料模式)來建構壓電致動器的不同材料的機械性質與機電性質(其中包括密度、楊氏係數、帕松比、相對介電常數矩陣、剛性矩陣與壓電應力矩陣)，是為了讓讀者更進一步的來熟悉複合材料其機電性質與材料模式的建構方式。

2. 本例題利用 Create Local Coordinate Systems(建構局部座標系統)來建構壓電致動器輸出端體積之新座標系統，是為了讓讀者熟悉壓電致動器的特性。

3. 本例題利用 Results Summary(結果摘要)與 By Pick(透過精選)與 General Postprocessor(一般後處理器)來閱讀壓電致動器的共振頻率與共振模態，是為了讓讀者熟悉在一定共振頻率範圍內，檢視該壓電致動器的共振模態特性。

4. 本例題壓電致動器之相關應用與可行變化例，尚有：

   (1) 該壓電致動器可以用來製成各式各樣的超音波馬達，其中包括旋轉式超音波馬達、線性超音波馬達、線性超音波軌道車，如圖 8-34～8-37 所示。

   (2) 該壓電致動器可以用來製成各式各樣的壓電發電裝置或發電地磚，如圖 8-38～8-39 所示。

   (3) 該壓電致動器可以用來製成各式各樣的超音波探測器或超音波探測雷達。

【壓電致動器之相關應用】

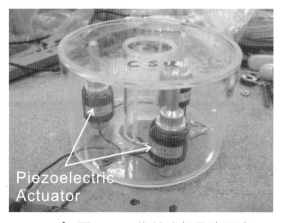

↻ 圖 8-34　旋轉式超音波馬達

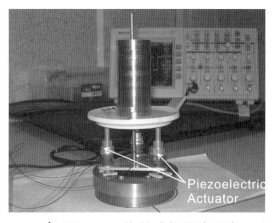

↻ 圖 8-35　旋轉式超音波馬達

↻ 圖 8-36　線性超音波馬達

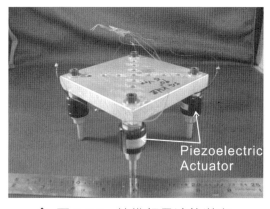

↻ 圖 8-37　線性超音波軌道車

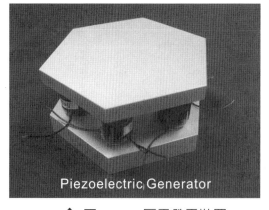

↻ 圖 8-38　壓電發電裝置

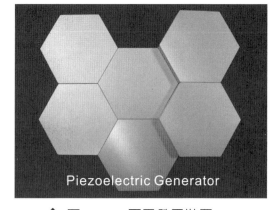

↻ 圖 8-39　壓電發電裝置

習題　　　　　　　　　　　　　⊙ Exercise

Ex8-1：如例題八所述，在相同條件之下，如果壓電陶瓷之相對介電矩陣分別是：

$$[\varepsilon_1]_{3\times3} = \begin{bmatrix} 3200 & 0 & 0 \\ 0 & 3200 & 0 \\ 0 & 0 & 2930 \end{bmatrix}_{3\times3} \quad ; \quad [\varepsilon_2]_{3\times3} = \begin{bmatrix} 3300 & 0 & 0 \\ 0 & 3300 & 0 \\ 0 & 0 & 3030 \end{bmatrix}_{3\times3} \quad ;$$

$$[\varepsilon_3]_{3\times3} = \begin{bmatrix} 3400 & 0 & 0 \\ 0 & 3400 & 0 \\ 0 & 0 & 3130 \end{bmatrix}_{3\times3} \quad ; \quad [\varepsilon_4]_{3\times3} = \begin{bmatrix} 3500 & 0 & 0 \\ 0 & 3500 & 0 \\ 0 & 0 & 3230 \end{bmatrix}_{3\times3} \quad \text{and}$$

$$[\varepsilon_5]_{3\times3} = \begin{bmatrix} 3600 & 0 & 0 \\ 0 & 3600 & 0 \\ 0 & 0 & 3330 \end{bmatrix}_{3\times3} \quad ,$$

試分析該壓電致動器可以產生軸向共振(如圖 8-29 所示)之頻率為何？

壓電陶瓷之相對介電矩陣	ε_1	ε_2	ε_3	ε_4	ε_5
可以產生軸向共振之頻率(Hz)			47,577		

Ex8-2：如例題八所述，在相同條件之下，如果壓電陶瓷之剛性矩陣分別是：

$$[c_1]_{6\times6} = \begin{bmatrix} 120 & 60 & 60 & 0 & 0 & 0 \\ 60 & 120 & 80 & 0 & 0 & 0 \\ 60 & 80 & 100 & 0 & 0 & 0 \\ 0 & 0 & 0 & 31 & 0 & 0 \\ 0 & 0 & 0 & 0 & 24 & 0 \\ 0 & 0 & 0 & 0 & 0 & 24 \end{bmatrix}_{6\times6} \quad ; \quad [c_2]_{6\times6} = \begin{bmatrix} 130 & 70 & 70 & 0 & 0 & 0 \\ 70 & 130 & 70 & 0 & 0 & 0 \\ 70 & 70 & 110 & 0 & 0 & 0 \\ 0 & 0 & 0 & 32 & 0 & 0 \\ 0 & 0 & 0 & 0 & 25 & 0 \\ 0 & 0 & 0 & 0 & 0 & 25 \end{bmatrix}_{6\times6} \quad ;$$

$$[c_3]_{6\times6} = \begin{bmatrix} 140 & 80 & 80 & 0 & 0 & 0 \\ 80 & 140 & 80 & 0 & 0 & 0 \\ 80 & 80 & 120 & 0 & 0 & 0 \\ 0 & 0 & 0 & 33 & 0 & 0 \\ 0 & 0 & 0 & 0 & 26 & 0 \\ 0 & 0 & 0 & 0 & 0 & 26 \end{bmatrix}_{6\times6} \quad ; \quad [c_4]_{6\times6} = \begin{bmatrix} 150 & 90 & 90 & 0 & 0 & 0 \\ 90 & 150 & 90 & 0 & 0 & 0 \\ 90 & 90 & 130 & 0 & 0 & 0 \\ 0 & 0 & 0 & 34 & 0 & 0 \\ 0 & 0 & 0 & 0 & 27 & 0 \\ 0 & 0 & 0 & 0 & 0 & 27 \end{bmatrix}_{6\times6} \quad \text{and}$$

$$[c_5]_{6\times6} = \begin{bmatrix} 160 & 100 & 100 & 0 & 0 & 0 \\ 100 & 160 & 100 & 0 & 0 & 0 \\ 100 & 100 & 140 & 0 & 0 & 0 \\ 0 & 0 & 0 & 35 & 0 & 0 \\ 0 & 0 & 0 & 0 & 28 & 0 \\ 0 & 0 & 0 & 0 & 0 & 28 \end{bmatrix}_{6\times6} \quad ,$$

試分析該壓電致動器可以產生軸向共振(如圖 8-29 所示)之頻率為何？

壓電陶瓷之剛性矩陣	c_1	c_2	c_3	c_4	c_5
可以產生軸向共振之頻率(Hz)			47,577		

Ex8-3：如例題八所述，在相同條件之下，如果壓電應力矩陣分別是：

$$[e_1]_{6\times3} = \begin{bmatrix} 0 & 0 & -19.9 \\ 0 & 0 & -19.9 \\ 0 & 0 & 69.6 \\ 0 & 0 & 0 \\ 0 & 17.3 & 0 \\ 17.3 & 0 & 0 \end{bmatrix}_{6\times3} \quad ; \quad [e_2]_{6\times3} = \begin{bmatrix} 0 & 0 & -20.9 \\ 0 & 0 & -20.9 \\ 0 & 0 & 70.6 \\ 0 & 0 & 0 \\ 0 & 18.3 & 0 \\ 18.3 & 0 & 0 \end{bmatrix}_{6\times3} \quad ;$$

$$[e_3]_{6\times3} = \begin{bmatrix} 0 & 0 & -21.9 \\ 0 & 0 & -21.9 \\ 0 & 0 & 71.6 \\ 0 & 0 & 0 \\ 0 & 19.3 & 0 \\ 19.3 & 0 & 0 \end{bmatrix}_{6\times3} \quad ; \quad [e_4]_{6\times3} = \begin{bmatrix} 0 & 0 & -22.9 \\ 0 & 0 & -22.9 \\ 0 & 0 & 72.6 \\ 0 & 0 & 0 \\ 0 & 20.3 & 0 \\ 20.3 & 0 & 0 \end{bmatrix}_{6\times3} \quad \text{and}$$

$$[e_5]_{6\times3} = \begin{bmatrix} 0 & 0 & -23.9 \\ 0 & 0 & -23.9 \\ 0 & 0 & 73.6 \\ 0 & 0 & 0 \\ 0 & 21.3 & 0 \\ 21.3 & 0 & 0 \end{bmatrix}_{6\times3},$$

試分析該壓電致動器可以產生軸向共振(如圖 8-29 所示)之頻率爲何？

壓電應力矩陣	e_1	e_2	e_3	e_4	e_5
可以產生軸向共振之頻率(Hz)			47,577		

Ex8-4：如例題八所述，在相同條件之下，如果壓電致動器頸部長度分別是 13, 15, 17, 19 與 21mm，試分析該壓電致動器可以產生軸向共振(如圖 8-29 所示) 之頻率爲何？

壓電致動器頸部長度(mm)	13	15	17	19	21
可以產生軸向共振之頻率(Hz)			47,577		

Ex8-5：如例題八所述，在相同條件之下，如果壓電致動器頸部直徑分別是 4, 5, 6, 7 與 8mm，試分析該壓電致動器可以產生軸向共振(如圖 8-29 所示)之頻率 爲何？(其中壓電致動器的肩部之上圓錐直徑與頭部球體直徑必須與頸部 之直徑同縮減或一起放大)

壓電致動器頸部直徑(mm)	4	5	6	7	8
可以產生軸向共振之頻率(Hz)			47,577		

Ex8-6：如例題八所述，在相同條件之下，如果壓電致動器之火線電學邊界條件輸 入電壓分別是 60, 80, 100, 120 and 140V，試分析該壓電致動器可以產生軸 向共振(如圖 8-29 所示)之頻率爲何？

輸入電壓(V)	60	80	100	120	140
可以產生軸向共振之頻率(Hz)			47,577		

Ex8-7：如例題八所述，在相同條件之下，如果壓電陶瓷的密度分別是 7,400, 7,500, 7,600, 7,700 and 7,800kg/m³，試分析該壓電致動器可以產生軸向共振(如圖 8-29 所示)之頻率爲何？

壓電陶瓷的密度(kg/m³)	7,400	7,500	7,600	7,700	7,800
可以產生軸向共振之頻率(Hz)			47,577		

Ex8-8：如例題八所述，在相同條件之下，如果壓電致動器基座長度分別是 9, 10, 11, 12 與 13mm，試分析該壓電致動器可以產生軸向共振(如圖 8-29 所示)之頻率爲何？

壓電致動器基座長度(mm)	9	10	11	12	13
可以產生軸向共振之頻率(Hz)			47,577		

Ex8-9：如例題八所述，在相同條件之下，如果壓電致動器腰部長度分別是 3, 4, 5, 6 與 7mm，試分析該壓電致動器可以產生軸向共振(如圖 8-29 所示)之頻率爲何？

壓電致動器腰部長度(mm)	3	4	5	6	7
可以產生軸向共振之頻率(Hz)			47,577		

Ex8-10：如例題八所述，在相同條件之下，如果壓電致動器身部長度分別是 4, 5, 6, 7 與 8mm，試分析該壓電致動器可以產生軸向共振(如圖 8-29 所示)之頻率爲何？

壓電致動器身部長度(mm)	4	5	6	7	8
可以產生軸向共振之頻率(Hz)			47,577		

Ex8-11：如例題八所述，在相同條件之下，如果鋁的密度分別是 2,500, 2,600, 2,700, 2,800 and 2,900kg/m³，試分析該壓電致動器可以產生軸向共振(如圖 8-29 所示)之頻率為何？

鋁的密度(kg/m³)	2,500	2,600	2,700	2,800	2,900
可以產生軸向共振之頻率(Hz)			47,577		

Ex8-12：如例題八所述，在相同條件之下，如果鋁的楊氏係數分別是 71, 72, 73, 74 and 75GPa，試分析該壓電致動器可以產生軸向共振(如圖 8-29 所示)之頻率為何？

鋁的楊氏係數(GPa)	71	72	73	74	75
可以產生軸向共振之頻率(Hz)			47,577		

Ex8-13：如例題八所述，在相同條件之下，如果鋁的帕松比分別是 0.31, 0.32, 0.33, 0.34 and 0.35，試分析該壓電致動器可以產生軸向共振(如圖 8-29 所示)之頻率為何？

鋁的帕松比(N.A.)	0.31	0.32	0.33	0.34	0.35
可以產生軸向共振之頻率(Hz)			47,577		

例題九

如圖 9-1 所示，係為一種田字型之線性超音波馬達(LUSM_Linear Ultrasonic Motor) 及其機電邊界條件，其中機電性質與第 8 章表 8-1～8-4 一致。當該線性超音波馬達的底部面積被固定住時，試找出該線性超音波馬達可以讓所接觸的滑塊或物件產生橫向移動的三種共振模態？(Element Type：Couple Field, Scalar Tet 98, Mesh Tool：Smart Size 6, Shape：Tex_Free)

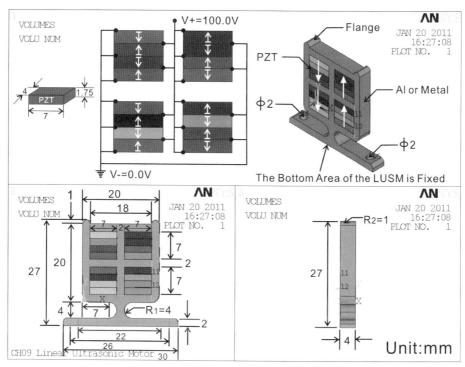

🔱 圖 9-1　線性超音波馬達之正視圖與邊界條件

【學習重點】

1. 熟悉如何從各執行步驟中來瞭解線性超音波馬達的基本操作與運動原理。

2. 熟悉如何利用 Areas(面積)、Rectangle(方形)、Solid Circle(實心圓形)以及 By Dimensions(透過維度)與 Copy(複製)來建構線性超音波馬達基座之主面積以及一系列切割面積。

3. 熟悉如何利用 Line Fillet(導角線段)、By Lines(透過線段)與 Areas(面積)來建構線性超音波馬達基座之導角線段與面積。

4. 熟悉如何利用 Areas(面積)、Rectangle(方形)、By 2 Corners(透過 2 個角落)與 Copy(複製)來建構壓電陶瓷之面積族群。

5. 熟悉如何利用 Operate(操作)、Extrude(拉伸)與膠合(Glue)來建構與膠合線性超音波馬達基之所有體積。

6. 熟悉如何利用 Create Local CS(建構座標系統)來定義壓電陶瓷之新座標系統。

7. 熟悉如何利用求解來設定分析模態與機電邊界條件。

8. 熟悉如何利用後處理器來檢視線性超音波馬達之共振模態。

▶ **執行步驟 9.1** 請參考第 1 章執行步驟 1.1 與圖 1-2，更改作業名稱(Change Jobname)：Utility Menu(功能選單)>File(檔案)>Change Jobname(更改作業名稱)>CH09_LUSM(作業名稱)>Yes(是否為新的記錄或錯誤檔)>OK(完成作業名稱之更改或設定)。

▶ **執行步驟 9.2** 請參考第 1 章執行步驟 1.2 與圖 1-3，更改標題(Change Title)：Utility Menu(功能選單或畫面)>File(檔案)>更改標題(Change Title)>CH09 Linear Ultrasonic Motor(標題名稱)>OK(完成標題之更改或設定)。

▶ **執行步驟 9.3** Preferences(偏好選擇)：ANSYS Main Menu(ANSYS 主要選單)>Preferences(偏好選擇)>Structural(結構的)>Electric(電學的)>OK(完成偏好之選擇)。

▶ **執行步驟 9.4**　選擇元素型態(Element Type)：Preprocessor(前處理器)>
Element Type(元素型態)>Add/Edit/Delete(增加/編輯/刪除)>Add(增加)>Couple
Field(複合領域)>Scalar Tet 98(標量四角形之機電立體元素)>Close(關閉元素型態
_Element Types 之視窗)。

▶ **執行步驟 9.5**　請參考第 8 章執行步驟 8.5 與圖 8-2，設定鋁材的材料性質
(Material Props)：Preprocessor(前處理器)>Material Props(材料性質)>Material
Models(材料模式)>Structural(結構的)>Linear(線性的)>Elastic(彈性的)>Isotropic(等
向性的)>73e9(在 EX 欄位輸入 6061 鋁的楊氏係數 73e9GPa)>0.33(在 PRXY 欄位輸
入 6061 鋁的帕松比 0.33)>OK(完成 6061 鋁的楊氏係數與帕松比建檔)>Linear(關閉
線性的視窗)>Density(密度)>2700(在 DENS 欄位輸入 6061 鋁的密度 2700)>OK(完
成 6061 鋁材料性質之建檔)。

▶ **執行步驟 9.6**　請參考第 8 章執行步驟 8.6 與圖 8-3，設定壓電陶瓷之剛性
矩陣(Stiffness Matrix)或剛性型式(Stiffness form)：Preprocessor(前處理器)>Material
Props(材料性質)>Material Models(材料模式)> Material(材料)>New Model(新模式)>
OK(完成第 2 筆壓電陶瓷新材料模式的開啟)>Structural(結構的)>Linear(線性的)>
Elastic(彈性的)>Anisotropic(非等向性的)>1.4E11〜2.6E10(在 D11〜D66 欄位內依
序輸入剛性常數 1.39E11〜2.56E10)>OK(完成壓電陶瓷剛性矩陣之建檔)。

▶ **執行步驟 9.7**　請參考第 8 章執行步驟 8.7 與圖 8-4，設定壓電陶瓷之e-form
壓電應力矩陣(Piezoelectric stress matrix [e])：Preprocessor(前處理器)>Material
Props(材料性質)>Material Models(材料模式)>Material Model Number 2(第二筆壓電
陶瓷材料模式)>Piezoelectrics(壓電的)>Piezoelectric matrix(壓電矩陣)>−21.9〜19.3
(在 Piezoelectric stress matrix [e]欄位內依序輸入壓電應力常數−21.9〜19.3)>OK
(完成第二筆壓電陶瓷材料模式壓電應力矩陣之建檔)。

▶ **執行步驟 9.8**　請參考第 8 章執行步驟 8.8 與圖 8-5，設定壓電陶瓷之相對
介電常數(Relative Permittivity)：Preprocessor(前處理器)>Material Props(材料性質)>

Material Models(材料模式)>Material Model Number 2(第二筆壓電陶瓷材料模式)>
Electromagnetics(電磁的)>Relative Permittivity(相對介電常數)>Orthotropic(正交
性的)>3400～3130(在 Relative Permittivity 欄位輸入相對介電常數 3400～3130)>
OK(完成第二筆壓電陶瓷材料模式相對介電常數之建檔)。

▶ **執行步驟 9.9** 請參考第 8 章執行步驟 8.9 與圖 8-6，設定壓電陶瓷之密度
(Density)：Preprocessor(前處理器)>Material Props(材料性質)>Material Models(材料
模式)>Material Model Number 2(第二筆壓電陶瓷材料模式)>Structural(結構的)>
Density(密度)>7600(在 DEN 欄位輸入第二筆壓電陶瓷材料模式之密度 7600)>
OK(完成第二筆壓電陶瓷材料模式密度之建檔)。

▶ **執行步驟 9.10** 如圖 9-2 所示，建構線性超音波馬達基座之面積(Areas)：
Preprocessor(前處理器)>Modeling(建模)>Create(建構)>Areas(面積)>Rectangle(方
形)>By Dimensions(透過維度)>0.03(在 X1X2 X-coordinate 欄位內輸入長度 0.03m)>
0.026(在 Y1Y2 Y-coordinate 欄位內輸入寬度 0.026m)>OK(完成線性超音波馬達基
座面積之建構)>Plot(進入 Utility Menu 選單點選繪圖)>Lines(讓物件以線條來呈現)。

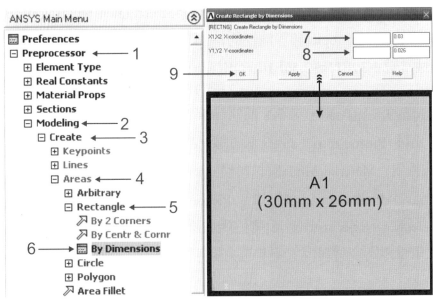

⏻ 圖 9-2　執行步驟 9.10-1～9 與線性超音波馬達基座面積建構之完成圖

▶ **執行步驟 9.11**　如圖 9-3 所示，建構線性超音波馬達基座之切割面積
(Areas)：Utility Menu(功能選單或視窗)>Plot(繪圖)>Lines(讓物件以線條來呈現)>
Preprocessor(前處理器)>Modeling(建模)>Create(建構)>Areas(面積)>Rectangle
(方形)>By Dimensions(透過維度)>0.012(在 X1X2 X-coordinate 欄位內輸入長度
0.012m)>(0.002, 0.006)(在 Y1Y2 Y-coordinate 欄位內輸入寬度範圍(0.002,
0.006)m)>OK(完成線性超音波馬達基座切割面積之建構)。

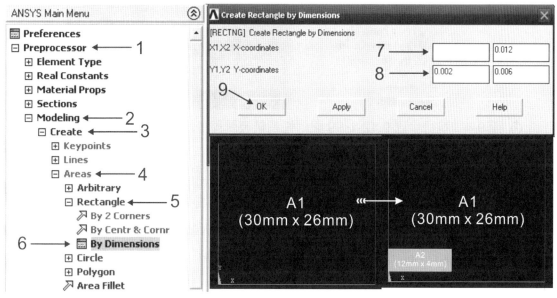

⏻ 圖 9-3　執行步驟 9.11-1～9 與線性超音波馬達基座切割面積建構之完成圖

▶ **執行步驟 9.12**　如圖 9-4 所示，建構線性超音波馬達基座之切割面積(Areas)
：Preprocessor(前處理器)>Modeling(建模)>Create(建構)>Areas(面積)>Rectangle
(方形)>By Dimensions(透過維度)>(0.018, 0.03)(在 X1X2 X-coordinate 欄位內輸入長
度範圍(0.018, 0.03)m)>(0.002, 0.006)(在 Y1Y2 Y-coordinate 欄位內輸入寬度範圍
(0.002, 0.006)m)>OK(完成線性超音波馬達基座切割面積之建構)。

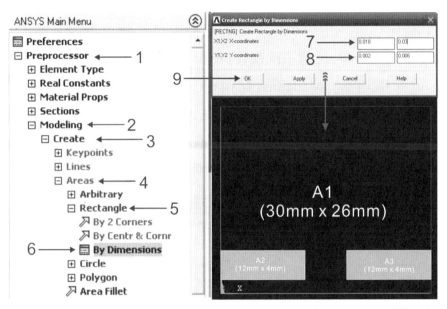

⏻ 圖 9-4 執行步驟 9.12-1～9 與線性超音波馬達基座切割面積建構之完成圖

▶ **執行步驟 9.13** 如圖 9-5 所示，建構線性超音波馬達基座之切割面積(Areas)：Preprocessor(前處理器)>Modeling(建模)>Create(建構)>Areas(面積)>Rectangle(方形)>By Dimensions(透過維度)>0.05(在 X1X2 X-coordinate 欄位內輸入長度0.05m)>(0.002, 0.026)(在 Y1Y2 Y-coordinate 欄位內輸入寬度範圍(0.002, 0.026)m)>OK(完成線性超音波馬達基座切割面積之建構)。

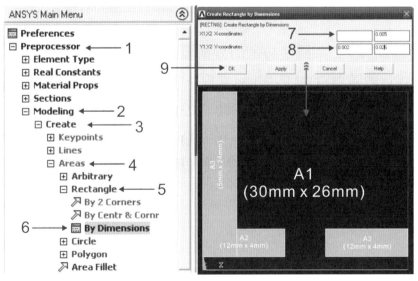

⏻ 圖 9-5 執行步驟 9.13-1～9 與線性超音波馬達基座切割面積建構之完成圖

▶ 執行步驟 9.14　　如圖 9-6 所示，建構線性超音波馬達基座之切割面積 (Areas)：Preprocessor(前處理器)>Modeling(建模)>Create(建構)>Areas(面積)> Rectangle(方形)>By Dimensions(透過維度)>0.05(在 X1X2 X-coordinate 欄位內輸入長度 0.05m)>(0.002, 0.026)(在 Y1Y2 Y-coordinate 欄位內輸入寬度範圍(0.002, 0.026)m)>OK(完成線性超音波馬達基座切割面積之建構)。

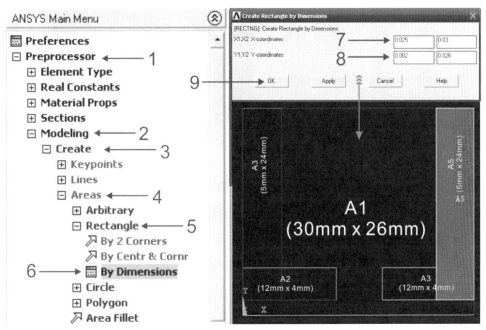

⟳ 圖 9-6　執行步驟 9.14-1～9 與線性超音波馬達基座切割面積建構之完成圖

▶ 執行步驟 9.15　　如圖 9-7 所示，建構線性超音波馬達基座之切割面積 (Areas)：Preprocessor(前處理器)>Modeling(建模)>Create(建構)>Areas(面積)> Rectangle(方形)>By Dimensions(透過維度)>(0.007, 0.014)(在 X1X2 X-coordinate 欄位內輸入長度範圍(0.007, 0.014)m)>(0.008, 0.015)(在 Y1Y2 Y-coordinate 欄位內輸入寬度範圍(0.008, 0.015)m)>OK(完成線性超音波馬達基座切割面積之建構)。

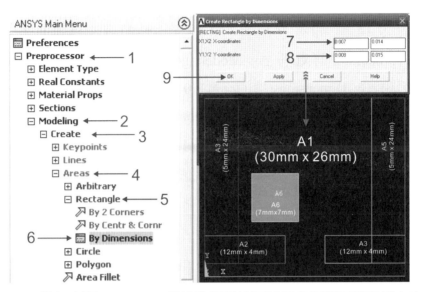

⟳ 圖 9-7　執行步驟 9.15-1～9 與線性超音波馬達基座切割面積建構之完成圖

▶ **執行步驟 9.16**　　如圖 9-8 所示，線性超音波馬達基座切割面積之複製 (Copy)：Preprocessor(前處理器)>Modeling(建模)>Copy(複製)>Areas(面積)>A6(點選面積 A6)>OK(完成欲複製面積之點選)>2(在 ITIME Number of copies-including original 欄位內輸入欲複製之數量 2)>9e-3(在 DY Y-offset in active CS 欄位內輸入複製物件之擺放位置 9e-3m)>OK(完成線性超音波馬達基座切割面積之複製)。

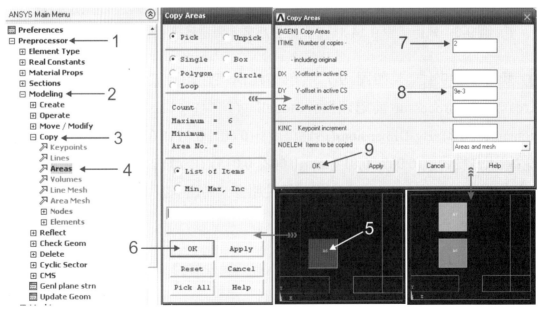

⟳ 圖 9-8　執行步驟 9.16-1～9 與線性超音波馬達基座切割面積複製之完成圖

▶ **執行步驟 9.17**　　如圖 9-9 所示，線性超音波馬達基座切割面積之複製 (Copy)：Preprocessor(前處理器)>Modeling(建模)>Copy(複製)>Areas(面積)>(A6, A7) (點選面積(A6，A7))>OK(完成欲複製面積之點選)>2(在 ITIME Number of copies-including original 欄位內輸入欲複製之數量 2)>9e-3(在 DX X-offset in active CS 欄位內輸入複製物件之擺放位置 9e-3)>OK(完成線性超音波馬達基座切割面積之複製)。

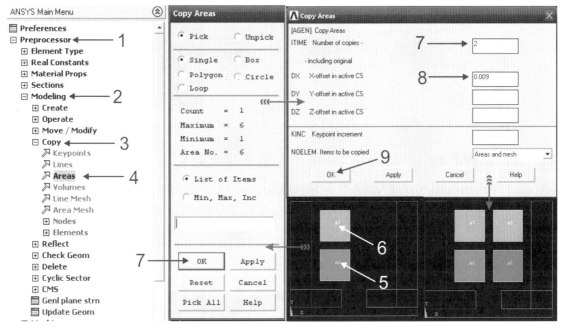

⏻ 圖 9-9　執行步驟 9.17-1～9 與線性超音波馬達基座切割面積複製之完成圖

▶ **執行步驟 9.18**　　如圖 9-10 所示，建構線性超音波馬達基座之切割面積 (Areas)：Preprocessor(前處理器)>Modeling(建模)>Create(建構)>Areas(面積)>Circle(圓形)>Solid Circle(實心圓形)>12e-3(在 WP X 欄位內輸入橫向座標 12e-3m)>4e-3(在 WP Y 欄位內輸入縱向座標 4e-3m)>2e-3(在 Rasius 欄位內輸入半徑 2e-3m)>OK(完成線性超音波馬達基座切割面積之建構)。

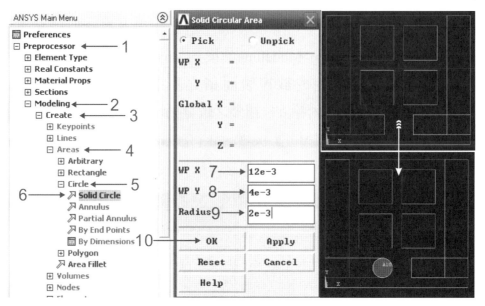

⏼ 圖 9-10　執行步驟 9.18-1～10 與線性超音波馬達基座切割面積建構之完成圖

▶ **執行步驟 9.19**　如圖 9-11 所示，建構線性超音波馬達基座之切割面積 (Areas)：Preprocessor(前處理器)>Modeling(建模)>Create(建構)>Areas(面積)> Circle(圓形)>Solid Circle(實心圓形)>18e-3(在 WP X 欄位內輸入橫向座標 18e-3m)> 4e-3(在 WP Y 欄位內輸入縱向座標 4e-3m)>2e-3(在 Rasius 欄位內輸入半徑 2e-3m)> OK(完成線性超音波馬達基座切割面積之建構)。

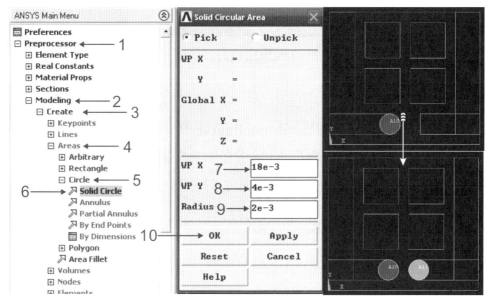

⏼ 圖 9-11　執行步驟 9.19-1～10 與線性超音波馬達基座切割面積建構之完成圖

▶ **執行步驟 9.20**　　如圖 9-12 所示，線性超音波馬達基座面積之減除 (Subtract)：Preprocessor(前處理器)>Modeling(建模)>Operate(操作)>Booleans(布林運算)>Subtract(減除)>Areas(面積)>A1(點選主面積 A1)>Apply(施用，繼續執行下一個步驟)>A2～A11(點選切割面積 A2～A11)>OK(完成線性超音波馬達基座面積之減除)。

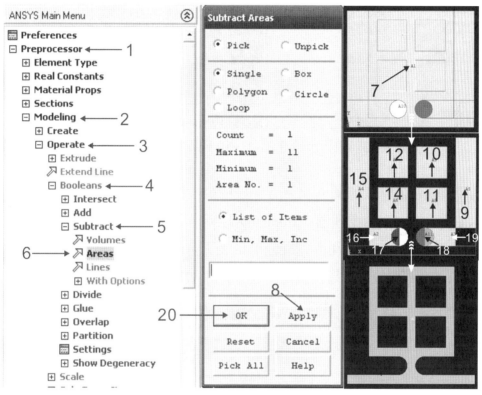

🔁 圖 9-12　執行步驟 9.20-1～20 與線性超音波馬達基座面積減除之完成圖

▶ **執行步驟 9.21**　　如圖 9-13 所示，建構線性超音波馬達基座之導角線段(Line Fillet)：Preprocessor(前處理器)>Modeling(建模)>Create(建構)>Lines(線段族)>Line Fillet(導角線段)>L45 & L47(點選線段 L45 & L47)>OK(完成線段之點選)>0.001(在 RAD Fillet radius 欄位輸入導角線段半徑 1mm)>OK(完成導角線段之建構)。

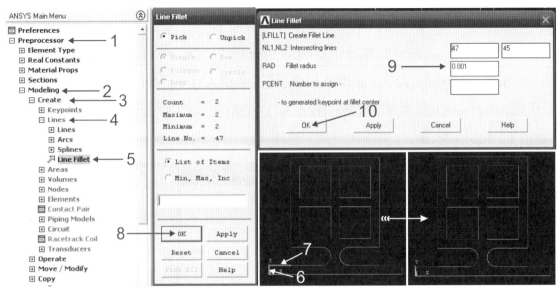

⏻ 圖 9-13　執行步驟 9.21-1～10 與導角線段建構之完成圖

▶ **執行步驟 9.22**　　如圖 9-14 所示，建構線性超音波馬達基座之導角線段(Line Fillet)：Preprocessor(前處理器)>Modeling(建模)>Create(建構)>Lines(線段族)>Line Fillet(導角線段)>L46 & L54(點選線段 L46 & L54)>OK(完成線段之點選)>0.001(在 RAD Fillet radius 欄位輸入導角線段半徑 1mm)>OK(完成導角線段之建構)。

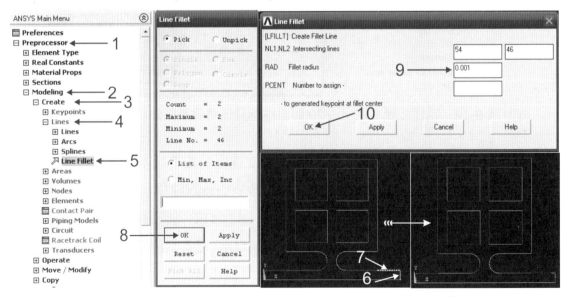

⏻ 圖 9-14　執行步驟 9.22-1～10 與導角線段建構之完成圖

執行步驟 9.23　如圖 9-15 所示，建構線性超音波馬達基座之導角面積(Areas)：Preprocessor(前處理器)>Modeling(建模)>Create(建構)>Areas(面積)>Arbitrary(任意)>By Lines(透過線段)>L2, L3 and L4(點選線段 L2, L3 and L4)>Apply(施用，繼續執行下一個步驟)>L5, L6 & L7(點選線段 L5, L6 & L7)>OK(完成第二塊導角面積 A2 之建構)。

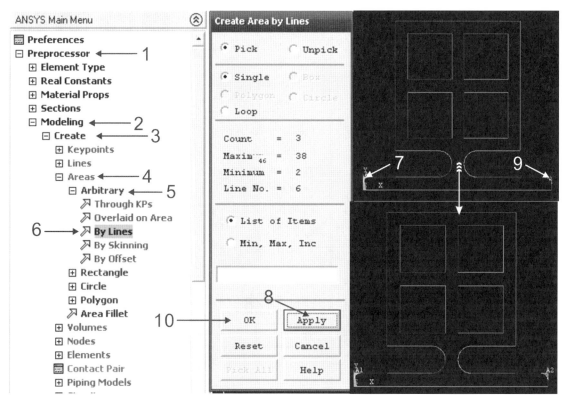

⟳ 圖 9-15　執行步驟 9.23-1～10 與導角面積建構之完成圖

執行步驟 9.24 如圖 9-16 所示,線性超音波馬達基座導角面積之減除 (Subtract):Preprocessor(前處理器)>Modeling(建模)>Operate(操作)>Booleans(布林運算)>Areas(面積)>A1(點選主面積 A1)>Apply(施用,繼續執行下一個步驟)>A2 and A3(點選導角面積 A2 and A3)>OK(完成線性超音波馬達基座導角面積之減除)。

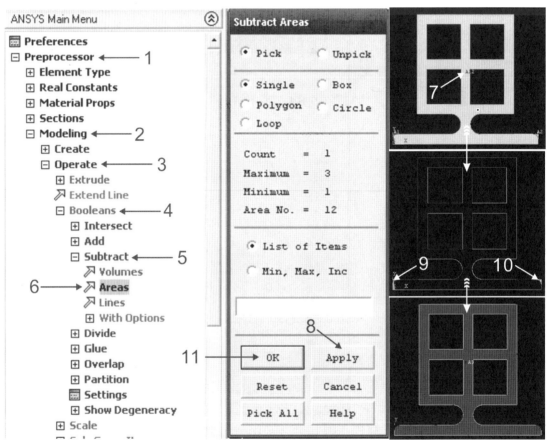

⟳ 圖 9-16 執行步驟 9.24-1〜11 與線性超音波馬達基座導角面積減除之完成圖

▶ **執行步驟 9.25**　如圖 9-17 所示，建構線性超音波馬達基座之凸緣面積 (Areas)：Preprocessor(前處理器)>Modeling(建模)>Create(建構)>Areas(面積)> Circle(圓形)>Solid Circle(實心圓形)>6e-3(在 WP X 欄位內輸入橫向座標 6e-3m)> 26e-3(在 WP Y 欄位內輸入縱向座標 26e-3m)>1e-3(在 Rasius 欄位內輸入半徑 1e-3m)> OK(完成線性超音波馬達基座凸緣面積之建構)。

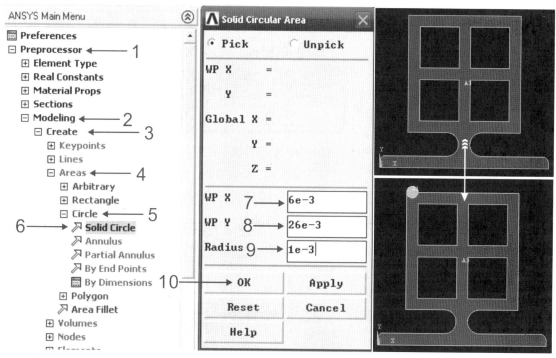

⏻ 圖 9-17　執行步驟 9.25-1～10 與線性超音波馬達基座凸緣面積建構之完成圖

▶ **執行步驟 9.26**　如圖 9-18 所示，建構線性超音波馬達基座之凸緣面積(Areas) ：Preprocessor(前處理器)>Modeling(建模)>Create(建構)>Areas(面積)>Circle(圓 形)>Solid Circle(實心圓形)>24e-3(在 WP X 欄位內輸入橫向座標 24e-3m)>26e-3(在 WP Y 欄位內輸入縱向座標 26e-3m)>1e-3(在 Rasius 欄位內輸入半徑 1e-3m)>OK(完 成線性超音波馬達基座凸緣面積之建構)。

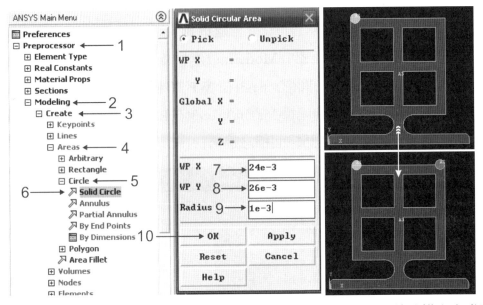

⏻ 圖 9-18　執行步驟 9.26-1～10 與線性超音波馬達基座凸緣面積建構之完成圖

▶ **執行步驟 9.27**　　如圖 9-19 所示，線性超音波馬達基座與凸緣面積之合成 (Add)：Preprocessor(前處理器)>Modeling(建模)>Operate(操作)>Booleans(布林運算)>Add(合成)>Areas(面積)>Pick All(全選，完成線性超音波馬達基座與凸緣面積之合成)。

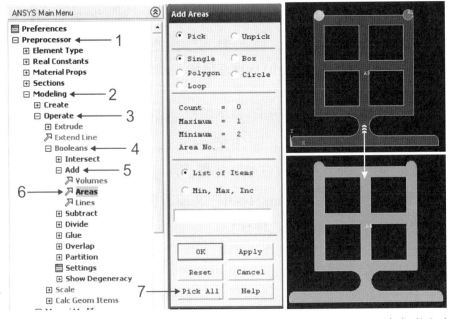

⏻ 圖 9-19　執行步驟 9.27-1～7 與線性超音波馬達基座與凸緣面積合成之完成圖

▶ **執行步驟 9.28**　如圖 9-20 所示，建構壓電陶瓷之面積(Areas)：Preprocessor (前處理器)>Modeling(建模)>Create(建構)>Areas(面積)>Rectangle(方形)>By 2 Corners(透過 2 個角落)>7e-3(在 WP X 欄位內輸入橫向座標 7e-3m)>8e-3(在 WP Y 欄位內輸入橫向座標 8e-3m)>7e-3(在 Width 輸入寬度 7e-3m)>1.75e-3(在 Height 欄位內輸入高度 1.75e-3m)>OK(完成壓電陶瓷面積之建構)。

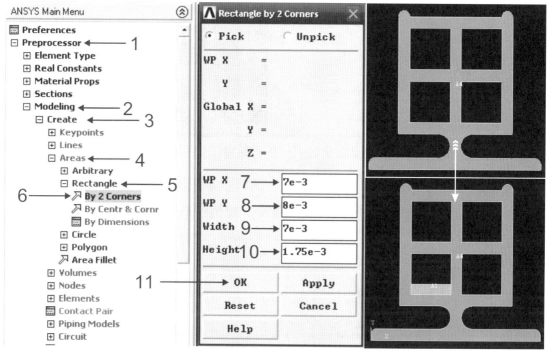

⏻ 圖 9-20　執行步驟 9.28-1～11 與壓電陶瓷面積建構之完成圖

▶ **執行步驟 9.29**　如圖 9-21 所示，壓電陶瓷面積之複製(Copy)：Preprocessor(前處理器)>Modeling(建模)>Copy(複製)>Areas(面積)>A1(點選面積 A1)>OK(完成欲複製面積之點選)>4(在 ITIME Number of copies-including original 欄位內輸入欲複製之數量 4)>1.75e-3(在 DY Y-offset in active CS 欄位內輸入複製物件之擺放位置 1.75e-3m)>OK(完成壓電陶瓷面積之複製)。

電腦輔助工程分析實務

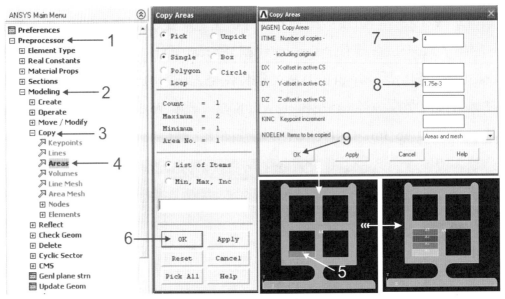

🔁 圖 9-21　執行步驟 9.29-1～9 與壓電陶瓷面積複製之完成圖

▶ **執行步驟 9.30**　　如圖 9-22 所示，壓電陶瓷群族面積之複製(Copy)：
Preprocessor(前處理器)>Modeling(建模)>Copy(複製)>Areas(面積)>A1～A3 and A5
(點選面積 A1～A3 and A5)>OK(完成欲複製面積之點選)>2(在 ITIME Number of
copies-including original 欄位內輸入欲複製之數量 2)>9e-3(在 DY Y-offset in active
CS 欄位內輸入複製物件之擺放位置 9e-3m)>OK(完成壓電陶瓷群族面積之複製)。

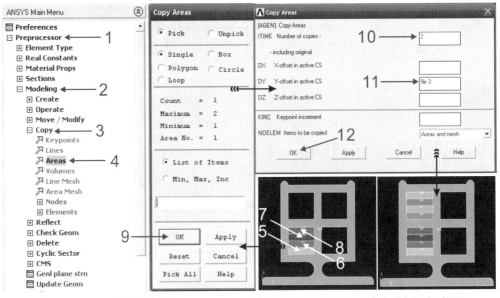

🔁 圖 9-22　執行步驟 9.30-1～12 與壓電陶瓷群族面積複製之完成圖

▶ **執行步驟 9.31**　　如圖 9-23 所示，壓電陶瓷群族面積之複製(Copy)：
Preprocessor(前處理器)>Modeling(建模)>Copy(複製)>Areas(面積)>A1～A3, A5 and
A6～A9(點選面積 A1～A3, A5 and A6～A9)>OK(完成欲複製面積之點選)>2(在
ITIME Number of copies-including original 欄位內輸入欲複製之數量 2)>9e-3(在 DX
X-offset in active CS 欄位內輸入複製物件之擺放位置 9e-3m)>OK(完成壓電陶瓷群
族面積之複製)。

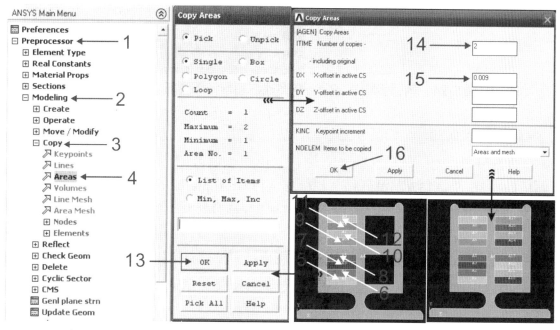

⏻ 圖 9-23　執行步驟 9.31-1～16 與壓電陶瓷群族面積複製之完成圖

▶ **執行步驟 9.32**　　如圖 9-24 所示，線性超音波馬達體積之拉伸(Extrude)：
Preprocessor(前處理器)>Modeling(建模)>Operate(操作)>Extrude(拉伸)>Areas(面積)>
By XYZ Offset(透過 XYZ 座標系統補償)>Pick All(全選)>OK(完成線性超音波馬達
體積之拉伸)。

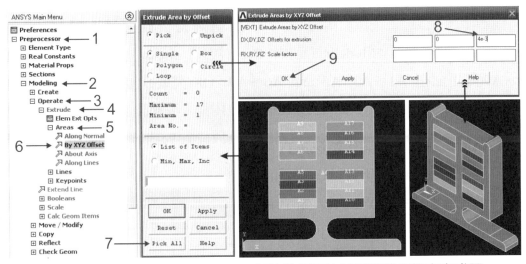

⏻ 圖 9-24　執行步驟 9.32-1～9 與線性超音波馬達體積拉伸之完成圖

▶ **執行步驟 9.33**　　如圖 9-25 所示，基座部分面積之合成(Add)：Preprocessor(前處理器)>Modeling(建模)>Operate(操作)>Booleans(布林運算)>Add(合成)>Areas(面積)>A136 & A137(點選面積 A136 & A137)>Apply(繼續執行下一個步驟)>A41 & A42(點選面積 A41 & A42)>OK(完成基座部分面積之合成)。

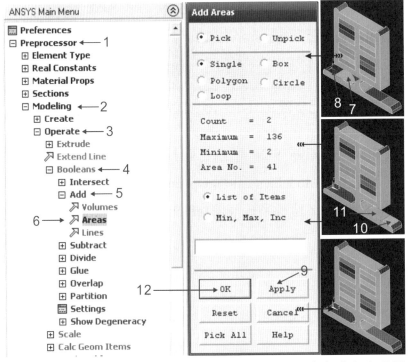

⏻ 圖 9-25　執行步驟 9.33-1～12 與基座部分面積合成之完成圖

▶ **執行步驟 9.34**　　　如圖 9-26 所示，啓動與設定工作平面(Working Plane)：
WorkPlane(工作平面)>Displace Working Plane(顯示工作平面)>WP Setting(工作平面設定)>0.001(在 Snap Incr 欄位內輸入平移增量 0.001m)>0.0001(在 Tolerance 欄位內輸入容許誤差 0.0001)>OK(完成平移增量與容許誤差之設定)>+X(按壓+X 鍵將工作平面 WP 平移到 X=0.003 之位置)>+Z(按壓+Z 鍵將工作平面 WP 平移到 Z=0.002 之位置)> X-○ (按壓 X-○ 鍵旋轉工作平面 WP 直到 WZ 座標朝上為止)>OK (完成工作平面之設定)。

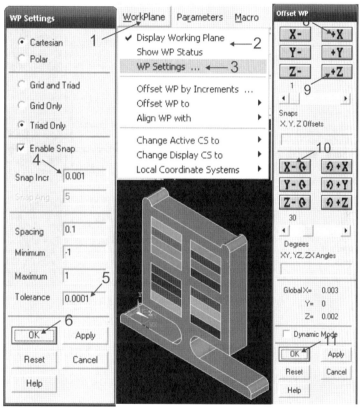

⏻ 圖 9-26　執行步驟 9.34-1～11 與工作平面設定之完成圖

▶ **執行步驟 9.35** 　如圖 9-27 所示，建構穿孔體積(Volumes)：Preprocessor(前處理器)>Modeling(建模)>Create(建構)>Volumes(體積)>Cylinder(圓柱形)>Solid Cylinder(實心圓柱)>1e-3(在 Radius 欄位內輸入半徑 1e-3m)>2e-3(在 Depth 欄位內輸入深度 2e-3m)>OK(完成穿孔體積之建構)。

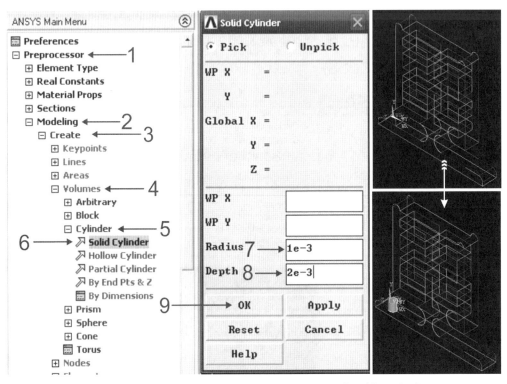

⟳ 圖 9-27　執行步驟 9.35-1~9 與穿孔體積建構之完成圖

▶ **執行步驟 9.36** 　如圖 9-28 所示，穿孔體積之複製(Copy)：Preprocessor(前處理器)>Modeling(建模)>Copy(複製)>Volumes(體積)>2(在 ITIME Number of copies-including original 欄位內輸入欲複製之數量 2)>0.024(在 DX X-coordinate 欄位內輸入座標 0.024m)>OK(完成穿孔體積之複製)。

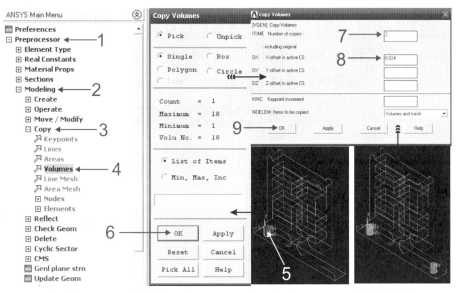

⏻ 圖 9-28　執行步驟 9.36-1～9 與穿孔體積複製之完成圖

▶ **執行步驟 9.37**　如圖 9-29 所示，穿孔體積之減除(Subtract)：Preprocessor(前處理器)>Modeling(建模)>Operate(操作)>Booleans(布林運算)>Subtract(減除)>Volumes(體積)>V4(點選基座體積 V4)>Apply(繼續執行下一個步驟)>V18 & V19(點選穿孔體積 V18 & V19)>OK(完成穿孔體積之減除)。

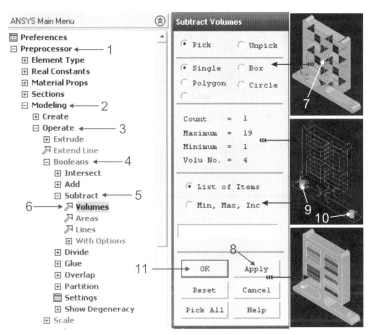

⏻ 圖 9-29　執行步驟 9.37-1～11 與穿孔體積減除之完成圖

電腦輔助工程分析實務

▶ **執行步驟 9.38** 如圖 9-30 所示,線性超音波馬達所有體積之膠合(Glue):
Preprocessor(前處理器)>Modeling(建模)>Operate(操作)>Glue(膠合)>Pick All(全
選,完成線性超音波馬達所有體積之膠合)。

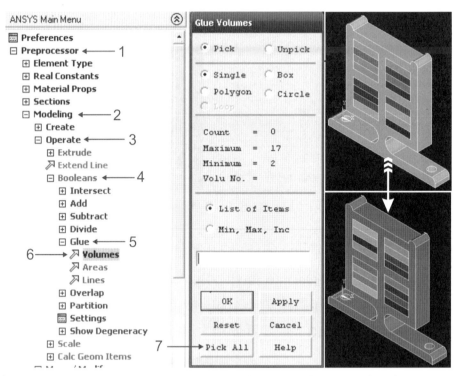

⟳ 圖 9-30 執行步驟 9.38-1～7 與線性超音波馬達所有體積膠合之完成圖

▶ **執行步驟 9.39** 如圖 9-31 所示,建構第 2, 4 片壓電陶瓷新座標系統(Create
Local Coordinate Systems):WorkPlane(工作平面)>Local Coordinate Systems(局部座
標系統)>Create Local CS(建構座標系統)>By 3 Keypoints +(透過三個關鍵點)>5～8
(先依序點選左側第 1, 3, 5 and 7 片壓電陶瓷之 3 個關鍵點,另依序點選右側第 2, 4,
6 and 8 片壓電陶瓷之 3 個關鍵點,讓各片壓電陶瓷之 Z 軸方向朝上,其新座標編
號均為 11)>Apply(繼續執行下一個步驟)>10～13(再依序點選左側第 2, 4, 6 and 8 片
壓電陶瓷之 3 個關鍵點,最後依序點選右側第 1, 3, 5 and 7 片壓電陶瓷之 3 個關鍵
點,讓各片壓電陶瓷之 Z 軸方向朝下,其新座標編號均為 12)>OK(完成壓電陶瓷
新座標系統之建構)。

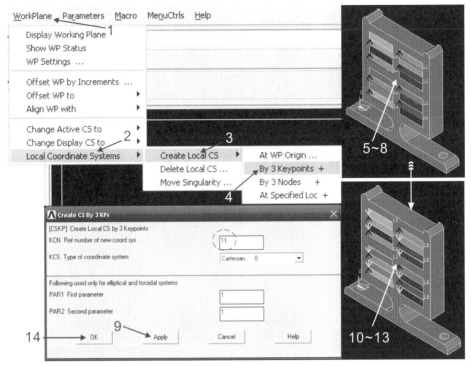

⏻ 圖 9-31　執行步驟 9.39-1～14 與壓電陶瓷新座標系統建構之完成圖

▶ **執行步驟 9.40**　如圖 9-32 所示，田字型基座網格化 (Meshing)：Preprocessor(前處理器)>Meshing(網格化)>MeshTool(網格工具)>Set(設定)>Smart Size 6(點選精明尺寸6)>1 Solid98(確定元素型態 1Solid98)>1(確定材料編號1)>0(確定鋁材體積之座標系統編號為 0)>OK(完成元素型態、材料或座標系統編號之確認)>Mesh(網格化啓動)>V10(點選田字型基座 V10)>OK(完成田字型基座網格化)。

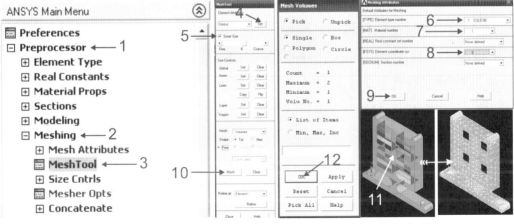

⏻ 圖 9-32　執行步驟 9.40-1～12 與鋁材體積網格化完成圖

▶ **執行步驟 9.41** 如圖 9-33 所示,新座標系統編號 11 壓電陶瓷網格化 (Meshing):Preprocessor(前處理器)>Meshing(網格化)>MeshTool(網格工具)>Set (設定)>Smart Size 6(點選精明尺寸 6)>1 Solid98(確定元素型態 1Solid98)>2(點選材料編號為 2)>11(確定鋁材體積之座標系統編號為 11)>OK(完成元素型態、材料或座標系統編號之確認)>Mesh(網格化啟動)>V1, V18, V6, V22, V24, V26, V27 and V29 (依序點選左側第1, 3, 5 and 7 片以及右側第2, 4, 6 and 8 片之壓電陶瓷)>OK(完成新座標系統編號 11 壓電陶瓷網格化)。

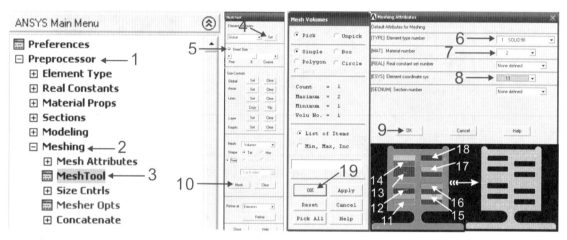

⟳ 圖 9-33 執行步驟 9.41-1~19 與新座標系統編號 11 壓電陶瓷網格化完成圖

▶ **執行步驟 9.42** 如圖 9-34 所示,新座標系統編號 12 壓電陶瓷網格化 (Meshing):Preprocessor(前處理器)>Meshing(網格化)>MeshTool(網格工具)>Set (設定)>Smart Size 6(點選精明尺寸 6) >1 Solid98(確定元素型態 1Solid98)>2(點選材料編號為 2)>12(確定鋁材體積之座標系統編號為 12)>OK(完成元素型態、材料或座標系統編號之確認)>Mesh(網格化啟動)>V4, V19, V21, V23, V10, V25, V14 and V28(依序點選左側第2, 4, 6 and 8 片以及右側第1, 3, 5 and 7 片之壓電陶瓷)>OK(完成新座標系統編號 12 壓電陶瓷網格化)。

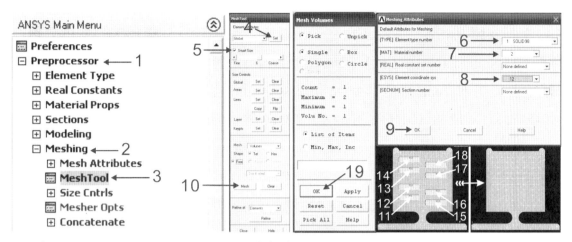

⏻ 圖 9-34　執行步驟 9.42-1～19 與新座標系統編號 12 壓電陶瓷網格化完成圖

▶ **執行步驟 9.43**　　請參考第 8 章執行步驟 8.26 與圖 8-23，選擇模態分析(Modal Analysis)：Solution(求解)>Analysis Type(分析型態)>New Analysis(新分析)>Modal(模態)>OK(完成分析型態之選擇)。

▶ **執行步驟 9.44**　　請參考第 8 章執行步驟 8.27 與圖 8-24 所示，共振模態的分析選擇(Analysis Options)：Solution(求解)>Analysis Type(分析型態)>Analysis Options(分析選擇)>31(分析 31 個模態)>OK(完成模態之分析選擇)>20e3(共振模態之起始頻率 20kHz)>130000(共振模態之終止頻率 130kHz)>OK(完成共振模態頻率的分析選擇)。

▶ **執行步驟 9.45** 如圖 9-35 所示，設定線性超音波馬達力學或機械的自然邊界條件：Solution(求解的方法)>Defined Loads(定義負載)>Apply(設定)>Structural(結構的)>Displacement(位移)>On Areas(在面積上)>A145(點選基座底部面積A145)>OK(完成面積的點選)>All DOF(選定所有自由度)>0(在 VALUE Displacement value 欄位內輸入位移量 0m)>OK(完成線性超音波馬達機械的自然邊界條件設定)。

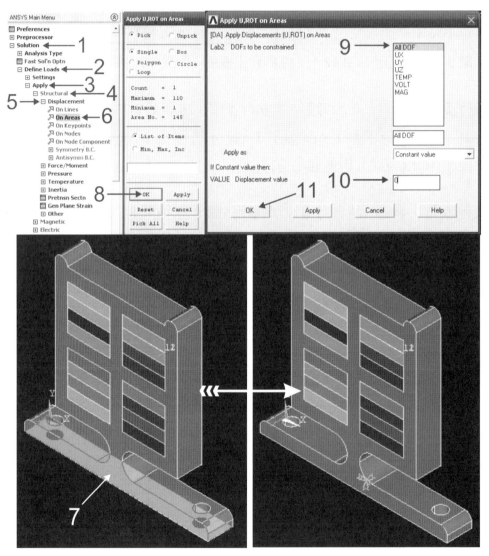

↻ 圖 9-35　執行步驟 9.45-1～11 與線性超音波馬達機械自然邊界條件設定之完成圖

執行步驟 9.46 　如圖 9-36 所示，設定線性超音波馬達的電學(接地)邊界條件：Solution(求解的方法)>Defined Loads(定義負載)>Apply(設定)>Electric(電學的)>Boundary(邊界)>Voltage(電壓)>On Areas(在面積上)>A19, A26, A75, A78, A85, A95, A100, A110, A120 and A130(點選接地面積 A19～A130)>OK(完成接地面積的點選)>0(在 VALUE Load VOLT value 欄位內輸入電壓為 0V)>OK(完成線性超音波馬達的電學(接地)邊界條件的設定)。

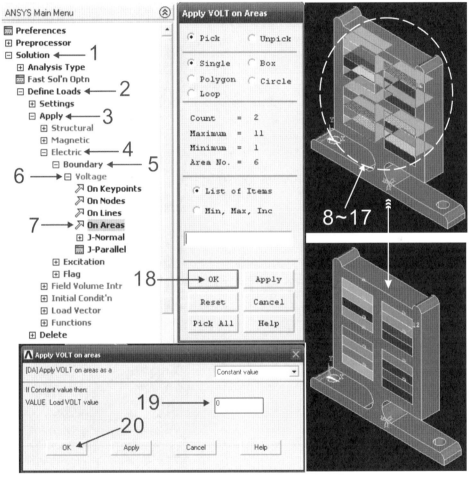

⏻ 圖 9-36 　執行步驟 9.46-1～20 與線性超音波馬達的電學(接地)邊界條件設定之完成圖

▶ **執行步驟 9.47**　　如圖 9-37 所示，設定線性超音波馬達的電學(火線)邊界條件：Solution(求解的方法)>Defined Loads(定義負載)>Apply(設定)>Electric(電學的)>Boundary(邊界)>Voltage(電壓)>On Areas(在面積上)>A21, A31, A80, A90, A98, A105, A115, A118, A125 and A135(點選火線面積 A21～A135)>OK(完成火線面積的點選)>100(在 VALUE Load VOLT value 欄位內輸入電壓為 100V)>OK(完成線性超音波馬達的電學(火線)邊界條件的設定)。

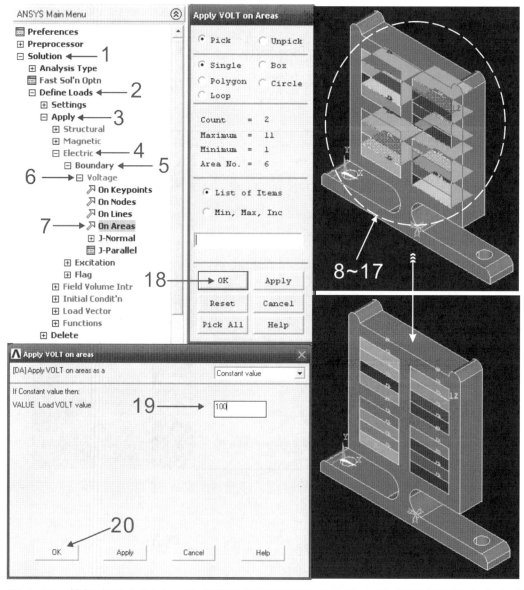

⟳ 圖 9-37　執行步驟 9.47-1～20 與線性超音波馬達的電學(火線)邊界條件設定之完成圖

執行步驟 9.48 　請參考第 1 章執行步驟 1.17 與圖 1-19，求解(Solve)：Solution(解法)>Solve(求解)>Current LS or Current Load Step(目前的負載步驟)>OK(完成執行步驟開始求解)>Yes(執行求解)>Close(求解完成關閉視窗)>File(點選檔案)>Close(關閉檔案)。

執行步驟 9.49 　如圖 9-38 所示，檢視共振頻率之輸出結果摘要(Results Summary)：General Postprocessor(一般後處理器)>Results Summary(結果摘要)>X(檢視共振頻率之輸出結果摘要以後關閉視窗)。

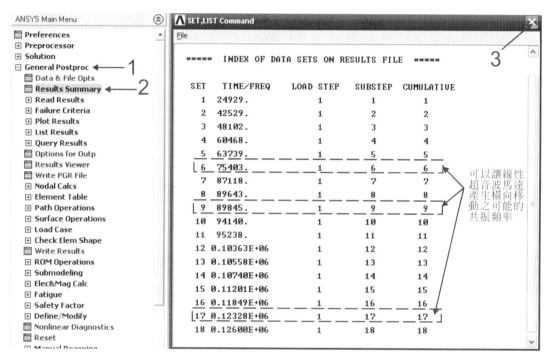

🔼 圖 9-38　執行步驟 9.49-1～3 與共振頻率之輸出結果

執行步驟 9.50 請參考第 8 章執行步驟 8.32 與圖 8-28 以及如圖 9-39 所示，透過精選(By Pick)讀取與檢視第 6 個共振模態：General Postprocessor(一般後處理器)>Read Results(閱讀結果)>By Pick(透過精選)>75403(點選第 6 個共振頻率)>Read(閱讀)>Close(關閉視窗)>Plot Results(繪製所有結果)>Contour Plot(輪廓繪製)>Nodal Solution(節點的解答)>DOF Solution(自由度的解答)>Displacement vector sum(位移向量總合之輸出)>Deformed shape with undeformed edge(已變形與未變形邊緣之輸出)>OK(完成第 6 個共振模態之輸出)。

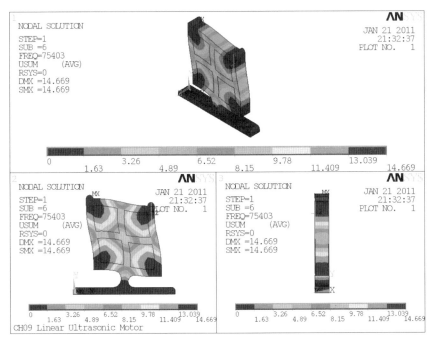

⏻ 圖 9-39 執行步驟 9.50 與第 6 個共振模態(75,430Hz)輸出完成之三視圖

▶ **執行步驟 9.51**　　請參考第 8 章執行步驟 8.32 與圖 8-28 以及如圖 9-40 所示，透過精選(By Pick)讀取與檢視第 9 個共振模態：General Postprocessor(一般後處理器)>Read Results(閱讀結果)>By Pick(透過精選)>89845(點選第 9 個共振頻率)>Read(閱讀)>Close(關閉視窗)>Plot Results(繪製所有結果)>Contour Plot(輪廓繪製)>Nodal Solution(節點的解答)>DOF Solution(自由度的解答)>Displacement vector sum(位移向量總合之輸出)>Deformed shape with undeformed edge(已變形與未變形邊緣之輸出)>OK(完成第 9 個共振模態之輸出)。

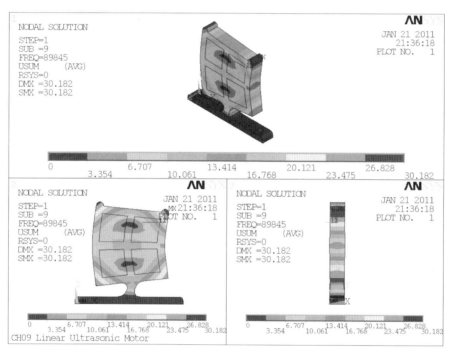

⏻ **圖 9-40**　執行步驟 9.51 與第 9 個共振模態(89,845Hz)輸出完成之三視圖

▶ **執行步驟 9.52** 請參考第 8 章執行步驟 8.32 與圖 8-28 如圖 9-41 所示，透過精選(By Pick)讀取與檢視第 17 個共振模態：General Postprocessor(一般後處理器)>Read Results(閱讀結果)>By Pick(透過精選)>123278(點選第 17 個共振頻率)>Read(閱讀)>Close(關閉視窗)>Plot Results(繪製所有結果)>Contour Plot(輪廓繪製)>Nodal Solution(節點的解答)>DOF Solution(自由度的解答)>Displacement vector sum(位移向量總合之輸出)>Deformed shape with undeformed edge(已變形與未變形邊緣之輸出)>OK(完成第 17 個共振模態之輸出)。

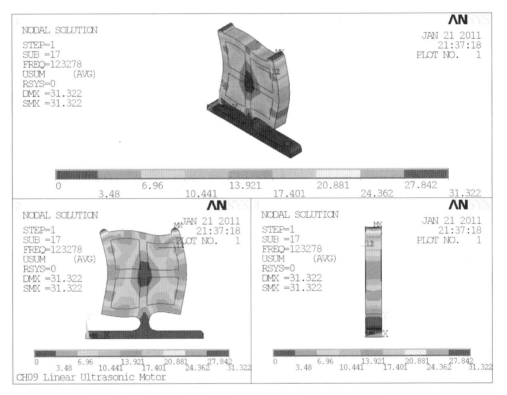

↻ 圖 9-41　執行步驟 9.52 與第 17 個共振模態(123,278Hz)輸出完成之三視圖

【結果與討論】

1. 如圖 9-2～9-9 所示，先建立線性超音波馬達基座之主面積，再建立欲切割面積與先前利用建立關鍵點、線段以及面積之方法不同，讀者可以多方嘗試。

2. 如圖 9-10～9-11 所示，建構線性超音波馬達基座欲切割之圓形面積與先前利用導角線段與面積之方法也有所不同。該基座欲切割之圓形面積處之設計考量，係以增加線性超音波馬達於共振時之振動撓度為主。

3. 如圖 9-17～9-18 所示，建構線性超音波馬達基座凸緣面積之目的，主要係供線性超音波馬達與滑快或平台摩擦之用。

4. 如圖 9-21～9-23 所示，建構壓電陶瓷群族面積之方式，可以節約大量建模時間。再者建構壓電陶瓷群族面積之模式，主要係為了簡化建模程序。一般為了讓壓電陶瓷有足夠之預應力，通常會在壓電陶瓷片之間加入三片楔子以調整其所需之預應力以及保護壓電陶瓷片在調整預應力時免於破片。

5. 如圖 9-24～9-25 與圖 9-30 所示之步驟，可以線性超音波馬達之建模與膠合更為順暢。

6. 如圖 9-31 所示，建構與定義壓電陶瓷片之新座標系統係必要之程序與手段。

7. 如圖 9-32～9-34 所示，將線性超音波馬達網格化必須依材料與座標之不同而分段進行之。

8. 如圖 9-35～9-37 所示，設定線性超音波馬達機電邊界條件，除了必須符合實情之外，其邊界條件的選擇與設定也必須小心處理，以免影響分析結果。

9. 如圖 9-38 所示，利用 General Postprocessor(一般後處理器)與 Results Summary(結果摘要)可以概略的知悉線性超音波馬達的共振頻率有幾個。

10. 如圖 9-39～9-41 所示，係為可以讓線性超音波馬達所接觸的滑塊或物件產生橫向移動的三種共振模態，分別是第 6 個共振模態(75,430Hz)、第 9 個共振模態(89,845Hz)與第 17 個共振模態(123,278Hz)。

【結論與建議】

1. 本例題利用 Areas(面積)、Rectangle(方形)、Solid Circle(實心圓形)以及 By Dimensions(透過維度)與 Copy(複製)可以快速的建構線性超音波馬達基座的幾何形狀。

2. 本例題利用 Line Fillet(導角線段)、By Lines(透過線段)與 Areas(面積)來建構線性超音波馬達基座之導角線段與面積，以接近現實。

3. 本例題利用 Areas(面積)、Rectangle(方形)、By 2 Corners(透過 2 個角落)與 Copy(複製)來建構壓電陶瓷之面積族群，可以節約大量面積建構的時間。

4. 本例題利用 Operate(操作)與 Extrude(拉伸)來建構壓電陶瓷之所有體積，使其體積有一致性。而且讓膠合(Glue)線性超音波馬達之所有體積之程序更為順利。

5. 本例題利用 Create Local CS(建構座標系統)來定義壓電陶瓷之新座標系統，使得極化方向兩兩相對之層狀壓電陶瓷更符合事實。

6. 本例題設定分析模態、起始與終止共振頻率時，可以多方嘗試，直到與實驗結果一致時為止。

7. 本例題可以利用 Results Summary(結果摘要)與 By Pick(透過精選)來閱讀壓電致動器的共振頻率。

Ex9-1：如例題九所述，在相同條件之下，如果線性超音波馬達之電學邊界條件如
圖 9-42(a)～(d)所示，試分析可以讓線性超音波馬達所接觸的滑塊或物件產
生橫向移動的三種共振模態為何？

四種不同電學邊界條件	a	b	c	d
第 1 個(或第 6 個)共振模態之共振頻率(Hz)	75,430			
第 2 個(或第 9 個)共振模態之共振頻率(Hz)	89,845			
第 3 個(或第 13 個)共振模態之共振頻率(Hz)	123,278			

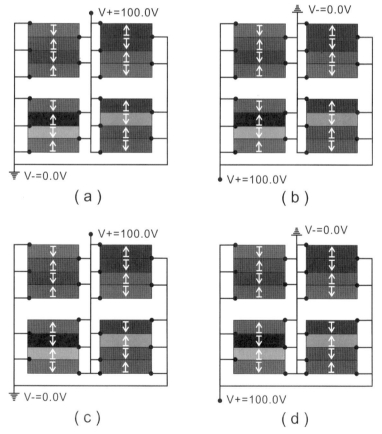

（ a ）　　　　　　　　　　（ b ）

（ c ）　　　　　　　　　　（ d ）

圖 9-42　線性超音波馬達四種不同電學邊界條件(a)～(d)

Ex9-2：如例題九所述，在相同條件之下，如果線性超音波馬達之寬度分別是 4, 5, 6, 7 and 8mm 時，試分析可以讓線性超音波馬達所接觸的滑塊或物件產生橫向移動的三種共振模態爲何？

線性超音波馬達之寬度(mm)	4	5	6	7	8
第 1 個(或第 6 個)共振模態之共振頻率(Hz)	75,430				
第 2 個(或第 9 個)共振模態之共振頻率(Hz)	89,845				
第 3 個(或第 13 個)共振模態之共振頻率(Hz)	123,278				

Ex9-3：如例題九所述，在相同條件之下，如果各片壓電陶瓷的厚度爲 1mm，且同時增加三片厚度相同之楔子(Wedge)時(如圖 9-43 所示)，試分析可以讓線性超音波馬達所接觸的滑塊或物件產生橫向移動的三種共振模態爲何？

壓電陶瓷厚度(mm)	1	1.75
第 1 個(或第 6 個)共振模態之共振頻率(Hz)		75,430
第 2 個(或第 9 個)共振模態之共振頻率(Hz)		89,845
第 3 個(或第 13 個)共振模態之共振頻率(Hz)		123,278

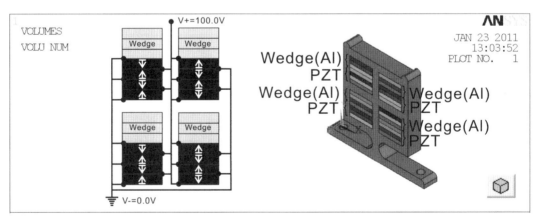

⏻ 圖 9-43　壓電陶瓷的厚度爲 1mm，且同時增加三片厚度相同楔子之線性超音波馬達

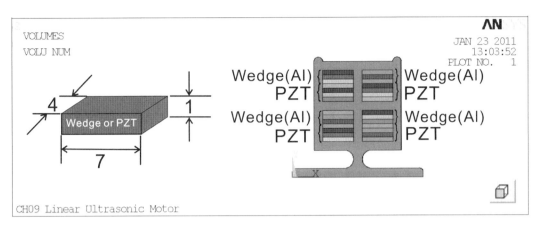

🔄 圖 9-43　壓電陶瓷的厚度為 1mm，且同時增加三片厚度相同楔子之線性超音波馬達(續)

Ex9-4：如例題九與 Ex9-3 所述，在相同條件之下，如果線性超音波馬達之寬度分別是 4, 5, 6, 7 and 8mm 時，試分析可以讓線性超音波馬達所接觸的滑塊或物件產生橫向移動的三種共振模態為何？

線性超音波馬達之寬度(mm)	4	5	6	7	8
第 1 個(或第 6 個)共振模態之共振頻率(Hz)					
第 2 個(或第 9 個)共振模態之共振頻率(Hz)					
第 3 個(或第 13 個)共振模態之共振頻率(Hz)					

例題十

如圖 10-1 所示，係為一種旋轉式超音波馬達(LUSM_Linear Ultrasonic Motor)及其相關尺寸，該旋轉式超音波馬達係由基座(鋁材)、轉子(銅材)、軸桿(銅材)與四片壓電陶瓷片(PZT)所構成，其中壓電陶瓷片之機電性質與第 8 章表 10-1～10-4 一致。當該旋轉式超音波馬達的四片壓電陶瓷片分別被施以 100V 之驅動電壓時，試分析該旋轉式超音波馬達在 20kHz～40kHz 之間共振模態？(Element Type：Couple Field, Scalar Tet 98, Mesh Tool：Smart Size 6, Shape：Tex_Free)

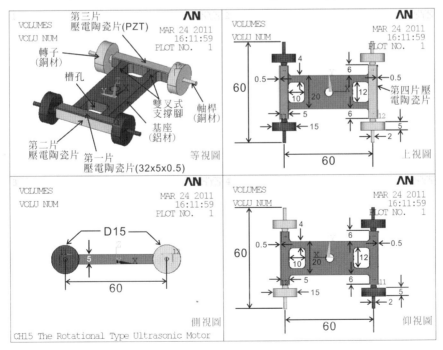

🔁 圖 10-1　旋轉式超音波馬達之四視圖與相關尺寸

【學習重點】

1. 熟悉如何從各執行步驟中來瞭解旋轉式超音波馬達的基本操作與運動原理。

2. 熟悉如何利用 Areas(面積)、Volumes(體積)、Rectangle(方形)、By 2 Corners (透過 2 個角落)、線段導角(Line Fillet)、Extrude(拉伸)、Copy(複製)、Subtract(減除)、Move(移動)與 Reflect(反射)來建構旋轉式超音波馬達之面積與體積族群。

3. 熟悉如何利用功能選單中之選擇實體(Select Entities)來設定壓電陶瓷片之新座標與邊界條件。

4. 熟悉如何利用輸出結果來判斷旋轉式超音波馬達之最佳共振模態。

5. 熟悉如何操作最佳共振模態之穩態模式分析以及如何設定穩態模式之強制邊界條件。

6. 熟悉如何操作最大變形節點之時間歷程後處理器以及如何輸出圖形檔與數據檔。

▶ **執行步驟 10.1** 請參考第 1 章執行步驟 1.1 與圖 1-2，更改作業名稱(Change Jobname)：Utility Menu(功能選單)>File(檔案)>Change Jobname(更改作業名稱)> CH10_RTUSM(作業名稱)>Yes(是否為新的記錄或錯誤檔)>OK(完成作業名稱之更改或設定)。

▶ **執行步驟 10.2** 請參考第 1 章執行步驟 1.2 與圖 1-3，更改標題(Change Title)：Utility Menu(功能選單或畫面)>File(檔案)>更改標題(Change Title)>CH10 The Rotational Type Ultrasonic Motor(標題名稱)>OK(完成標題之更改或設定)。

▶ **執行步驟 10.3** Preferences(偏好選擇)：ANSYS Main Menu(ANSYS 主要選單)>Preferences(偏好選擇)>Structural(結構的)>Electric(電學的)>OK(完成偏好之選擇)。

▶ **執行步驟 10.4**　選擇元素型態(Element Type)：Preprocessor(前處理器)>Element Type(元素型態)>Add/Edit/Delete(增加/編輯/刪除)>Add(增加)>Couple Field(複合領域)>Scalar Tet 98(標量四角形之機電立體元素)>Close(關閉元素型態_Element Types 之視窗)。

▶ **執行步驟 10.5**　請參考第 8 章執行步驟 8.5 與圖 8-2，設定鋁材與銅材之材料性質(Material Props)：Preprocessor(前處理器)>Material Props(材料性質)>Material Models(材料模式)>Structural(結構的)>Linear(線性的)>Elastic(彈性的)>Isotropic(等向性的)>73e9(在 EX 欄位輸入 6061 鋁的楊氏係數 73e9GPa)>0.33(在 PRXY 欄位輸入 6061 鋁的帕松比 0.33)>OK(完成 6061 鋁的楊氏係數與帕松比建檔)>Linear(關閉線性的視窗)>Density(密度)>2700(在 DENS 欄位輸入 6061 鋁的密度 2700)>OK(完成 6061 鋁的密度之建檔)>Edit(編輯)>Copy(複製)>2(From material 1 to material 2_從第一筆材料複製成第二筆材料)>OK(完成第二筆材料之複製)>Density(密度)>8900(在 DENS 欄位輸入銅材的密度 8900)>OK(完成密度之設定)>Linear Isotropic(線性等向性的)>117e9(在 EX 欄位輸入銅材的楊氏係數 117e9GPa)>0.3(在 PRXY 欄位輸入銅材的帕松比 0.3)>OK(完成銅材的材料性質設定)。

▶ **執行步驟 10.6**　請參考第 8 章執行步驟 8.6 與圖 8-3，設定壓電陶瓷之剛性矩陣(Stiffness Matrix)或剛性型式(Stiffness form)：Preprocessor(前處理器)>Material Props(材料性質)>Material Models(材料模式)> Material(材料)>New Model(新模式)>OK(完成第 2 筆壓電陶瓷新材料模式的開啟)>Structural(結構的)>Linear(線性的)>Elastic(彈性的)>Anisotropic(非等向性的)>1.4E11～10.6E10(在 D11～D66 欄位內依序輸入剛性常數 1.39E11～10.56E10)>OK(完成壓電陶瓷剛性矩陣之建檔)。

▶ **執行步驟 10.7**　請參考第 8 章執行步驟 8.7 與圖 8-4，設定壓電陶瓷之e-form壓電應力矩陣(Piezoelectric stress matrix [e])：Preprocessor(前處理器)>Material Props(材料性質)>Material Models(材料模式)>Material Model Number 2(第二筆壓電陶瓷材料模式)>Piezoelectrics(壓電的)>Piezoelectric matrix(壓電矩陣)>−21.9～110.3(在 Piezoelectric stress matrix [e]欄位內依序輸入壓電應力常數−21.9～110.3)>OK(完成第二筆壓電陶瓷材料模式壓電應力矩陣之建檔)。

▶ **執行步驟 10.8** 　請參考第 8 章執行步驟 8.8 與圖 8-5，設定壓電陶瓷之相對介電常數(Relative Permittivity)：Preprocessor(前處理器)>Material Props(材料性質)>Material Models(材料模式)>Material Model Number 2(第二筆壓電陶瓷材料模式)>Electromagnetics(電磁的)>Relative Permittivity(相對介電常數)>Orthotropic(正交性的)>3400～3130(在 Relative Permittivity 欄位輸入相對介電常數 3400～3130)>OK(完成第二筆壓電陶瓷材料模式相對介電常數之建檔)。

▶ **執行步驟 10.9** 　請參考第 8 章執行步驟 8.9 與圖 8-6，設定壓電陶瓷之密度(Density)：Preprocessor(前處理器)>Material Props(材料性質)>Material Models(材料模式)>Material Model Number 2(第二筆壓電陶瓷材料模式)>Structural(結構的)>Density(密度)>7600(在 DEN 欄位輸入第二筆壓電陶瓷材料模式之密度 7600)>OK(完成第二筆壓電陶瓷材料模式密度之建檔)。

▶ **執行步驟 10.10** 　如圖 10-2 所示，建構基座之面積(Areas)：Preprocessor(前處理器)>Modeling(建模)>Create(建構)>Areas(面積)>Rectangle(方形)>By Dimensions(透過維度)>(−0.03, 0.03)(在 X1X2 X-coordinate 欄位內輸入長度範圍(−0.03, 0.03)m)>(−0.016, 0.016)(在 Y1Y2 Y-coordinate 欄位內輸入寬度範圍(−0.016, 0.016)m)>OK(完成基座面積之建構)。

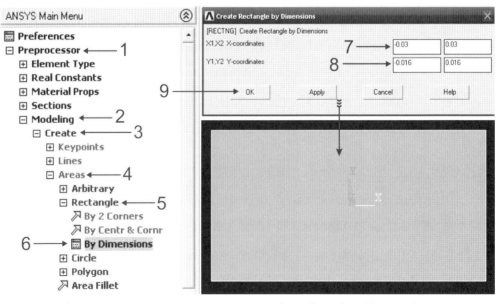

⏻ 圖 10-2　執行步驟 10.10-1～9 與基座面積建構之完成圖

▶ **執行步驟 10.11** 如圖 10-3 所示，建構欲減除之凹槽面積(Areas)：Preprocessor (前處理器)>Modeling(建模)>Create(建構)>Areas(面積)>Rectangle(方形)>By Dimensions(透過維度)>(−0.03, 0.03)(在 X1X2 X-coordinate 欄位內輸入長度範圍 (−0.03, 0.03)m)>(−0.016, 0.016)(在 Y1Y2 Y-coordinate 欄位內輸入寬度範圍(−0.016, 0.016)m)>OK(完成欲減除之凹槽面積之建構)>Plot(繪製)>Lines(以線段來呈現)。

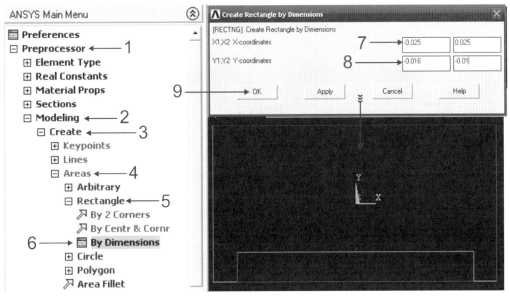

↻ 圖 10-3 執行步驟 10.11-1～9 與欲減除凹槽面積建構之完成圖

▶ **執行步驟 10.12** 如圖 10-4 所示，欲減除凹槽面積之複製(Copy)： Preprocessor(前處理器)>Modeling(建模)>Copy(複製)>Area(面積)>A2(點選面積 A2)>OK(完成面積之點選)>2(在 ITIME Number of copies–including original 欄位內 輸入複製數量 2)>0.026(在 DY Y-offset in active CS 欄位內輸入欲複製之位置 0.026m)>OK(完成欲減除凹槽面積之複製)>Utility Menu(功能選單)>Plot(繪製)> Lines(以線段來呈現)。

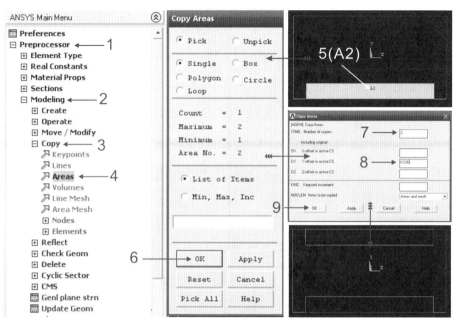

⏻ 圖 10-4　執行步驟 10.12-1～9 與欲減除凹槽面積複製之完成圖

▶ **執行步驟 10.13**　如圖 10-5 所示，建構欲減除之方槽面積(Areas)：Preprocessor(前處理器)>Modeling(建模)>Create(建構)>Areas(面積)>Rectangle(方形)>By Dimensions(透過維度)>(−0.025, −0.015)(在 X1X2 X-coordinate 欄位內輸入長度範圍(−0.025, −0.015))>(−0.006, 0.006)(在 Y1Y2 Y-coordinate 欄位內輸入寬度範圍(−0.006, 0.006))>OK(完成欲減除之方槽面積之建構)>Utility Menu(功能選單)>Plot(繪製)>Lines(以線段來呈現)。

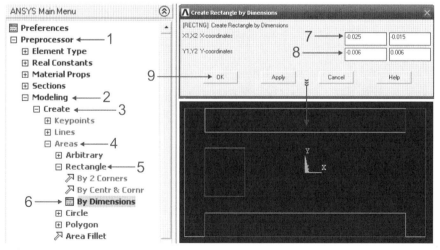

⏻ 圖 10-5　執行步驟 10.13-1～9 與欲減除方槽面積建構之完成圖

▶ **執行步驟 10.14**　如圖 10-6 所示，欲減除方槽面積之複製 (Copy)：
Preprocessor(前處理器)>Modeling(建模)>Copy(複製)>Area(面積)>A4(點選面積 A4)
>OK(完成面積之點選)>2(在 ITIME Number of copies–including original 欄位內輸入
複製數量 2)>0.04(在 DX X-offset in active CS 欄位內輸入欲複製之位置 0.04m)>
OK(完成欲減除方槽面積之複製)>Utility Menu(功能選單)>Plot(繪製)>Lines(以線
段來呈現)。

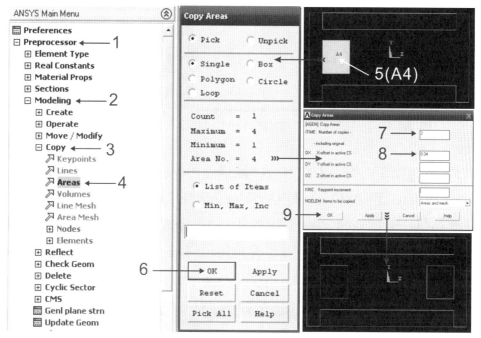

⏻ 圖 10-6　執行步驟 10.14-1～9 與欲減除方槽面積複製之完成圖

▶ **執行步驟 10.15**　如圖 10-7 所示，多餘面積之減除(Subtract)：Preprocessor(前
處理器)>Modeling(建模)>Operate(操作)>Booleans(布林運算)>Subtract(減除)>
Area(面積)>A1(點選基座面積 A1)>Apply(施用，繼續執行下一個步驟)>A2～A5(點
選多餘面積 A2～A5)>OK(完成多餘面積之減除)。

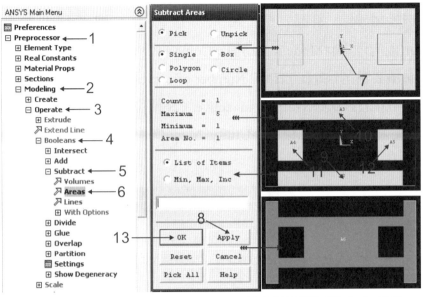

▶ **執行步驟 10.16**　如圖 10-8 所示，建構導角線段(Line Fillet)：Preprocessor(前處理器)>Modeling(建模)>Create(建構)>Lines(線條之建構)>Line Fillet(導角線段之建構)>L9(點選 L9 線)>L12(點選 L12 線)>Apply(施用)>2e-3(輸入導角半徑 r = 0.002m)>Apply(施用，直到完成所有導角線段之建構)>Utility Menu(功能選單)>Plot(繪製)>Lines(以線段來呈現)。

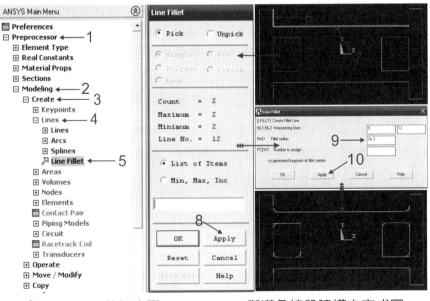

⏻ 圖 10-8　執行步驟 10.16-1～10 與導角線段建構之完成圖

▶ **執行步驟 10.17**　如圖 10-9 所示，建構所有導角面積(Areas)：Preprocessor(前處理器)>Modeling(建模)>Create(建構)>Areas(面積之建構)>Arbitrary(任意的)>By Lines(透過線族建構面積)>L1, L3 & L5(點選線段 L1, L3 & L5)>Apply(施用，繼續執行下一個步驟，直到完成所有導角面積之建構)。

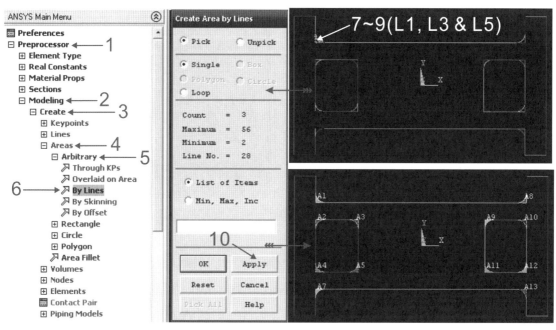

🔥 圖 10-9　執行步驟 10.17-1～10 與所有導角面積建構之完成圖

▶ **執行步驟 10.18**　如圖 10-10 所示，所有導角面積與基座面積之合成(Add)：Preprocessor(前處理器)>Modeling(建模)>Operate(操作)>Booleans(布林法或布林運算法)>Add(合成所有面積)>Areas(面積之合成)>Pick All(全選_完成所有導角面積與基座面積之合成工作)。

電腦輔助工程分析實務

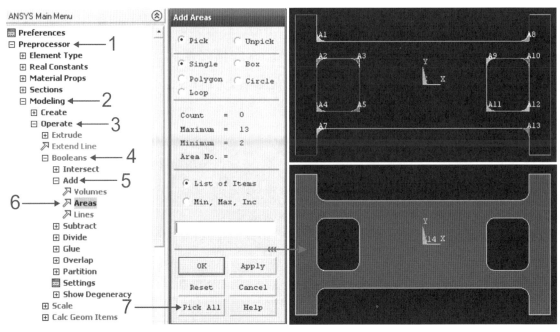

🔄 圖 10-10　執行步驟 10.18-1～7 與所有導角面積與基座面積合成之完成圖

▶ **執行步驟 10.19**　如圖 10-11 所示，建構穿孔面積(Areas)：Preprocessor(前處理器)>Modeling(建模)>Create(建構)>Areas(面積)>Circle(圓形)>Solid Circle(實心圓)>2.5e-3(在 Radius 欄位內輸入半徑 0.0025m)>OK(完成穿孔面積之建構)。

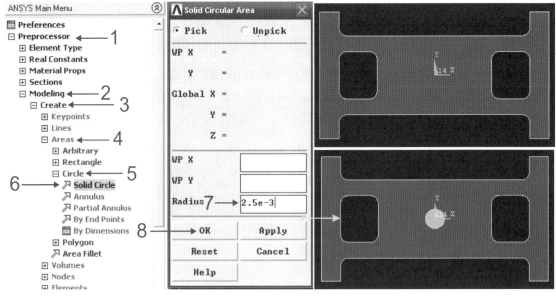

🔄 圖 10-11　執行步驟 10.19-1～8 與穿孔面積建構之完成圖

▶ **執行步驟 10.20**　　如圖 10-12 所示，穿孔面積之減除(Subtract)：Preprocessor(前處理器)>Modeling(建模)>Operate(操作)>Booleans(布林運算)>Subtract(減除)>Area(面積)>A14(點選基座面積 A14)>Apply(施用，繼續執行下一個步驟)>A2(點選穿孔面積 A2)>OK(完成穿孔面積之減除)。

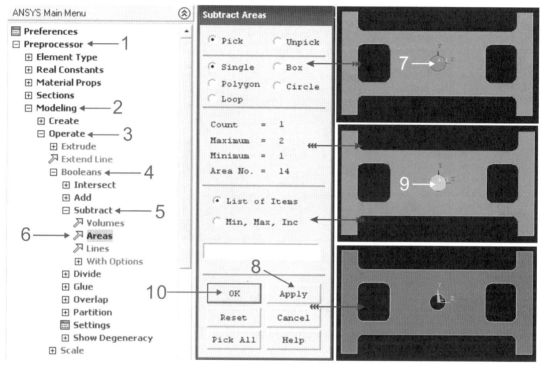

↻ 圖 10-12　執行步驟 10.20-1～10 與穿孔面積減除之完成圖

▶ **執行步驟 10.21**　　如圖 10-13 所示，基座體積之拉伸(Extrude)：Preprocessor(前處理器)>Modeling(建模)>Operate(操作)>Extrude(拉伸體積)>Areas(面積拉伸)>By XYZ Offset(透過 XYZ 座標拉伸體積)>A2(點選基座面積)>OK(完成主面積之點選)>5e-3(在 Extrude By XYZ Offset 視窗之 Z 方向座標之欄位內輸入 5e-3m)>OK(完成體積之拉伸工作)>Isometric View(按壓"圖式操作視窗"之"等視圖"鍵來檢視工字樑)。

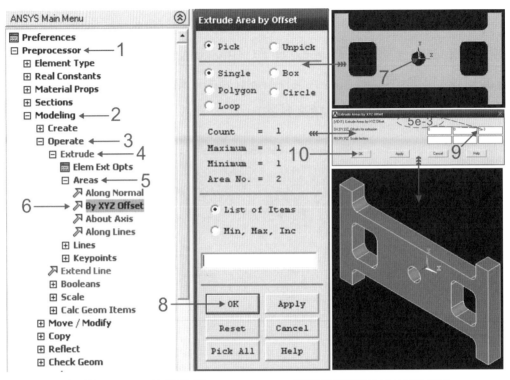

⏻ 圖 10-13　執行步驟 10.21-1～10 與基座體積拉伸之完成圖

▶ **執行步驟 10.22**　如圖 10-14 所示，啟動與設定工作平面(Working Plane)：
WorkPlane(工作平面)>Display Working Plane(顯示工作平面)>Offset WP to(補償工
作平面到)>Keypoints(關鍵點)>K13(點選關鍵點 K13)>OK(完成工作平面之啟動與
設定)。

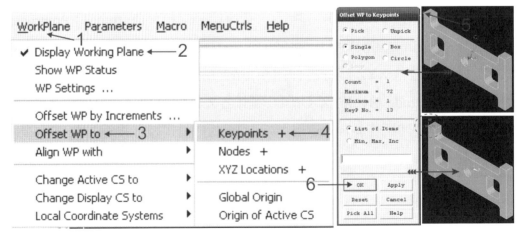

⏻ 圖 10-14　執行步驟 10.22-1～6 與工作平面啟動與設定之完成圖

▶ **執行步驟 10.23**　如圖 10-15 所示，建構第一片壓電陶瓷片之體積 (Volumes)：Preprocessor(前處理器)>Modeling(建模)>Create(建構)>Volumes(體積)>Rectangle(方形)>By Dimensions(透過維度)>0.005(在 X1X2 X-coordinate 欄位內輸入長度 0.005m)>−0.032(在 Y1Y2 Y-coordinate 欄位內輸入寬度−0.032m)>0.0005(在 Z1Z2 Z-coordinate 欄位內輸入厚度 0.0005m)>OK(完成第一片壓電陶瓷片體積之建構)。

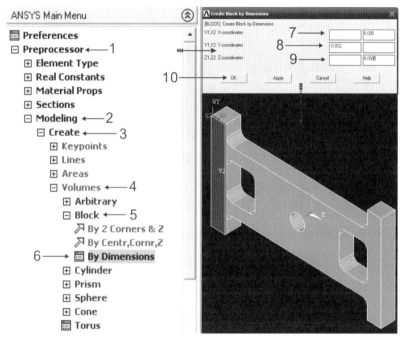

🔾 圖 10-15　執行步驟 10.23-1～10 與第一片壓電陶瓷片體積建構之完成圖

▶ **執行步驟 10.24**　如圖 10-16 所示，建構第二片壓電陶瓷片之體積 (Volumes)：Preprocessor(前處理器)>Modeling(建模)>Create(建構)>Volumes(體積)>Rectangle(方形)>By Dimensions(透過維度)>−0.0005(在 X1X2 X-coordinate 欄位內輸入長度−0.0005m)>−0.032(在 Y1Y2 Y-coordinate 欄位內輸入寬度−0.032m)>−0.005(在 Z1Z2 Z-coordinate 欄位內輸入厚度-0.005m)>OK(完成第二片壓電陶瓷片體積之建構)。

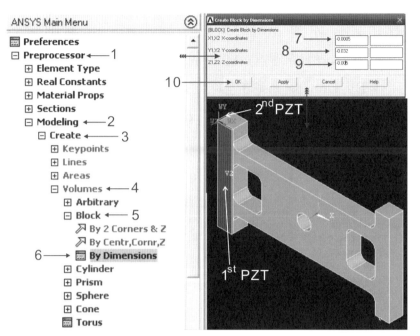

⏻ 圖 10-16　執行步驟 10.24-1～10 與第二片壓電陶瓷片體積建構之完成圖

▶ **執行步驟 10.25**　如圖 10-17 所示，啟動與設定工作平面(Working Plane)：
WorkPlane(工作平面)>Display Working Plane(顯示工作平面)>Offset WP to(補償工作平面到)>Keypoints(關鍵點)>K13(點選關鍵點 K13)>OK(完成工作平面之啟動與設定)。

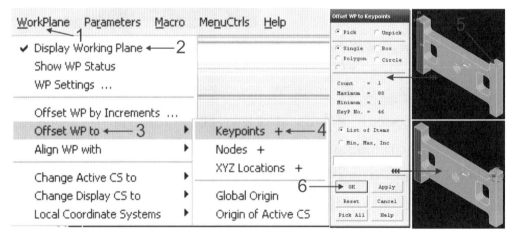

⏻ 圖 10-17　執行步驟 10.25-1～6 與工作平面啟動與設定之完成圖

▶ **執行步驟 10.26**　如圖 10-18 所示，建構第三片壓電陶瓷片之體積(Volumes)：
Preprocessor(前處理器)>Modeling(建模)>Create(建構)>Volumes(體積)>Rectangle
(方形)>By Dimensions(透過維度)>0.005(在 X1X2 X-coordinate 欄位內輸入長度
0.005m)>−0.032(在 Y1Y2 Y-coordinate 欄位內輸入寬度−0.032m)>0.0005(在 Z1Z2
Z-coordinate 欄位內輸入厚度 0.0005m)>OK(完成第三片壓電陶瓷片體積之建構)。

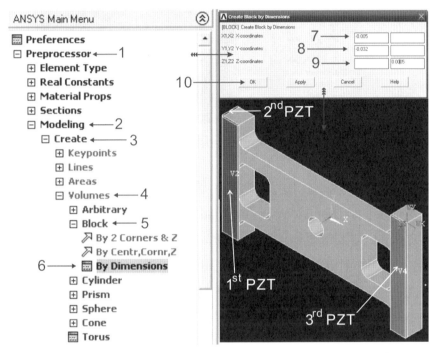

↻ 圖 10-18　執行步驟 10.26-1～10 與第三片壓電陶瓷片體積建構之完成圖

▶ **執行步驟 10.27**　如圖 10-19 所示，建構第四片壓電陶瓷片之體積(Volumes)：
Preprocessor(前處理器)>Modeling(建模)>Create(建構)>Volumes(體積)>Rectangle
(方形)>By Dimensions(透過維度)>−0.0005(在 X1X2 X-coordinate 欄位內輸入長度
−0.0005m)>−0.032(在 Y1Y2 Y-coordinate 欄位內輸入寬度−0.032m)>−0.005(在 Z1Z2
Z-coordinate 欄位內輸入厚度−0.005m)>OK(完成第四片壓電陶瓷片體積之建構)。

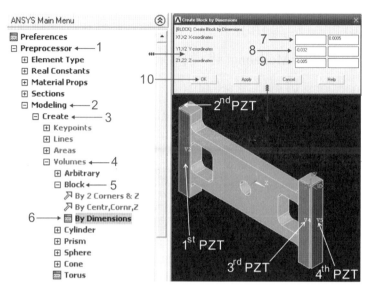

⏻ 圖 10-19　執行步驟 10.27-1～10 與第四片壓電陶瓷片體積建構之完成圖

▶ **執行步驟 10.28**　如圖 10-20 所示，啟動與設定工作平面(Working Plane)：WorkPlane(工作平面)>Display Working Plane(顯示工作平面)>Offset WP to(補償工作平面到)>Keypoints(關鍵點)>K3, K11, K46 & K47(點選關鍵點 K3, K11, K46 & K47)>OK(完成工作平面之啟動與設定)>WorkPlane(工作平面)>Offset WP by Increments(透過增量補償工作平面)> 🔁+X (按壓 🔁+X 鍵 3 次)>OK(完成工作平面之設定，直到 WZ 方向朝下)。

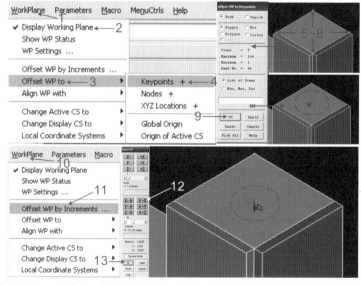

⏻ 圖 10-20　執行步驟 10.28-1～13 與工作平面啟動與設定之完成圖

執行步驟 10.29　如圖 10-21 所示，建構穿孔體積(Volumes)：Preprocessor(前處理器)>Modeling(建模)>Create(建構)>Volumes(體積)>Cylinder(圓柱)>By Dimensions(透過維度)>0.001(在 RAD1 Outer radius 欄位內輸入外半徑 0.001m)>(−0.014, 0.046)(在 Z1Z2 Z-coordinate 欄位內輸入深度範圍(−0.014, 0.046)m)>0(在 THETA1 Starting angle[degrees]輸入起始角度 0)>360(在 THETA2 Ending angle[degrees]輸入終止角度 360)>OK(完成穿孔體積之建構)。

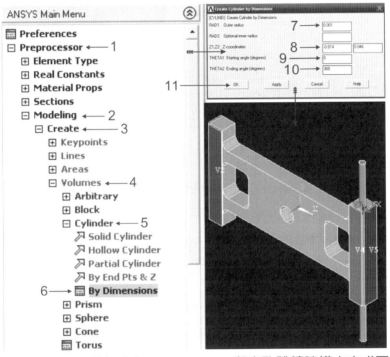

⏻ 圖 10-21　執行步驟 10.29-1〜11 與穿孔體積建構之完成圖

執行步驟 10.30　如圖 10-22 所示，穿孔體積複製(Copy)：Preprocessor(前處理器)>Modeling(建模)>Copy(複製)>Volumes(體積)>V6(點選體積 V6)>OK(完成體積之點選)>2(在 ITIME Number of copies–including original 欄位內輸入複製數量 2)>−0.055(在 DX X-offset in active CS 欄位內輸入欲複製之位置−0.055m)>OK(完成穿孔體積複製)。

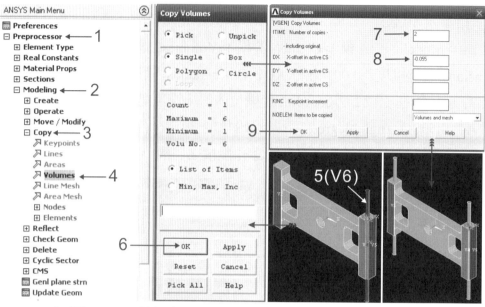

⏻ 圖 10-22　執行步驟 10.30-1〜9 與穿孔體積複製之完成圖

▶ **執行步驟 10.31**　如圖 10-23 所示，穿孔體積之減除(Subtract)：Preprocessor(前處理器)>Modeling(建模)>Operate(運算)>Booleans(布林運算)>Subtract(減除)>Volumes(體積)>V1(點選基座體積 V1)>Apply(施用，繼續執行下一個步驟)>V6 & V7(點選穿孔體積 V6 & V7)>OK(完成穿孔體積之減除)。

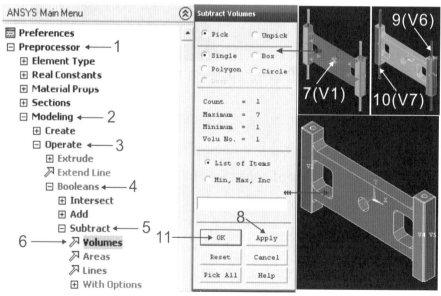

⏻ 圖 10-23　執行步驟 10.31-1〜11 與穿孔體積減除之完成圖

▶ **執行步驟 10.32**　如圖 10-24 所示，建構圓錐體積(Volumes)：Preprocessor (前處理器)>Modeling(建模)>Create(建構)>Volumes(體積)>Cone(圓錐)>By Dimensions(透過維度)>0.002(在 RBOT Bottom radius 欄位內輸入底部半徑 0.002m)>0.0011(在 RTOP Optional top radius 欄位內輸入頂部半徑 0.0011m)>(−0.002, 0.003)(在 Z1Z2 Z-coordinate 欄位內輸入深度範圍(−0.002, 0.003)m)>0(在 THETA1 Starting angle[degrees]輸入起始角度 0)>360(在 THETA2 Ending angle[degrees]輸入終止角度 360)>OK(完成圓錐體積之建構)。

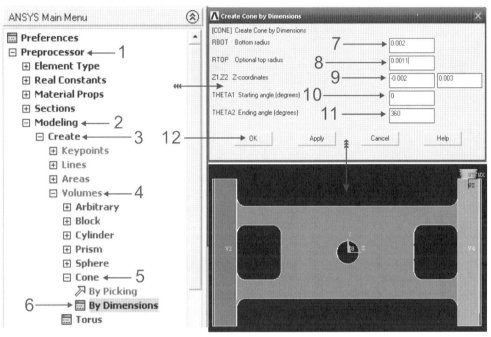

⏻ 圖 10-24　執行步驟 10.32-1～12 與圓錐體積建構之完成圖

▶ **執行步驟 10.33**　如圖 10-25 所示，圓錐體積複製(Copy)：Preprocessor(前處理器)>Modeling(建模)>Copy(複製)>Volumes(體積)>V6(點選體積 V6)>OK(完成體積之點選)>2(在 ITIME Number of copies–including original 欄位內輸入複製數量 2)> −0.055(在 DX X-offset in active CS 欄位內輸入欲複製之位置−0.055m)>OK(完成圓錐體積複製)。

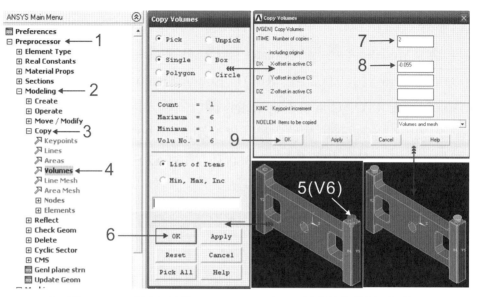

🔥 圖 10-25　執行步驟 10.33-1～9 與圓錐體積複製之完成圖

▶ **執行步驟 10.34**　如圖 10-26 所示，圓錐體積之反射(Reflect)：Preprocessor(前處理器)>Modeling(建模)>Reflect(反射)>Volumes(體積)>V1 & V6(點選基座體積 V1 & V6)>OK(完成體積之點選)> X-Z plane Y(點選 X-Z plane Y 之反射選項)>OK(完成圓錐體積之反射)。

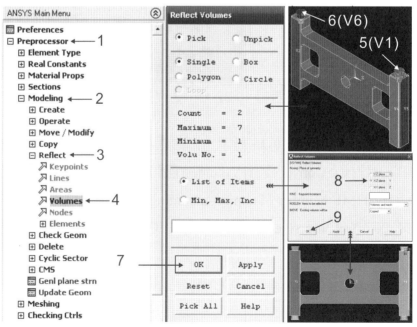

🔥 圖 10-26　執行步驟 10.34-1～9 與圓錐體積反射之完成圖

▶ **執行步驟 10.35**　如圖 10-27 所示，所有圓錐體積複製(Copy)：Preprocessor(前處理器)>Modeling(建模)>Copy(複製)>Volumes(體積)>V1, V6, V7 & V9(點選體積 V1, V6, V7 & V9)>OK(完成體積之點選)>2(在 ITIME Number of copies–including original 欄位內輸入複製數量 2)>−0.05(在 DZ Z-offset in active CS 欄位內輸入欲複製之位置−0.05m)>OK(完成所有圓錐體積複製)。

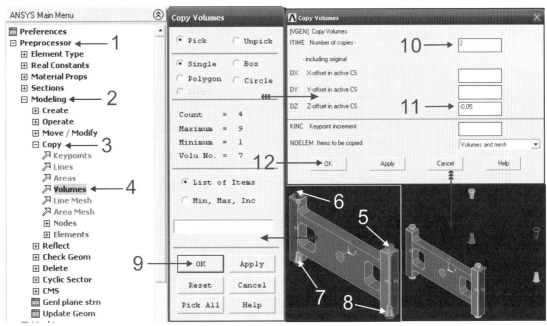

⟳ 圖 10-27　執行步驟 10.35-1～12 與所有圓錐體積複製之完成圖

▶ **執行步驟 10.36**　如圖 10-28 所示，部分圓錐體積之減除(Subtract)：Preprocessor(前處理器)>Modeling(建模)>Operate(運算)>Booleans(布林運算)>Subtract(減除)>Volumes(體積)>V8(點選基座體積 V8)>Apply(施用，繼續執行下一個步驟)>V1, V6, V7 & V9(點選體積 V1, V6, V7 & V9)>OK(完成部分圓錐體積之減除)。

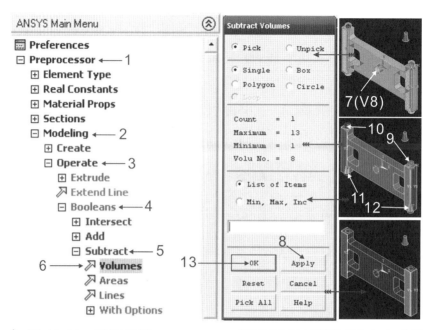

⏻ 圖 10-28　執行步驟 10.36-1～13 與部分圓錐體積減除之完成圖

▶ **執行步驟 10.37**　如圖 10-29 所示，圓錐體積之移動(Move)：Preprocessor(前處理器)>Modeling(建模)>Move/Modify(移動/修正)>Volumes(體積)>V10, V11, V12 & V13(點選圓錐體積 V10, V11, V12 & V13)>OK(完成圓錐體積之點選)>0.05(在 DZ Z-offset in active CS 欄位內輸入移動距離 0.05m)>OK(完成圓錐體積之移動)。

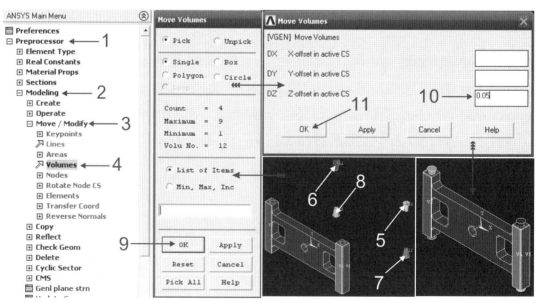

⏻ 圖 10-29　執行步驟 10.37-1～11 與圓錐體積移動之完成圖

▶ **執行步驟 10.38**　　如圖 10-30 所示，建構圓柱體積(Volumes)：Preprocessor(前處理器)>Modeling(建模)>Create(建構)>Volumes(體積)>Cylinder(圓柱)>By Dimensions(透過維度)>7.5e-3(在 RAD1 Outer radius 欄位內輸入外半徑 0.0075m)>(−0.002, −0.007)(在 Z1Z2 Z-coordinate 欄位內輸入深度範圍(−0.002, −0.007)m)>0(在 THETA1 Starting angle[degrees]輸入起始角度 0)>360(在 THETA2 Ending angle[degrees]輸入終止角度 360)>OK(完成圓柱錐體積之建構)。

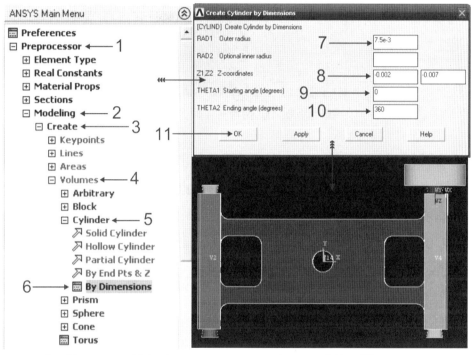

↻ 圖 10-30　執行步驟 10.38-1～11 與圓柱體積建構之完成圖

▶ **執行步驟 10.39**　　如圖 10-31 所示，圓柱體積複製(Copy)：Preprocessor(前處理器)>Modeling(建模)>Copy(複製)>Volumes(體積)>V6(點選體積 V6)>OK(完成體積之點選)>2(在 ITIME Number of copies-including original 欄位內輸入複製數量 2)>−0.055(在 DX X-offset in active CS 欄位內輸入欲複製之位置−0.055m)>OK(完成圓柱體積複製)。

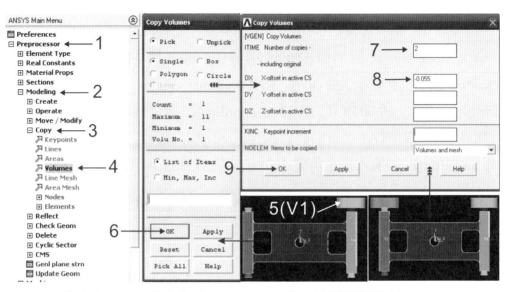

⏺ 圖 10-31　執行步驟 10.39-1〜9 與圓柱體積複製之完成圖

▶ **執行步驟 10.40**　如圖 10-32 所示，圓柱體積之反射(Reflect)：Preprocessor(前處理器)>Modeling(建模)>Reflect(反射)>Volumes(體積)>V1 & V6(點選基座體積 V1 & V6)>OK(完成體積之點選)> X-Z plane Y(點選 X-Z plane Y 之反射選項)>OK(完成圓柱體積之反射)。

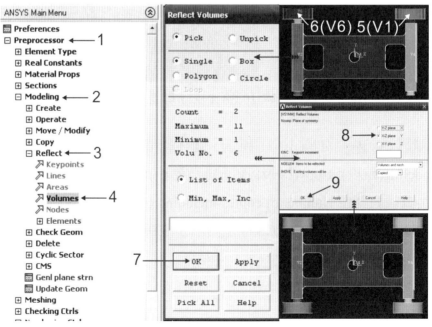

⏺ 圖 10-32　執行步驟 10.40-1〜9 與圓柱體積反射之完成圖

▶ **執行步驟 10.41**　如圖 10-33 所示，所有圓柱與圓錐體積之合成(Add)：
Preprocessor(前處理器)>Modeling(建模)>Operate(操作)>Booleans(布林運算)>
Add(合成)>Volumes(體積)>V1 & V10(點選體積 V1 & V10)>Apply(施用，繼續執行
下一個步驟，直到所有圓柱與圓錐體積合成為止)>OK(完成所有圓柱與圓錐體積之
合成)。

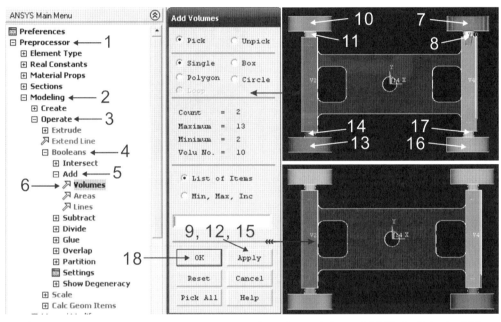

🔄 圖 10-33　執行步驟 10.41-1～18 與所有圓柱與圓錐體積合成之完成圖

▶ **執行步驟 10.42**　如圖 10-34 所示，建構圓桿體積(Volumes)：Preprocessor(前
處理器)>Modeling(建模)>Create(建構)>Volumes(體積)>Cylinder(圓柱)>By
Dimensions(透過維度)>0.001(在 RAD1 Outer radius 欄位內輸入外半徑 0.001m)>
(−0.014, 0.046)(在 Z1Z2 Z-coordinate 欄位內輸入深度範圍(−0.014, 0.046)m)>0(在
THETA1 Starting angle[degrees]輸入起始角度 0)>360(在 THETA2 Ending angle
[degrees]輸入終止角度 360)>OK(完成圓桿體積之建構)。

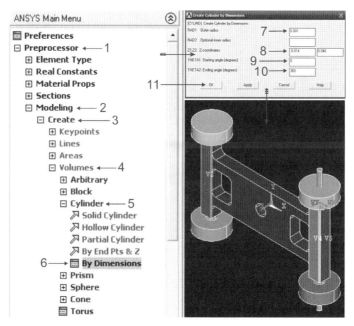

⏻ 圖 10-34　執行步驟 10.42-1～11 與圓桿體積建構之完成圖

▶ **執行步驟 10.43**　如圖 10-35 所示，圓桿體積複製(Copy)：Preprocessor(前處理器)>Modeling(建模)>Copy(複製)>Volumes(體積)>V7(點選體積 V)>OK(完成體積之點選)>2(在 ITIME Number of copies–including original 欄位內輸入複製數量 2)>0.055(在 DX X-offset in active CS 欄位內輸入欲複製之位置–0.055m)>OK(完成圓桿體積複製)。

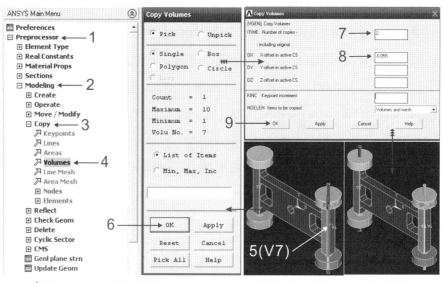

⏻ 圖 10-35　執行步驟 10.43-1～9 與圓桿體積複製之完成圖

▶ **執行步驟 10.44**　如圖 10-36 所示，所有圓桿、圓柱與圓錐體積之合成(Add)：
Preprocessor(前處理器)>Modeling(建模)>Operate(操作)>Booleans(布林運算)>
Add(合成)>Volumes(體積)>V7, V8 & V9(點選體積 V7, V8 & V9)>Apply(施用，繼
續執行下一個步驟，直到所有圓桿、圓柱與圓錐體積合成為止)>OK(完成所有圓
桿、圓柱與圓錐體積之合成)。

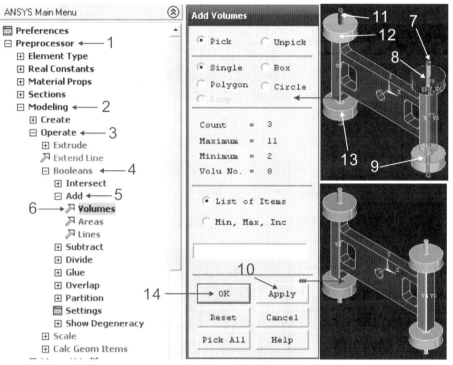

↻ 圖 10-36　執行步驟 10.44-1～14 與所有圓桿、圓柱與圓錐體積合成之完成圖

▶ **執行步驟 10.45**　如圖 10-37 所示，所有體積之區隔(Partition)：Preprocessor(前
處理器)>Modeling(建模)>Operate(操作)>Booleans(布林運算)>Partition(區隔)>
olumes(體積)>Pick All(全選，所有體積之區隔)。

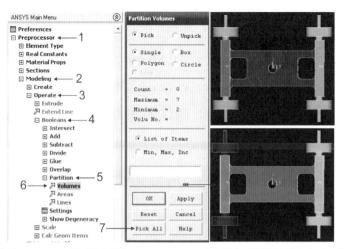

⏻ 圖 10-37　執行步驟 10.45-1～7 與所有體積區隔之完成圖

▶ **執行步驟 10.46**　如圖 10-38 所示,選擇實體(Select Entities):Utility Menu(功能選單)>Select(選擇)>Entities(實體)>Volumes(點選體積)>By Num/Pick(透過編號或點選)>Unselect(不選擇)>OK(完成實體選擇設定)>V10, V8, V13, V9 & V12(點選體積 V10, V8, V13, V9 & V12)>OK(完成體積點選)>Plot(繪製)>Volumes(體積)。

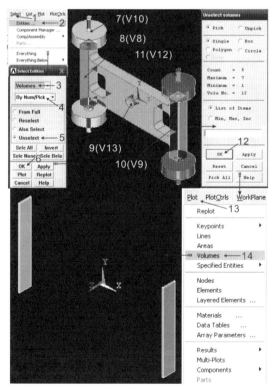

⏻ 圖 10-38　執行步驟 10.46-1～14 與實體選擇設定之完成圖

執行步驟 10.47　如圖 10-39 所示，設定第二片壓電陶瓷片的局部座標系統 (Local Coordinate System)：Utility Menu(功能選單)>Plot(繪製)>Lines(線段，讓結構模型以線段呈現，並且利用 🔲 & 🔍 選擇鍵將第二片壓電陶瓷片之位置局部放大)>WorkPlane(工作平面)>Local Coordinate System(局部座標系統)>Create Local CS(建構局部座標系統)>By 3 Keypoints(透過 3 個關鍵點)>K85, K82 & K84(依序點選 3 個關鍵點 K85, K82 & K84)>11(在 KCN Ref number of new coord sys 欄位內輸入局部座標系統編號 11)>OK(完成第二片壓電陶瓷片局部座標系統的設定)。

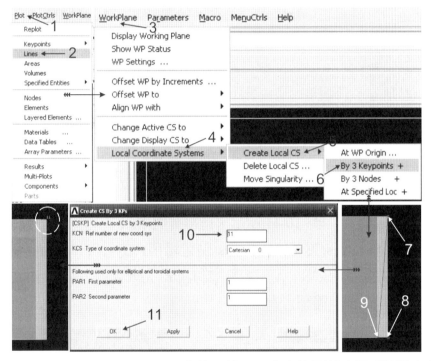

🔘 圖 10-39　執行步驟 10.47-1～11 與第二片壓電陶瓷片局部座標系統設定之完成圖

執行步驟 10.48　如圖 10-40 所示，設定第四片壓電陶瓷片的局部座標系統 (Local Coordinate System)：Utility Menu(功能選單)>Plot(繪製)>Lines(線段，讓結構模型以線段呈現，並且利用 🔲 & 🔍 選擇鍵將第四片壓電陶瓷片之位置局部放大)>WorkPlane(工作平面)>Local Coordinate System(局部座標系統)>Create Local CS(建構局部座標系統)>By 3 Keypoints(透過 3 個關鍵點)>K92, K98 & K100(依序點選 3 個關鍵點 K92, K98 & K100)>12(在 KCN Ref number of new coord sys 欄位內輸入局部座標系統編號 12)>OK(完成第四片壓電陶瓷片局部座標系統的設定)。

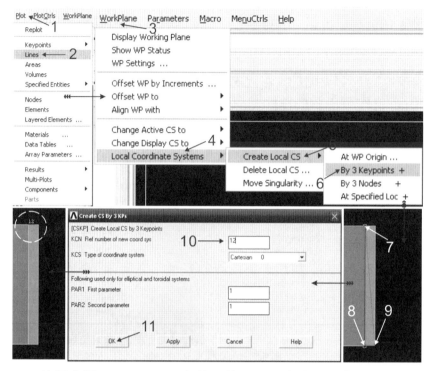

⏻ 圖 10-40　執行步驟 10.48-1～11 與第四片壓電陶瓷片局部座標系統設定之完成圖

▶ **執行步驟 10.49**　如圖 10-41 所示，選擇實體(Entities)：Utility Menu(功能選單)>Select(選擇)>Entities(實體)>Volumes(點選體積)>By Num/Pick(透過編號或點選)>From Full(從全部)>Select All(選擇全部)>OK(完成實體選擇設定)>Pick All(全選)>Plot(繪製)>Volumes(體積)。

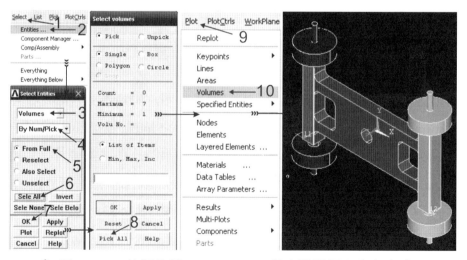

⏻ 圖 10-41　執行步驟 10.49-1～10 與實體選擇設定之完成圖

▶ **執行步驟 10.50**　　如圖 10-42 所示，基座(鋁材_Mat.1)網格化：Preprocessor(前處理器)>Meshing(網格化)>Mesh Tool(網格工具)>Smart Size 6(點選精明尺寸 6)>Set(設定)>1(在[MAT] Material number 欄位點選材料編號 1)>0(在[ESYS] Element coordinate sys 欄位內選擇直角座座標編號 0)>OK(完成材料選擇)>Mesh(網格)>V13(點選基座體積 V13)>OK(完成基座網格化)。

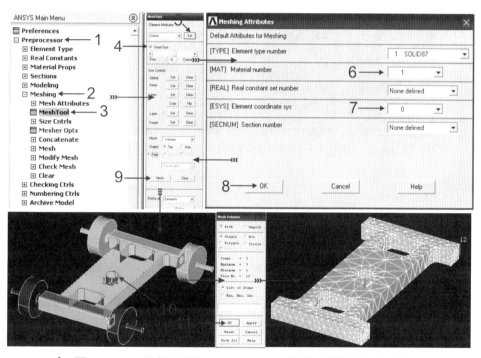

↻ 圖 10-42　執行步驟 10.50-1～11 與基座網格化之完成圖

▶ **執行步驟 10.51**　　如圖 10-43 所示，轉子組(銅材_Mat.2) 網格化：Preprocessor(前處理器)>Meshing(網格化)>Mesh Tool(網格工具)>Smart Size 6(點選精明尺寸 6)>Set(設定)>2(在[MAT] Material number 欄位點選材料編號 2)>0(在[ESYS] Element coordinate sys 欄位內選擇直角座座標編號 0)>OK(完成材料選擇)>Mesh(網格)>V12 & V10(點選轉子組體積 V12 & V10)>OK(完成轉子組網格化)>Utility Menu(功能選單)>Plot(繪製)>Volumes(體積)。

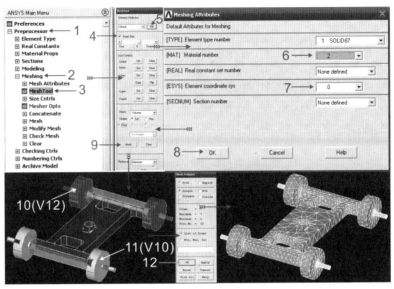

⏻ 圖 10-43　執行步驟 10.51-1～12 與轉子組網格化之完成圖

▶ **執行步驟 10.52**　如圖 10-44 所示，第一、三片壓電陶瓷片(Mat.3)網格化：Preprocessor(前處理器)>Meshing(網格化)>Mesh Tool(網格工具)>Smart Size 6(點選精明尺寸 6)>Set(設定)>3(在[MAT] Material number 欄位點選材料編號 3)>0(在[ESYS] Element coordinate sys 欄位內選擇直角座座標編號 0)>OK(完成材料選擇)>Mesh(網格)>V8 & V9(點選第一、三片壓電陶瓷片體積 V8 & V9)>OK(完成第一、三片壓電陶瓷片網格化) >Utility Menu(功能選單)>Plot(繪製)>Volumes(體積)。

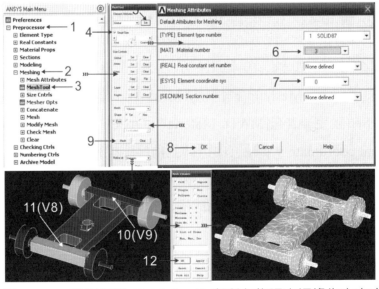

⏻ 圖 10-44　執行步驟 10.52-1～12 與所有龍眼木網格化之完成圖

▶ **執行步驟 10.53**　如圖 10-45 所示，第二片壓電陶瓷片(Mat.3)網格化：
Preprocessor(前處理器)>Meshing(網格化)>Mesh Tool(網格工具)>Smart Size 6(點選
精明尺寸 6)>Set(設定)>3(在[MAT] Material number 欄位點選材料編號 3)>11(在
[ESYS]Element coordinate sys 欄位內選擇直角座座標編號 11)>OK(完成材料選擇)>
Mesh(網格)>V1(點選第二片壓電陶瓷片體積 V1)>OK(完成第二片壓電陶瓷片網
格化)>Utility Menu(功能選單)>Plot(繪製)>Volumes(體積)。

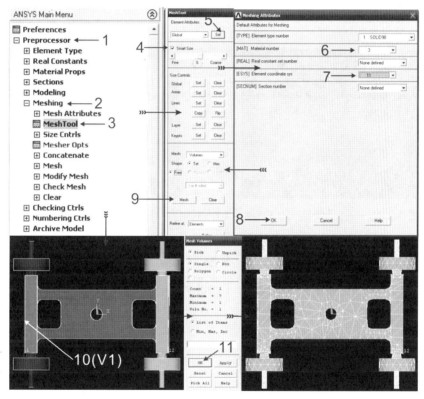

↻ 圖 10-45　執行步驟 10.53-1～11 與第二片壓電陶瓷片網格化之完成圖

▶ **執行步驟 10.54**　如圖 10-46 所示，第四片壓電陶瓷片(Mat.3)網格化：
Preprocessor(前處理器)>Meshing(網格化)>Mesh Tool(網格工具)>Smart Size 6(點選
精明尺寸 6)>Set(設定)>3(在[MAT] Material number 欄位點選材料編號 3)>0(在
[ESYS]Element coordinate sys 欄位內選擇直角座座標編號 0)>OK(完成材料選擇)>
Mesh(網格)>V8(點選第四片壓電陶瓷片體積 V8)>OK(完成第四片壓電陶瓷片網
格化)>ANSYS Toolbar(工具列)>SAVE_DB(存檔)。

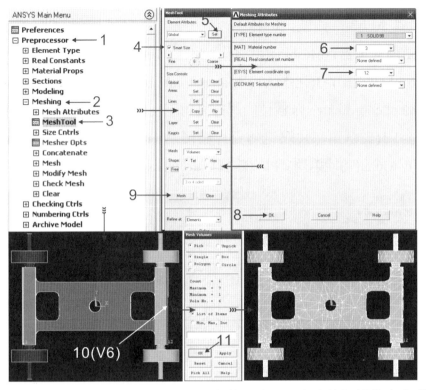

⏻ 圖 10-46　執行步驟 10.54-1～11 與第四片壓電陶瓷片網格化之完成圖

▶ **執行步驟 10.55**　請執行步驟 8.26 與圖 8-23，選擇模態分析(Modal Analysis)：Solution(求解)>Analysis Type(分析型態)>New Analysis(新分析)>Modal(模態)>OK(完成分析型態之選擇)。

▶ **執行步驟 10.56**　參考執行步驟8.27與圖8-24，共振模態的分析選擇(Analysis Options)：Solution(求解)>Analysis Type(分析型態)>Analysis Options(分析選擇)>21(分析 21 個模態)>OK(完成模態之分析選擇)>20e3(共振模態之起始頻率 20kHz)>40e3(共振模態之終止頻率 40kHz)>OK(完成共振模態頻率的分析選擇)。

▶ **執行步驟 10.57**　參考執行步驟 10.46 與圖 10-38，選擇實體(Entities)：Utility Menu(功能選單)>Select(選擇)>Entities(實體)>Volumes(點選體積)>By Num/Pick(透過編號或點選)>Unselect(不選擇)>OK(完成實體選擇設定)>V10, V13 & V12(點選體積 V10, V13 & V12)>OK(完成體積點選)>Utility Menu(功能選單)>Plot(繪製)>Volumes(體積)。

▶ **執行步驟 10.58**　如圖 10-47 所示，設定壓電陶瓷片的電學(火線)邊界條件：Solution(解 法)>Defined Loads(定 義 負 載)>Apply(設 定)>Electric(電 學 的)>Boundary(邊界)>Voltage(電壓)>On Areas(在面積上)>A40, A49, A62 & A52(點選第1～4 片壓電陶瓷片之上或外表面積 A40, A49, A62 & A52)>OK(完成火線面積的點選)>100(設定輸入電壓為 100V)>OK(完成壓電陶瓷片的電學(火線)邊界條件的設定)。

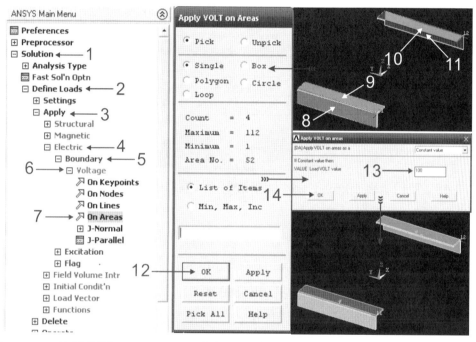

⏻ 圖 10-47　執行步驟 10.58-1～14 與壓電陶瓷片的電學(火線)邊界條件設定之完成圖

▶ **執行步驟 10.59**　如圖 10-48 所示，設定壓電陶瓷片的電學(地線)邊界條件：Solution(解 法)>Defined Loads(定 義 負 載)>Apply(設 定)>Electric(電 學 的)>Boundary(邊界)>Voltage(電壓)>On Areas(在面積上)>A131, A63, A133 & A88(點選第 1～4 片壓電陶瓷片之下或內表面積 A131, A63, A133 & A88)>OK(完成地線面積的點選)>0(設定輸入電壓為 0V)>OK(完成壓電陶瓷片的電學(地線)邊界條件的設定)。

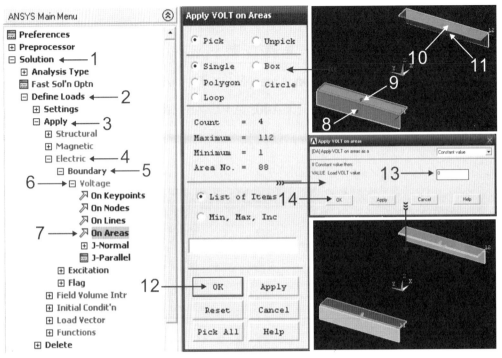

⏻ 圖 10-48　執行步驟 10.59-1～14 與壓電陶瓷片的電學(地線)邊界條件設定之完成圖

▶ **執行步驟 10.60**　參考執行步驟 10.49 與圖 10-41 所示，選擇實體(Entities)：Utility Menu(功能選單)>Select(選擇)>Entities(實體)>Volumes(點選體積)>By Num/Pick(透過編號或點選)>From Full(從全部)>Select All(選擇全部)>OK(完成實體選擇設定)> Utility Menu(功能選單)>Pick All(全選)>Plot(繪製)>Volumes(體積)。

▶ **執行步驟 10.61**　請參考第 1 章執行步驟 1.17 與圖 1-19，求解(Solve)：Solution(解法)>Solve(求解)>Current LS or Current Load Step(目前的負載步驟)>OK(完成執行步驟開始求解)>Yes(執行求解)>Close(求解完成關閉視窗)>File(點選檔案)>Close(關閉檔案)。

▶ **執行步驟 10.62**　如圖 10-49 所示，檢視共振頻率之輸出結果摘要(Results Summary)：General Postprocessor(一般後處理器)>Results Summary(結果摘要)>X(檢視共振頻率之輸出結果摘要以後關閉視窗)。

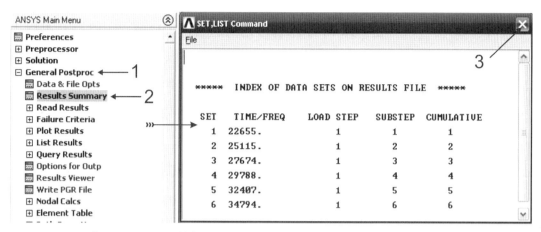

⏻ 圖 10-49　執行步驟 10.62-1～3 與共振頻率之輸出結果

▶ **執行步驟 10.63**　如圖 10-50 所示，透過精選(By Pick)讀取與檢視第 1 個共振模態：General Postprocessor(一般後處理器)>Read Results(閱讀結果)>By Pick(透過精選)>22655(點選第 1 個共振頻率)>Read(閱讀)>Close(關閉視窗)>Plot Results(繪製所有結果)>Contour Plot(輪廓繪製)>Nodal Solution(節點的解答)>DOF Solution(自由度的解答)>Displacement vector sum(位移向量總合之輸出)>Deformed shape with undeformed edge(已變形與未變形邊緣之輸出)>OK(完成第 1 個共振模態之輸出)>Utility Menu(功能選單)>PlotCtrls(繪圖控制)>Multi-Window Layout(多視窗之佈局)>Three(Top/2Bot)(三視圖_上視窗 1 張圖/下視窗 2 張圖)>OK(完成多視窗之佈局)。

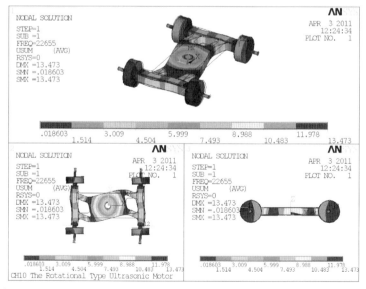

⏻ 圖 10-50　第 1 個共振模態(22655Hz)輸出完成之三視圖

▶ **執行步驟 10.64** 如圖 10-51 所示,透過精選(By Pick)讀取與檢視第 2 個共振模態：General Postprocessor(一般後處理器)>Read Results(閱讀結果)>By Pick(透過精選)>25115(點選第 2 個共振頻率)>Read(閱讀)>Close(關閉視窗)>Plot Results(繪製所有結果)>Contour Plot(輪廓繪製)>Nodal Solution(節點的解答)>DOF Solution(自由度的解答)>Displacement vector sum(位移向量總合之輸出)>Deformed shape with undeformed edge(已變形與未變形邊緣之輸出)>OK(完成第 2 個共振模態之輸出)>Utility Menu(功能選單)>PlotCtrls(繪圖控制)>Multi-Window Layout(多視窗之佈局)>Three(Top/2Bot)(三視圖_上視窗 1 張圖/下視窗 2 張圖)>OK(完成多視窗之佈局)。

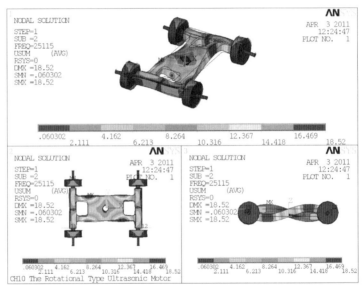

↻ 圖 10-51　第 2 個共振模態(25115Hz)輸出完成之三視圖

▶ **執行步驟 10.65** 如圖 10-52 所示,透過精選(By Pick)讀取與檢視第 3 個共振模態：General Postprocessor(一般後處理器)>Read Results(閱讀結果)>By Pick(透過精選)>27674(點選第 3 個共振頻率)>Read(閱讀)>Close(關閉視窗)>Plot Results(繪製所有結果)>Contour Plot(輪廓繪製)>Nodal Solution(節點的解答)>DOF Solution(自由度的解答)>Displacement vector sum(位移向量總合之輸出)>Deformed shape with undeformed edge(已變形與未變形邊緣之輸出)>OK(完成第 3 個共振模態之輸出)>Utility Menu(功能選單)>PlotCtrls(繪圖控制)>Multi-Window Layout(多視窗之佈局)>Three(Top/2Bot)(三視圖_上視窗 1 張圖/下視窗 2 張圖)>OK(完成多視窗之佈局)。

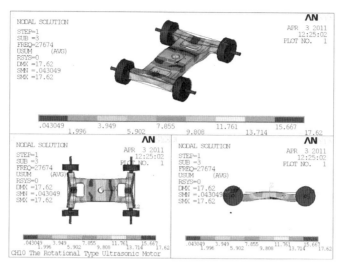

⏻ 圖 10-52　第 3 個共振模態(27674Hz)輸出完成之三視圖

▶ **執行步驟 10.66**　如圖 10-53 所示，透過精選(By Pick)讀取與檢視第 4 個共振模態：General Postprocessor(一般後處理器)>Read Results(閱讀結果)>By Pick(透過精選)>29788(點選第 4 個共振頻率)>Read(閱讀)>Close(關閉視窗)>Plot Results(繪製所有結果)>Contour Plot(輪廓繪製)>Nodal Solution(節點的解答)>DOF Solution(自由度的解答)>Displacement vector sum(位移向量總合之輸出)>Deformed shape with undeformed edge(已變形與未變形邊緣之輸出)>OK(完成第 4 個共振模態之輸出)>Utility Menu(功能選單)>PlotCtrls(繪圖控制)>Multi-Window Layout(多視窗之佈局)>Three(Top/2Bot)(三視圖_上視窗 1 張圖/下視窗 2 張圖)>OK(完成多視窗之佈局)。

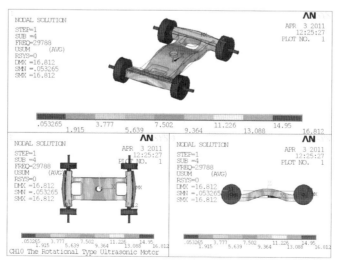

⏻ 圖 10-53　第 4 個共振模態(29788Hz)輸出完成之三視圖

執行步驟 10.67　如圖 10-54 所示，透過精選(By Pick)讀取與檢視第 5 個共振模態：General Postprocessor(一般後處理器)>Read Results(閱讀結果)>By Pick(透過精選)>32407(點選第 5 個共振頻率)>Read(閱讀)>Close(關閉視窗)>Plot Results(繪製所有結果)>Contour Plot(輪廓繪製)>Nodal Solution(節點的解答)>DOF Solution(自由度的解答)>Displacement vector sum(位移向量總合之輸出)>Deformed shape with undeformed edge(已變形與未變形邊緣之輸出)>OK(完成第 5 個共振模態之輸出)>Utility Menu(功能選單)>PlotCtrls(繪圖控制)>Multi-Window Layout(多視窗之佈局)>Three(Top/2Bot)(三視圖_上視窗 1 張圖/下視窗 2 張圖)>OK(完成多視窗之佈局)。

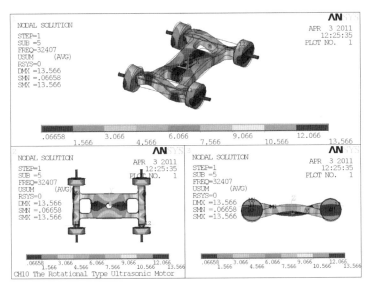

⊙ 圖 10-54　第 5 個共振模態(32407Hz)輸出完成之三視圖

執行步驟 10.68　如圖 10-55 所示，透過精選(By Pick)讀取與檢視第 6 個共振模態：General Postprocessor(一般後處理器)>Read Results(閱讀結果)>By Pick(透過精選)>34794(點選第 6 個共振頻率)>Read(閱讀)>Close(關閉視窗)>Plot Results(繪製所有結果)>Contour Plot(輪廓繪製)>Nodal Solution(節點的解答)>DOF Solution(自由度的解答)>Displacement vector sum(位移向量總合之輸出)>Deformed shape with undeformed edge(已變形與未變形邊緣之輸出)>OK(完成第 6 個共振模態之輸出)>Utility Menu(功能選單)>PlotCtrls(繪圖控制)>Multi-Window Layout(多視窗之佈局)>Three(Top/2Bot)(三視圖_上視窗 1 張圖/下視窗 2 張圖)>OK(完成多視窗之佈局)。

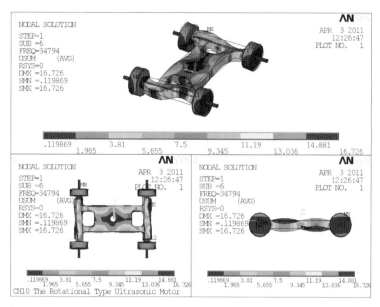

⟳ 圖 10-55　第 6 個共振模態(34794Hz)輸出完成之三視圖

▶ **執行步驟 10.69**　如圖 10-56 所示，刪除(Delete)所有邊界條件設定：Solution (解法)>Define Loads(定義負載)>Delete(刪除)>All Load Data(所有負載數據)> All Loads & Opts(所有負載與選項)>OK(完成所有邊界條件之刪除)。

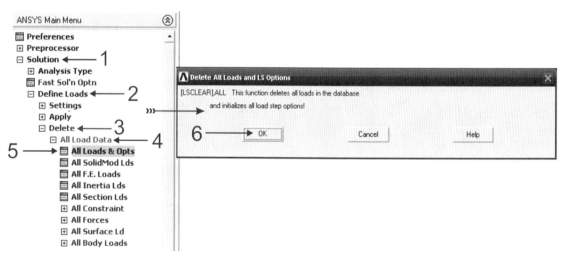

⟳ 圖 10-56　執行步驟 10.69-1～6 刪除所有邊界條件設定

▶ **執行步驟 10.70** 如圖 10-57 所示，設定分析型態(Analysis Type)：Solution(解法)>Analysis Type(分析型態)>New Analysis(新分析)>Steady-State(穩態)>OK(完成分析型態設定)。

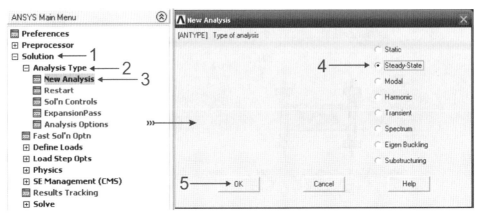

🔃 圖 10-57 執行步驟 10.70-1～5 設定分析型態

▶ **執行步驟 10.71** 如圖 10-58 所示，設定求解控制(Sol'n Controls)：Solution(解法)>Analysis Type(分析型態)>Sol'n Controls(求解控制)>Basic(基礎的)>1/32407(在 Time at end of loadstep 欄位內輸入最佳共振模態之時間或頻率倒數 1/32407sec)>30(在 Number of substeps 欄位內輸入子步驟之數量 30，數量越大分析越準確，相對的所需之分析時間越久)>User selected(用戶選擇)>Nodal DOF Solution ～Element Elastic Strains(點選節點自由度解答～元素彈性應變選項)>Write every Nth substep(寫出每一個子步驟)>Sol'n Options(解答選擇)>Write every Nth substep(寫出每一個子步驟)>OK(完成求解控制設定)。

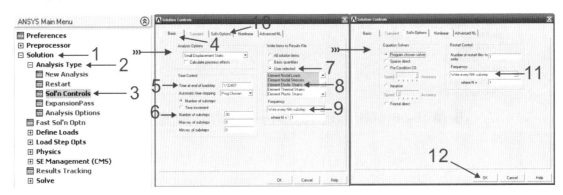

🔃 圖 10-58 執行步驟 10.71-1～12 設定求解控制

▶ **執行步驟 10.72**　如圖 10-59 所示，定義局部座標系統編號 0 之函數 (Functions)：Solution(解法)>Define Loads(定義負載)>Apply(施用)>Functions(函數)>Define/Edit(定義/編輯)>0(在(X,Y,Z) interpreted in CSYS：欄位內點選局部座標系統編號 0)>100*sin(2*{PI}*32407*{TIME})(在 Result=欄位內輸入驅動電壓、正弦波形、最佳共振模態之頻率與時間參數 00*sin(2*{PI}*32407*{TIME}))>File(檔案)>S0(在檔名(N)：欄位內輸入檔名 S0)>儲存(S)(按壓儲存(S)鍵)。

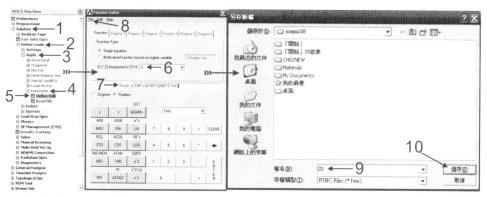

⏻ 圖 10-59　執行步驟 10.72-1～10 定義局部座標系統編號 0 之函數

▶ **執行步驟 10.73**　如圖 10-60 所示，定義局部座標系統編號 11 之函數(Functions)：Solution(解法)>Define Loads(定義負載)>Apply(施用)>Functions(函數)>Define/Edit(定義/編輯)>11(在(X,Y,Z) interpreted in CSYS：欄位內點選局部座標系統編號 11)>100*cos(2*{PI}*32407*{TIME})(在 Result=欄位內輸入驅動電壓、餘弦波形、最佳共振模態之頻率與時間參數 00*cos(2*{PI}*32407*{TIME}))>File(檔案)>C11(在檔名(N)：欄位內輸入檔名 C11)>儲存(S)(按壓儲存(S)鍵)。

⏻ 圖 10-60　執行步驟 10.73-1～10 定義局部座標系統編號 11 之函數

▶ **執行步驟 10.74** 如圖 10-61 所示，定義局部座標系統編號 12 之函數(Functions)：Solution(解法)>Define Loads(定義負載)>Apply(施用)>Functions(函數)>Define/Edit(定義/編輯)>12(在(X,Y,Z) interpreted in CSYS：欄位內點選局部座標系統編號 12)>100*cos(2*{PI}*32407*{TIME})(在 Result=欄位內輸入驅動電壓、餘弦波形、最佳共振模態之頻率與時間參數 00*cos(2*{PI}*32407*{TIME}))>File(檔案)>C12(在檔名(N)：欄位內輸入檔名 C12)>儲存(S)(按壓儲存(S)鍵)。

🔅 圖 10-61　執行步驟 10.74-1～10 定義局部座標系統編號 12 之函數

▶ **執行步驟 10.75** 如圖 10-62 所示，讀取局部座標系統編號 0 函數之檔案(Read File)：Solution(解法)>Define Loads(定義負載)>Apply(施用)>Functions(函數)>Read File(讀取檔案)>S0.func(點選檔案 S0.func)>S0(確認檔案名稱 S0)>開啟(O)(按壓開啟(O)鍵)>S00(在 Table parameter name 欄位內輸入檔案名稱 S00)>0(在 Local coordinate system id for(x,y,z)interpretation 欄位內輸入局部座標系統編號 0)>OK(完成局部座標系統編號 0 函數檔案之讀取)。

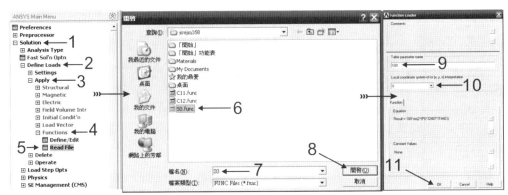

🔅 圖 10-62　執行步驟 10.75-1～11 讀取局部座標系統編號 0 函數之檔案

▶ **執行步驟 10.76**　如圖 10-63 所示，讀取局部座標系統編號 11 函數之檔案 (Read File)：Solution(解法)>Define Loads(定義負載)>Apply(施用)>Functions(函數)> Read File(讀取檔案)>C11.func(點選檔案 C11.func)>C11(確認檔案名稱 C11)>開啓 (O)(按壓開啓(O)鍵)>C111(在 Table parameter name 欄位內輸入檔案名稱 C111)> 11(在 Local coordinate system id for (x,y,z) interpretation 欄位內輸入局部座標系統編 號 11)>OK(完成局部座標系統編號 11 函數檔案之讀取)。

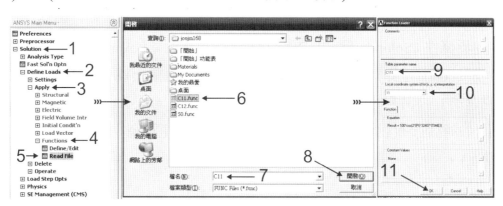

↻ 圖 10-63　執行步驟 10.76-1～11 讀取局部座標系統編號 11 函數之檔案

▶ **執行步驟 10.77**　如圖 10-64 所示，讀取局部座標系統編號 12 函數之檔案 (Read File)：Solution(解法)>Define Loads(定義負載)>Apply(施用)>Functions(函數)> Read File(讀取檔案)>C12.func(點選檔案 C12.func)>C12(確認檔案名稱 C12)>開啓 (O)(按壓開啓(O)鍵)>C12(在 Table parameter name 欄位內輸入檔案名稱 C12)>12 (在 Local coordinate system id for (x,y,z) interpretation 欄位內輸入局部座標系統編 號 12)>OK(完成局部座標系統編號 12 函數檔案之讀取)。

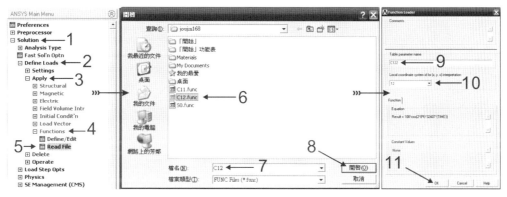

↻ 圖 10-64　執行步驟 10.77-1～11 讀取局部座標系統編號 12 函數之檔案

▶ **執行步驟 10.78** 請參考執行步驟 10.46 與圖 10-38，選擇實體(Entities)：Utility Menu(功能選單)>Select(選擇)>Entities(實體)>Volumes(點選體積)>By Num/Pick(透過編號或點選)>Unselect(不選擇)>OK(完成實體選擇設定)>V10, V13 & V12(點選體積 V10, V13 & V12)>OK(完成體積點選)>Utility Menu(功能選單)>Plot(繪製)>Volumes(體積)。

▶ **執行步驟 10.79** 請參考執行步驟 10.59 與圖 10-48，設定壓電陶瓷片的電學(地線)邊界條件：Solution(解法)>Defined Loads(定義負載)>Apply(設定)>Electric(電學的)>Boundary(邊界)>Voltage(電壓)>On Areas(在面積上)>A131, A63, A133 & A88(點選第1~4片壓電陶瓷片之下或內表面積 A131, A63, A133 & A88)>OK(完成地線面積的點選)>0(設定輸入電壓為0V)>OK(完成壓電陶瓷片的電學(地線)邊界條件的設定)。

▶ **執行步驟 10.80** 如圖 10-65 所示，設定第 1 & 3 片壓電陶瓷片的電學(火線)邊界條件：Solution(解法)>Defined Loads(定義負載)>Apply(設定)>Electric(電學的)>Boundary(邊界)>Voltage(電壓)>On Areas(在面積上)>A40 & A52(點選第 1 & 3 片壓電陶瓷片之上表面積 A40 & A52)>OK(完成火線面積的點選)>Existing table(在 [DA] Apply VOLT on areas as a 欄位內點選已存在的表)>OK(完成點選)>S00(在 Existing table 欄位內點選已存在表的檔案 S00)>OK(完成第 1 & 3 片壓電陶瓷片的電學(火線)邊界條件的設定)。

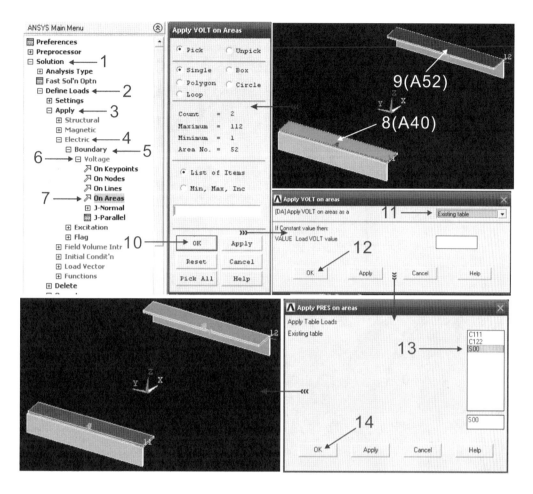

⟳ 圖 10-65　執行步驟 10.80-1～14 與第 1 & 3 片壓電陶瓷片的電學(火線)邊界條件
　　　設定之完成圖

▶ **執行步驟 10.81**　如圖 10-66 所示，設定第 2 片壓電陶瓷片的電學(火線)邊界條件：Solution(解法)>Defined Loads(定義負載)>Apply(設定)>Electric(電學的)>Boundary(邊界)>Voltage(電壓)>On Areas(在面積上)>A49(點選第 2 片壓電陶瓷片之外表面積 A49)>OK(完成火線面積的點選)>Existing table(在[DA] Apply VOLT on areas as a 欄位內點選已存在的表)>OK(完成點選)>C111(在 Existing table 欄位內點選已存在表的檔案 C111)>OK(完成第 2 片壓電陶瓷片的電學(火線)邊界條件的設定)。

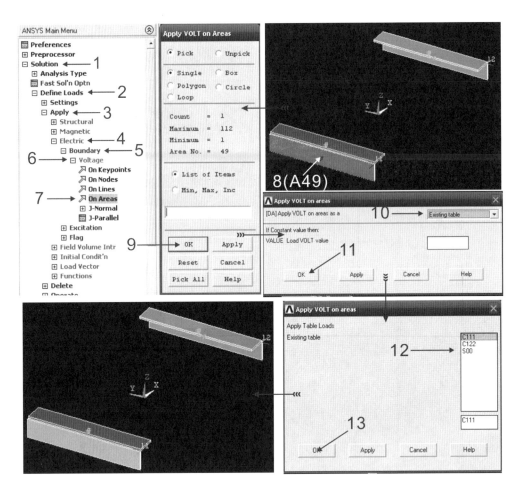

⏻ 圖 10-66　執行步驟 10.81-1～13 與第 2 片壓電陶瓷片的電學(火線)邊界條件設定
之完成圖

▶ **執行步驟 10.82**　如圖 10-67 所示，設定第 4 片壓電陶瓷片的電學(火線)邊界條件：Solution(解法)>Defined Loads(定義負載)>Apply(設定)>Electric(電學的)>Boundary(邊界)>Voltage(電壓)>On Areas(在面積上)>A62(點選第 4 片壓電陶瓷片之外表面積 A62)>OK(完成火線面積的點選)>Existing table(在[DA] Apply VOLT on areas as a 欄位內點選已存在的表)>OK(完成點選)>C122(在 Existing table 欄位內點選已存在表的檔案 C122)>OK(完成第 4 片壓電陶瓷片的電學(火線)邊界條件的設定)。

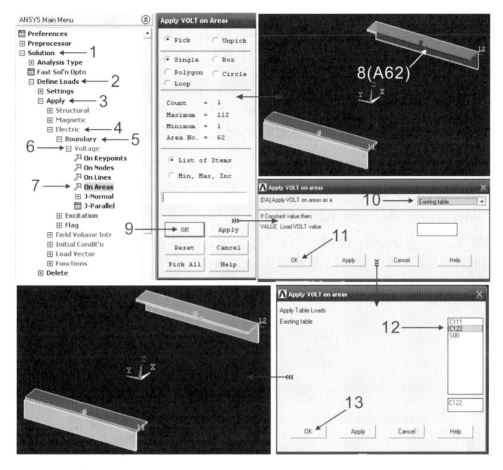

⏻ 圖 10-67　執行步驟 10.82-1～13 與第 4 片壓電陶瓷片的電學(火線)邊界條件設定
之完成圖

▶ **執行步驟 10.83**　參考執行步驟 10.49 與圖 10-41 所示，選擇實體(Entities)：
Utility Menu(功能選單)>Select(選擇)>Entities(實體)>Volumes(點選體積)>By
Num/Pick(透過編號或點選)>From Full(從全部)>Select All(選擇全部)>OK(完成實
體選擇設定)> Pick All(全選)>Utility Menu(功能選單)>Plot(繪製)>Volumes(體
積)>ANSYS Toolbar(ANSYS 工具列)>SAVE_DB(存檔)。

▶ **執行步驟 10.84**　請參考第 1 章執行步驟 1.17 與圖 1-19，求解(Solve)：Solution
(解法)>Solve(求解)>Current LS or Current Load Step(目前的負載步驟)>OK(完成執
行步驟開始求解)>Yes(執行求解)>Close(求解完成關閉視窗)>File(點選檔案)>
Close(關閉檔案)。

▶ **執行步驟 10.85** 請參考第 1 章執行步驟 1.18, 1.21 & 1.22 與圖 1-20, 1-23 & 1-24，以及如圖 10-68 所示，檢視穩態變形輸出：General Postprocessor(一般後處理器)>Plot Results(繪製結果)>Contour Plot(輪廓繪製)>Nodal Solution(節點解答)>DOF Solution(自由度解答)>Displacement vector sum(位移向量總合)>Deformed Shape with undeformed edge(已變形與未變形邊緣)>OK(完成變形輸出)>Utility Menu(功能選單)>PlotCtrls(繪圖控制)>Multi-Window Layout(多視窗之佈局)>Three(Top/2Bot)(三視圖_上視窗 1 張圖/下視窗 2 張圖)>OK(完成多視窗之佈局)>Utility Menu(功能選單)>PlotCtrls(繪圖控制)>Redirect Plots(轉換圖式)>To JPEG File(轉換成 jpeg 或 jpg 檔)>On(點選背景反白視窗)>OK(完成變形多視窗佈局輸出)。

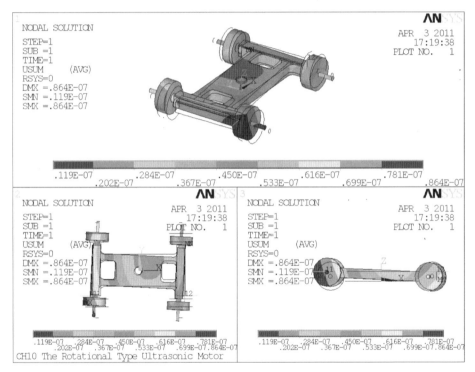

↻ 圖 10-68 穩態變形輸出之完成圖

【補充說明 10.85】檢視穩態變形輸出之後，讓多視窗恢復到單視窗之畫面：Utility Menu(功能選單)>PlotCtrls(繪圖控制)>Multi-Window Layout(多視窗之佈局)>One Window(點選單視窗)>OK(完成單視窗之佈局)>Utility Menu(功能選單)>Plot(繪圖)>Volumes(體積)。

▶ **執行步驟 10.86** 如圖 10-69 所示，檢視最大變形之節點(Node)：TimeHist Postpro(時間歷程後處理器)>Variable Viewer(變數檢視器)> 田 (點選 田 Add Data 加入數據)>Nodal Solution(節點解答)>DOF Solution(自由度解答)>X-Component of displacement(點選 X 方向位移之分量)>OK(完成選項點選)>Node 21229(點選節點 Node 21229)>OK(完成節點之點選，如無法顯現輸出結果，則繼續下一個步驟)> UX_1(在 Calculator 計算器左側欄位內輸入代號 UX_1)>NSOL(21229,U,X)(在 Calculator 計算器右側欄位內輸入變形輸出指令 NSOL(21229,U,X))>ENTER(輸入)> UY_1(在 Calculator 計算器左側欄位內輸入代號 UY_1)>NSOL(21229,U,Y)(在 Calculator 計算器右側欄位內輸入變形輸出指令 NSOL(21229,U,Y))>ENTER(輸入)> UZ_1(在 Calculator 計算器左側欄位內輸入代號 UZ_1)>NSOL(21229,U,Z)(在 Calculator 計算器右側欄位內輸入變形輸出指令 NSOL(21229,U,Z))>ENTER(輸入)。

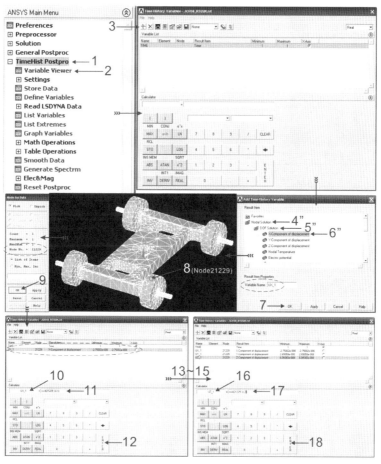

⏻ 圖 10-69 執行步驟 10.86-1～18 檢視最大變形之節點

▶ **執行步驟 10.87** 如圖 10-70 所示，最大變形分量之圖形與數據輸出(Export)：
TimeHist Postpro(時間歷程後處理器)>Variable Viewer(變數檢視器)>UX_1(點選，最大變形分量 UX_1)> ▣ (點選 ▣ Graph Data 圖形數據)> 🖫 (點選 🖫 Export Data 輸出數據)>Browse(在 Export to file 欄位下點選瀏覽器 Browse)>UX_1(在檔名(N)欄位內數鍵入檔案名稱 UX_1)>儲存(S)>OK(完成圖形與數據輸出)。

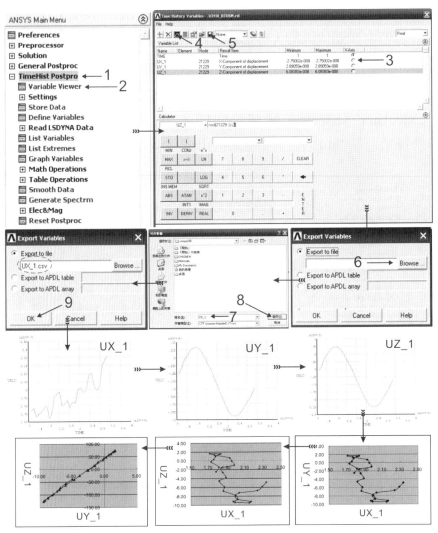

↻ 圖 10-70 執行步驟 10.87-1~9 最大變形分量之圖形與數據輸出

【補充說明 10.87】最大變形分量之圖形與數據輸出後，可以直接取得圖形(UX_1, UY_1 & UZ 之圖形檔)，也可以如利用 Excel 軟體做後處理，讓 UX_1 & UY_1, UX_1 & UZ_1 & UY_1 & UZ_1 之數據重新繪製成封閉區間之圖形。

【結果與討論】

1. 如圖 10-24～33 所示，係為建構旋轉式超音波馬達轉子之必要程序。

2. 如圖 10-36 所示，係為建構旋轉式超音波馬達轉子組(轉子與軸桿之合成)之必要程序。

3. 如圖 10-38～41 所示，利用選擇實體(Select Entities)之操作方式係方便部分壓電陶瓷片的局部座標系統設定。

4. 執行步驟 10-57～60，利用選擇實體(Select Entities)之操作方式係方便壓電陶瓷片的火線與地線邊界條件設定。

5. 如圖 10-50～53 所示，係為旋轉式超音波馬達的第 1～4 個共振模態(22655Hz, 25115Hz, 27674Hz & 29788Hz)，然而該共振模態並沒有產生足以讓旋轉式超音波馬達轉子組產生旋轉運動所需之橢圓形振動軌跡。

6. 如圖 10-54～55 所示，係為旋轉式超音波馬達的第 5～6 個共振模態(32407Hz & 34794Hz)，係為該旋轉式超音波馬達之最佳共振模態。因為該共振模態所產生之橢圓形振動軌跡足以讓旋轉式超音波馬達轉子組產生旋轉運動。

7. 如圖 10-56～10-64 所示，係為第 5 個共振模態(32407Hz)之穩態分析模式之操作程序。

8. 如圖 10-65～10-67 所示，係為第 5 個共振模態(32407Hz)之穩態分析模式之強制邊界條件設定程序。

9. 如圖 10-68 所示，係為第 5 個共振模態(32407Hz)之穩態分析模式之變形輸出，其中最大變形量為 0.0864μm。

10. 如圖 10-69 所示，係為第 5 個共振模態(32407Hz)之檢視最大變形之操作程序，其中 UX, UY & UZ 之最大變形量分別是 0.233μm, −0.944μm & −12.563μm。

11. 如圖 10-70 所示，係為第 5 個共振模態(32407Hz)之檢視最大變形分量之圖形與數據輸出之操作程序，其中 UX_1 & UY_1 與 UX_1 & UZ_1 係為一胖橢圓形之封閉曲線，而 UY_1 & UZ_1 則係為一瘦長形之封閉曲線。

【結論與建議】

1. 根據實驗結果發現，建構旋轉式超音波馬達之基座與轉子分別選用鋁材與銅材，讓基座與轉子有較好的匹配以及可以獲得較好的摩擦力。

2. 根據共振模態與實驗結果發現，該旋轉式超音波馬達之基座的雙叉式支撐腳的位置剛好是落在貼附壓電陶瓷片結構上之上下 1/4 位置處為最佳，該位置處剛好是模態振動時的節點(機械能或共振能量為零之點)。因此如圖 10-54～55 所示之第 5～6 個共振模態(32407Hz & 34794Hz)，即為該旋轉式超音波馬達之最佳共振模態。

3. 如圖 10-71 所示之旋轉式超音波馬達另一實施樣態，其中該軸桿旁可以加設 O 形環與緊置元件，藉此來增加轉子與基座圓錐孔之摩擦力或預應力。另外，如圖 10-72 所示之轉子，可以依需要更改為具有溝槽之轉子組或齒輪組，藉此來行駛與軌道上或驅動其他被動齒輪組。

4. 如圖 10-73 所示，該旋轉式超音波馬達也可以用於監視系統上，用來監視生產線上之作業概況或其他用途。

5. 如圖 10-74 所示，該旋轉式超音波馬達之轉子可以成為複合式之組合，用它來驅動高倍數之光學鏡頭。

【旋轉式超音波馬達知可行變化例】

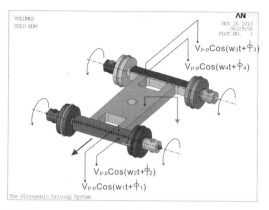

🔄 圖 10-71　旋轉式超音波馬達另一實施
　　　　　　樣態

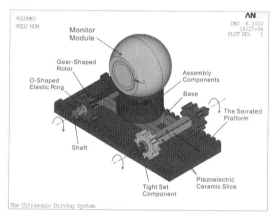

🔄 圖 10-73　該旋轉式超音波馬達可以
　　　　　　用於移動式監視系統上

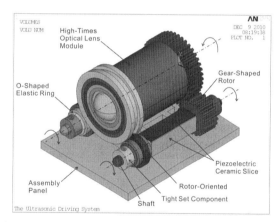

🔄 圖 10-72　旋轉式超音波馬達再一實施
　　　　　　樣態

🔄 圖 10-74　該旋轉式超音波馬達可以用於
　　　　　　驅動高倍數光學鏡頭

習題　　　　　　　　　　　　　　⊙ Exercise

Ex10-1：如例題十所述，在相同條件之下，如果基座長度分別是 60, 65, 70, 75 與
80mm，試分析該旋轉式超音波馬達可以最佳共振模態之頻率(如圖 10-54
～55 所示)爲何？

基座長度(mm)	60	65	70	75	80
第一最佳共振模態頻率(Hz)	32407				
第二最佳共振模態頻率(Hz)	34794				

Ex10-2：如例題十所述，在相同條件之下，如果基座寬度分別是 32, 36, 40, 44 與
48mm，試分析該旋轉式超音波馬達可以最佳共振模態之頻率(如圖 10-54
～55 所示)爲何？

基座寬度(mm)	32	36	40	44	48
第一最佳共振模態頻率(Hz)	32407				
第二最佳共振模態頻率(Hz)	34794				

Ex10-3：如例題十所述，在相同條件之下，如果基座厚度分別是 5, 6, 7, 8 與 9mm，
試分析該旋轉式超音波馬達可以最佳共振模態之頻率(如圖 10-54～55 所
示)爲何？

基座厚度(mm)	5	6	7	8	9
第一最佳共振模態頻率(Hz)	32407				
第二最佳共振模態頻率(Hz)	34794				

Ex10-4：如例題十所述，在相同條件之下，如果轉子直徑分別是 13, 14, 15, 16 與
17mm，試分析該旋轉式超音波馬達可以最佳共振模態之頻率(如圖 10-54
～55 所示)為何？

基座厚度(mm)	13	14	15	16	17
第一最佳共振模態頻率(Hz)			32407		
第二最佳共振模態頻率(Hz)			34794		

Ex10-5：如例題十所述，在相同條件之下，如果壓電陶瓷片厚度分別是 0.5, 0.6, 0.7,
0.8 與 0.9mm，試分析該旋轉式超音波馬達可以最佳共振模態之頻率(如圖
10-54～55 所示)為何？

壓電陶瓷片厚度(mm)	0.5	0.6	0.7	0.8	0.9
第一最佳共振模態頻率(Hz)	32407				
第二最佳共振模態頻率(Hz)	34794				

Ex10-6：如例題十所述，在相同條件之下，如果孔槽長度分別是 10, 11, 12, 13 與
14mm，試分析該旋轉式超音波馬達可以最佳共振模態之頻率(如圖 10-54
～55 所示)為何？

孔槽長度(mm)	10	11	12	13	14
第一最佳共振模態頻率(Hz)	32407				
第二最佳共振模態頻率(Hz)	34794				

例題十一

如圖 11-1 所示，係為一種壓電感測器(Sensor)及其機電邊界條件，其中銅材的楊氏係數 EX=1.17e+11Pa、帕松比 PRXY=0.3、熱膨脹係數(CTE) ALPX=16.6E-06/℃ 與密度 DENS=8,900kg/m³。而壓電陶瓷之機電性質與第 8 章表 8-1～8-4 一致且熱膨脹係數(CTE) ALPX=1.66E-06/℃。當該壓電感測器

(1) 在 Z 方向受到重力加速度 $a_z = 1m/sec^2$ 時；或

(2) 受到均勻溫度 $T_{uniform} = 100℃$ 時；或

(3) 在 Y 方向受到角速度 $\omega_y = 2\pi \times 10 rad/sec$(約 600rpm)時；或

(4) 在 Y 方向受到瞬間角加速度 $\alpha_y = 2\pi \times 10 rad/sec^2$ 時，

試分析該壓電感測器所產生的最大電壓、變形、應力與應變如何？(Element Type：Couple Field, Scalar Tet 98, Mesh Tool：Smart Size 6, Shape：Tex_Free)

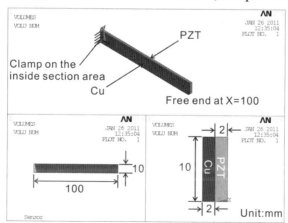

⏻ 圖 11-1　壓電感測器之三視圖與邊界條件

【學習重點】

1. 熟悉如何從各執行步驟中來瞭解壓電感測器的基本操作與感測原理。

2. 熟悉如何設定壓電感測器的機電性質或材料模式。

3. 熟悉如何建構一種簡單且多功能的壓電感測器,可以用來感測重力加速度、溫度、角速度或角加速度等。

4. 熟悉如何設定與解除壓電感測器的機電邊界條件。

5. 熟悉如何判定壓電感測器的效能,亦即其運用在感測振動、溫度、角速度或角加速度上之效能為何。

▶ **執行步驟 11.1** 請參考第 1 章執行步驟 1.1 與圖 1-2,更改作業名稱(Change Jobname):Utility Menu(功能選單)>File(檔案)>Change Jobname(更改作業名稱)>CH11_Sensor(作業名稱)>Yes(是否為新的記錄或錯誤檔)>OK(完成作業名稱之更改或設定)。

▶ **執行步驟 11.2** 請參考第 1 章執行步驟 1.2 與圖 1-3,更改標題(Change Title):Utility Menu(功能選單或畫面)>File(檔案)>更改標題(Change Title)>Sensor(標題名稱)>OK(完成標題之更改或設定)。

▶ **執行步驟 11.3** Preferences(偏好選擇):ANSYS Main Menu(ANSYS 主要選單)>Preferences(偏好選擇)>Structural(結構的)>Thermal(熱學的)>Electric(電學的)>OK(完成偏好之選擇)。

▶ **執行步驟 11.4** 選擇元素型態(Element Type):Preprocessor(前處理器)>Element Type(元素型態)>Add/Edit/Delete(增加/編輯/刪除)>Add(增加)>Couple Field(複合領域)>Scalar Tet 98(標量四角形之機電立體元素)>Close(關閉元素型態_Element Types 之視窗)。

▶ **執行步驟 11.5**　　請參考第 8 章執行步驟 8.5 與圖 8-2，設定銅材之材料性質 (Material Props)：Preprocessor(前處理器)>Material Props(材料性質)>Material Models(材料模式)>Structural(結構的)>Linear(線性的)>Elastic(彈性的)>Isotropic (等向性的)>1.17e11(在 EX 欄位輸入純銅的楊氏係數 117GPa)>0.3(在 PRXY 欄位輸入純銅的帕松比 0.3)>OK(完成純銅的楊氏係數與帕松比建檔)>Linear(關閉線性的視窗)>Density(密度)>8900(在 DENS 欄位輸入純銅的密度 8900)>Thermal Expansion(熱膨脹)>Secant Coefficient(正割係數)>Isotropic(等向性的)>1.66E+05>OK(完成銅的材料性質之建檔)。

▶ **執行步驟 11.6**　　請參考第 8 章執行步驟 8.6 與圖 8-3，設定壓電陶瓷之剛性矩陣(Stiffness Matrix)或剛性型式(Stiffness form)：Preprocessor(前處理器)>Material Props(材料性質)>Material Models(材料模式)>Material(材料)>New Model(新模式)>OK(完成第 2 筆壓電陶瓷新材料模式的開啟)>Structural(結構的)>Linear(線性的)>Elastic(彈性的)>Anisotropic(非等向性的)>1.4E11～2.6E10(在 D11～D66 欄位內依序輸入剛性常數 1.39E11～2.56E10)>OK(完成壓電陶瓷剛性矩陣之建檔)。

▶ **執行步驟 11.7**　　請參考第 8 章執行步驟 8.7 與圖 8-4，設定壓電陶瓷之 e-form 壓電應力矩陣(Piezoelectric stress matrix [e])：Preprocessor(前處理器)>Material Props(材料性質)>Material Models(材料模式)>Material Model Number 2(第二筆壓電陶瓷材料模式)>Piezoelectrics(壓電的)>Piezoelectric matrix(壓電矩陣)>−21.9～111.3(在 Piezoelectric stress matrix [e]欄位內依序輸入壓電應力常數−21.9～111.3)>OK(完成第二筆壓電陶瓷材料模式壓電應力矩陣之建檔)。

▶ **執行步驟 11.8**　　請參考第 8 章執行步驟 8.8 與圖 8-5，設定壓電陶瓷之相對介電常數(Relative Permittivity)：Preprocessor(前處理器)>Material Props(材料性質)>Material Models(材料模式)>Material Model Number 2(第二筆壓電陶瓷材料模式)>Electromagnetics(電磁的)>Relative Permittivity(相對介電常數)>Orthotropic(正交性的)>3400～3130(在 Relative Permittivity 欄位輸入相對介電常數 3400～3130)>OK(完成第二筆壓電陶瓷材料模式相對介電常數之建檔)。

▶ **執行步驟 11.9** 請參考第 8 章執行步驟 8.9 與圖 8-6，設定壓電陶瓷之密度 (Density)與熱膨脹係數(CTE)：Preprocessor(前處理器)>Material Props(材料性質)> Material Models(材料模式)>Material Model Number 2(第二筆壓電陶瓷材料模式)> Structural(結構的)>Density(密度)>7600(在 DEN 欄位輸入第二筆壓電陶瓷材料模式 之密度 7600)>Thermal Expansion(熱膨脹)>Secant Coefficient(正割係數)>Isotropic (等向性的)>1.66E+04>OK(完成第二筆壓電陶瓷材料模式密度與熱膨脹係數之 建檔)。

▶ **執行步驟 11.10** 如圖 11-2 所示，建構壓電感測器之層狀體積(Volumes)： Preprocessor(前處理器)>Modeling(建模)>Create(建構)>Volumes(體積)>Block (方塊)>By Dimensions(透過維度)>0.1(在 X1X2 X-coordinate 欄位內輸入長度 0.1m)>0.01(在 Y1Y2 Y-coordinate 欄位內輸入寬度 0.01m)>0.002(在 Z1Z2 Z-coordinate 欄位內輸入厚度 0.002m)>Apply(施用，繼續執行下一個步驟)>0.1(在 X1X2 X-coordinate 欄位內輸入長度 0.1m)>0.01(在 Y1Y2 Y-coordinate 欄位內輸入 寬度 0.01m)>(0.002, 0.004)(在 Z1Z2 Z-coordinate 欄位內輸入厚度範圍(0.002, 0.004)m)>OK(完成第二塊體積之建構)。

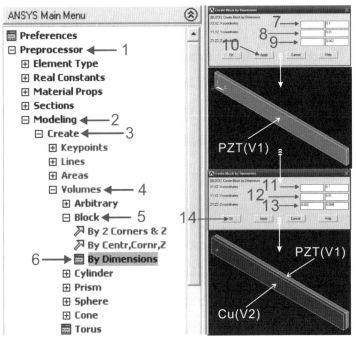

⏻ 圖 11-2 執行步驟 11.10-1～14 與壓電感測器層狀體積建構之完成圖

▶ **執行步驟 11.11**　如圖 11-3 所示，壓電感測器所有體積之膠合(Glue)：Preprocessor(前處理器)>Modeling(建模)>Operate(操作)>Glue(膠合)>Pick All(全選，完成壓電感測器所有體積之膠合)。

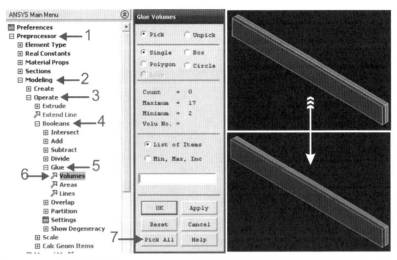

⏻ 圖 11-3　執行步驟 11.11-1～7 與壓電感測器所有體積膠合之完成圖

▶ **執行步驟 11.12**　如圖 11-4 所示，銅材網格化(Meshing)：Preprocessor(前處理器)>Meshing(網格化)>MeshTool(網格工具)>Set(設定)>Smart Size 6(點選精明尺寸 6)>1 SOLID98(確定元素型態 1 SOLID98)>1(確定材料編號 1)>0(確定銅材之座標系統編號爲 0)>OK(完成元素型態、材料或座標系統編號之確認)>Mesh(網格化啓動)>V2(點選銅材 V2)>OK(完成銅材網格化)。

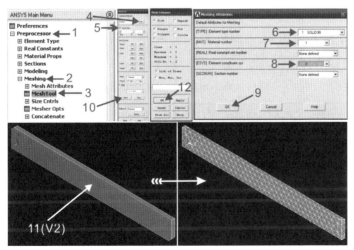

⏻ 圖 11-4　執行步驟 11.12-1～12 與銅材網格化完成圖

▶ **執行步驟 11.13** 如圖 11-5 所示，壓電陶瓷網格化(Meshing)：Preprocessor(前處理器)>Meshing(網格化)>MeshTool(網格工具)>Set(設定)>Smart Size 6(點選精明尺寸 6)>1 SOLID98(確定元素型態 1 SOLID98)>2(點選材料編號為 2)>0(確定壓電陶瓷之座標系統編號為 0)>OK(完成元素型態、材料或座標系統編號之確認)>Mesh(網格化啟動)>V1(依序點選壓電陶瓷 V1)>OK(完成壓電陶瓷網格化)。

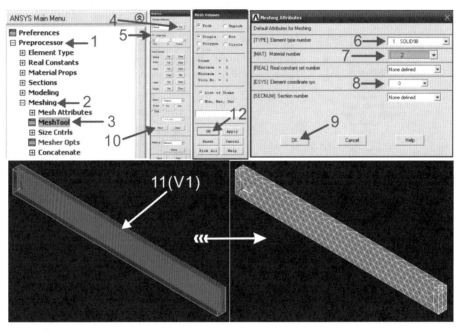

⟳ 圖 11-5 執行步驟 11.13-1～12 與壓電陶瓷網格化完成圖

▶ **執行步驟 11.14** 請參考第 1 章執行步驟 1.14 與圖 1-16，分析型態之選定(Analysis Type)：Solution(解法)>Analysis Type(分析型態)>New Analysis(新的分析型態)>Static(靜力的)>OK(完成分析型態之選定)。

▶ **執行步驟 11.15** 如圖 11-6 所示，設定容許誤差/水平(Tolerance/Level)：Solution(解法)>Analysis Type(分析型態)>Analysis Options(分析選項)>1e-5(在Tolerance/Level 欄位內輸入容許誤差/水平 1e-5)>OK(完成設定容許誤差)。

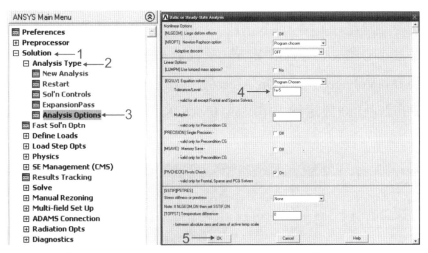

⏻ 圖 11-6　執行步驟 11.15-1～5 設定容許誤差

▶ **執行步驟 11.16**　如圖 11-7 所示，設定壓電感測器的固定邊界條件：Solution (解法)>Defined Loads(定義負載)>Apply(設定)>Structural(結構的)>Displacement (位移)>On Areas(在面積上)>A5 and A16(點選接地環底部面積 A5 and A16)>OK(完成面積的點選)>All DOF(選定所有自由度)>0(在 VALUE Displacement value 欄位內輸入位移量 0m)>OK(完成壓電感測器的固定邊界條件設定)。

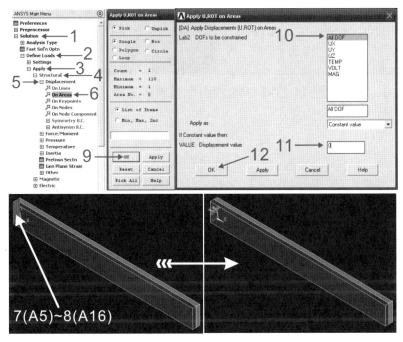

⏻ 圖 11-7 執行步驟 11.16-1～12 與壓電感測器固定邊界條件設定之完成圖

▶ **執行步驟 11.17** 如圖 11-8 所示,設定壓電感測器的接地邊界條件:
Solution(解法)>Defined Loads(定義負載)>Apply(設定)>Electric(電學的)>
Boundary(邊界)>Voltage(電壓)>On Areas(在面積上)>A1(點選接地面積 A1)>OK(完
成接地面積的點選)>0(設定輸入電壓為 0V)>OK(完成壓電感測器的接地邊界條件
的設定)。

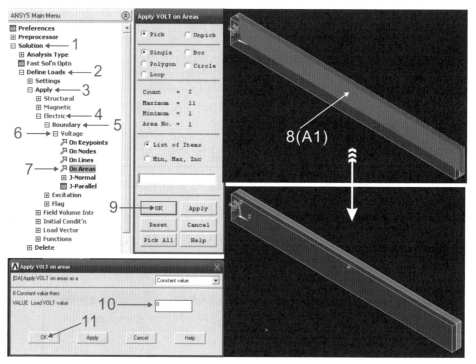

⏻ 圖 11-8 執行步驟 11.17-1～11 與壓電感測器的接地邊界條件設定之完成圖

執行步驟 11.18　如圖 11-9 所示，設定壓電感測器的重力邊界條件：Solution(解法)>Defined Loads(定義負載)>Apply(設定)>Structural(結構的)>Inertia(慣性)>Gravity(重力)>Global(全部)>1(在 ACEL Global Cartesian-Z-comp 欄位內輸入重力加速度 a_z=1m/sec^2)>OK(完成壓電感測器重力邊界條件的設定)。

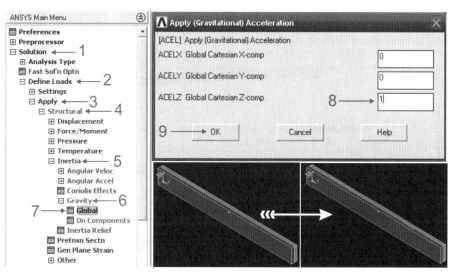

⟳ 圖 11-9　執行步驟 11.18-1～9 與壓電感測器重力邊界條件設定之完成圖

執行步驟 11.19　請參考第 1 章執行步驟 1.17 與圖 1-19，求解(Solve)：Solution(解法)>Solve(求解)>Current LS or Current Load Step(目前的負載步驟)>OK(完成執行步驟開始求解)>Yes(執行求解)>Close(求解完成關閉視窗)>File(點選檔案)>Close(關閉檔案)。

執行步驟 11.20　如圖 11-10 所示，檢視電壓輸出：General Postprocessor(一般後處理器)>Plot Results(繪製所有結果)>Contour Plot(輪廓繪製)>Nodal Solution(節點的解答)>DOF Solution(自由度的解答)>Electric potential(電位)>Deformed shape with undeformed edge(已變形與未變形邊緣之輸出)>OK(完成電壓輸出檢視)。

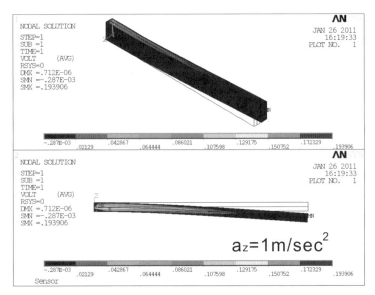

⏏ 圖 11-10　執行步驟 11.20 與電壓輸出完成之二視圖(最大電壓為 0.194V)

▶ **執行步驟 11.21**　如圖 11-11 所示，檢視變形輸出：General Postprocessor(一般後處理器)>Plot Results(繪製所有結果)>Contour Plot(輪廓繪製)>Nodal Solution(節點的解答)>DOF Solution(自由度的解答)>Displacement vector sum(位移向量總合之輸出)>Deformed shape with undeformed edge(已變形與未變形邊緣之輸出)>OK(完成變形輸出檢視)。

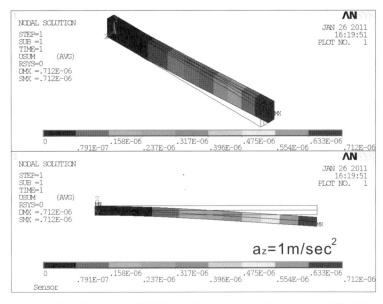

⏏ 圖 11-11　執行步驟 11.21 與變形輸出完成之二視圖(最大變形為 0.712μm)

▶ **執行步驟 11.22**　如圖 11-12 所示，檢視應力輸出：General Postprocessor(一般後處理器)>Plot Results(繪製所有結果)>Contour Plot(輪廓繪製)>Nodal Solution(節點的解答)>Stress(應力)>von Mises stress(應力總合之輸出)>Deformed shape with undeformed edge(已變形與未變形邊緣之輸出)>OK(完成應力輸出檢視)。

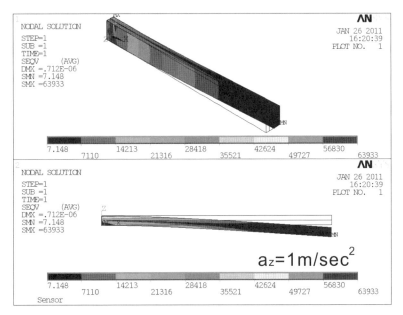

⏻ 圖 11-12　執行步驟 11.22 與應力輸出完成之二視圖(最大應力為 63.933kPa)

▶ **執行步驟 11.23**　如圖 11-13 所示，檢視應變輸出：General Postprocessor(一般後處理器)>Plot Results(繪製所有結果)>Contour Plot(輪廓繪製)>Nodal Solution(節點的解答)>Total Strain(所有應變)>von Mises total strain(von Mises 總應變)>Deformed shape with undeformed edge(已變形與未變形邊緣之輸出)>OK(完成應變輸出檢視)。

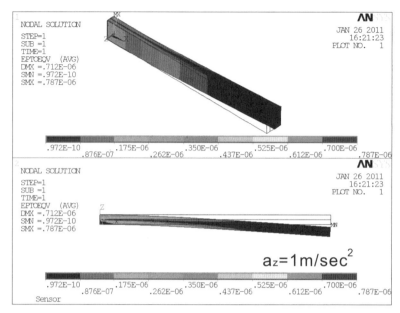

⏻ 圖 11-13　執行步驟 11.23 與應變輸出完成之二視圖(最大應變為 0.787E-06)

▶ **執行步驟 11.24**　如圖 11-14 所示，解除壓電感測器的重力邊界條件：Solution(解法)>Defined Loads(定義負載)>Delete(解除)>Structural(結構的)>Inertia(慣性)>Gravity(重力)>OK(完成壓電感測器重力邊界條件的解除)。

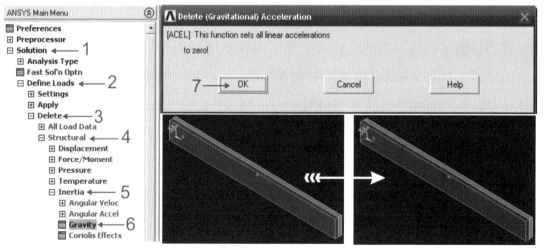

⏻ 圖 11-14　執行步驟 11.24-1〜7 與壓電感測器重力邊界條件解除之完成圖

▶ **執行步驟 11.25** 如圖 11-15 所示，設定壓電感測器均勻溫度的邊界條件：Solution(解法)>Defined Loads(定義負載)>Apply(設定)>Structural(結構的)>Temperature(溫度)>Uniform Temp(均勻溫度)>100(在 Uniform Temp 欄位內輸入均勻溫度 $T_{uniform}=100℃$)>OK(完成壓電感測器均勻溫度邊界條件的設定)。

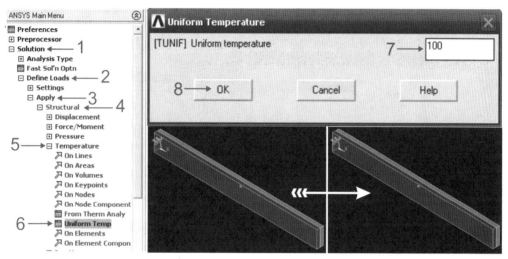

🔄 圖 11-15　執行步驟 11.25-1～8 與壓電感測器均勻溫度邊界條件設定之完成圖

▶ **執行步驟 11.26** 請參考第 1 章執行步驟 1.17 與圖 1-19，求解(Solve)：Solution(解法)>Solve(求解)>Current LS or Current Load Step(目前的負載步驟)>OK(完成執行步驟開始求解)>Yes(執行求解)>Close(求解完成關閉視窗)>File(點選檔案)>Close(關閉檔案)。

▶ **執行步驟 11.27** 如圖 11-16 所示，檢視電壓輸出：General Postprocessor(一般後處理器)>Plot Results(繪製所有結果)>Contour Plot(輪廓繪製)>Nodal Solution(節點的解答)>DOF Solution(自由度的解答)>Electric potential(電位)>Deformed shape with undeformed edge(已變形與未變形邊緣之輸出)>OK(完成電壓輸出檢視)。

電腦輔助工程分析實務

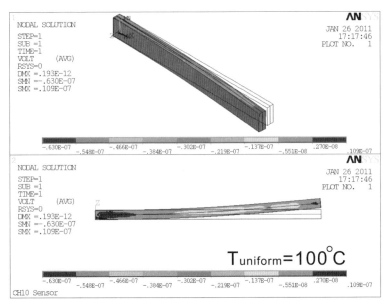

⏻ 圖 11-16　執行步驟 11.27 與電壓輸出完成之二視圖(最大電壓為 0.109E-07V)

▶ **執行步驟 11.28**　如圖 11-17 所示，檢視變形輸出：General Postprocessor(一般後處理器)>Plot Results(繪製所有結果)>Contour Plot(輪廓繪製)>Nodal Solution(節點的解答)>DOF Solution(自由度的解答)>Displacement vector sum(位移向量總合之輸出)>Deformed shape with undeformed edge(已變形與未變形邊緣之輸出)>OK(完成變形輸出檢視)。

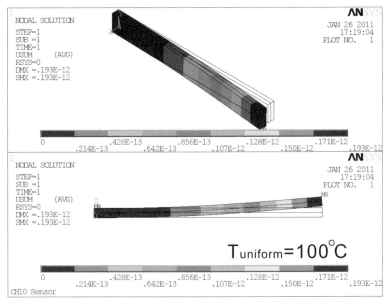

⏻ 圖 11-17　執行步驟 11.28 與變形輸出完成之二視圖(最大變形為 193nm)

11-14

▶ **執行步驟 11.29**　如圖 11-18 所示，檢視應力輸出：General Postprocessor(一般後處理器)>Plot Results(繪製所有結果)>Contour Plot(輪廓繪製)>Nodal Solution(節點的解答)>Stress(應力)>von Mises stress(應力總合之輸出)>Deformed shape with undeformed edge(已變形與未變形邊緣之輸出)>OK(完成應力輸出檢視)。

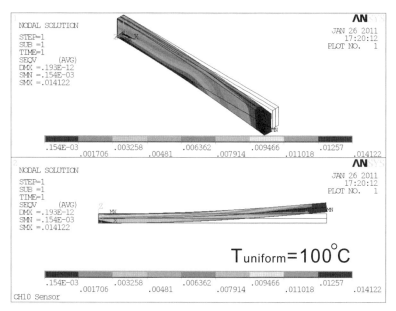

🔥 圖 11-18　執行步驟 11.29 與應力輸出完成之二視圖(最大應力為 0.014122Pa)

▶ **執行步驟 11.30**　如圖 11-19 所示，檢視應變輸出：General Postprocessor(一般後處理器)>Plot Results(繪製所有結果)>Contour Plot(輪廓繪製)>Nodal Solution(節點的解答)>Total Strain(所有應變)>von Mises total strain(von Mises 總應變)>Deformed shape with undeformed edge(已變形與未變形邊緣之輸出)>OK(完成應變輸出檢視)。

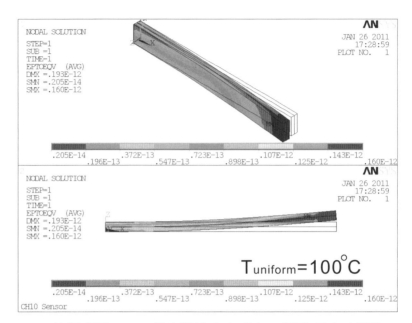

⟳ 圖 11-19　執行步驟 11.30 與應變輸出完成之二視圖(最大應變為 0.16E-12)

▶ **執行步驟 11.31**　如圖 11-20 所示，解除壓電感測器所有邊界條件：Solution
(解法)>Defined Loads(定義負載)>Delete(解除)>All Load Data(所有負載數據)>All
Load & Opts(所有負載與選項)>OK(完成壓電感測器所有邊界條件的解除)。

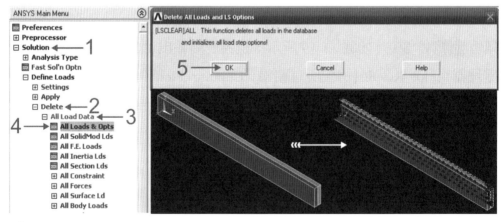

⟳ 圖 11-20　執行步驟 11.31-1～5 與解除壓電感測器所有邊界條件之完成圖

【補充說明 11.31】由於無法單獨取消執行步驟 11.25，所設定的壓電感測器均勻溫
度邊界條件，所以必須選擇取消所有邊界條件之方法。因此原先執行步驟 11.16 與
執行步驟 11.17 所設定的壓電感測器固定與接地邊界條件，必須再重覆各執行一次。

▶ **執行步驟 11.32** 如圖 11-21 所示，設定壓電感測器角速度之邊界條件：
Solution(解法)>Defined Loads(定義負載)>Apply(設定)>Structural(結構的)>
Inertia(慣性)>Angular Veloc(角速度)>Global(全部)>2*3.1416*10(在 OMEGY Global
Cartesian Y-comp 欄位內輸入角速度 $\omega_y=2\pi\times10$rad/sec)>OK(完成壓電感測器角速度
邊界條件的設定)。

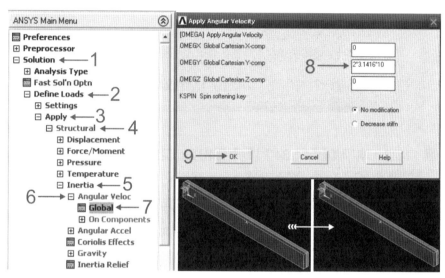

↻ 圖 11-21　執行步驟 11.32-1～9 與壓電感測器角速度邊界條件設定之完成圖

▶ **執行步驟 11.33** 請參考第 1 章執行步驟 1.17 與圖 1-19，求解(Solve)：
Solution(解法)>Solve(求解)>Current LS or Current Load Step(目前的負載步驟)>
OK(完成執行步驟開始求解)>Yes(執行求解)>Close(求解完成關閉視窗)>File(點選
檔案)>Close(關閉檔案)。

▶ **執行步驟 11.34** 如圖 11-22 所示，檢視電壓輸出：General Postprocessor(一
般後處理器)>Plot Results(繪製所有結果)>Contour Plot(輪廓繪製)>Nodal Solution
(節點的解答)>DOF Solution(自由度的解答)>Electric potential(電位)>Deformed
shape with undeformed edge(已變形與未變形邊緣之輸出)>OK(完成電壓輸出檢視)。

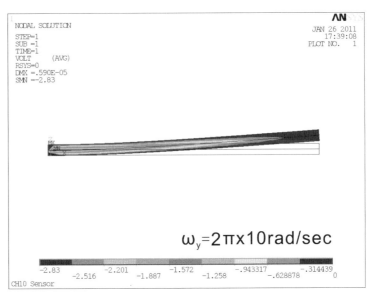

⏻ 圖 11-22　執行步驟 11.34 與電壓輸出完成之二視圖(最大電壓為–2.83V)

▶ **執行步驟 11.35**　如圖 11-23 所示，檢視變形輸出：General Postprocessor(一般後處理器)>Plot Results(繪製所有結果)>Contour Plot(輪廓繪製)>Nodal Solution(節點的解答)>DOF Solution(自由度的解答)>Displacement vector sum(位移向量總合之輸出)>Deformed shape with undeformed edge(已變形與未變形邊緣之輸出)>OK(完成變形輸出檢視)。

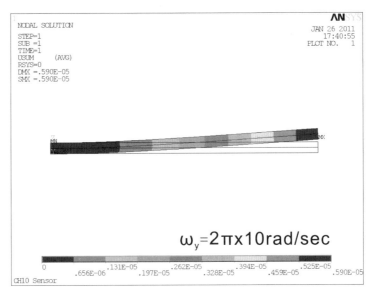

⏻ 圖 11-23　執行步驟 11.35 與變形輸出完成之側視圖(最大變形為 5.9μm)

▶ **執行步驟 11.36**　如圖 11-24 所示，檢視應力輸出：General Postprocessor(一般後處理器)>Plot Results(繪製所有結果)>Contour Plot(輪廓繪製)>Nodal Solution(節點的解答)>Stress(應力)>von Mises stress(應力總合之輸出)>Deformed shape with undeformed edge(已變形與未變形邊緣之輸出)>OK(完成應力輸出檢視)。

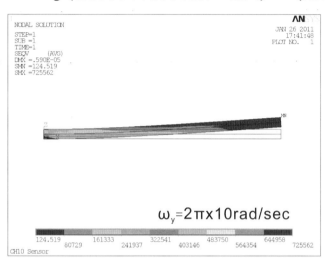

↻ 圖 11-24　執行步驟 11.36 與應力輸出完成之側視圖(最大應力為 725,562kPa)

▶ **執行步驟 11.37**　如圖 11-25 所示，檢視應變輸出：General Postprocessor(一般後處理器)>Plot Results(繪製所有結果)>Contour Plot(輪廓繪製)>Nodal Solution(節點的解答)>Total Strain(所有應變)>von Mises total strain(von Mises 總應變)>Deformed shape with undeformed edge(已變形與未變形邊緣之輸出)>OK(完成應變輸出檢視)。

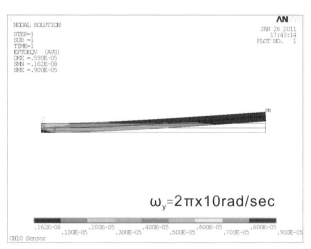

↻ 圖 11-25　執行步驟 11.37 與應變輸出完成之側視圖(最大應變為 9E–6)

▶ **執行步驟 11.38**　如圖 11-26 所示，解除壓電感測器角速度邊界條件：
Solution(解法)>Defined Loads(定義負載)>Delete(解除)>Structural(結構的)>
Inertia(慣性)>Angular Veloc(角速度)>Global(全部)>OK(完成壓電感測器角速度邊界條件的解除)。

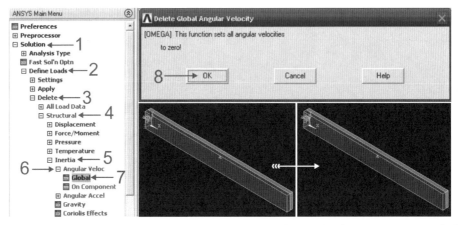

⏻ 圖 11-26　執行步驟 11.38-1～8 與解除壓電感測器角速度邊界條件之完成圖

▶ **執行步驟 11.39**　如圖 11-27 所示，設定壓電感測器角加速度之邊界條件：
Solution(解法)>Defined Loads(定義負載)>Apply(設定)>Structural(結構的)>
Inertia(慣性)>Angular Accel(角加速度)>Global(全部)>2*3.1416*10(在 DOMGY
Global Cartesian Y-comp 欄位內輸入角加速度 $\alpha_y=2\pi\times10\mathrm{rad/sec}^2$)>OK(完成壓電感測器角加速度邊界條件的設定)。

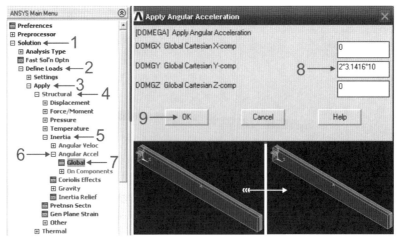

⏻ 圖 11-27　執行步驟 11.39-1～9 與壓電感測器角加速度邊界條件設定之完成圖

▶ **執行步驟 11.40**　請參考第 1 章執行步驟 1.17 與圖 1-19，求解(Solve)：Solution(解法)>Solve(求解)>Current LS or Current Load Step(目前的負載步驟)>OK(完成執行步驟開始求解)>Yes(執行求解)>Close(求解完成關閉視窗)>File(點選檔案)>Close(關閉檔案)。

▶ **執行步驟 11.41**　如圖 11-28 所示，檢視電壓輸出：General Postprocessor(一般後處理器)>Plot Results(繪製所有結果)>Contour Plot(輪廓繪製)>Nodal Solution(節點的解答)>DOF Solution(自由度的解答)>Electric potential(電位)>Deformed shape with undeformed edge(已變形與未變形邊緣之輸出)>OK(完成電壓輸出檢視)。

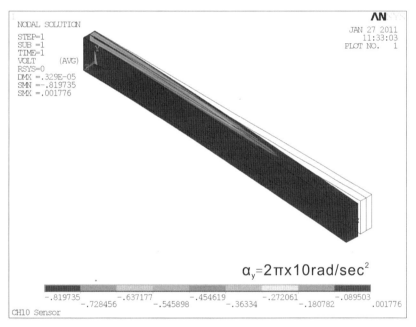

⟳ 圖 11-28　執行步驟 11.41 與電壓輸出完成之等視圖(最大電壓為 1.776E−03V)

▶ **執行步驟 11.42**　如圖 11-29 所示，檢視變形輸出：General Postprocessor(一般後處理器)>Plot Results(繪製所有結果)>Contour Plot(輪廓繪製)>Nodal Solution(節點的解答)>DOF Solution(自由度的解答)>Displacement vector sum(位移向量總合之輸出)>Deformed shape with undeformed edge(已變形與未變形邊緣之輸出)>OK(完成變形輸出檢視)。

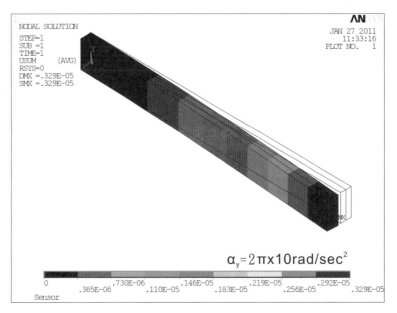

🔄 圖 11-29　執行步驟 11.42 與變形輸出完成之等視圖(最大變形為 3.29μm)

▶ **執行步驟 11.43**　如圖 11-30 所示，檢視應力輸出：General Postprocessor(一般後處理器)>Plot Results(繪製所有結果)>Contour Plot(輪廓繪製)>Nodal Solution (節點的解答)>Stress(應力)>von Mises stress(應力總合之輸出)>Deformed shape with undeformed edge(已變形與未變形邊緣之輸出)>OK(完成應力輸出檢視)。

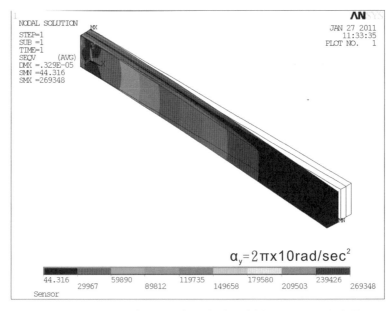

🔄 圖 11-30　執行步驟 11.43 與應力輸出完成之等視圖(最大應力為 269.348kPa)

執行步驟 11.44　　如圖 11-31 所示，檢視應變輸出：General Postprocessor(一般後處理器)>Plot Results(繪製所有結果)>Contour Plot(輪廓繪製)>Nodal Solution (節點的解答)>Total Strain(所有應變)>von Mises total strain(von Mises 總應變)> Deformed shape with undeformed edge(已變形與未變形邊緣之輸出)>OK(完成應變輸出檢視)。

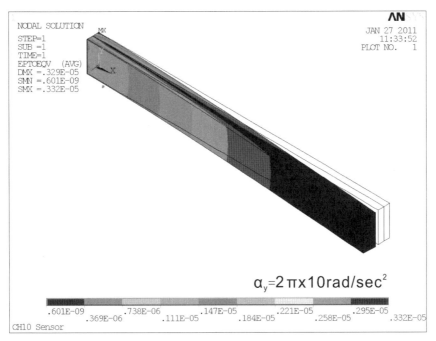

⊕ 圖 11-31　執行步驟 11.44 與應變輸出完成之等視圖(最大應變為 3.32E−06)

表 11-1　壓電感測器在不同輸入條件之下的輸出結果比較表

輸入條件	最大電壓	最大變形	最大應力	最大應變
$a_z=1\text{m/sec}^2$	194 E 03V	0.710μm	63.933kPa	0.787E−06
$T_{uniform} = 100℃$	109E−10V	193.0nm	0.01412Pa	0.160E−12
$\omega_y = 2\pi\times10\text{rad/sec}$	−283E−02V	5.900μm	725,56kPa	9.000E−06
$\alpha_y = 2\pi\times10\text{rad/sec}^2$	1.78E−03V	3.290μm	269.35kPa	3.320E−06

【結果與討論】

1. 如圖 11-10～11-13 所示,當壓電感測器在 Z 方向受到重力加速度 $a_z=1m/sec^2$ 時;該壓電感測器向下彎曲,而其最大輸出電壓、變形、應力與應變分別為 0.194V, 0.710μm, 63.933kPa 與 0.787E−06。

2. 如圖 11-16～11-19 所示,當壓電感測器受到均勻溫度 $T_{uniform} = 100\ ℃$ 時;該壓電感測器向上彎曲,而其最大輸出電壓、變形、應力與應變分別為 109E−10V, 193.0nm, 0.01412Pa 與 0.160E−12。

3. 如圖 11-22～11-25 所示,當壓電感測器在 Y 方向受到角速度 $ω_y = 2\pi×10rad/sec$(約 600rpm)時;該壓電感測器向上彎曲,而其最大輸出電壓、變形、應力與應變分別為−283E−02V, 5.900μm, 725,56kPa 與 9.000E−06。

4. 如圖 11-28～11-31 所示,當壓電感測器在 Y 方向受到瞬間角加速度 $α_y = 2\pi×10rad/sec^2$ 時;該壓電感測器向上彎曲,而其最大輸出電壓、變形、應力與應變分別為 1.78E−03V, 3.290μm, 269.35kPa 與 3.320E−06。

【結論與建議】

1. 本例題在設定壓電感測器的機電性質或材料模式時,必須取得材料的確實數據,才能對後續的分析有所幫助。

2. 本例題所建構的壓電感測器,可以運用於感測集中力、力矩、壓力、重力加速度、溫度、角速度(轉速或振動頻率)、角加速度或科氏力等。

3. 本例題在設定壓電感測器的機電邊界條件時,必須根據現實的力學、熱學或電學狀況來設定,才能對分析或輸出結果有所助益。

4. 根據模擬結果發現,本例題所設計的壓電感測器非常適合用來感測角速度(轉速或振動頻率),其次是用來感測重力加速度,再者是用來感測角加速度,最差的是用來感測溫度。因此壓電陶瓷的熱膨脹係數很低,所以在受熱後之變形量不大,相對的輸出電壓也比較低。除非外加電路放大器,將微小的電壓或電流訊號放大。或者是使用膨脹係數比較大的壓電陶瓷或聚偏二氟乙烯(PVDF or PVF₂)。但是聚偏二氟乙烯(PVDF or PVF₂)屬於塑膠類材料,並不適合太高溫的溫度感測。

5. 如果將本例題所述的壓電感測器兼具有發電與感測之功能，其可以裝置於汽車或或貨卡之輪胎內，用來感測胎壓與自動充氣之用。

6. 本例題所述的壓電感測器，係為一種力電或熱電型的壓電感測器，一旦受力(集中力、力矩、壓力)、重力加速度、角速度(向心加速度)或角加速度時，該壓電感測器會以電壓方式輸出。另外，當感受到溫度場時，該壓電感測器也會以電壓方式輸出，只是電壓量非常小。因此，該類型壓電感測器在使用時，均假設不會到受溫度場變化之影響係屬合理之運用。

7. 本例題所述的壓電感測器係以電壓輸出為重點，設計者可以依其輸出電壓來控制或改變系統環境。如果要兼用電壓輸出與變形輸出來控制或改變系統環境，則必須適當的改變其自然的機電邊界條件。如改變接地方向，改變層狀結構之接合或設置方向等皆可。

8. 在相同強制條件下，如果要讓壓電感測器有更大的輸出電壓與強度，則可以考慮(a)加長壓電感測器之長度；(b)使用雙晶片式壓電陶瓷或多層層狀之壓電陶瓷結構；(c)在自由端加設質量塊；(d)將長條形的壓電感測器改變成為楔形的壓電感測器。

習題　　Exercise

Ex11-1：如例題十一所述，在相同條件之下，當該壓電感測器在 Z 方向受到重力加速度 $a_z = 1m/sec^2$ 依序增加到 $a_z = 5m/sec^2$ 時，試分析該壓電感測器所產生的最大電壓、變形、應力與應變如何？

重力加速度(m/sec^2)	1	2	3	4	5
最大電壓(E−03V)	194				
最大變形(μm)	0.71				
最大應力(kPa)	63.933				
最大應變(E−06)	0.787				

Ex11-2：如例題十一所述，在相同條件之下，當該壓電感測器受到均勻溫度 $T_{uniform}=100℃$，且該壓電陶瓷的熱膨脹係數(CTE)由 ALPX=1.66E−06/℃ 依序增加到 ALPX=9.66E−6/℃ 時，試分析該壓電感測器所產生的最大電壓、變形、應力與應變如何？

熱膨脹係數(E−06/℃)	1.66	3.66	5.66	7.66	9.66
最大電壓(E−10V)	109				
最大變形(nm)	193				
最大應力(E−03Pa)	14.12				
最大應變(E−12)	0.16				

Ex11-3：如例題十一所述，在相同條件之下，當該壓電感測器在 Y 方向受到角速度 $\omega_y = 2\pi \times 10rad/sec$(代表轉速 600rpm)依序增加到 $\omega_y = 2\pi \times 50rad/sec$(代表轉速 1,000rpm)時，試分析該壓電感測器所產生的最大電壓、變形、應力與應變如何？

角速度(rad/sec)	2π×10	2π×20	2π×30	2π×40	2π×50
最大電壓(E−02V)	−283				
最大變形(μm)	5.9				
最大應力(kPa)	725.56				
最大應變(E−06)	9.0				

Ex11-4：如例題十一所述，在相同條件之下，當該壓電感測器在 Y 方向受到角加速度 $\alpha_y = 2\pi\times10\,\text{rad/sec}^2$ 依序增加到角加速度 $\alpha_y = 2\pi\times50\,\text{rad/sec}^2$ 時，試分析該壓電感測器所產生的最大電壓、變形、應力與應變如何？

角加速度(rad/sec²)	2π×10	2π×20	2π×30	2π×40	2π×50
最大電壓(E−03V)	1.78				
最大變形(μm)	3.29				
最大應力(kPa)	269.35				
最大應變(E−06)	3.32				

Ex11-5：如例題十一所述，在相同條件之下，當該壓電感測器在 Y 方向受到角速度 $\omega_y = 2\pi\times10\,\text{rad/sec}$，且其長度由 100mm 依序增加到 140mm 時，試分析該壓電感測器所產生的最大電壓、變形、應力與應變如何？

壓電感測器長度(mm)	100	110	120	130	140
最大電壓(V)	−283				
最大變形(μm)	5.9				
最大應力(Pa)	725.56				
最大應變(E−6)	9.0				

Ex11-6：如例題十一所述，在相同條件之下，當該壓電感測器在 Y 方向受到角速度 $\omega_y = 2\pi\times10\,\text{rad/sec}$，且其寬度由 10mm 依序增加到 14mm 時，試分析該壓電感測器所產生的最大電壓、變形、應力與應變如何？

壓電感測器寬度(mm)	10	11	12	13	14
最大電壓(V)	−283				
最大變形(μm)	5.9				
最大應力(Pa)	725.56				
最大應變(E−6)	9.0				

Ex11-7：如例題十一所述,在相同條件之下,當該壓電感測器在 Y 方向受到角速度 $\omega_y = 2\pi \times 10\text{rad/sec}$,且其各層結構的厚度由 2mm 依序增加到 6mm 時,試分析該壓電感測器所產生的最大電壓、變形、應力與應變如何?

各層結構厚度(mm)	2	3	4	5	6
最大電壓(V)	−283				
最大變形(μm)	5.9				
最大應力(Pa)	725.56				
最大應變(E−6)	9.0				

Ex11-8：如例題十一所述與如圖 11.32 所示之多層層狀結構壓電感測器,在相同條件之下,當該壓電感測器在 Y 方向受到角速度 $\omega_y = 2\pi \times 10\text{rad/sec}$,且其各層結構的厚度由 1mm 依序增加到 5mm 時,試分析該壓電感測器所產生的最大電壓、變形、應力與應變如何?

各層結構厚度(mm)	1	2	3	4	5
最大電壓(V)					
最大變形(μm)					
最大應力(Pa)					
最大應變(E−6)					

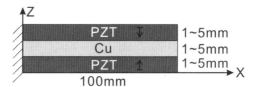

⬆ 圖 11-32　多層層狀結構之壓電感測器(其中寬度為 10mm)

例題十二

如圖 12-1 所示，係為一種排氣管 (An Exhaust Pipe)，其入口區、前轉換區、消音區、後轉換區與出口區之尺寸如圖所示，在出口壓力為 0.0psi 的條件下，

(1) 當入口速度是 1in/sec 時，試分析其出口速度與入口停滯壓力分別為何？

(2) 當入口速度是 50in/sec 時，試分析其出口速度與入口停滯壓力分別為何？

(3) 當入口速度是 50in/sec 且排氣管上下外緣溫度上升到 100℃ 時，試分析其出口速度與入口停滯壓力分別為何？ (Element Type：FLOTRAN CFD：2D FLOTRAN 141)

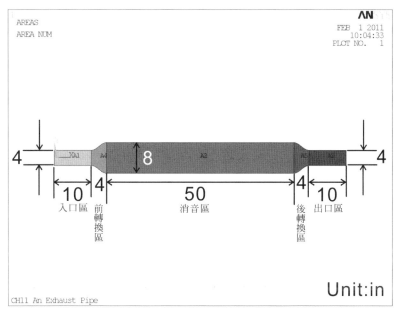

圖 12-1　排氣管之正視圖

【學習重點】

1. 熟悉如何從各執行步驟中來瞭解排氣管的排氣或流動原理。

2. 熟悉如何利用 Tan to 2 Lines 選項來建構排氣管前後轉換區之切線。

3. 熟悉如何利用 Lines Set 選項來完成排氣管之線段設定。

4. 熟悉如何利用不同的 SPACE Spacing Ratio 來設定排氣管不同區段之線段。

5. 熟悉如何利用 Quad(四方形) 與 Mapped(映射) 來完成排氣管網格化。

6. 熟悉如何完成設定排氣管不同區段之速度。

7. 熟悉如何完成設定排氣管出口處之壓力。

8. 熟悉如何設定排氣管內之流體性質、疊代次數與流體之流動環境。

9. 熟悉如何設定排氣管之溫度。

10. 熟悉如何檢視排氣管流場速度與壓力。

11. 熟悉如何繪製出口區路徑圖示。

▶ **執行步驟 12.1** 請參考第 1 章執行步驟 1.1 與圖 1-2，更改作業名稱 (Change Jobname)：Utility Menu(功能選單) > File(檔案) > Change Jobname(更改作業名稱) > CH12 EP (作業名稱) > Yes (是否為新的記錄或錯誤檔) > OK (完成作業名稱之更改或設定)。

▶ **執行步驟 12.2** 請參考第 1 章執行步驟 1.2 與圖 1-3，更改標題 (Change Title)：Utility Menu(功能選單或畫面) > File(檔案) > 更改標題 (Change Title) > CH12 An Exhaust Pipe(標題名稱) > OK(完成標題之更改或設定)。

▶ **執行步驟 12.3** 如圖 12-2 所示，設定 Preferences(偏好)：ANSYS Main Menu (ANSYS 主要選單) > Preferences(偏好選擇) > FLOTRAN CFD(計算流體力學) > OK (完成偏好設定)。

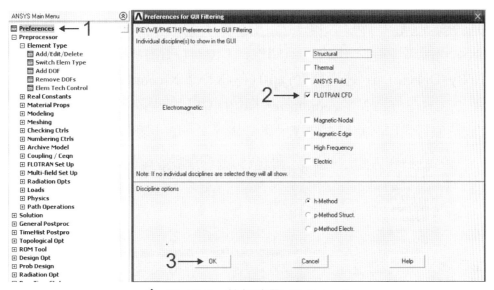

⏻ 圖 12-2　執行步驟 12.3-1～3

▶ **執行步驟 12.4**　如圖 12-3 所示，設定元素型態 (Element Type)：Preprocessor (前處理器) > Element Type (元素型態) > Add/Edit/Delete (增加/編輯/刪除) > Add(增加)>FLOTRAN CFD(計算流體力學)>2D FLOTRAN 141(二維流體轉換元素 141)> Close(關閉元素型態視窗)。

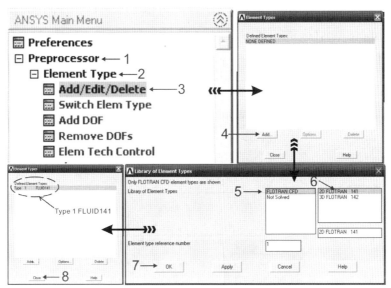

⏻ 圖 12-3　執行步驟 12.4-1～8 與元素型態設定之完成圖

▶ **執行步驟 12.5**　　如圖 12-4 所示，建構排氣管入口區之面積 (Areas)：Preprocessor (前處理器) > Modeling (建模) > Create (建構) > Areas (面積) > Rectangle (方形) > By Dimensions (透過維度) > 10 (在 X1X2 X-coordinates 欄位內輸入長度 10in) > (-2, 2) (在 Y1Y2 Y-coordinates 欄位內輸入寬度範圍 (-2, 2) in) > Apply (施用，完成排氣管入口區面積之建構，繼續執行下一個步驟)。

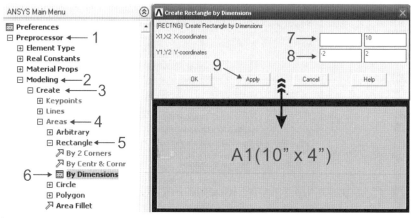

⏻ 圖 12-4　執行步驟 12.5-1～9 與排氣管入口區面積建構之完成圖

▶ **執行步驟 12.6**　　如圖 12-5 所示，建構排氣管消音區之面積 (Areas)：Preprocessor (前處理器) > Modeling (建模) > Create (建構) > Areas (面積) > Rectangle (方形) > By Dimensions (透過維度) > (14, 64) (在 X1X2 X-coordinates 欄位內輸入長度範圍 (14, 64)in) > (-4, 4) (在 Y1Y2 Y-coordinates 欄位內輸入寬度範圍 (-4, 4)in) > Apply (施用，完成排氣管消音區面積之建構，繼續執行下一個步驟)。

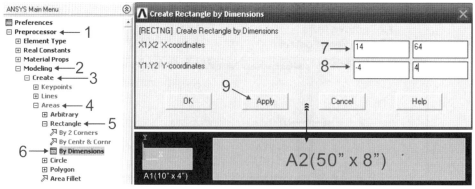

⏻ 圖 12-5　執行步驟 12.6-1～9 與排氣管消音區面積建構之完成圖

執行步驟 12.7　如圖 12-6 所示，建構排氣管出口區之面積 (Areas)：Preprocessor (前處理器) > Modeling (建模) > Create (建構) > Areas (面積) > Rectangle (方形) > By Dimensions(透過維度) > (68, 78) (在 X1X2 X-coordinates 欄位內輸入長度範圍 (68, 78)in) > (-2, 2)(在 Y1Y2 Y-coordinates 欄位內輸入寬度範圍 (-2, 2)in) > OK(完成排氣管出口區面積之建構)。

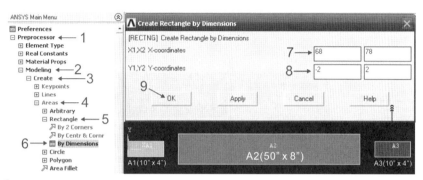

⏻ 圖 12-6　執行步驟 12.7-1～9 與排氣管轉出口區積建構之完成圖

執行步驟 12.8　如圖 12-7 所示，建構排氣管入口區與消音區之間線段 (Lines)：Preprocessor (前處理器) > Modeling (建模) > Create (建構) > Lines (線段) > Lines (線段) > Tan to 2 Lines (對兩條線建立切線) > L3 (點選入口區上線段 L3) > Apply (施用，繼續執行下一個步驟) > 3 (點選入口區右上角關鍵點 3) > Apply (施用，繼續執行下一個步驟) > L7 (點選消音區上線段 L7) > Apply (施用，繼續執行下一個步驟) > 8 (點選消音區左上角關鍵點 8) > OK (完成入口區與消音區之間線段之建構)。

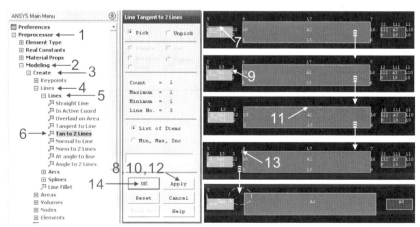

⏻ 圖 12-7　執行步驟 12.8-1～14 以及入口區與消音區之間線段建構之完成圖

▶ **執行步驟 12.9** 如圖 12-8 所示，建構排氣管消音區與出口區之間線段 (Lines)：Preprocessor (前處理器) > Modeling (建模) > Create (建構) > Lines (線段) > Lines (線段) > Tan to 2 Lines (對兩條線建立切線) > L7 (點選消音區上線段 L7) > Apply (施用，繼續執行下一個步驟) > 7 (點選消音區右上角關鍵點 7) > Apply (施用，繼續執行下一個步驟) > L11 (點選出口區上線段 L11) > Apply (施用，繼續執行下一個步驟) > 12 (點選出口區左上角關鍵點 12) > OK (完成消音區與出口區之間線段之建構)。

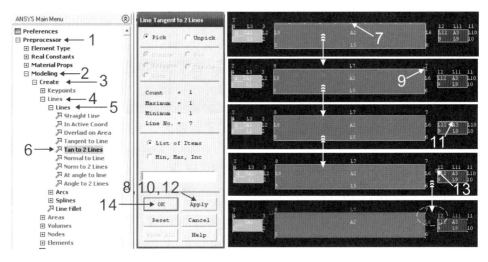

⏻ 圖 12-8　執行步驟 12.9-1～14 以及消音區與出口區之間線段建構之完成圖

▶ **執行步驟 12.10** 如圖 12-9 所示，建構排氣管入口區與消音區之間線段 (Lines)：Preprocessor (前處理器) > Modeling (建模) > Create (建構) > Lines (線段) > Lines (線段) > Tan to 2 Lines (對兩條線建立切線) > L1 (點選入口區下線段 L1) > Apply (施用，繼續執行下一個步驟) > 2 (點選入口區右下角關鍵點 2) > Apply (施用，繼續執行下一個步驟) > L5 (點選消音區下線段 L5) > Apply (施用，繼續執行下一個步驟) > 5 (點選消音區左下角關鍵點 5) > OK (完成入口區與消音區之間線段之建構)。

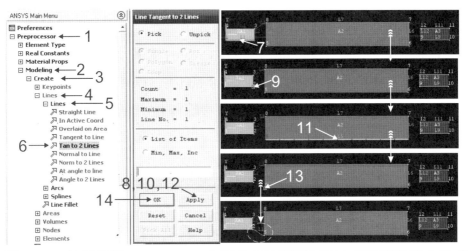

↻ 圖 12-9　執行步驟 12.10-1～14 以及入口區與消音區之間線段建構之完成圖

▶ **執行步驟 12.11**　　如圖 12-10 所示，建構排氣管消音區與出口區之間線段 (Lines)：Preprocessor (前處理器) > Modeling (建模) > Create (建構) > Lines (線段) > Lines (線段) > Tan to 2 Lines (對兩條線建立切線) > L5 (點選消音區下線段 L5) > Apply (施用，繼續執行下一個步驟) > 6 (點選消音區右下角關鍵點 6) > Apply (施用，繼續執行下一個步驟) > L9 (點選出口區下線段 L9) > Apply (施用，繼續執行下一個步驟) > 9 (點選出口區左下角關鍵點 9) > OK (完成消音區與出口區之間線段之建構)。

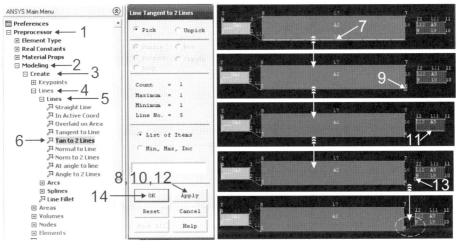

↻ 圖 12-10　執行步驟 12.11-1～14 以及消音區與出口區之間線段建構之完成圖

▶ **執行步驟 12.12** 　如圖 12-11 所示，建構排氣管前後轉換區之面積 (Areas)：
Preprocessor (前處理器) > Modeling (建模) > Create (建構) > Areas (面積) > Arbitrary
(任意的) > By Lines (透過線段) > L2, L15, L8 and L13 (點選前轉換區線段 L2, L15,
L8 and L13) > Apply (施用，繼續執行下一個步驟) > L6, L16, L12 and L14 (點選後轉
換區線段 L6, L16, L12 and L14) > OK (完成排氣管轉換區面積之建構)。

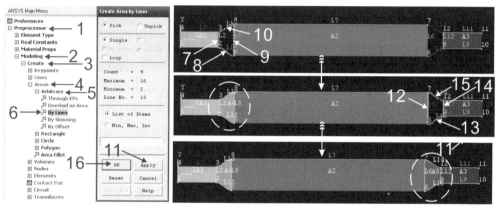

↻ 圖 12-11 　執行步驟 12.12-1～16 以及排氣管轉換區面積建構之完成圖

▶ **執行步驟 12.13** 　如圖 12-12 所示，排氣管入口區線段設定 (Lines Set)：Utility
Menu (功能選單) > Plot (繪圖) > Lines (線段) > Preprocessor (前處理器) > Meshing (網
格化) > Mesh Tool (網格工具) > Lines Set (線段設定) > L3 and L1 (點選線段 L3 and
L1) > OK (完成線段之點選) > 15 (在 NDIV No. of element divisions 欄位內輸入 15) >
−2 (在 SPACE Spacing ratio 欄位內輸入 −2) > OK (完成出口區上線段之翻轉)。

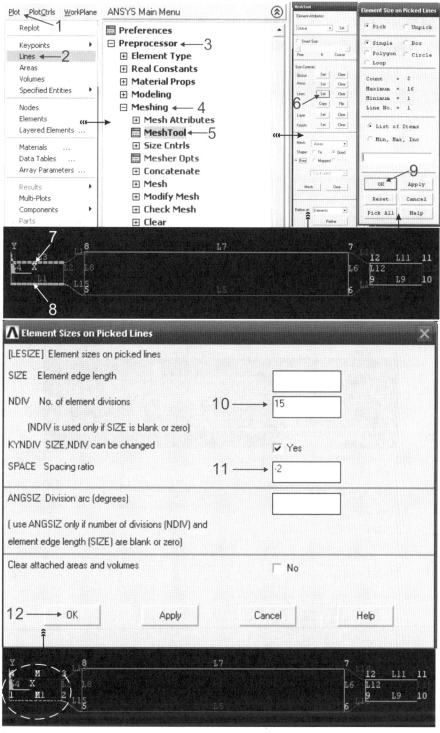

圖 12-12　執行步驟 12.13-1～12 與排氣管入口區線段設定之完成圖

12-9

▶ **執行步驟 12.14** 如圖 12-13 所示，排氣管轉換區與消音區線段設定 (Lines Set)：Preprocessor(前處理器) > Meshing(網格化) > Mesh Tool(網格工具) > Lines Set (線段設定) > L13, L7, L14, L15, L5 and L16(點選線段 L13, L7, L14, L15, L5 and L16) > OK(完成線段之點選) > 12(在 NDIV No. of element divisions 欄位內輸入 12) > 1(在 SPACE Spacing ratio 欄位內輸入 1) > OK(完成排氣管轉換區與消音區線段設定)。

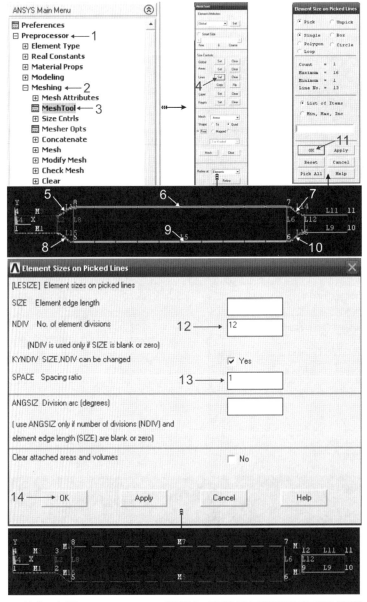

🔱 圖 12-13 執行步驟 12.14-1～14 與排氣管轉換區與消音區線段設定之完成圖

▶ **執行步驟 12.15**　　如圖 12-14 所示，排氣管出口區線段設定 (Lines Set)：Preprocessor(前處理器)＞Meshing(網格化)＞Mesh Tool(網格工具)＞Lines Set(線段設定)＞L11 and L9(點選線段 L11 and L9)＞OK(完成線段之點選)＞15(在 NDIV No. of element divisions 欄位內輸入 15)＞3(在 SPACE Spacing ratio 欄位內輸入 3)＞OK (完成排氣管出口區線段設定)。

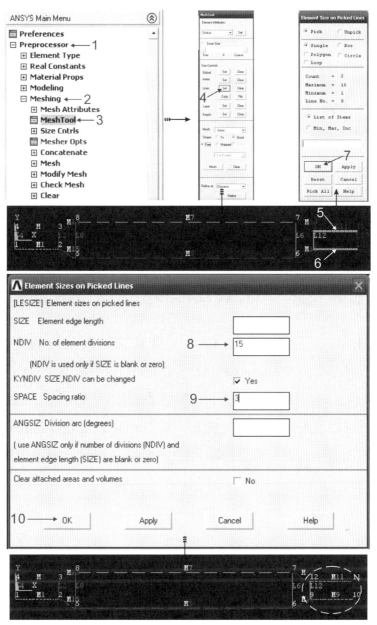

⏻ 圖 12-14　執行步驟 12.15-1～10 與排氣管出口區線段設定之完成圖

▶ **執行步驟 12.16** 如圖 12-15 所示，出口區上線段之翻轉 (Flip) 條件：
Preprocessor(前處理器)＞Meshing(網格化)＞MeshTool(網格工具)＞Lines Flip(線段翻轉)＞L11(點選線段 L11)＞OK(完成出口區上線段之翻轉)。

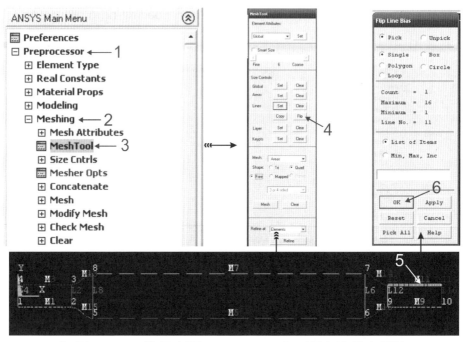

↻ 圖 12-15　執行步驟 12.16-1～6 出口區上線段之翻轉

▶ **執行步驟 12.17** 如圖 12-16 所示，排氣管垂直線段設定 (Lines Set)：
Preprocessor(前處理器)＞Meshing(網格化)＞Mesh Tool(網格工具)＞Lines Set(線段設定)＞L4, L2, L8, L6, L12 and L10(點選垂直線段 L4, L2, L8, L6, L12 and L10)＞OK(完成線段之點選)＞10(在 NDIV No. of element divisions 欄位內輸入 10)＞−2(在 SPACE Spacing ratio 欄位內輸入−2)＞OK(完成排氣管垂直線段設定)。

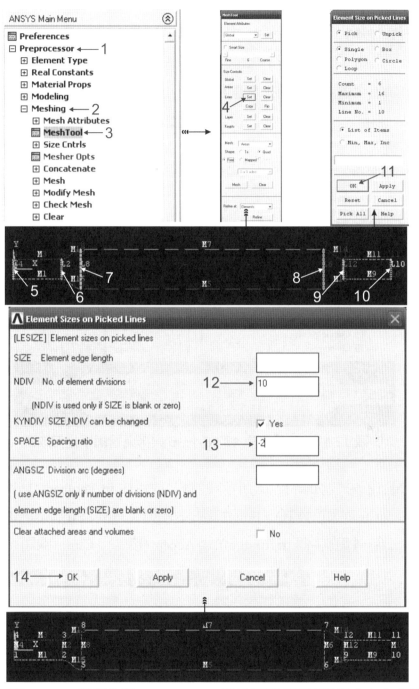

⏻ 圖 12-16　執行步驟 12.17-1～14 與排氣管垂直線段設定之完成圖

▶ **執行步驟 12.18** 如圖 12-17 所示，排氣管網格化 (Meshing)：Preprocessor (前處理器) > Meshing (網格化) > MeshTool (網格工具) > Quad (四方形) > Mapped (映射) > Pick All(全選，完成排氣管網格化)。

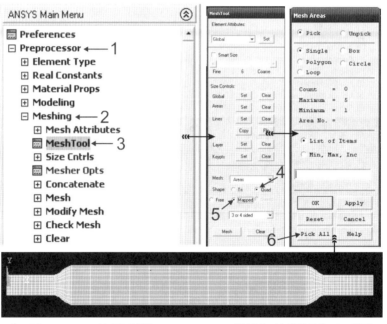

⏻ 圖 12-17 執行步驟 12.18-1～6 與排氣管網格化完成圖

▶ **執行步驟 12.19** 如圖 12-18所示，編輯工具列 (Edit Toolbar)：Utility Menu(功能選單) > MenuCtrls(選單控制) > Edit Toolbar(編輯工具列) > tri,/triad,off.(在*ABBR, 欄位內輸入三合一縮寫字體 tri,/triad,off.) > Accept(接受) > Close(關閉視窗)。

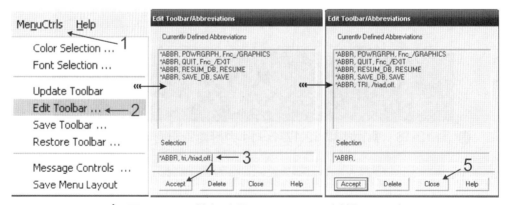

⏻ 圖 12-18 執行步驟 12.19-1～5 編輯工具列

▶ **執行步驟 12.20** 如圖 12-19 所示，設定入口區速度 (Velocity)：Utility Menu (功能選單) > Plot (繪圖) > Lines (線段) > Preprocessor (前處理器) > Loads (負載) > Define Loads(定義負載) > Apply(施用，繼續執行下一個步驟) > Fluid/CFD(流體/計算流體力學) > Velocity (速度) > On Lines (在線上) > L4 (點選入口區線段 L4) > OK (完成點選) > 1.0(在 VX Load value 欄位內輸入水平速度 1.0in/sec) > 0(在 VY a Load value 欄位內輸入垂直速度 0in/sec) > OK(完成入口區速度之設定)。

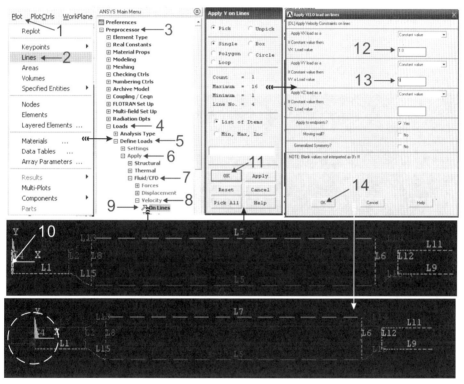

↻ 圖 12-19 執行步驟 12.20-1～14 與入口區速度設定之完成圖

▶ **執行步驟 12.21** 如圖 12-20 所示，設定排氣管上下邊界之速度 (Velocity)：Preprocessor(前處理器) > Loads(負載) > Define Loads(定義負載) > Apply(施用，繼續執行下一個步驟) > Fluid/CFD (流體/計算流體力學) > Velocity (速度) > On Lines (在線上) > L3～L9 (點選上下邊界之線段 L3～L9) > OK (完成點選) > 0 (在 VX Load value 欄位內輸入水平速度 0in/sec) > 0 (在 VY a Load value 欄位內輸入垂直速度 0in/sec) > OK(完成入口區速度之設定)。

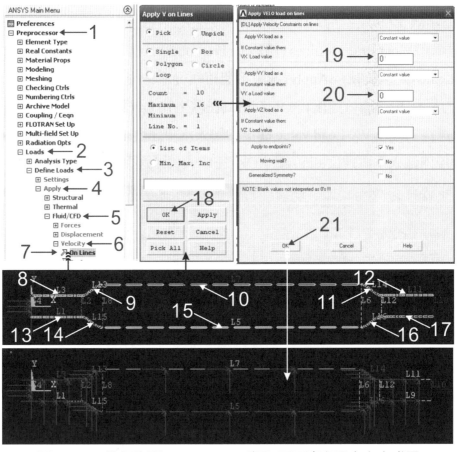

圖 12-20　執行步驟 12.21-1～21 與入口區速度設定之完成圖

▶ **執行步驟 12.22**　如圖 12-21 所示，設定出口區之壓力自由度 (Pressure DOF)：Preprocessor (前處理器) > Loads (負載) > Define Loads (定義負載) > Apply (提供) > Fluid/CFD (流體/計算流體力學) > Pressure DOF (壓力自由度) > On Lines (在線上) > L10(點選出口區之線段 L10) > OK(完成點選) > 0(在 PRES Pressure value 欄位內輸入出口區壓力 0.0psi) > OK (完成出口區壓力自由度之設定) > Tool bar (工具列)：SAVE_DB(存檔)。

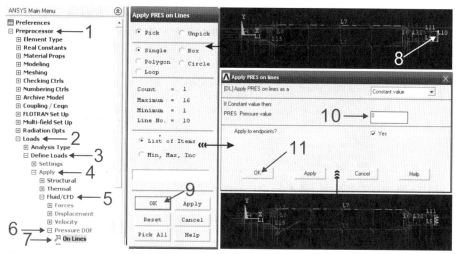

🔃 圖 12-21　執行步驟 12.22-1～11 與出口區壓力自由度設定之完成圖

▶ **執行步驟 12.23**　如圖 12-22 所示，設定流體性質 (Fluid Properties)：Solution (解法) > FLOTRAN Set Up (流體轉換設定) > Fluid Properties Apply (流體性質) > AIR-IN(在 Density 欄位內輸入空氣英吋密度 AIR-IN) > AIR-IN(在 Viscosity 欄位內輸入空氣英吋黏滯性 AIR-IN) > OK(完成流體性質設定)。

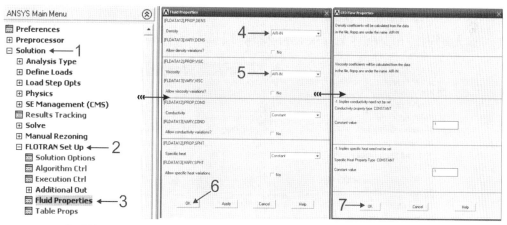

🔃 圖 12-22　執行步驟 12.23-1～7 與流體性質設定之完成圖

▶ **執行步驟 12.24**　如圖 12-23 所示，設定執行疊代次數 (EXEC Global iterations)：Solution(解法) > FLOTRAN Set Up(流體轉換設定) > Execution Ctrl(執行控制) > 40(在 EXEC Global iterations 欄位內輸入疊代次數 40) > OK(完成執行疊代次數設定)。

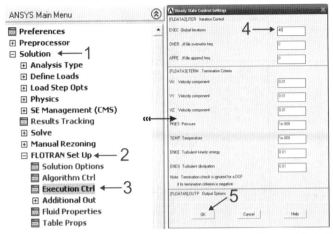

⏻ 圖 12-23　執行步驟 12.24-1～5 設定執行疊代次數

▶ **執行步驟 12.25**　如圖 12-24 所示，設定流動環境之參考條件 (Ref Conditions)：Solution(解法)＞FLOTRAN Set Up(流體轉換設定)＞Flow Environment (流動環境)＞Ref Conditions(參考條件)＞14.7(在 Reference pressure 欄位內輸入參考壓力 14.7psi)＞70 (在 Nominal temperature 欄位內輸入名義溫度 70℉)＞70 (在 Stagnation (total) temperature 欄位內輸入停滯溫度 70℉)＞70(在 Reference (bulk) temperature 欄位內輸入參考溫度 70℉)＞460(在[TOFF] Temp offset from ABS zero 欄位內輸入絕對溫度 460℉)＞OK(完成流動環境參考條件之設定)。

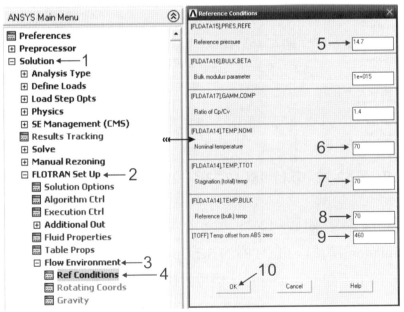

⏻ 圖 12-24　執行步驟 12.25-1～10 與流動環境參考條件設定之完成圖

執行步驟 12.26 如圖 12-25 所示，求解 (Solve)：Solution (解法)＞Run FLOTRAN(執行流體轉換)＞Close(關閉視窗，完成求解 Solution is done)。

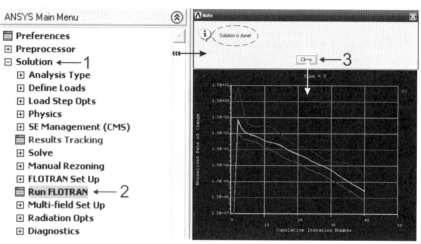

⏻ 圖 12-25　執行步驟 12.26-1～3 與疊代求解過程

執行步驟 12.27 如圖 12-26 所示，檢視排氣管流場速度 (Velocity V)：General Postprocessor (一般後處理器)＞Read Results (閱讀結果)＞Last Set (最後的設定)＞Plot Results (繪製所有結果)＞Vector Plot (向量繪製)＞Predefined (預先規定)＞DOF solution (檢視自由度解)＞Velocity V(檢視速度 V)＞OK(完成電壓輸出檢視)。

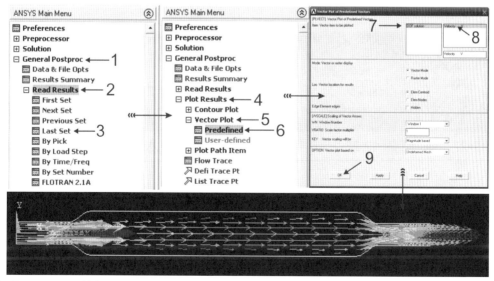

⏻ 圖 12-26　執行步驟 12.27-1～9 與排氣管流場速度 (出口區速度為 1.343in/sec)

▶ **執行步驟 12.28**　如圖 12-27 所示，檢視排氣管所有停滯壓力 (Total stagnation pressure)：General Postprocessor (一般後處理器) > Plot Results (繪製所有結果) > Contour Plot(輪廓繪製) > Nodal Solution(節點的解答) > Other FLOTRAN Quantities (其他流體轉換數量) > Total stagnation pressure(所有停滯壓力) > OK(完成變形輸出檢視)。

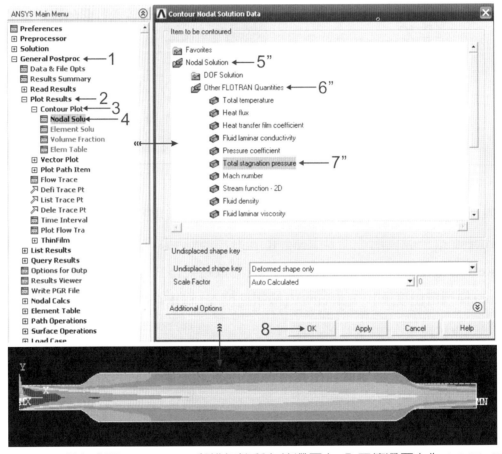

⏻ 圖 12-27　執行步驟 12.28-1～8 與排氣管所有停滯壓力 (入口停滯壓力為 1.64E-07psi)

▶ **執行步驟 12.29**　如圖 12-28 所示，排氣管軌跡點 (Trace Pt) 的點選：General Postprocessor (一般後處理器) > Plot Results (繪製所有結果) > Defi Trace Pt (定義軌跡點) > 4～14 (點選排氣管適當位置點) > OK (完成排氣管軌跡點的點選)。

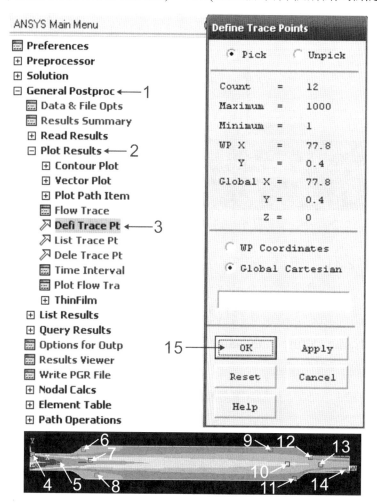

⟳ 圖 12-28　執行步驟 12.29-1～15 與排氣管軌跡點點選完成圖

▶ **執行步驟 12.30**　如圖 12-29 所示，檢視排氣管之動畫質點或粒子流動 (Particle Flow)：PlotCtrls (繪圖控制) > Animate (動畫) > Particle Flow (質點或粒子流動) > DOF solution (自由度解) > Velocity VX (VX 方向之流速) > OK (完成質點或粒子流動之動畫檢視)。

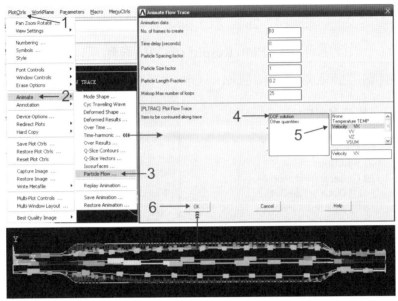

⏻ 圖 12-29　執行步驟 12.30-1～6 與排氣管之動畫質點或粒子流動

▶ **執行步驟 12.31**　如圖 12-30 所示，定義路徑 (Define Path)：General Postprocessor(一般後處理器)＞Path Operations(路徑操作)＞Define Path(定義路徑) ＞By Nodes(透過節點)＞345 and 321(點選節點 345 and 321)＞OK(完成節點之點選) ＞OUTLET(在 Name Define Path Name 欄位內輸入出口 OUTLET)＞OK(完成出口定義)＞X(關閉視窗)。

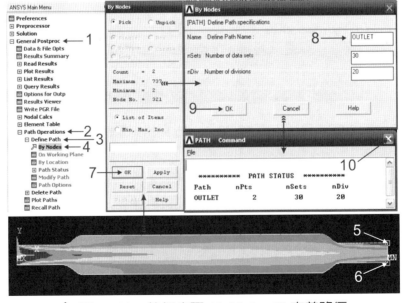

⏻ 圖 12-30　執行步驟 12.31-1～10 定義路徑

▶ **執行步驟 12.32**　如圖 12-31 所示，設定繪製路徑圖示 (Map onto Path)：
General Postprocessor (一般後處理器) ＞ Path Operations (路徑操作) ＞ Map onto Path
(繪製路徑圖示) ＞ Velocity (在 Lab User label for item 欄位內輸入速度 Velocity) ＞
DOF solution (自由度解) ＞ Velocity VX (點選 VX 方向之流速) ＞ OK (完成繪製路徑
圖示之設定)。

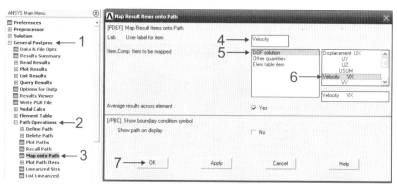

⏻ 圖 12-31　執行步驟 12.32-1～7 設定繪製路徑圖示

▶ **執行步驟 12.33**　如圖 12-32 所示，繪製出口區路徑圖示 (On Graph)：General
Postprocessor (一般後處理器) ＞ Path Operations (路徑操作) ＞ Plot Path Item (繪製路徑
項目) ＞ On Graph (關於圖示) ＞ VELOCITY (點選速度 VELOCITY) ＞ OK (完成出口
區路徑圖示之繪製)。

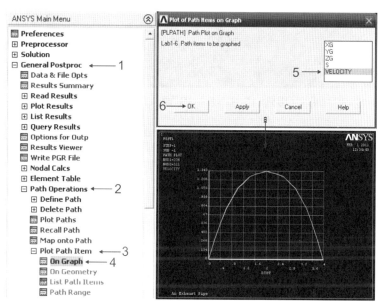

⏻ 圖 12-32　執行步驟 12.33-1～6 與出口區路徑圖示繪製之完成圖

▶ **執行步驟 12.34** 如圖 12-33 所示，重新設定入口區速度 (Velocity)：Utility Menu (功能選單) > Plot (繪圖) > Lines (線段) > Solution (求解) > Defined Loads (定義負載) > Apply (施用，繼續執行下一個步驟) > Fluid/CFD (流體/計算流體力學) > Velocity (速度) > On Lines (在線上) > L4 (點選入口區線段 L4) > OK (完成點選) > 50 (在 VX Load value 欄位內輸入水平速度 50in/sec) > 0 (在 VY a Load value 欄位內輸入垂直速度 0in/sec) > OK (完成入口區速度之重新設定)。

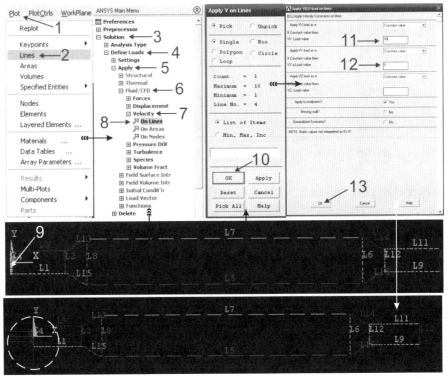

⏻ 圖 12-33　執行步驟 12.34-1～13 與入口區速度重新設定之完成圖

▶ **執行步驟 12.35**　如圖 12-34 所示，求解 (Solve)：Solution (解法) > Run FLOTRAN(執行流體轉換) > Close(關閉視窗，完成求解 Solution is done)。

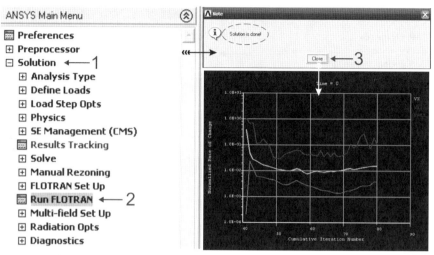

🖐 圖 12-34　執行步驟 12.35-1～3 與疊代求解過程

▶ **執行步驟 12.36**　如圖 12-35 所示，設定動量方程式 (Momentum Equation)：Solution (解法) > FLOTRAN Set Up (流體轉換設定) > Relax/Stab/Cap (放鬆/刺穿/覆蓋) > MIR Stabilization(米爾穩定) > 0.1(在 MOME Momentum Equation 動量方程式欄位內輸入 0.1) > OK(完成動量方程式設定)。

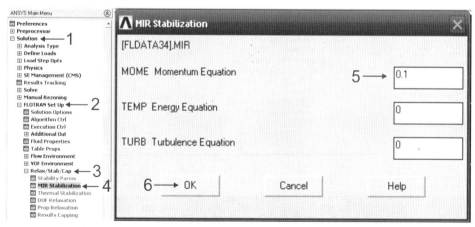

🖐 圖 12-35　執行步驟 12.36-1～6 設定動量方程式

▶ **執行步驟 12.37** 如圖 12-36 所示，求解 (Solve)：Solution (解法) > Run FLOTRAN(執行流體轉換) > Close(關閉視窗，完成求解 Solution is done)。

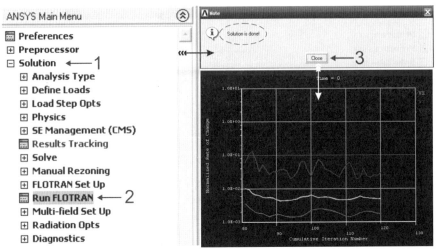

↻ 圖 12-36　執行步驟 12.37-1～3 與疊代求解過程

▶ **執行步驟 12.38** 如圖 12-37 所示，檢視排氣管流場速度 (Velocity V)：General Postprocessor (一般後處理器) > Read Results (閱讀結果) > Last Set (最後的設定) > Plot Results (繪製所有結果) > Vector Plot (向量繪製) > Predefined (預先規定) > DOF solution(檢視自由度解) > Velocity V(檢視速度 V) > OK(完成電壓輸出檢視)。

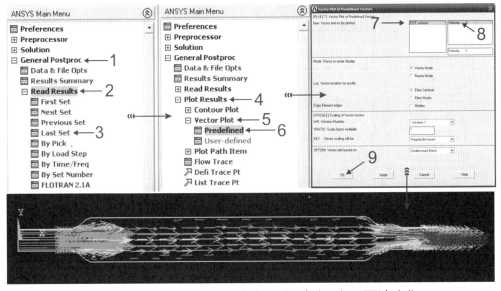

↻ 圖 12-37　執行步驟 12.38-1～9 與排氣管流場速度 (出口區速度為 57.436in/sec)

▶ **執行步驟 12.39**　如圖 12-38 所示，檢視排氣管所有停滯壓力 (Total stagnation pressure)：General Postprocessor (一般後處理器) > Plot Results (繪製所有結果) > Contour Plot (輪廓繪製) > Nodal Solution (節點的解答) > Other FLOTRAN Quantities (其他流體轉換數量) > Total stagnation pressure (所有停滯壓力) > OK (完成變形輸出檢視)。

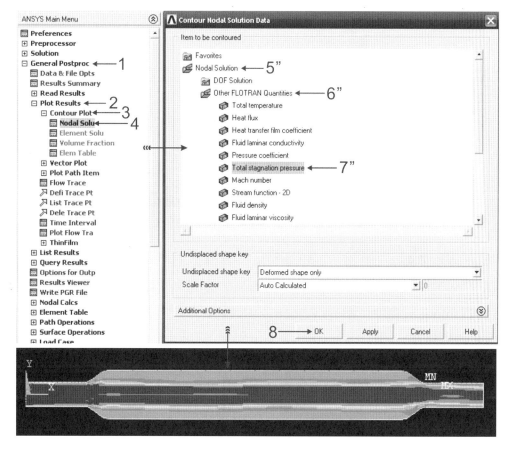

🔄 圖 12-38　執行步驟 12.39-1～8 與排氣管所有停滯壓力 (入口停滯壓力為 1.88E−04psi)

▶ **執行步驟 12.40**　如圖 12-39 所示，排氣管軌跡點 (Trace Pt) 的點選：General Postprocessor (一般後處理器) > Plot Results (繪製所有結果) > Defi Trace Pt (定義軌跡點) > 4～14 (點選排氣管適當位置點) > OK (完成排氣管軌跡點的點選)。

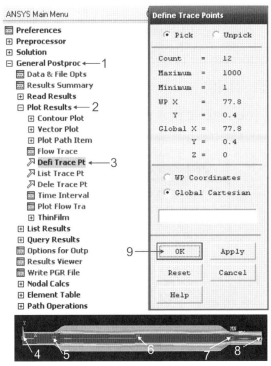

⏻ 圖 12-39　執行步驟 12.40-1～9 與排氣管軌跡點點選完成圖

▶ **執行步驟 12.41**　如圖 12-40 所示，檢視排氣管之動畫質點或粒子流動 (Particle Flow)：PlotCtrls(繪圖控制) > Animate(動畫) > Particle Flow(質點或粒子流動) > DOF solution(自由度解) > Velocity VX(VX 方向之流速) > OK(完成質點或粒子流動之動畫檢視)。

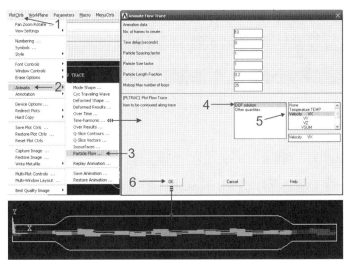

⏻ 圖 12-40　執行步驟 12.41-1～6 與排氣管之動畫質點或粒子流動

▶ **執行步驟 12.42**　如圖 12-41 所示，定義路徑 (Define Path)：General Postprocessor(一般後處理器)＞Path Operations(路徑操作)＞Define Path(定義路徑) ＞By Nodes(透過節點)＞345 and 321(點選節點 345 and 321)＞OK(完成節點之點選) ＞OUTLET(在 Name Define Path Name 欄位內輸入出口 OUTLET)＞OK(完成出口定 義)＞X(關閉視窗)。

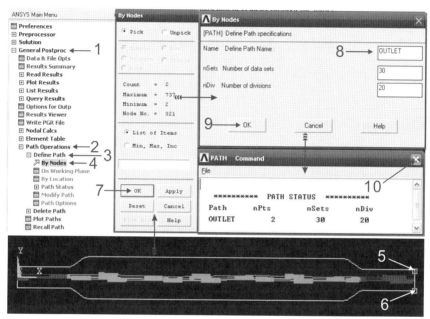

⏻ 圖 12-41　執行步驟 12.42-1～10 定義路徑

▶ **執行步驟 12.43**　如圖 12-42 所示，設定繪製路徑圖示 (Map onto Path)： General Postprocessor(一般後處理器)＞Path Operations(路徑操作)＞Map onto Path (繪製路徑圖示)＞Velocity(在 Lab User label for item 欄位內輸入速度 Velocity)＞ DOF solution(自由度解)＞Velocity VX(點選 VX 方向之流速)＞OK(完成繪製路徑 圖示之設定)。

電腦輔助工程分析實務

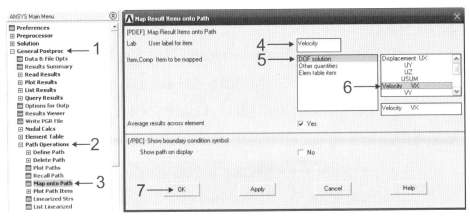

⏻ 圖 12-42　執行步驟 12.43-1～7 設定繪製路徑圖示

▶ **執行步驟 12.44**　如圖 12-43 所示，繪製出口區路徑圖示 (On Graph)：General Postprocessor(一般後處理器) > Path Operations(路徑操作) > Plot Path Item(繪製路徑項目) > On Graph(關於圖示) > VELOCITY (點選速度　VELOCITY) > OK (完成出口區路徑圖示之繪製)。

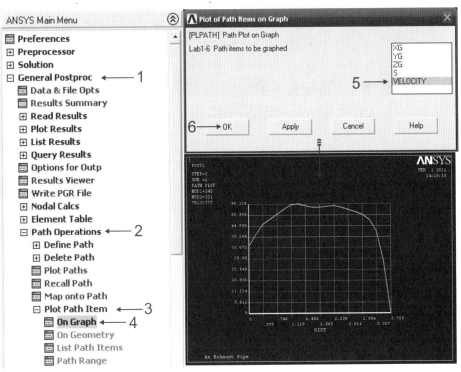

⏻ 圖 12-43　執行步驟 12.44-1～6 與出口區路徑圖示繪製之完成圖

▶ **執行步驟 12.45**　如圖 12-44 所示，設定排氣管上下外緣溫度 (Temperature)：
Solution (解法) > Define　Loads (定義負載) > Apply (提供) > Thermal (熱的) >
Temperature(溫度) > On　Lines(在線段上) > L3～L1 (點選排氣管上下外緣之線段 L3
～L1) > OK(完成排氣管上下外緣溫度設定)。

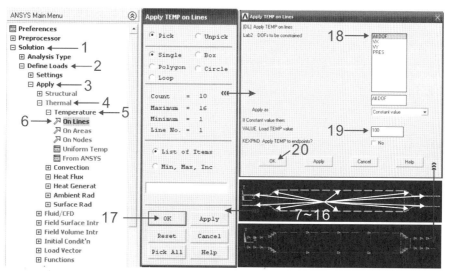

⏻ 圖 12-44　執行步驟 12.45-1～20 設定動量方程式

▶ **執行步驟 12.46**　如圖 12-45 所示，求解 (Solve)：Main　Menu (主要選單) >
Solution (解法) > Run　FLOTRAN (執行流體轉換) > Close (關閉視窗，完成求解
Solution is done)。

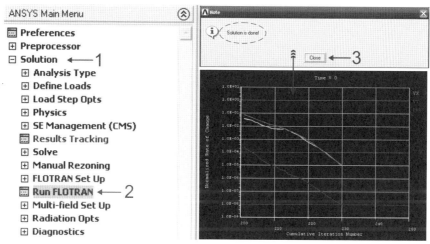

⏻ 圖 12-45　執行步驟 12.46-1～3 與疊代求解過程

▶ **執行步驟 12.47** 如圖 12-46 所示，檢視排氣管流場速度 (Velocity V)：General Postprocessor (一般後處理器) > Read Results (閱讀結果) > Last Set (最後的設定) > Plot Results (繪製所有結果) > Vector Plot (向量繪製) > Predefined (預先規定) > DOF solution (檢視自由度解) > Velocity V (檢視速度 V) > OK (完成電壓輸出檢視)。

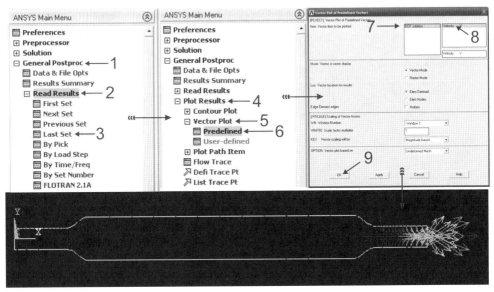

↻ 圖 12-46 執行步驟 12.47-1～9 與排氣管流場速度 (出口區速度為 39,705in/sec)

▶ **執行步驟 12.48**　如圖 12-47 所示，檢視排氣管所有停滯壓力 (Total stagnation pressure)：General Postprocessor (一般後處理器) > Plot Results (繪製所有結果) > Contour Plot (輪廓繪製) > Nodal Solution (節點的解答) > Other FLOTRAN Quantities (其他流體轉換數量) > Total stagnation pressure (所有停滯壓力) > OK (完成變形輸出檢視)。

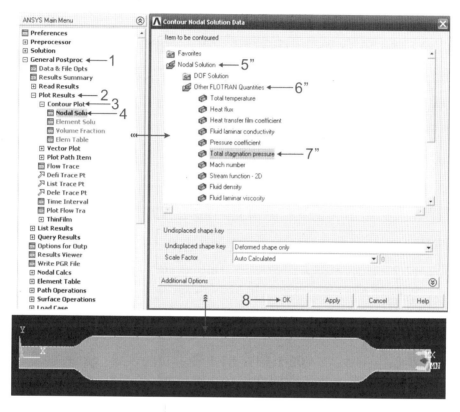

⏻ 圖 12-47　執行步驟 12.48-1～8 與排氣管所有停滯壓力
(入口停滯壓力為 96.627～110.431psi)

【結果與討論】

1. 如圖 12-7～12-10 所示，利用 Tan to 2 Lines(對兩條線建立切線)的方法，可以順利建構排氣管各區塊面積之連線。

2. 如圖 12-12～12-14 所示，係為排氣管入口區、轉換區、消音區與出口區網格化線段之設定程序。

3. 如圖 12-15～12-18 所示，係為排氣管線段網格化翻轉 (Flip) 條件、垂直線段網格化、面積網格化與編輯新的工具列指令之設定程序。

4. 如圖 12-19～12-21 所示，係為排氣管入口區、轉換區、消音區與出口區強制邊界條件之設定程序。

5. 如圖 12-22～25 所示，係為排氣管流體性質、執行疊代次數、流動環境參考條件與求解之設定程序。

6. 如圖 12-26 所示，當入口速度是 1in/sec 時，該排氣管之出口區速度為 1.343in/sec。

7. 如圖 12-27 所示，當入口速度是 1in/sec 時，該排氣管之入口停滯壓力為 1.64E−07psi。

8. 如圖 12-37 所示，當入口速度是 50in/scc 時，該排氣管之出口區速度為 57.436in/sec。

9. 如圖 12-38 所示，當入口速度是 50in/sec 時，該排氣管之入口停滯壓力為 1.88E−04psi。

10. 如圖 12-46 所示，當入口速度是 50in/sec 且排氣管上下外緣溫度上升到 100℃時，該排氣管之出口區速度為 39,705in/sec。

11. 如圖 12-47 所示，當入口速度是 50in/sec 且排氣管上下外緣溫度上升到 100℃時，該排氣管之入口停滯壓力為 96.627～110.431psi。

【結論與建議】

1. 本例題在前處理器中利用 Tan to 2 Lines 選項來建構排氣管前後轉換區之切線，可以使排氣管之前後轉換區之曲線比較圓潤。

2. 本例題在前處理器中利用 Lines Set 與不同的 SPACE Spacing ratio 來完成排氣管不同區段線段之設定與定義。

3. 本例題在前處理器中利用 Quad (四方形) 與 Mapped (映射) 來完成排氣管網格化。

4. 本例題可以在前處理器與求解中，來完成排氣管不同區段速度之設定。

5. 本例題可以在前處理器中完成設定排氣管出口處壓力之設定。

6. 本例題可以在求解中設定排氣管之溫度，藉此來檢視排氣管受熱後的流場變化。

7. 本例題可以後處理器中分別來檢視排氣管之流場速度與壓力。

8. 本例題可以質點流動設定與動畫來檢視排氣管之質點流動概況。

9. 本例題可以在後處理器中繪製不同條件之出口區路徑圖示。

10. 本例題的可行變化例，尚有：

    (1) 改變排氣管不同區段之尺寸，亦即改變排氣管不同區段的長度或寬度；

    (2) 改變排氣管的入口速度；

    (3) 改變排氣管的出口壓力；

    (4) 幫排氣管加溫，亦即在排氣管不同區段上設定溫度；

    (5) 將排氣管中的空氣改變成二氧化碳 (CO_2) 或水 (H_2O)；

    (6) 改變排氣管入口區或出口區的方向，亦即讓入口區或出口區的方向朝上或朝下。

習題　Exercise

Ex12-1：如例題十二所述，在相同條件之下，當入口速度是 1in/sec 依序增加到 50in/sec 時，試分析其出口速度與入口停滯壓力分別為何？

入口速度 (in/sec)	1	20	30	40	50
出口速度 (in/sec)	1.343				
入口停滯壓力 (psi)	1.64E−07				

Ex12-2：如例題十二所述，在相同條件之下，當入口速度是 1in/sec 且入口區長度由 10in 依序增加到 50in 時，試分析其出口速度與入口停滯壓力分別為何？

入口區長度 (in)	10	20	30	40	50
出口速度 (in/sec)	1.343				
入口停滯壓力 (psi)	1.64E−07				

Ex12-3：如例題十二所述，在相同條件之下，當入口速度是 1in/sec 且出口區長度由 10in 依序增加到 50in 時，試分析其出口速度與入口停滯壓力分別為何？

出口區長度 (in)	10	20	30	40	50
出口速度 (in/sec)	1.343				
入口停滯壓力 (psi)	1.64E−07				

Ex12-4：如例題十二所述，在相同條件之下，當入口速度是 1in/sec 且消音區長度由 50in 依序增加到 90in 時，試分析其出口速度與入口停滯壓力分別為何？

消音區長度 (in)	50	60	70	80	90
出口速度 (in/sec)	1.343				
入口停滯壓力 (psi)	1.64E−07				

Ex12-5：如例題十二所述，在相同條件之下，當入口速度是 1in/sec 且前轉換區長度由 4in 依序增加到 12in 時，試分析其出口速度與入口停滯壓力分別為何？

前轉換區長度 (in)	4	6	8	10	12
出口速度 (in/sec)	1.343				
入口停滯壓力 (psi)	1.64E−07				

Ex12-6：如例題十二所述，在相同條件之下，當入口速度是 50in/sec 且排氣管上下外緣溫度由 100℃ 上升到 140℃ 時，試分析其出口速度與入口停滯壓力分別為何？

排氣管上下外緣溫度 (℃)	100	110	120	130	140
出口速度 (in/sec)	39,705				
入口停滯壓力 (psi)	96.627～110.43				

例題十三

如圖 13-1 所示，係為一種微型致動器 (Micro Actuator)，其尺寸如圖所示。該主結構與電路接腳之楊氏係數 EX=0.169N/μm^2，帕松比 PRXY=0.22，熱膨脹係數 ALPX=2.9E-6/℃，熱傳導係數 KXX =0.15W/μm-℃，電阻率 RSVX=23ohm-μm。其邊界條件是該主結構之左側為固定端，其右側為自由端。當該電路接腳 A(Pad A) 施加 5.0 Voltage 電壓，而電路接腳 B(Pad B) 為接地端 (0.0 Voltage)，試分析其最大變形、應力、應變以及電壓與溫度分佈概況？(Element Type：Couple Field, Scalar Tet 98, Mesh Tool：Smart Size 10, Shape：Tex _ Free)

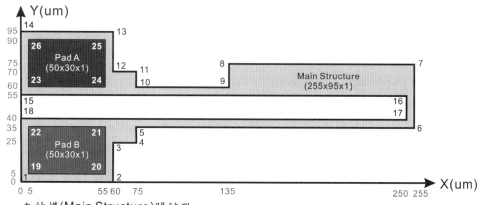

主結構(Main Structure)關鍵點
1(0,0,0),　　2(60,0,0),　　3(60,25,0),　　4(75,25,0),　　5(75,35,0),　　6(255,35,0)
7(255,75,0), 8(135,75,0), 9(135,60,0), 10(75,60,0), 11(75,70,0),　12(60,70,0),
13(60,95,0), 14(0,95,0),　 15(0,55,0),　　16(250,55,0), 17(250,40,0), 18(0,40,0)
接腳A(Pad A)關鍵點
19(5,5,1)　　20(55,5,1),　 21(55,35,1), 22(5,35,1)
接腳B(Pad B)關鍵點
23(5,60,1)　 24(55,60,1),　 25(55,90,1), 26(5,90,1)

🔄 圖 13-1　微 w 型致動器之正視圖

【學習重點】

1. 熟悉如何從各執行步驟中來瞭解微型致動器的基本操作與作動原理。

2. 熟悉如何從各執行步驟中來瞭解微型致動器之作動原理。

3. 熟悉如何設定微型致動器之機電性質，特別是熱傳導係數與電阻率。

4. 熟悉如何利用關鍵點 (Key Points)、線段 (Lines)、面積 (Areas) 與拉伸 (Extrude) 來建構微型致動器之主結構。

5. 熟悉如何利用工作平面 (Working Plane) 與透過維度 (By Dimension) 來建構微型致動器接腳之體積。

6. 熟悉如何複製 (Copy) 微型致動器另一接腳之體積。

7. 熟悉如何設定微型致動器之機電邊界條件。

8. 熟悉如何檢視微型致動器之變形、應力、應變、電壓與溫度。

9. 熟悉如何檢視微型致動器關鍵點 (節點) 之變形、電壓與溫度。

▶ **執行步驟 13.1** 請參考第一章執行步驟 1.1 與圖 1-2，更改作業名稱 (Change Jobname)：Utility Menu(功能選單) > File(檔案) > Change Jobname(更改作業名稱) > CH13_MA(作業名稱) > Yes(是否為新的記錄或錯誤檔) > OK(完成作業名稱之更改或設定)。

▶ **執行步驟 13.2** 請參考第一章執行步驟 1.2 與圖 1-3，更改標題 (Change Title)：Utility Menu(功能選單或畫面) > File(檔案) > 更改標題 (Change Title) > Micro Actuator(標題名稱) > OK(完成標題之更改或設定)。

▶ **執行步驟 13.3** Preferences(偏好選擇)：ANSYS Main Menu(ANSYS 主要選單) > Preferences(偏好選擇) > Structural (結構的) > Thermal (熱學的) > Electric (電學的) > OK(完成偏好之選擇)。

▶ **執行步驟 13.4** 選擇元素型態 (Element Type)：Preprocessor (前處理器) > Element Type (元素型態) > Add/Edit/Delete (增加/編輯/刪除) > Add (增加) > Couple Field(複合領域) > Scalar Tet 98(標量四角形之機電立體元素) > Close(關閉元素型態 _Element Types 之視窗)。

▶ **執行步驟 13.5**　　設定微型致動器之材料性質 (Material Props)：Preprocessor (前處理器) > Material Props (材料性質) > Material Models (材料模式) > Structural (結構的) > Linear (線性的) > Elastic (彈性的) > Isotropic (等向性的) > 0.169 (在 EX 欄位內輸入楊氏係數 $0.169\text{N}/\mu\text{m}^2$) > 0.22 (在 PRXY 欄位內輸入帕松比 0.22) > Linear (關閉線性的視窗) > Thermal Expansion (熱膨脹) > Secant Coefficient (正割係數) > Isotropic (等向性的) > 2.9E−6 (在 ALPX 欄位內輸入熱膨脹係數 $2.9\text{E}{-}6/^\circ\text{C}$) > Structural (關閉結構的的視窗) > Thermal (熱學的) > Conductivity (熱傳導) > Isotropic (等向性的) > 0.15 (在 KXX 欄位內輸入熱傳導係數 $0.15\text{W}/\mu\text{m}^\circ\text{C}$) > Electromagnetics (電磁的) > Resistivity (電阻率) > Constant (常數) > 23 (在 RSVX 欄位內輸入電阻率 $23\text{ohm-}\mu\text{m}$) > X (關閉定義材料模式行為之視窗，完成微型致動器的機電材料性質之建檔)。

▶ **執行步驟 13.6**　　如圖 13-2 所示，建構微型致動器主結構之關鍵點 (Keypoints)：Preprocessor (前處理器) > Modeling (建模) > Create (建構) > Keypoints (關鍵點) > In Active CS (在主座標系統上) > 1 (在 NPT Keypoint number 欄位內輸入關鍵點編號 1) > Apply (施用，繼續執行下一個步驟 8～55，亦即依序輸入關鍵點 2～17 之編號與座標) > 18 (在 NPT Keypoint number 欄位內輸入關鍵點編號 18) > (0,40,0) (在 X,Y,Z Location in active CS 欄位內輸入關鍵點座標 (0,40,0)) > OK (完成主結構關鍵點之建構)。

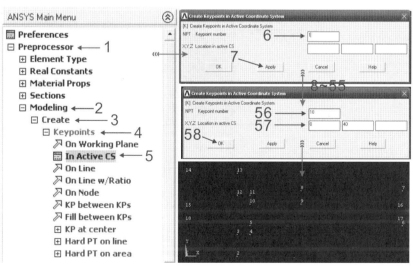

⏻ 圖 13-2　執行步驟 13.6-1～58 與微型致動器主結構關鍵點建構之完成圖

▶ **執行步驟 13.7** 如圖 13-3 所示,建構微型致動器主結構之線段 (Lines):
Preprocessor (前處理器) > Modeling (建模) > Create (建構) > Lines (線段) > Lines (線段)
> Straight Line2 (直線) > 7~24 (依序點選關鍵點 1 & 2~18 & 1) > OK (完成主結構線
段之建構)。

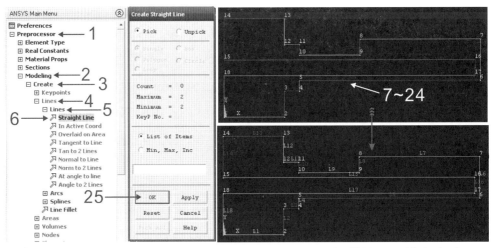

⏻ 圖 13-3　執行步驟 13.7-1~25 與微型致動器主結構線段建構之完成圖

▶ **執行步驟 13.8** 如圖 13-4 所示,建構微型致動器主結構之面積 (Areas):
Preprocessor (前處理器) > Modeling (建模) > Create (建構) > Areas (面積) > Arbitrary
(任意) > By Lines (透過線段) > 7~24 (依序點選線段 L1~L18) > OK (完成主結構面
積之建構)。

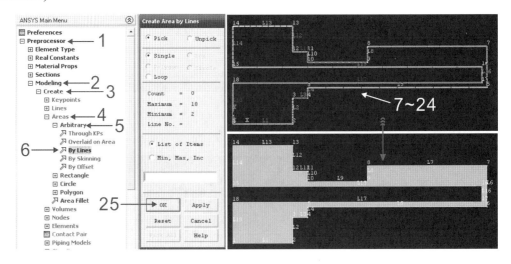

⏻ 圖 13-4　執行步驟 13.8-1~25 與微型致動器主結構面積建構之完成圖

▶ **執行步驟 13.9**　如圖 13-5 所示，微型致動器主結構體積之拉伸 (Extrude)：
Preprocessor (前處理器) > Modeling (建模) > Operate (操作) > Extrude (拉伸) > Areas
(面積) > By XYZ Offset (透過 XYZ 座標系統補償) > A1 (點選主結構面積 A1) > OK
(完成主結構面積之點選) > 1 (在 DX,DY,DZ Offset for extrusion 欄位內輸入厚度
1μm) > OK (完成主結構體積之拉伸)。

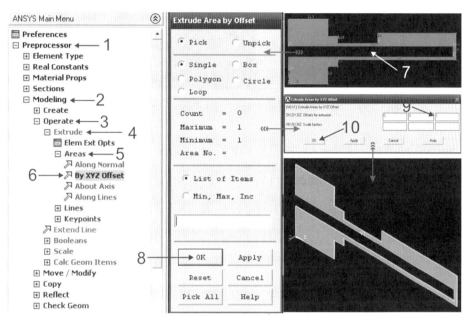

↻ 圖 13-5　執行步驟 13.9-1～10 與微型致動器主結構體積拉伸之完成圖

▶ **執行步驟 13.10**　如圖 13-6 所示，設定工作平面 (WorkPlane)：WorkPlane(工
作平面) > Display Working Plane (顯示工作平面) > WP Settings (工作平面設定) > 1
(在 Snap Incr 欄位內輸入 1) > OK (完成工作平面設定) > WorkPlane (重新啟動工作平
面) > Offset WP by Increments (透過增量補償工作平面) > +X (按壓+X 鍵 5 次) > +Y
(按壓+Y 鍵 5 次) > +Z (按壓+Z 鍵 1 次) > OK (完成工作平面之增量補償，讓工作平
面移動到主座標系統 (5,5,1) 之位置)。

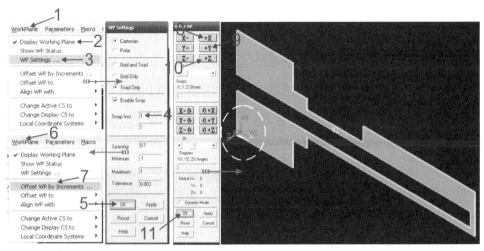

⏻ 圖 13-6　執行步驟 13.10-1～11 與工作平面設定之完成圖

▶ **執行步驟** 13.11　　如圖 13-7 所示，建構微型致動器接腳 B 之體積(Volumes)：
Preprocessor (前處理器) > Modeling (建模) > Create (建構) > Volumes (體積) > Block
(方塊) > By Dimensions (透過維度) > 50 (在 X1,X2 X-coordinate 欄位內輸入長度
50μm) > 30(在 Y1,Y2 Y-coordinate 欄位內輸入長度 30μm) > 1(在 Z1,Z2 Z-coordinate
欄位內輸入長度 1μm) > OK(完成微型致動器接腳 B 體積之建構)。

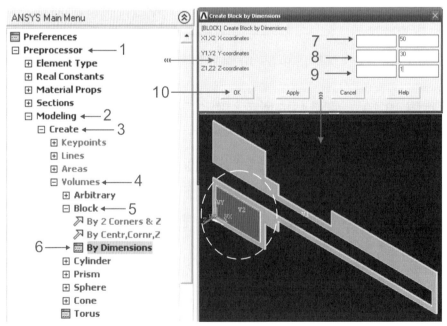

⏻ 圖 13-7　執行步驟 13.11-1～10 與微型致動器接腳 B 體積建構之完成圖

執行步驟 13.12　如圖 13-8 所示，微型致動器接腳 B 體積之複製 (Copy)：
Preprocessor (前處理器) > Modeling (建模) > Copy (複製) > Volumes (體積) > V2 (點選接腳 B 之體積 V2) > OK (完成微型致動器接腳 B 體積之點選) > 55 (在 DY Y-coordinate 欄位內輸入移動距離 55μm) > OK (完成微型致動器接腳 B 體積之複製，完成複製另一個接腳 A)。

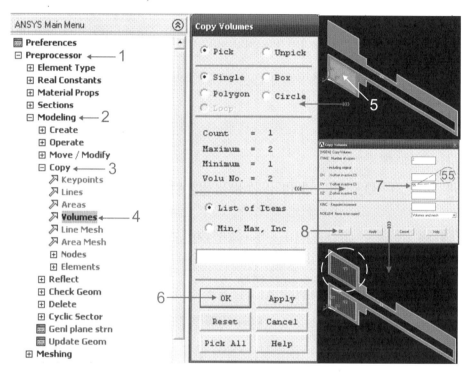

⟳ 圖 13-8　執行步驟 13.12-1～8 與微型致動器接腳 B 體積複製之完成圖

執行步驟 13.13　如圖 13-9 所示，微型致動器所有體積之膠合 (Glue)：
Preprocessor (前處理器) > Modeling (建模) > Operate (操作) > Booleans (布林運算) > Glue (膠合) > Volumes (體積) > Pick All (全選，完成微型致動器所有體積之膠合)。

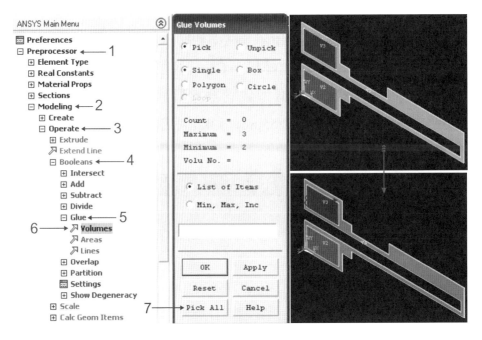

⏻ 圖 13-9　執行步驟 13.13-1～7 與微型致動器所有體積膠合之完成圖

▶ **執行步驟 13.14**　如圖 13-10所示，微型致動器網格化 (Meshing)：Preprocessor (前處理器) > Meshing (網格化) > MeshTool (網格工具) > Smart Size N.A. (不點選精明尺寸) > Mesh (網格化啓動) > Pick All (全選，完成微型致動器網格化)。

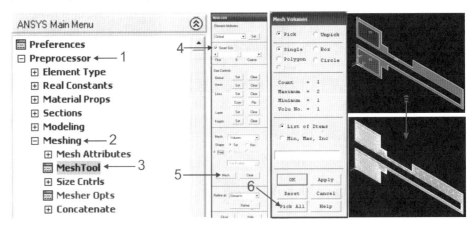

⏻ 圖 13-10　執行步驟 13.14-1～6 與微型致動器網格化之完成圖 (有限元素數量 6,389 個)

▶ **執行步驟 13.15**　請參考第一章執行步驟 1.14 與圖 1-16,分析型態之選定 (Analysis Type):Solution(解法)＞Analysis Type(分析型態)＞New Analysis(新的分析型態)＞Static(靜力的)＞OK(完成分析型態之選定)。

▶ **執行步驟 13.16**　如圖 13-11 所示,設定微型致動器之機械邊界條件:Solution (解法)＞Defined Loads(定義負載)＞Apply(設定)＞Structural(結構的)＞Displacement (位移的)＞On Areas(在面積上)＞A16 & A20(點選微型致動器左側面積 A16 & A20)＞OK(完成面積點選)＞All DOF(點選所有自由度)＞0(在 VALUE Displacement value 欄位內輸入自由度 0m)＞OK(完成微型致動器機械邊界條件之設定)。

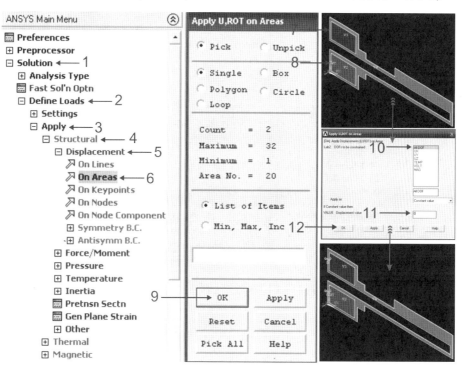

⏻ 圖 13-11　執行步驟 13.16-1～12 與微型致動器機械邊界條件設定之完成圖

▶ **執行步驟 13.17** 如圖 13-12 所示，設定微型致動器之電學(火線)邊界條件：Solution(解法)＞Defined Loads(定義負載)＞Apply(施用，繼續執行下一個步驟)＞Electric(電學的)＞Boundary(邊界的)＞Voltage(電壓)＞On Areas(在面積上)＞A27(點選微型致動器接腳 A 面積 A27)＞OK(完成面積點選)＞5(在 VALUE Load VOLT value 欄位內輸入電壓 5V)＞OK(完成微型致動器電學(火線)邊界條件之設定)。

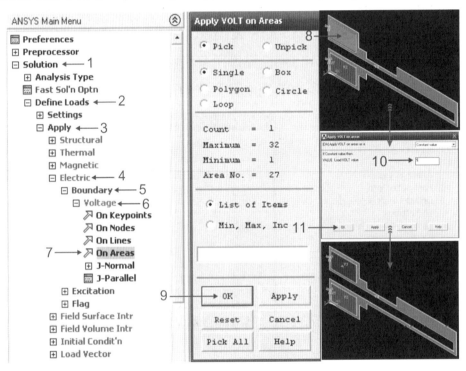

⏻ 圖 13-12 執行步驟 13.17-1～11 與微型致動器電學(火線)邊界條件設定之完成圖

▶ **執行步驟 13.18** 如圖 13-13 所示，設定微型致動器之電學(接地)邊界條件：Solution(解法)＞Defined Loads(定義負載)＞Apply(施用，繼續執行下一個步驟)＞Electric(電學的)＞Boundary(邊界的)＞Voltage 電壓)＞On Areas(在面積上)＞A22(點選微型致動器接腳 A 面積 A22)＞OK(完成面積點選)＞0(在 VALUE Load VOLT value 欄位內輸入電壓 0V)＞OK(完成微型致動器電學(接地)邊界條件之設定)。

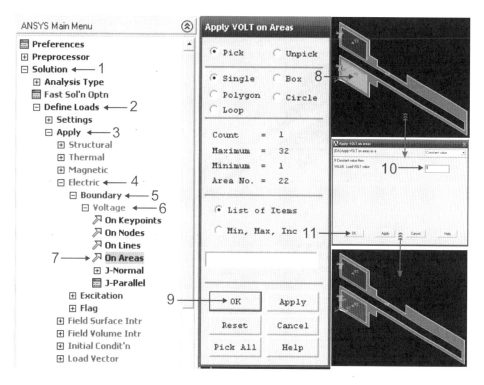

⏻ 圖 13-13　執行步驟 13.18-1～11 與微型致動器電學 (接地) 邊界條件設定之完成圖

▶ **執行步驟 13.19**　求解 (Solve)：Main Menu(主要選單) > Solution(解法) > Run FLOTRAN(執行流體轉換) > Close(關閉視窗，完成求解 Solution is done)。

▶ **執行步驟 13.20**　參考執行步驟 1.18 與圖 1-20，以及如圖 13-14 所示，檢視微型致動器最大變形 (DMX)：General Postprocessor(一般後處理器) > Read Results (閱讀結果) > Last Set(最後的設定) > Plot Results(繪製所有結果) > Contour Plot(輪廓繪製) > Nodal Solution(節點的解答) > DOF Solution(自由度的解答) > Displacement vector sum(位移向量總合之輸出) > Deformed Shape with undeformed edge(已變形與未變形邊緣之輸出) > OK(完成變形輸出)。

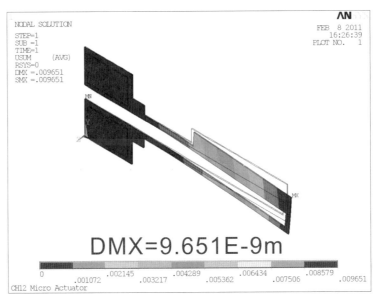

⏻ 圖 13-14　微型致動器之變形分佈圖 (DMX=0.00961μm=9.651E−9m)

▶ **執行步驟 13.21**　參考執行步驟 1.19 與圖 1-21，以及如圖 13-15 所示，檢視最大應力 (SMX) 輸出：General Postprocessor(一般後處理器) > Plot Results(繪製所有結果) > Contour Plot(輪廓繪製) > Nodal Solution(節點的解答) > Stress(應力) > von Mises stress(應力總合之輸出) > Deformed Shape with undeformed edge(已變形與未變形邊緣之輸出) > OK(完成應力輸出)。

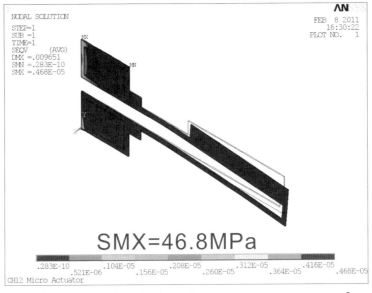

⏻ 圖 13-15　微型致動器之應力分佈圖 (SMX=0.468E−05N/μm^2=46.8MPa)

執行步驟 13.22 參考執行步驟 1.20 與圖 1-22，以及如圖 13-16 所示，檢視最大應變 (SMX) 輸出：General Postprocessor(一般後處理器)＞Plot Results(繪製所有結果)＞Contour Plot(輪廓繪製)＞Nodal Solution(節點的解答)＞Total Strain(所有應變)＞von Mises total strain(von Mises 總應變)＞Deformed Shape with undeformed edge(已變形與未變形邊緣之輸出)＞OK(完成應變輸出)。

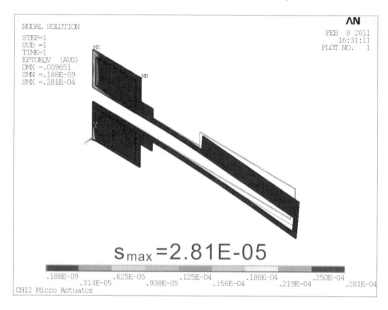

🔾 圖 13-16　微型致動器之應變分佈圖 (S$_{max}$=2.81E−05)

執行步驟 13.23 如圖 13-17 所示，檢視微型致動器最大變形 (DMX)：General Postprocessor (一般後處理器)＞Read Results (閱讀結果)＞Last Set (最後的設定)＞Plot Results(繪製所有結果)＞Contour Plot(輪廓繪製)＞Nodal Solution(節點的解答)＞DOF Solution (自由度的解答)＞Electric potential (電位)＞Deformed Shape with undeformed edge(已變形與未變形邊緣之輸出)＞OK(完成電位之輸出)。

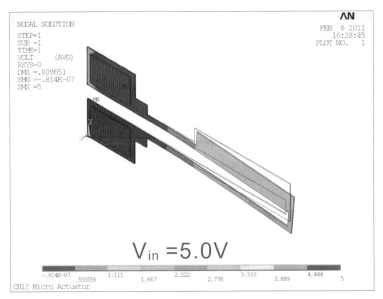

⏏ 圖 13-17　微型致動器之電壓分佈圖 (輸入電壓 V_{in}=5.0V)

▶ **執行步驟 13.24**　如圖 13-18 所示，檢視微型致動器最大變形 (DMX)：General Postprocessor(一般後處理器)＞Read Results (閱讀結果)＞Last Set (最後的設定)＞Plot Results(繪製所有結果)＞Contour Plot(輪廓繪製)＞Nodal Solution(節點的解答)＞DOF Solution (自由度的解答)＞Nodal Temperature (節點溫度)＞Deformed Shape with undeformed edge(已變形與未變形邊緣之輸出)＞OK(完成溫度輸出)。

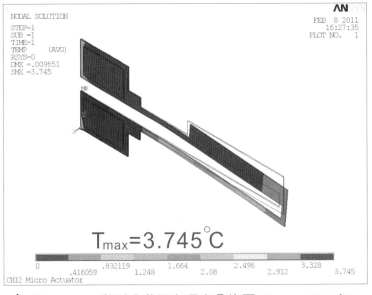

⏏ 圖 13-18　微型致動器之溫度分佈圖 (T_{max} =3.745°C)

▶ **執行步驟 13.25**　如圖 13-19 所示，檢視微型致動器自由端(關鍵點 KP6，節點 Node5534)之最大變形(UY)：TimeHist Postpro(時間履歷之後處理器)＞Variable Viewer(變數觀察者)＞UY_KP6(在 Calculator 欄位下方左側輸入垂直位移代號 UY_KP6)＞nsol(5534,U,Y)(在 Calculator 欄位下方右側輸入節點 Node5534 之垂直位移指令 nsol(5534,U,Y)，其中 5534 為節點代號，U 代表位移，Y 代表垂直方向)＞ENTER(輸入)＞－0.0093519(在 Variable List 欄位下方顯示節點 Node5534 之最小與最大垂直位移－9.35E－3μm)＞X(檢視完成後關閉視窗)。

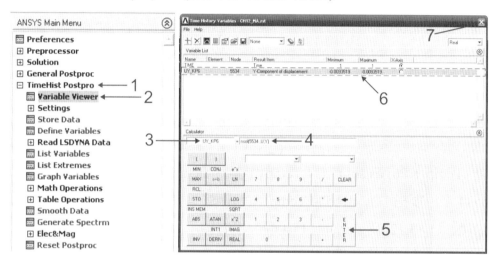

↻ 圖 13-19　執行步驟 13.25-1～7

▶ **執行步驟 13.26**　如圖 13-20 所示，檢視微型致動器自由端(關鍵點 KP6，節點 Node5534)之最大電壓(Voltage)：TimeHist Postpro(時間履歷之後處理器)＞Variable Viewer(變數觀察者)＞Volt_KP6(在 Calculator 欄位下方左側輸入垂直位移代號 Volt_KP6)＞nsol(5534,Volt)(在 Calculator 欄位下方右側輸入節點 Node5534 之電壓指令 nsol(5534,Volt)，其中 5534 為節點代號，Volt 代表電壓)＞ENTER(輸入)＞3.02677(在 Variable List 欄位下方顯示節點 Node5534 之最小與最大電壓約為 3.03V)＞X(檢視完成後關閉視窗)。

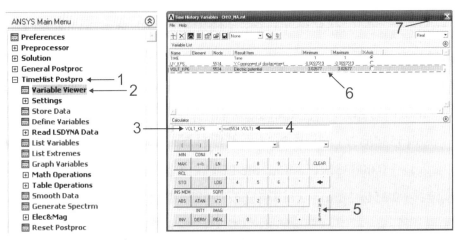

⏻ 圖 13-20　執行步驟 13.26-1～7

▶ **執行步驟 13.27**　如圖 13-21 所示，檢視微型致動器自由端(關鍵點 KP6，節點 Node5534)之最大溫度(Temperature)：TimeHist Postpro(時間履歷之後處理器)＞Variable Viewer(變數觀察者)＞Temp_KP6(在 Calculator 欄位下方左側輸入垂直位移代號 Temp_KP6)＞nsol(5534,Temp)(在 Calculator 欄位下方右側輸入節點 Node5534 之溫度指令 nsol(5534,Temp)，其中 5534 為節點代號，Temp 代表溫度)＞ENTER(輸入)＞3.12(在 Variable List 欄位下方顯示節點 Node5534 之最小與最大溫度 3.12℃)＞X(檢視完成後關閉視窗)。

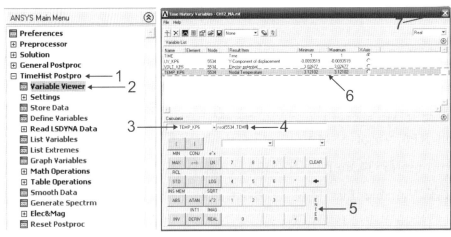

⏻ 圖 13-21　執行步驟 13.27-1～7

【結果與討論】

1. 如圖 13-10 所示，如果不點選精明尺寸，則微型致動器網格化後之有限元素數量仍然有 6,389 個。

2. 如圖 13-11 所示，設定微型致動器機械邊界條件時，必須考慮微機電系統或微系統 (MEMS_Mirco Electro-Mechanical System or MS_Mirco System) 之加工技術與現狀。

3. 如圖 13-12～13-13 所示，一般微型致動器的設計都希望可以利用 3～5V 之電壓來驅動之。

4. 如圖 13-14 所示，當微型致動器被 5V 電壓驅動時，其自由端之最大變形量 DMX＝0.00961μm＝9.651E−9m。

5. 如圖 13-15 所示，當微型致動器被 5V 電壓驅動時，其最大應力 SMX＝0.468E−05N/μm^2＝46.8MPa。

6. 如圖 13-16 所示，當微型致動器被 5V 電壓驅動時，其最大應變 S_{max}＝2.81E-05。

7. 如圖 13-17 所示，當微型致動器被 5V 電壓驅動時，其自由端的電壓 VOLT＝3.03V。

8. 如圖 13-18 所示，當微型致動器被 5V 電壓驅動時，其最大溫度 T_{max}＝3.745℃。

9. 如圖 13-19 所示，當微型致動器被 5V 電壓驅動時，其自由端在 Y 方向之最大變形量 UY_{max}＝−9.35E−3μm。

10. 如圖 13-20 所示，當微型致動器被 5V 電壓驅動時，其自由端的電壓 VOLT＝3.03V。

11. 如圖 13-21 所示，當微型致動器被 5V 電壓驅動時，其自由端的溫度 TEMP＝3.12℃。

【結論與建議】

1. 本例題之微型致動器其長度遠超過厚度，無論使用微機電系統或微系統之面型或體型微細加工技術，都必須考慮實際概況。一般過長的微型致動器，在加工之後仍然有崩塌或捲曲等問題。

2. 微系統或微型致動器最大問題是，機電性質的不確定性。不過可以透過實驗與分析來反推其機電性質；特別是楊氏係數、帕松比、熱膨脹係數、熱傳導係數與電阻率等機電性質。

3. 本例題求解後，如果欲利用一般後處理器檢視結果時，一定要先完成 General Postprocessor (一般後處理器) > Read Results (閱讀結果) > Last Set (最後的設定) 之執行步驟。

4. 本例題之變形、應力、應變以及電壓與溫度分佈結果，是否合理，必須透過實驗證實。不過可以確定的是，如果最大變形量超過微型致動器之長度 (255μm) 時，便要提出合理的懷疑；亦即機電性質可能有誤。

5. 另外檢視結果是否合理，也可以從溫度變化來看出端倪。如輸入電壓僅有 5.0V，而其溫升或最大溫度卻高得離譜。代表該微型致動器之熱傳導係數過低，散熱不易，只要稍微施加電壓，其溫度即快速上升。這樣子的微型致動器雖然有好的變形量，卻可能造成系統燒融或故障。

6. 由本例題之分析結果可以看出，利用具有電阻率或高電阻率之材料來製成可變形之致動器並不是最高明的做法。因為電阻率越高，其熱傳導係數越低，代表散熱越差。

習題　　　　　　　　　◎ Exercise

Ex13-1：如例題十三所述，在相同條件之下，當驅動電壓由 1.0V 依序增加到 5.0V 時，試分析其最大變形、應力、應變與溫度為何？

驅動電壓 (V)	1	2	3	4	5
最大變形 (μm)	0.00961				
最大應力 (MPa)	46.8				
最大應變 (E-06)	28.1				
最大溫度 (℃)	3.12				

Ex13-2：如例題十三所述，在相同條件之下，當微型致動器厚度由 1.0μm 依序增加到 5.0μm 時，試分析其最大變形、應力、應變與溫度為何？

微型致動器厚度 (μm)	1	2	3	4	5
最大變形 (μm)	0.00961				
最大應力 (MPa)	46.8				
最大應變 (E-06)	28.1				
最大溫度 (℃)	3.12				

Ex13-3 ：如例題十三所述，在相同條件之下，當微型致動器的楊氏係數 EX=0.169N/μm² 依序增加到 0.569N/μm² 時，試分析其最大變形、應力、應變與溫度為何？

楊氏係數 (N/μm²)	0.169	0.269	0.369	0.469	0.569
最大變形 (μm)	0.00961				
最大應力 (MPa)	46.8				
最大應變 (E-06)	28.1				
最大溫度 (℃)	3.12				

Ex13-4：如例題十三所述，在相同條件之下，當微型致動器的熱傳導係數 KXX =0.15W/μm-℃依序增加到 0.55W/μm-℃時，試分析其最大變形、應力、應變與溫度為何？

熱傳導係數 (W/μm-℃)	0.15	0.25	0.35	0.45	0.55
最大變形 (μm)	0.00961				
最大應力 (MPa)	46.8				
最大應變 (E-06)	28.1				
最大溫度 (℃)	3.12				

Ex13-5：如例題十三所述，在相同條件之下，當微型致動器的電阻率 RSVX=23ohm-μm 依序降低到電阻率 0.0023ohm-μm 時，試分析其最大變形、應力、應變與溫度為何？

電阻率 (ohm-μm)	23	2.3	0.23	0.023	0.0023
最大變形 (μm)	0.00961				
最大應力 (MPa)	46.8				
最大應變 (E-06)	28.1				
最大溫度 (℃)	3.12				

電磁式致動器

例題十四

如圖 14-1 所示，係為一種電磁式致動器 (An Electromagnetic Type Actuator)，其尺寸如圖所示。當材料編號 1～4 之空氣間隙、襯鐵、線圈與電樞之相對導磁係數分別是 MURX=1, 1000, 1 and 2000，且線圈的電流密度 (Current Density) 為 325/0.01**2= 3.25E+06A/m² 時，試分析其最大磁通量 (Wb_韋伯)、磁場 (T_特士拉) 與磁力 (N_牛頓) 為何？(Element Type：PLANE13, Mesh Tool：Smart Size N.A., Shape：Quad _ Free)

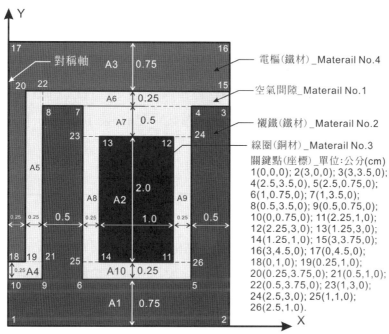

🔱 圖 14-1　電磁式致動器之剖面圖

【補充說明_磁學參數之公制單位】

1. 磁場或磁通密度 (Magnetic Field or Magnetic Flux Density)：Tesla (T_特士拉)。

2. 磁通量 (Magnetic Flux)：Weber (Wb_韋伯)。

3. 電流密度 (Current Density)：A/m^2 (安培/平方公尺)。

4. 磁場強度 (Magnetic Field Intensity)：A/m (安培/公尺)。

5. 磁力 (Magnetic Force)：N (牛頓)。

【學習重點】

1. 熟悉如何從各執行步驟中來瞭解電磁式致動器的基本操作與作動原理。

2. 熟悉如何設定電磁式致動器之電磁性質，如空氣間隙、襯鐵、線圈與電樞之相對導磁係數以及線圈之電流密度。

3. 熟悉如何建構電磁式致動器各元件之面積 (Areas) 與如何合成 (Add) 空氣間隙之面積 (Areas)。

4. 熟悉如何將電磁式致動器各元件網格化 (Meshing)。

5. 熟悉如何設定電磁式致動器之邊界條件。

6. 熟悉如何檢視電磁式致動器之分析結果與圖式。

▶ **執行步驟 14.1**　請參考第 1 章執行步驟 1.1 與圖 1-2，更改作業名稱 (Change Jobname)：Utility Menu (功能選單) > File (檔案) > Change Jobname (更改作業名稱) > CH14_EMTA (作業名稱) > Yes (是否為新的記錄或錯誤檔) > OK (完成作業名稱之更改或設定)。

▶ **執行步驟 14.2**　請參考第 1 章執行步驟 1.2 與圖 1-3，更改標題 (Change Title)：Utility Menu (功能選單或畫面) > File (檔案) > 更改標題 (Change Title) > An Electromagnetic Type Actuator (標題名稱) > OK (完成標題之更改或設定)。

▶ **執行步驟 14.3**　Preferences (偏好選擇)：ANSYS Main Menu (ANSYS 主要選單) > Preferences (偏好選擇) > Magnetic-Nodal (磁性節點的) > OK (完成偏好之選擇)。

▶ **執行步驟 14.4**　選擇元素型態 (Element Type)：Preprocessor (前處理器) > Element Type (元 素 型 態) > Add/Edit/Delete (增 加 / 編 輯 / 刪 除) > Add (增 加) > Magnetic Vector(磁性向量)>Vect Quad 4 nod 13_PLANE13(向量四角形之平面元素)>OK (完成元素型態型態設定) > Options (選項) > Axisymmetric (在 Element behavior K3 欄位內選擇軸對稱元素行為 Axisymmetric)>Close (關閉元素型態_Element Types 之視窗)。

▶ **執行步驟 14.5**　設 定 電 磁 式 致 動 器 之 材 料 性 質 (Material Props)：Preprocessor (前處理器) > Material Props (材料性質) > Material Models (材料模式) > Electromagnetics (電磁的) > Relative Permeability (相對導磁性) > Constant (常數) > 1 (在 MURX 欄位內輸入相對導磁性係數 1)>OK (完成第一筆材料之建立)>Edit (編輯) > Copy (複製) > 1000 (在第二筆材料 MURX 欄位內輸入相對導磁性係數 1000) > OK (完成第二筆材料之建立) > Edit (編輯) > Copy (複製) > 1 (在第三筆材料 MURX 欄位內輸入相對導磁性係數 1)>OK(完成第三筆材料之建立)>Edit(編輯) > Copy (複製) > 2000 (在第四筆材料 MURX 欄位內輸入相對導磁性係數 2000) > OK (完成第四筆材料之建立) > X(關閉定義材料模式行為之視窗，完成電磁式致動器的材料性質之建檔)。

▶ **執行步驟 14.6**　如圖 14-2 所示，檢視電磁式致動器的材料性質：Utility Menu (功能選單或畫面) > List (目錄) > Properties (性質) > All Real Constants(所有實數常數) > X(檢視電磁式致動器的材料性質關閉定義材料模式行為之視窗)。

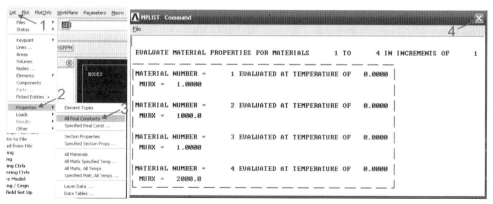

⏻ 圖 14-2　執行步驟 14.6-1～4 檢視電磁式致動器的材料性質

執行步驟 14.7 如圖 14-3 所示，建構電磁式致動器主結構之關鍵點 (Keypoints)：Preprocessor (前處理器) > Modeling (建模) > Create (建構) > Keypoints (關鍵點) > In Active CS(在主座標系統上) > 1(在 NPT Keypoint number 欄位內輸入關鍵點編號 1) > Apply(施用，繼續執行下一個步驟 8～79，亦即依序輸入關鍵點 2 ～25 之編號與座標) > 26(在 NPT Keypoint number 欄位內輸入關鍵點編號 26) > (2.5,1,0)(在 X,Y,Z Location in active CS 欄位內輸入關鍵點座標 (2.5,1,0)) > OK(完成主結構關鍵點之建構)。

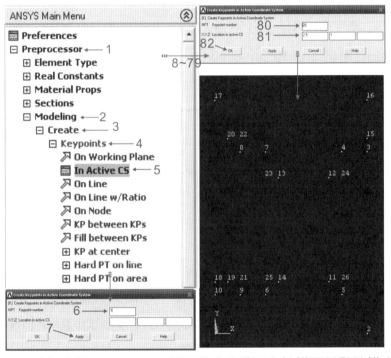

🔆 圖 14-3　執行步驟 14.7-1～82 與電磁式致動器主結構關鍵點建構之完成圖

執行步驟 14.8 如圖 14-4 所示，建構電磁式致動器各結構之線段 (Lines)：Preprocessor (前處理器) > Modeling (建模) > Create (建構) > Lines (線段) > Lines (線段) > Straight Line(直線) > 7～42(依序點選關鍵點 1 & 2～11 & 26) > OK(完成各結構線段之建構)。

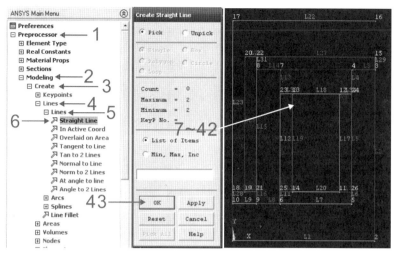

🔃 圖 14-4　執行步驟 14.8-1～43 與電磁式致動器各結構線段建構之完成圖

▶ **執行步驟 14.9**　如圖 14-5 所示，建構電磁式致動器各結構之面積 (Areas)：
Preprocessor (前處理器) > Modeling (建模) > Create (建構) > Areas (面積) > Arbitrary
(任意) > By Lines (透過線段) > 7～16 (依序點選構成各結構面積之線段 L1～L36) >
OK(完成各結構面積之建構，其中 A1 代表襯鐵面積、A2 代表線圈面積、A3 代表
電樞面積、A4～A10 代表空氣間隙面積)。

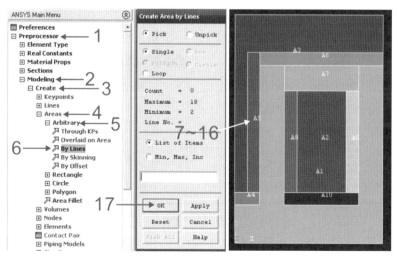

🔃 圖 14-5　執行步驟 14.9-1～17 與電磁式致動器各結構面積建構之完成圖

▶ **執行步驟 14.10**　如圖 14-6 所示，空氣間隙面積之合成 (Add)：Preprocessor
(前處理器) > Modeling (建模) > Operate (操作) > Booleans (布林運算) > Add (合成) >
Areas(面積) > A4～A10(點選面積 A4～A10) > OK(完成空氣間隙面積之合成)。

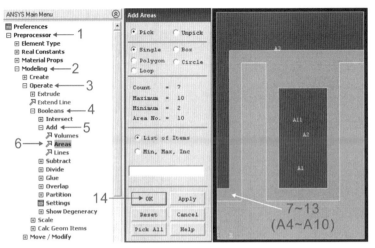

⏻ 圖 14-6　執行步驟 14.10-1～14 與空氣間隙面積合成之完成圖

▶ **執行步驟 14.11**　如圖 14-7 所示，空氣間隙網格化 (Meshing)：Preprocessor(前處理器)＞Meshing (網格化)＞MeshTool (網格工具)＞Set (設定)＞1 (在 [MAT] Material number 欄柵內點選材料編號 1)＞OK(完成材料編號點選)＞Smart Size N.A. (不點選精明尺寸)＞Mesh (網格化啟動)＞A11 (點選空氣間隙面積 A11)＞OK (完成空氣間隙網格化)。

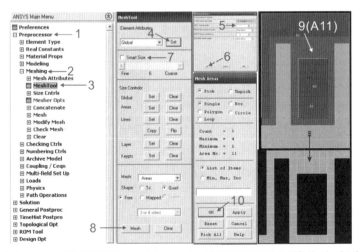

⏻ 圖 14-7　執行步驟 14.11-1～10 與空氣間隙網格化之完成圖

▶ **執行步驟 14.12**　如圖 14-8 所示，襯鐵網格化 (Meshing)：Preprocessor(前處理器)＞Meshing (網格化)＞MeshTool (網格工具)＞Set (設定)＞2 (在 [MAT] Material number 欄柵內點選材料編號 2)＞OK(完成材料編號點選)＞Smart Size N.A.(不點選精明尺寸)＞Mesh(網格化啟動)＞A1 (點選襯鐵面積 A1)＞OK (完成襯鐵網格化)。

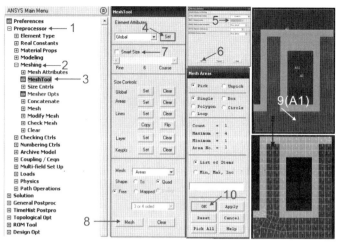

⟳ 圖 14-8　執行步驟 14.12-1〜10 與襯鐵網格化之完成圖

▶ **執行步驟 14.13**　如圖 14-9 所示，線圈網格化 (Meshing)：Preprocessor(前處理器)＞Meshing (網格化)＞MeshTool (網格工具)＞Set (設定)＞3 (在[MAT] Material number 欄柵內點選材料編號 3)＞OK(完成材料編號點選)＞Smart Size N.A.(不點選精明尺寸)＞Mesh(網格化啟動)＞A2(點選線圈面積 A2)＞OK(完成線圈網格化)。

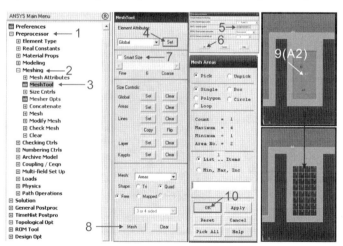

⟳ 圖 14-9　執行步驟 14.13-1〜10 與線圈網格化之完成圖

▶ **執行步驟 14.14**　如圖 14-10 所示，電樞網格化 (Meshing)：Preprocessor(前處理器)＞Meshing (網格化)＞MeshTool (網格工具)＞Set (設定)＞4 (在[MAT] Material number 欄柵內點選材料編號 4)＞OK(完成材料編號點選)＞Smart Size N.A. (不點選精明尺寸)＞Mesh (網格化啟動)＞A3 (點選電樞面積 A3)＞OK (完成電樞網格化)。

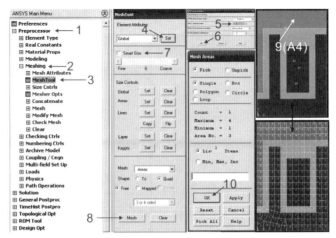

⏲ 圖 14-10　執行步驟 14.14-1~10 與電樞網格化之完成圖

▶ **執行步驟 14.15**　如圖 14-11 所示，空氣間隙線段網格化 (Meshing)：
Preprocessor (前處理器) > Meshing (網格化) > Size Cntrls (尺寸控制) > ManualSize
(選單控制) > Lines (線段) > Picked Lines (選取線段) > L28 & L29 (點選空氣間隙線段
L28 & L29) > OK (完成空氣間隙線段點選) > 2 (在 NDIV No. of elements divisions 之
元素分割數量欄位內輸入 2) > OK (完成空氣間隙線段網格化)。

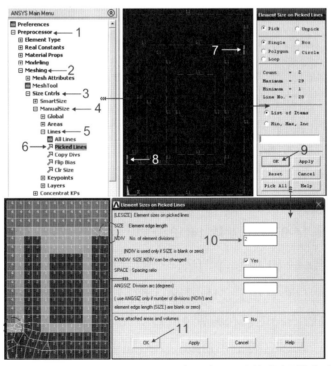

⏲ 圖 14-11　執行步驟 14.15-1~11 與空氣間隙線段網格化之完成圖

▶ **執行步驟 14.16**　如圖 14-12 所示，面積比例化 (Scale)：Preprocessor(前處理器)>Modeling(建模)>Operate(操作)>Scale(比例化)>Areas(面積)>Pick All(全選)>(0.01,0.01,1)(在 RX,RY,RZ Scale factors 欄位內輸入 (0.01,0.01,1))>Moved (在 IMOVE Existing areas will be 欄位內點選 Moved 將原有之面積單位設定移除)>OK(完成面積比例化)。

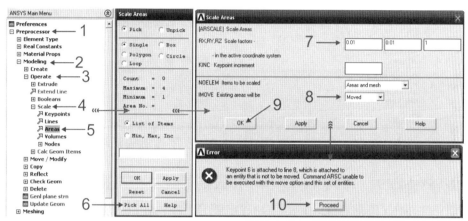

⏻ 圖 14-12　執行步驟 14.16-1～10 面積比例化

▶ **執行步驟 14.17**　如圖 14-13 所示，完成電樞材料選擇 (Select)：Utility Menu(功能選單)>Select(選擇)>Entities(實體)>Elements(在 Select Entities 視窗下第一列點選元素 Elements)>By Attributes(在 Select Entities 視窗下第二列點選透過屬性 By Attributes)> • Material num(點選材料編號)>4(在 Min,Max,Inc 欄位下方輸入電樞之材料編號 4)>OK(完成電樞材料選擇)>Plot(繪圖)>Elements(元素)。

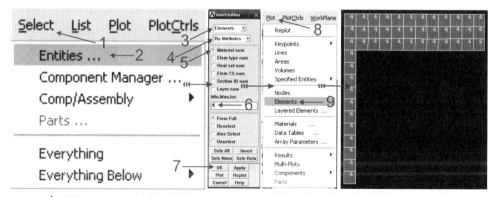

⏻ 圖 14-13　執行步驟 14.17-1～9 與完成電樞材料選擇之完成圖

▶ **執行步驟 14.18** 如圖 14-14 所示，定義電樞元件名稱 (Component name)：Utility Menu (功能選單) > Select (選擇) > Comp/Assembly (元件或配件) > Create Component (建構元件) > ARM (在 Cname Component name 欄位內輸入電樞縮寫 ARM) > Elements (在 Entity Component is made of 之欄位內點選元素 Elements) > OK (電樞元件名稱之定義)。

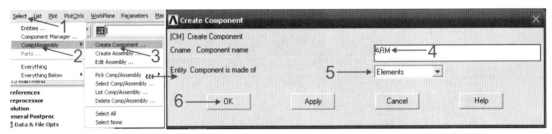

🕐 圖 14-14 執行步驟 14.18-1～6 定義電樞元件名稱

▶ **執行步驟 14.19** 如圖 14-15 所示，設定電樞之強制邊界條件：Preprocessor (前處理器) > Loads(負載) > Define Loads(定義負載) > Apply(施用，繼續執行下一個步驟) > Magnetic(磁性) > Flag(豎立) > Comp. Force/Torq(元件力量或扭力) > OK(完成電樞強制邊界條件之設定) > Colse(關閉警告視窗)。

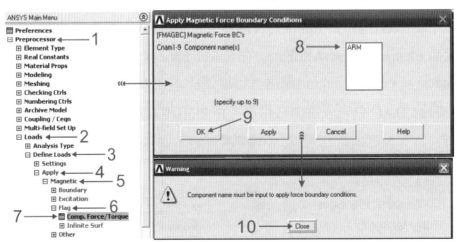

🕐 圖 14-15 執行步驟 14.19-1～6 設定電樞之強制邊界條件

▶ **執行步驟 14.20** 如圖 14-16 所示，恢復電磁式致動器之所有元素 (Elements)：Utility Menu(功能選單> Select(選擇) > Everything(所有) > Plot(繪圖) > Elements(元素)。

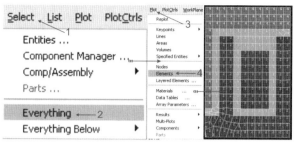

⏻ 圖 14-16　執行步驟 14.20-1～4 與恢復電磁式致動器所有元素之完成圖

▶ **執行步驟 14.21**　如圖 14-17 所示，設定線圈之電流密度 (Current Density)：Preprocessor(前處理器)>Loads(負載)>Define Loads(定義負載)>Apply(施用，繼續執行下一個步驟)>Magnetic(磁性)>Excitation(激磁)>Curr Density(電流密度)>On Areas(在面積上)>A2 (點選線圈之面積 A2)>OK(完成線圈面積之點選)> 325/0.01**2 (在 VAL3 Curr density value [JSZ] 欄位內輸入電流密度 $325/0.01**2 A/m^2$)>OK(完成線圈電流密度之設定)。

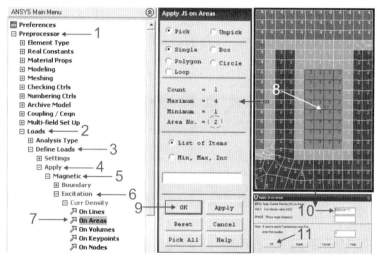

⏻ 圖 14-17　執行步驟 14.21-1～11 與線圈電流密度設定之完成圖

▶ **執行步驟 14.22**　如圖 14-18 所示，防止磁場外漏_設定電磁式致動器之平行流通量 (Flux Parallel)：Preprocessor(前處理器)>Loads(負載)>Define Loads(定義負載)>Apply(施用，繼續執行下一個步驟)>Magnetic(磁性)>Boundary(邊界)> Vector Poten(向量勢)>Flux Par'l(平行流通量)>On Lines(在線段上)>L21～L29 (點選電磁式致動器外緣之線段 L21～L29)>OK(完成電磁式致動器平行流通量之設定)。

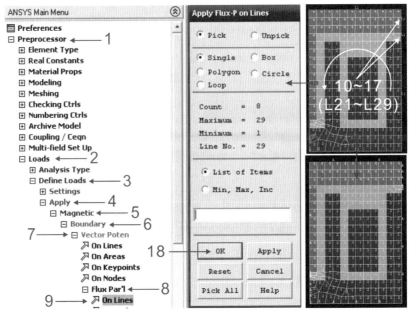

⟳ 圖 14-18　執行步驟 14.22-1～18 與電磁式致動器平行流通量設定之完成圖

▶ **執行步驟 14.23**　如圖 14-19 所示，求解(Solve)：Solution(解法)>Solve(求解)>Electromagnet(電磁)>Static Analysis(靜力分析)>Opt & Solve Analysis Type(選擇與求解的分析型態)>OK(完成分析型態之選定)>Close(求解完成關閉視窗)。

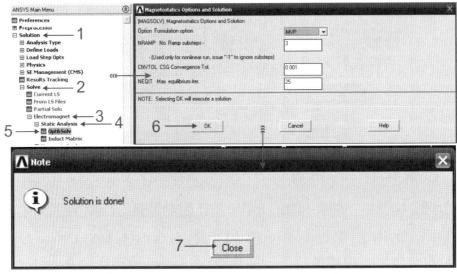

⟳ 圖 14-19　執行步驟 14.23-1～7 求解

▶ **執行步驟 14.24**　如圖 14-20 所示，檢視電磁式致動器之磁通線(Flux Lines)：
General Postprocessor (一般後處理器) > Plot Results (繪製所有結果) > Contour Plot
(輪廓繪製) > 2D Flux Lines (二維磁通線) > OK (完成二維磁通線分佈輸出)。

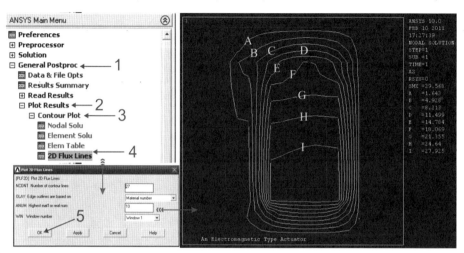

↻ 圖 14-20　執行步驟 14.24-1~5 與磁通線分佈圖 (SMX=29.568Wb_韋伯)

▶ **執行步驟 14.25**　如圖 14-21 所示，檢視電磁式致動器之磁通密度 (Mag flux
dens B)：General Postprocessor (一般後處理器) > Plot Results (繪製所有結果) >
Vector Plot (向量繪製) > Predefined (預定) > Flux & Gradient (磁通與梯度) > Mag flux
dens B (磁通密度) > OK (完成磁通密度分佈輸出)。

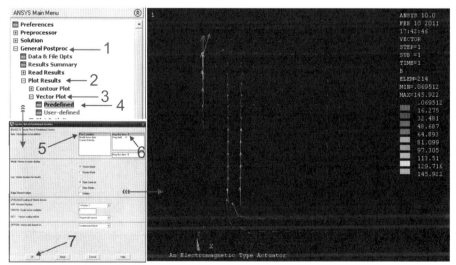

↻ 圖 14-21　執行步驟 14.25-1~7 與磁通密度分佈圖 (MAX=145.922Wb/m^2)

▶ **執行步驟 14.26** 如圖 14-22 所示，檢視電磁式致動器之磁場(Mag field H)：General Postprocessor(一般後處理器)＞Plot Results(繪製所有結果)＞Vector Plot(向量繪製)＞Predefined(預定)＞Flux & gradient(磁通與梯度)＞Mag field H(磁場)＞OK(完成磁場分佈輸出)。

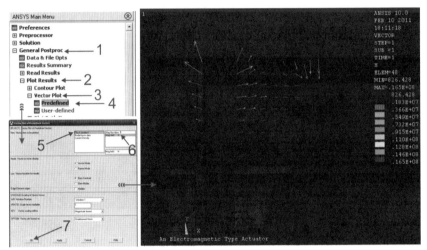

⏻ 圖 14-22　執行步驟 14.26-1～7 與磁場分佈圖(MAX=1.65E+07 Tesla_特士拉)

▶ **執行步驟 14.27** 如圖 14-23 所示，檢視電磁式致動器之磁力(Mag force FMAG)：General Postprocessor(一般後處理器)＞Plot Results(繪製所有結果)＞Vector Plot(向量繪製)＞Predefined(預定)＞Nodal force data(節點力數據)＞Mag force FMAG(磁力)＞OK(完成磁力分佈輸出)。

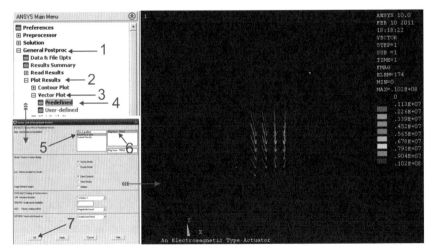

⏻ 圖 14-23　執行步驟 14.27-1～7 與磁力分佈圖(MAX=1.02E+07N)

▶ **執行步驟 14.28**　如圖 14-24 所示，檢視電磁式致動器之電流密度 (Current Density)：General Postprocessor (一般後處理器) > Plot Results (繪製所有結果) > Vector Plot (向量繪製) > Predefined (預定) > Current Density (電流密度) > Total JT (所有電流密度) > OK (完成電流密度分佈輸出)。

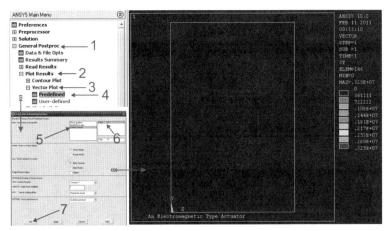

↻ 圖 14-24　執行步驟 14.28-1～7 與電流密度分佈圖 (MAX=3.25E+06A/m^2)

▶ **執行步驟 14.29**　如圖 14-25 所示，檢視電磁式致動器之 Z 分量之磁性向量電位 (Z-Component of magnetic vector potential)：General Postprocessor (一般後處理器) > Plot Results (繪製所有結果) > Vector Plot (向量繪製) > Contour Plot (輪廓繪製) > Nodal Solution (節點的解答) > DOF Solution (自由度的解答) > Z-Component of magnetic vector potential (Z 分量之磁性向量電位) > OK (完成 Z 分量之磁性向量電位分佈輸出)。

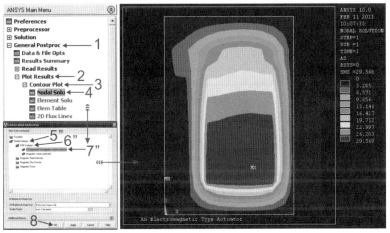

↻ 圖 14-25　執行步驟 14.29-1～8 與 Z 分量之磁性向量電位分佈圖 (SMX=29.568V)

▶ **執行步驟 14.30**　如圖 14-26 所示，檢視電磁式致動器之磁場強度向量總合 (Magnetic Field Intensity Vector Sum)：General Postprocessor(一般後處理器)＞Plot Results(繪製所有結果)＞Vector Plot(向量繪製)＞Contour Plot(輪廓繪製)＞Nodal Solution(節點的解答)＞Magnetic Field Intensity(磁場強度)＞Magnetic Field Intensity Vector Sum(磁場強度向量總合)＞OK(完成磁場強度向量總合分佈輸出)。

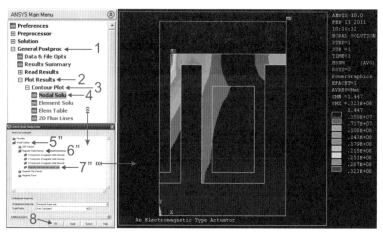

⏻ 圖 14-26　執行步驟 14.30-1～8 與磁場強度向量總合分佈圖 (SMX=3.23E+07A/m)

▶ **執行步驟 14.31**　如圖 14-27 所示，檢視電磁式致動器之磁通量密度向量總合 (Magnetic Flux Density Vector Sum)：General Postprocessor(一般後處理器)＞Plot Results(繪製所有結果)＞Vector Plot(向量繪製)＞Contour Plot(輪廓繪製)＞Nodal Solution(節點的解答)＞Magnetic Flux Density(磁通量密度)＞Magnetic Flux Density Vector Sum(磁通量密度向量總合)＞OK(完成磁通量密度向量總合分佈輸出)。

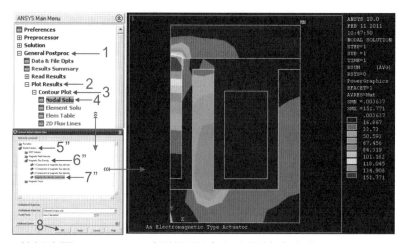

⏻ 圖 14-27　執行步驟 14.31-1～8 與磁通量密度向量總合分佈圖 (SMX=151.771Wb/m^2)

▶ **執行步驟 14.32**　如圖 14-28 所示，檢視電磁式致動器之磁力向量總合 (Magnetic Force Vector Sum)：General Postprocessor(一般後處理器)＞Plot Results (繪製所有結果)＞Vector Plot(向量繪製)＞Contour Plot(輪廓繪製)＞Nodal Solution (節點的解答)＞Magnetic Force (磁力)＞Magnetic Force Vector Sum (磁力向量總合)＞OK(完成磁力向量總合分佈輸出)。

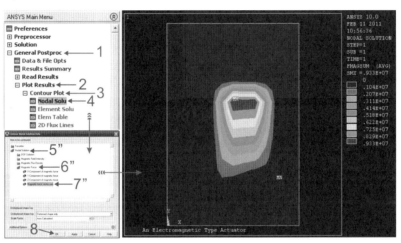

⏻ 圖 14-28　執行步驟 14.32-1～8 與磁力向量總合分佈圖 (SMX=9.33E+06N)

▶ **執行步驟 14.33**　如執行步驟 14.32 與圖 14-29 所示，檢視電磁式致動器磁力向量總合之 3/4 展開 (3/4 Expansion)：Utility Menu(功能選單或畫面)＞PlotCtrls(繪圖控制)＞Style(式樣)＞Symmetry Expansion(對稱展開)＞2D Axi-Symmetry(二維軸對稱)＞3/4 Expansion(3/4 展開圖)＞OK(完成磁力向量總合分佈之 3/4 展開)。

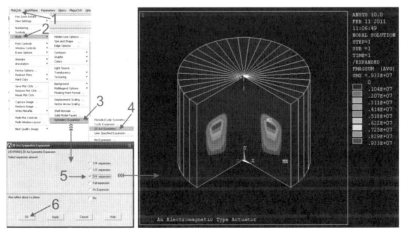

⏻ 圖 14-29　執行步驟 14.33-1～6 與磁力分佈向量總合之 3/4 展開圖 (SMX=9.33E+06N)

▶ **執行步驟 14.34** 量密度向量總合之 3/4 展開(3/4 Expansion)：Utility Menu
(功能選單或畫面)＞PlotCtrls(繪圖控制)＞Style(式樣)＞Symmetry Expansion(對稱
展開)＞2D Axi-Symmetry(二維軸對稱)＞3/4 Expansion(3/4 展開圖)＞OK(完成磁通
量密度分佈之 3/4 展開)。

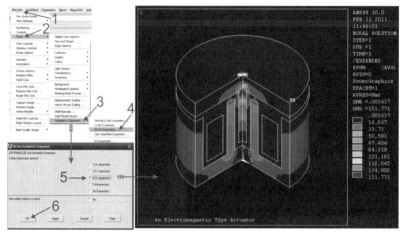

⏻ 圖 14-30 執行步驟 14.34-1～6 與磁通量密度分佈之 3/4 展開圖
(SMX=151.771Wb/m^2)

▶ **執行步驟 14.35** 如執行步驟 14.30 與圖 14-31 所示，檢視電磁式致動器磁場
強度向量總合分佈之 3/4 展開(3/4 Expansion)：Utility Menu(功能選單或畫面)＞
PlotCtrls(繪圖控制)＞Stylc(式樣)＞Symmctry Expansion(對稱展開)＞2D
Axi-Symmetry(二維軸對稱)＞3/4 Expansion(3/4 展開圖)＞OK(完成磁場強度分佈之
3/4 展開)。

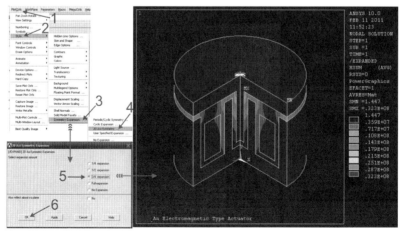

⏻ 圖 14-31 執行步驟 14.35-1～6 與磁場強度分佈之 3/4 展開圖 (SMX=3.23E+07A/m)

▶ **執行步驟 14.36**　如執行步驟 14.29 與圖 14-32 所示，檢視電磁式致動器之 Z 分量之磁性向量電位之 3/4 展開 (3/4 Expansion)：Utility Menu(功能選單或畫面)> PlotCtrls (繪圖控制)>Style (式樣)>Symmetry Expansion (對稱展開)>2D Axi-Symmetry(二維軸對稱)>3/4 Expansion(3/4 展開圖)>OK(完成 Z 分量之磁性向量電位分佈之 3/4 展開)。

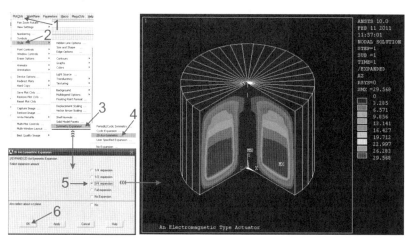

🔄 圖 14-32　執行步驟 14.36-1～6 與 Z 分量之磁性向量電位分佈之 3/4 展開圖
　　　　　　(SMX=29.568V)

 【結果與討論】

1. 如圖 14-5～14-6 所示，由於線圈 (銅材) 被空氣間隙所包覆，所以必須個別建構空氣間隙之面積，再利用布林運算 (Booleans) 方式，將所有空氣間隙之面積合成起來。

2. 如圖 14-7～14-10 所示，為空氣間隙 (Material No.1)、襯鐵 (Material No.2)、線圈 (Material No.3) 與電樞 (Material No.4) 網格化之執行步驟。

3. 如圖 14-7～14-10 所示，為空氣間隙線段網格化之執行步驟，其是否為必要條件，讀者可以自行嘗試。

4. 如圖 14-12 所示之執行步驟，其面積比例化之意，係將原公分單位之電磁式致動器面積轉化為公尺單位之電磁式致動器面積，讓往後之邊界條件設定可以一致化。

5. 如圖 14-13～14-15 所示，爲設定電樞邊界條件之必要執行步驟。其中 ARM 爲電樞 Armature 之縮寫。

6. 如圖 14-17 所示，係爲設定線圈邊界條件之執行步驟，其中電流密度爲 3.25e+06A/m^2。

7. 如圖 14-18 所示，係防止磁場外漏之設定，因爲電磁式致動器係爲一圓柱體，本例題所示之平面，爲其對稱式剖面。

8. 如圖 14-20 所示，係爲電磁式致動器之磁通線分佈圖，其中最外圈 (A 輪廓線) 之磁通量最低，最內圈 (I 輪廓線) 之磁通量最高 (SMX=29.568Wb_韋伯)。

9. 如圖 14-21 所示，係爲電磁式致動器之磁通密度分佈圖，其中線段越長，其磁通密度越大 (MAX=145.922Wb/m^2)。其磁通密度最大處，剛好落在電樞之中心點。

10. 如圖 14-22 所示，係爲電磁式致動器之磁場分佈圖，其磁場最大處 (MAX=1.65E+07Tesla_特士拉)，落在電樞中心點之右側。

11. 如圖 14-23 所示，係爲電磁式致動器之磁力分佈圖，其磁力最大處 (MAX=1.02E+07N)，發生在線圈之頂端。

12. 如圖 14-24 所示，係爲電磁式致動器之電流密度分佈圖，其分佈是均勻的 (均爲 3.25E+06A/m^2)；該圖式可以做爲檢視線圈邊界條件之設定。

13. 如圖 14-25 所示，係爲電磁式致動器之 Z 分量之磁性向量電位分佈圖，其電位最大處 (SMX=29.568V) 落在在線圈之底部。

14. 如圖 14-26 所示，係爲電磁式致動器之磁場強度分佈圖，其磁場強度最大處 (SMX=3.23E+07A/m)，落在電樞轉彎處。

15. 如圖 14-27 所示，係爲電磁式致動器之磁通量密度分佈圖，其磁通量密度最大處 (SMX=151.771Wb/m^2)，落在電樞中心之頂端處。

16. 如圖 14-28 所示，係爲電磁式致動器之磁力向量總合分佈圖，其磁力向量總合最大處 (SMX=9.33E+06N)，發生在線圈之頂端。

17. 如圖 14-29～14-32 所示，係爲電磁式致動器磁力向量總合、磁通量密度向量總合、磁場強度向量總合與 Z 分量之磁性向量電位之 3/4 展開分佈圖。

【結論與建議】

1. 本例題所示之電磁式致動器 (An Electromagnetic Type Actuator)，其基本作動原理，係利用圈數通電 (交流電) 後，其所形成之磁力來推動電樞做上下之運動。其中，襯鐵與電樞之相對導磁係數初期設定為 MURX=1,000 與 2,000。而空氣間隙與線圈 (銅材) 之相對導磁係數則均設定為 MURX=1。

2. 本例題所示之電磁式致動器 (An Electromagnetic Type Actuator)，其外觀型式、尺寸、圈數與電磁性質可以依需要調整。例如：

   (1) 可以調整空氣間隙：減少空氣間隙或取消部分空間之空氣間隙；

   (2) 可以調整襯鐵外觀型式、尺寸與電磁性質：如調整襯鐵之外觀型式與尺寸，或調整相對導磁係數；

   (3) 可以調整線圈 (銅材) 之圈數與電流密度；

   (4) 可以調整電樞之外觀型式、尺寸與電磁性質：如調整電樞之外觀型式與尺寸，或調整相對導磁係數。

3. 本例題所示之電磁式致動器 (An Electromagnetic Type Actuator)，可以利用其作動原理來製造成一具振盪器或振動器 (Oscillator or Vibrator)，用它推動機械平台振動。

4. 本例題所示之電磁式致動器 (An Electromagnetic Type Actuator)，可以利用其作動原理來推動光電系統。例如改變電樞與襯鐵之外觀與結構，挖空電樞，並且在中間裝設光學鏡頭，使其成為一個可以自動調整焦距之光學鏡頭模組 (The optics lens mould group focused automatically)。

Ex14-1：如例題十四所述，在相同條件之下，當線圈 (銅材) 的電流密度 (Current Density) 由 3.25E+06A/m² 依序增加到 3.25E+10A/m² 時，試分析其最大磁通量 (Wb_韋伯)、磁場 (Tesla_特士拉) 與磁力 (N_牛頓) 為何？

電流密度 (A/m²)	3.25E+06	3.25E+07	3.25E+08	3.25E+09	3.25E+10
磁通量 (Wb_韋伯)	29.568				
磁場 (Tesla_特士拉)	1.65E+07				
磁力 (N_牛頓)	145.922				

Ex14-2：如例題十四所述，在相同條件之下，當襯鐵的相對導磁係數由 MURX=2,000 依序增加到 6,000 時，試分析其最大磁通量 (Wb_韋伯)、磁場 (Tesla_特士拉) 與磁力 (N_牛頓) 為何？

相對導磁係數 (N.A.)	2,000	3,000	4,000	5,000	6,000
磁通量 (Wb_韋伯)	29.568				
磁場 (Tesla_特士拉)	1.65E+07				
磁力 (N_牛頓)	145.922				

Ex14-3：如例題十四所述，在相同條件之下，當電樞的相對導磁係數由 MURX=1,000 依序增加到 5,000 時，試分析其最大磁通量 (Wb_韋伯)、磁場 (Tesla_特士拉) 與磁力 (N_牛頓) 為何？

相對導磁係數 (N.A.)	1,000	2,000	3,000	4,000	5,000
磁通量 (Wb_韋伯)	29.568				
磁場 (Tesla_特士拉)	1.65E+07				
磁力 (N_牛頓)	145.922				

Ex14-4：如例題十四所述，在相同條件之下，當線圈(銅材)的高度由 2cm 依序增加到 2.5cm，直到該線圈(銅材)頂端之空氣間隙為 2.5cm 時，試分析其最大磁通量(Wb_韋伯)、磁場(Tesla_特士拉)與磁力(N_牛頓)為何？

線圈(銅材)高度 (cm)	2	2.125	2.25	2.375	2.5
磁通量 (Wb_韋伯)	29.568				
磁場 (Tesla_特士拉)	1.65E+07				
磁力 (N_牛頓)	145.922				

Ex14-5：如例題十四所述，在相同條件之下，其中電樞的高度由 0.25cm 依序增加到 1.25cm，試分析其最大磁通量(Wb_韋伯)、磁場(Tesla_特士拉)與磁力(N_牛頓)為何？

電樞高度 (cm)	0.25	0.50	0.75	1.00	1.25
磁通量 (Wb_韋伯)			29.568		
磁場 (Tesla_特士拉)			1.65E+07		
磁力 (N_牛頓)			145.922		

例題十五

如圖 15-1 所示，係為砂模與鑄鐵之剖面與相關尺寸，該砂模與鑄鐵之機械性質如表 15-1 所示，當該砂模與鑄鐵之起始溫度分別是 80°F 到 2875°F 時，試分析各階段 (0.001hr, 0.039hr, 0.23hr, 0.48hr, 0.73hr and 1.0hr) 之節點溫度、溫度梯度與熱通量之分佈概況？(Element Type：Thermal Mass _ PLANE55, Mesh Tool：Smart Size 6, Shape：Tex _ Free)

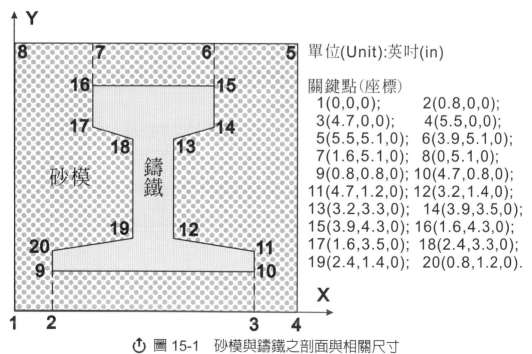

單位(Unit):英吋(in)

關鍵點(座標)
1(0,0,0);　　2(0.8,0,0);
3(4.7,0,0);　　4(5.5,0,0);
5(5.5,5.1,0);　6(3.9,5.1,0);
7(1.6,5.1,0);　8(0,5.1,0);
9(0.8,0.8,0); 10(4.7,0.8,0);
11(4.7,1.2,0); 12(3.2,1.4,0);
13(3.2,3.3,0);　14(3.9,3.5,0);
15(3.9,4.3,0); 16(1.6,4.3,0);
17(1.6,3.5,0); 18(2.4,3.3,0);
19(2.4,1.4,0); 20(0.8,1.2,0).

⏻ 圖 15-1　砂模與鑄鐵之剖面與相關尺寸

【補充說明】

1. 1Btu(英制能量單位)=1,055Joules(焦耳)=1,055N・m(牛頓・公尺)。

2. 1in(英吋)=2.54cm(公分)。

 ## 【學習重點】

1. 熟悉如何從各執行步驟中來瞭解鑄造之暫態過程。

2. 熟悉如何設定砂模與鑄鐵之機械性質,如熱傳導係數、比熱、密度與焓等。

3. 熟悉如何檢視鑄鐵之熱傳導係數與溫度之關係圖。

4. 熟悉如何檢視鑄鐵之焓與溫度之關係圖。

5. 熟悉如何建構砂模與鑄鐵之面積 (Areas)。

6. 熟悉如何合成 (Add) 砂模之面積 (Areas)。

7. 熟悉如何將砂模與鑄鐵網格化 (Meshing)。

8. 熟悉如何設定砂模之邊界條件。

9. 熟悉如何設定砂模與鑄鐵之起始條件。

10. 熟悉如何設定暫態分析模式。

11. 熟悉如何設定暫態分析之時間階段。

12. 熟悉如何設定暫態分析之輸出模式。

13. 熟悉如何檢視鑄造各階段之節點溫度、溫度梯度與熱通量輸出結果。

14. 熟悉如何檢視鑄鐵中心點之溫度歷程。

表 15-1　砂模與鑄鐵之機械性質表

砂模之機械性質 (Material Properties for Sand)	
熱傳導係數 (Conductivity_KXX)	0.025 Btu/(hr-in-°F)
密度 (Density_DENS)	0.054 lb_m/in^3
比熱 (Specific heat_C)	0.28 Btu/(lb_m-°F)
鑄鐵不同溫度條件下之熱傳導係數 (Conductivity_KXX for Steel)	
at 0°F	1.44 Btu/(hr-in-°F)
at 2643°F	1.54 Btu/(hr-in-°F)
at 2750°F	1.22 Btu/(hr-in-°F)
at 2875°F	1.22 Btu/(hr-in-°F)
鑄鐵不同溫度條件下之焓 (Enthalpy_ENTH for Steel)	
at 0°F	0.0 Btu/in^3
at 2643°F	128.1 Btu/in^3
at 2750°F	163.8 Btu/in^3
at 2875°F	174.2 Btu/in^3
鑄造的起始條件 (Initial Conditions)	
鑄鐵的起始條件 (Temperature of steel)	2875°F
砂模的起始條件 (Temperature of sand)	80°F
對流性質 (Convection Properties)	
砂模外緣之對流係數 (Film coefficient)	0.014 Btu/(hr-in^2-°F)
環境溫度 (Ambient temperature)	80°F

▶ **執行步驟 15.1** 請參考第 1 章執行步驟 1.1 與圖 1-2，更改作業名稱 (Change Jobname)：Utility Menu(功能選單) > File(檔案) > Change Jobname(更改作業名稱) > Casting (作業名稱) > Yes (是否為新的記錄或錯誤檔) > OK (完成作業名稱之更改或設定)。

▶ **執行步驟 15.2** 請參考第 1 章執行步驟 1.2 與圖 1-3，更改標題 (Change Title)：Utility Menu (功能選單或畫面) > File (檔案) > 更改標題 (Change Title) > Casting(標題名稱) > OK(完成標題之更改或設定)。

▶ **執行步驟 15.3** 請參考第 1 章執行步驟 1.3 與圖 1-4，Preferences (偏好選擇)：ANSYS Main Menu(ANSYS 主要選單) > Preferences(偏好選擇) > Thermal(熱學的) > OK(完成偏好之選擇)。

▶ **執行步驟 15.4** 請參考第 1 章執行步驟 1.4 與圖 1-5，選擇元素型態 (Element Type)：Preprocessor (前處理器) > Element Type (元素型態) > Add/Edit/Delete (增加/編輯/刪除) > Add (增加) > Thermal Mass (熱學質量的) > Solid (立體元素) > Quad 4node 55 (四角形 4 個節點之平面元素_PLANE55) > Close (關閉元素型態_Element Types 之視窗)。

▶ **執行步驟 15.5** 如圖 15-2 所示，設定砂模之材料性質 (Material Props)：Preprocessor (前處理器) > Material Props (材料性質) > Material Models (材料模式) > Material Model Number 1(砂模_第一筆材料模式) > Thermal(熱學的) > Conductivity (熱傳導係數) > Isotropic (等向性的) > 0.025 (在 KXX 欄位內輸入 0.025 Btu/(hr-in-$^\circ$F)) > OK(完成熱傳導係數之設定) > Specific heat(比熱) > 0.28(在 C 欄位內輸入 0.28 Btu/(lb$_m$-$^\circ$F)) > OK(完成比熱之設定) > Density(密度) > 0.054(在 DENS 欄位內輸入 0.054 lb$_m$/in^3) > OK(完成密度之設定)。

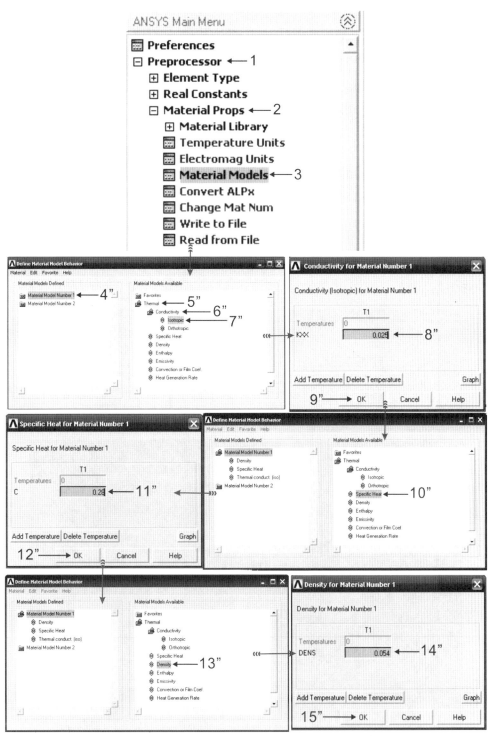

☝ 圖 15-2　執行步驟 15.5-1～15 設定砂模之材料性質

▶ **執行步驟 15.6**　　如圖 15-3 所示，設定鑄鐵之熱傳導係數 (Conductivity)：
Material(材料)＞New Model(新模式)＞2(在 Define Material ID 輸入 2)＞OK(完成新材料模式之設定)＞Thermal(熱學的)＞Conductivity(熱傳導係數)＞Isotropic(等向性的)＞Add Temperature(按壓 Add Temperature 鍵 4 次)＞0～2875(在 Temperature 欄位內分別輸入溫度 0～2875°F)＞1.44～1.22(在 KXX 欄位內分別輸入熱傳導係數 1.44～1.22Btu/(hr-in-°F))＞Graph(出圖)＞OK(完成熱傳導係數之設定與出圖)。

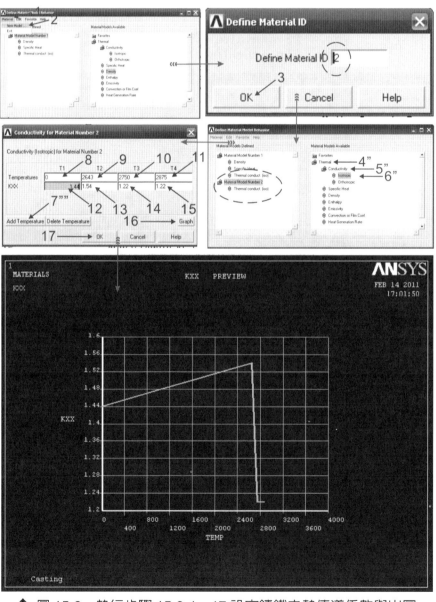

◯ 圖 15-3　執行步驟 15.6-1～17 設定鑄鐵之熱傳導係數與出圖

▶ **執行步驟 15.7**　如圖 15-4 所示，設定鑄鐵之焓 (Enthalpy)：Material Model Number 2(材料模式編號 2)＞Thermal(熱學的)＞Enthalpy(焓)＞Add Temperature(按壓 Add Temperature 鍵 4 次)＞0～2875(在 Temperature 欄位內分別輸入溫度 0～2875 ℉)＞0～174.2(在 ENTH 欄位內分別輸入焓 0～174.2 Btu/in³)＞Graph(出圖)＞OK(完成焓之設定與出圖)。

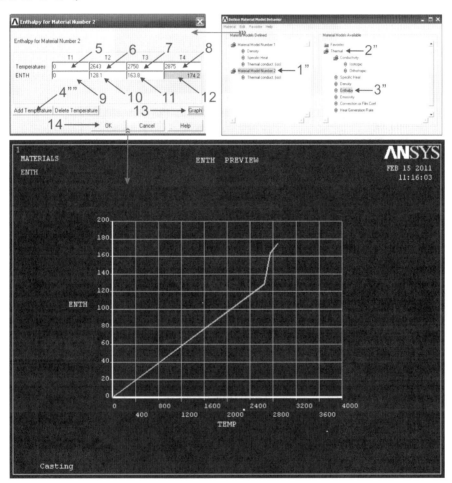

⏻ 圖 15-4　執行步驟 15.7-1～14 設定鑄鐵之焓與出圖

▶ **執行步驟 15.8**　　如圖 15-5 所示，建構砂模與鑄鐵之關鍵點 (Keypoints)：Preprocessor (前處理器) > Modeling (建模) > Create (建構) > Keypoints (關鍵點) > In Active CS (在主座標系統上) > 1 (在 NPT Keypoint number 欄位內輸入關鍵點編號 1) > Apply (施用，繼續執行下一個步驟 8～61，亦即依序輸入關鍵點 2～19 之編號與座標) > 20 (在 NPT Keypoint number 欄位內輸入關鍵點編號 20) > (0.8,1.2,0) (在 X,Y,Z Location in active CS 欄位內輸入關鍵點座標 (0.8,1.2,0)) > OK (完成砂模與鑄鐵關鍵點之建構)。

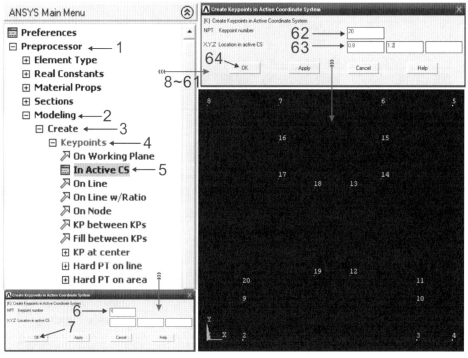

↻ 圖 15-5　執行步驟 15.8-1～64 以及砂模與鑄鐵關鍵點建構之完成圖

▶ **執行步驟 15.9**　　如圖 15-6 所示，建構砂模與鑄鐵之線段 (Lines)：Preprocessor (前處理器) > Modeling (建模) > Create (建構) > Lines (線段) > Lines (線段) > Straight Line (直線) > 7～30 (依序點選關鍵點 1 & 2～16 & 7) > OK (完成砂模與鑄鐵線段之建構)。

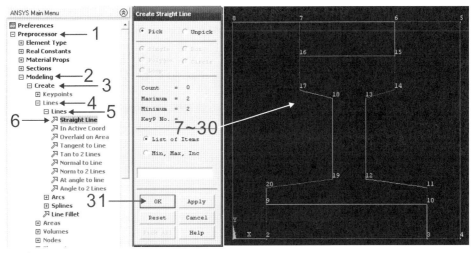

⏻ 圖 15-6　執行步驟 15.9-1～31 以及砂模與鑄鐵線段建構之完成圖

▶ **執行步驟 15.10**　如圖 15-7 所示，建構砂模與鑄鐵之面積 (Areas)：
Preprocessor (前處理器) > Modeling (建模) > Create (建構) > Areas (面積) > Arbitrary
(任意)>By Lines(透過線段)>7～11(依序點選構成各結構面積之線段 L1～L24)>
OK(完成各結構面積之建構，其中 A1 代表鑄鐵面積、A2～A5 代表砂模面積)。

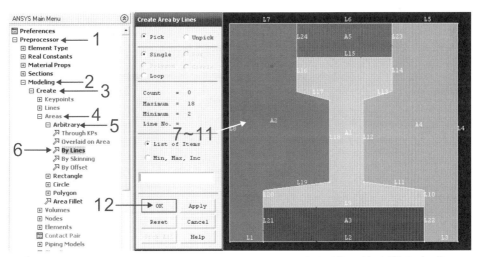

⏻ 圖 15-7　執行步驟 15.10-1～12 以及砂模與鑄鐵面積建構之完成圖

▶ **執行步驟 15.11** 如圖 15-8 所示，砂模面積之合成 (Add)：Preprocessor(前處理器) > Modeling (建模) > Operate (操作) > Booleans (布林運算) > Add (合成) > Areas (面積) > A2～A5(點選面積 A2～A5) > OK(完成砂模面積之合成)。

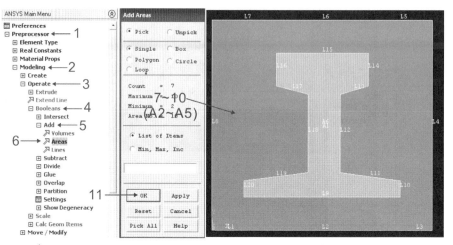

🖰 圖 15-8 執行步驟 15.11-1～11 與砂模面積合成之完成圖

▶ **執行步驟 15.12** 如圖 15-9 所示，砂模網格化 (Meshing)：Preprocessor(前處理器) > Meshing (網格化) > MeshTool (網格工具) > Set (設定) > 1 (在[MAT] Material number 欄柵內點選材料編號 1) > OK(完成材料編號點選) > Smart Size 4(點選精明尺寸 4) > Mesh(網格化啟動) > A6(點選砂模面積 A6) > OK(完成砂模網格化)。

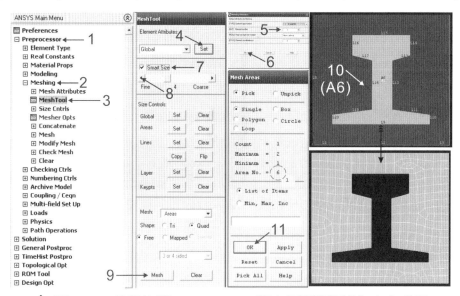

🖰 圖 15-9 執行步驟 15.12-1～11 與空氣間隙網格化之完成圖

▶ **執行步驟 15.13** 如圖 15-10 所示，鑄鐵網格化 (Meshing)：Preprocessor (前處理器)>Meshing (網格化)>MeshTool (網格工具)>Set (設定)>2 (在[MAT] Material number 欄柵內點選材料編號 2)>OK (完成材料編號點選)>Smart Size 4(點選精明尺寸 4)>Mesh (網格化啟動)>A1(點選鑄鐵面積 A1)>OK(完成鑄鐵網格化)。

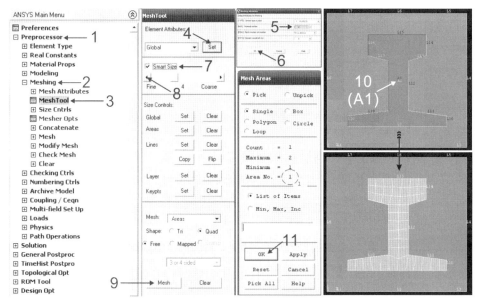

⏫ 圖 15-10 執行步驟 15.13-1～11 與鑄鐵網格化之完成圖

▶ **執行步驟 15.14** 如圖 15-11 所示，設定材料編號 (Numbering) 與顯現元素 (Elements)：Utility Menu (功能選單) > Plotctrls (繪圖控制) > Numbering (編號) > Material numbers(在 Elem / Attrib numbering 欄位內點選材料編號 Material numbers)> Colors only(在[/NUM] Numeric shown with 欄位內點選僅色彩 Colors only) > OK(完成材料編號) > Plot(繪圖顯現工具列) > Elements(顯現元素)。

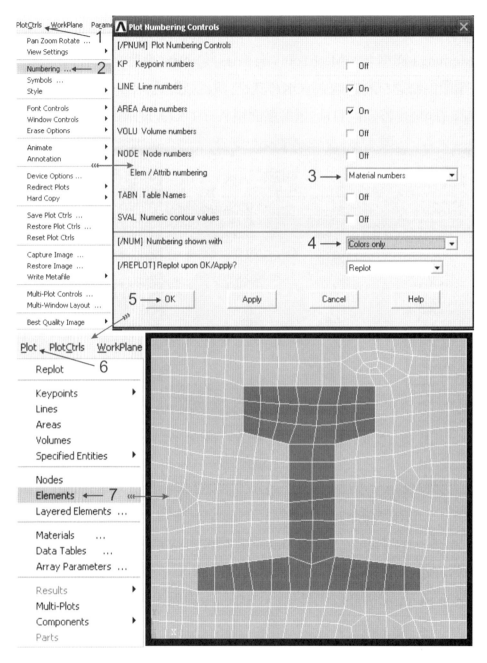

⏻ 圖 15-11　執行步驟 15.14-1～7 設定材料編號與顯現元素

▶ **執行步驟 15.15**　如圖 15-12 所示，設定砂模外圍線段(On Lines)之邊界條件：Preprocessor(前處理器) > Loads(負載) > Define Loads(定義負載) > Apply(施用，繼續執行下一個步驟) > Thermal 熱學的) > Convection(對流) > On Lines(在線段上) > L1～L8(點選砂模外圍線段 L1～L8) > OK(完成砂模外圍線段點選) > 0.014(在 VAL1 Film coefficient 欄位內輸入對流係數 0.014Btu/ (hr-in2-°F)) > 80 (在 VAL21 Bulk temperature 欄位內輸入外圍溫度 80°F) > OK(完成砂模外圍線段邊界條件之設定)。

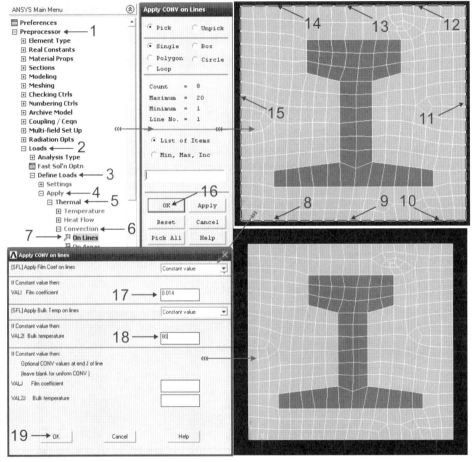

🔄 圖 15-12　執行步驟 15.15-1～19 與砂模外圍線段邊界條件設定之完成圖

▶ **執行步驟 15.16**　如圖 15-13 所示，設定分析型態 (Analysis Type)：Solution(求解的方法) > Analysis Type (分析型態) > New Analysis (新分析) > Transient (暫態) > OK(完成暫態分析設定) > Full(全部) > OK(完成分析型態設定)。

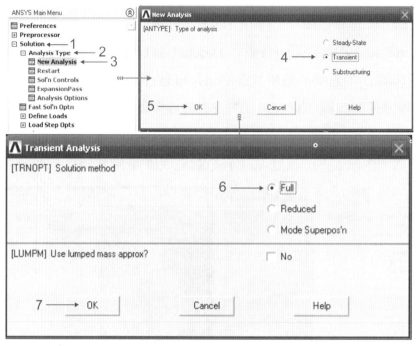

⏻ 圖 15-13　執行步驟 15.16-1～7 設定分析型態

▶ **執行步驟 15.17**　如圖 15-14 所示，選定鑄鐵之面積 (Areas)：Select (選擇) > Entities (實體) > Areas (面積) > OK (完成面積實體選定) > A1 (點選鑄鐵之面積 A1) > OK (完成面積實體設定) > Select (選擇) > Everything　Below (下面的一切) > Select Areas (選擇面積) > Plot (繪圖) > Nodes (節點)。

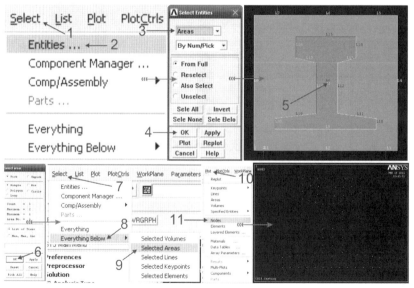

⏻ 圖 15-14　執行步驟 15.17-1～11 與鑄鐵面積選定之節點完成圖

▶ **執行步驟 15.18**　　如圖 15-15 所示，設定鑄鐵之起始條件 (Initial Condit'n)：
Solution (求解的方法) > Define Loads (定義負載) > Apply (施用，繼續執行下一個步驟) > Initial Condit'n (起始條件) > Define (定義) > Pick All (全選) > Temp (在 Lab DOF to be specified 欄位內點選溫度 Temp) > 2875 (在 VALUE Initial value of DOF 欄位內輸入起始溫度 2875°F) > OK (完成鑄鐵起始條件之設定)。

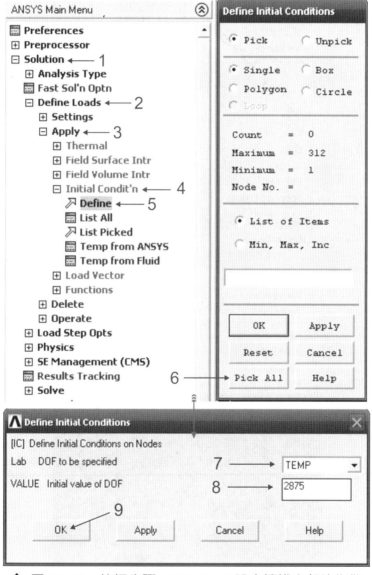

⏻ 圖 15-15　執行步驟 15.18-1～9 設定鑄鐵之起始條件

▶ **執行步驟 15.19** 如圖 15-16 所示，選定砂模之面積(Areas)：Select(選擇) > Entities(實體) > Nodes(節點) > Attached to(附屬於) > Areas, All(所有面積) > Invert (倒置) > Cancel(取消) > Plot(繪圖) > Nodes(節點)。

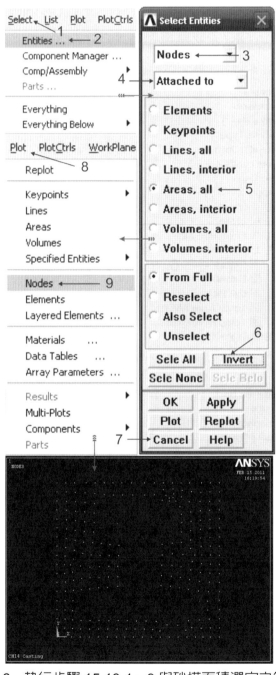

⟳ 圖 15-16 執行步驟 15.19-1～9 與砂模面積選定之節點完成圖

▶ **執行步驟 15.20**　如圖 15-17 所示，設定砂模之起始條件 (Initial Condit'n)：
Solution (求解的方法) > Define Loads (定義負載) > Apply (施用，繼續執行下一個步驟) > Initial Condit'n (起始條件) > Define (定義) > Pick All (全選) > Temp (在 Lab DOF to be specified 欄位內點選溫度 Temp) > 80 (在 VALUE Initial value of DOF 欄位內輸入起始溫度 80℉) > OK (完成砂模起始條件之設定)。

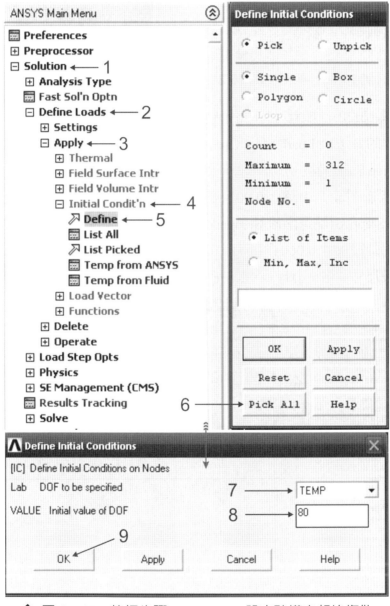

⏻ 圖 15-17　執行步驟 15.20-1～9 設定砂模之起始條件

▶ **執行步驟 15.21**　如圖 15-18 所示，選擇所有東西 (Everything)：Select(選擇) > Everything(所有東西) > Plot(繪圖) > Nodes(節點)。

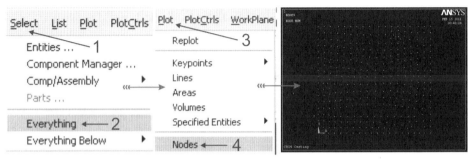

↻ 圖 15-18　執行步驟 15.21-1～4 選擇所有東西與節點完成圖

▶ **執行步驟 15.22**　如圖 15-19 所示，設定求解之負載階段 (Initial Condit'n)：Solution(求解的方法) > Load Step Opts(負載階段選項) > Time/Frequenc(時間或頻率) > Time-Time Step(時間對時間之階段) > 4(在 Time at end of load step 欄位內輸入負荷階段之末端時間 1 小時) > 0.001 (在 Time step size 欄位內輸入時間階段尺寸 0.001 小時) > Stepped(點選階段 Stepped) > 0.0001(在 Minimum time step size 欄位內輸入最小時間階段尺寸 0.0001 小時) > 0.025(在 Maximum time step size 欄位內輸入最大時間階段尺寸 0.025 小時) > OK(完成求解負載階段之設定)。

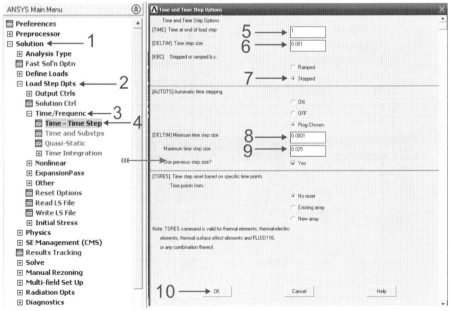

↻ 圖 15-19　執行步驟 15.22-1～10 設定求解之負載階段

▶ **執行步驟 15.23** 如圖 15-20 所示，設定求解之輸出控制 (Output Ctrls)：
Solution (求解的方法) > Load Step Opts (負載階段選項) > Output Ctrls (輸出控制) >
DB/Results File (數據或結果檔案) > Every substep (在 FREQ File write frequency 欄位
內點選每一個次階段 Every substep) > OK (完成求解負載階段之設定)。

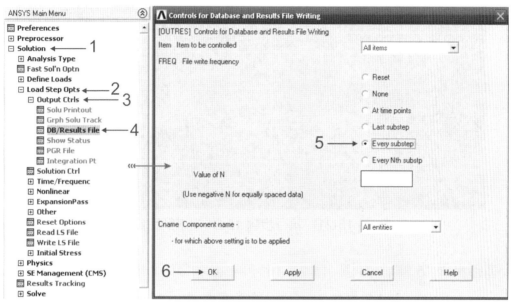

⏻ 圖 15-20 執行步驟 15.23-1～6 設定求解之輸出控制

▶ **執行步驟 15.24** 請參考第 1 章執行步驟 1.17 與圖 1-19，以及如圖 15-21 所
示，求解 (Solve)：Solution (解法) > Solve (求解) > Current LS or Current Load Step
(目前的負載步驟) > OK (完成執行步驟開始求解) > Yes (執行求解) > Close (求解完
成關閉視窗) > File (點選檔案) > Close (關閉檔案)。

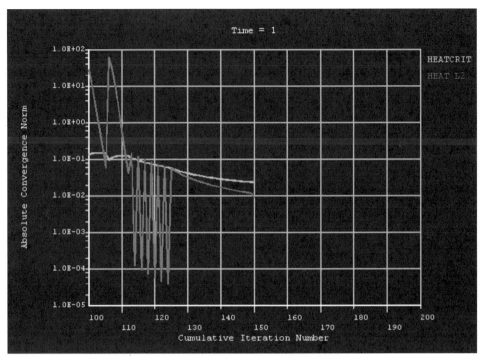

⟳ 圖 15-21　執行步驟 15.24 之求解完成圖

▶ **執行步驟 15.25**　如圖 15-22 所示，檢視第 1 階段節點溫度 (Nodal Temperature)：General Postprocessor(一般後處理器) ＞ Read Results(閱讀結果) ＞ By Pick(透過精選) ＞ 1(點選第 1 階段) ＞ Read(閱讀) ＞ Close(關閉) ＞ Plot Results(繪製所有結果) ＞ Contour Plot(輪廓繪製) ＞ Nodal Solu(節點的解答) ＞ Nodal Solution(節點的解答) ＞ DOF Solution(自由度的解答) ＞ Nodal Temperature(節點溫度) ＞ OK(完成第 1 階段之節點溫度輸出)。

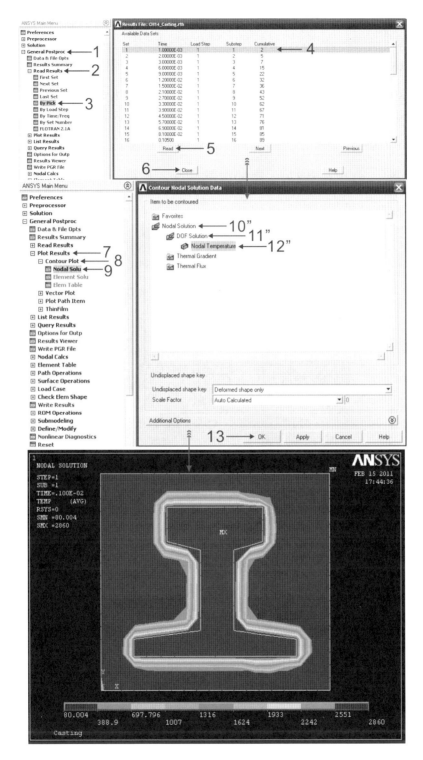

⏻ 圖 15-22　執行步驟 15.25-1～13 與第 1 階段節點溫度輸出之完成圖
　　　　　(t =0.001hr, SMX=2860˚F)

▶ **執行步驟 15.26**　如圖 15-23 所示，檢視第 1 階段之熱梯度向量總合 (Thermal Gradient Vector Sum)：General Postprocessor(一般後處理器)＞Read Results(閱讀結果)＞By Pick (透過精選)＞1 (點選第 1 階段)＞Read (閱讀)＞Close (關閉)＞Plot Results(繪製所有結果)＞Contour Plot(輪廓繪製)＞Nodal Solu(節點的解答)＞Nodal Solution (節點的解答)＞Thermal Gradient (熱梯度)＞Thermal Gradient Vector Sum (熱梯度向量總合)＞OK(完成第 1 階段之熱梯度向量總合輸出)。

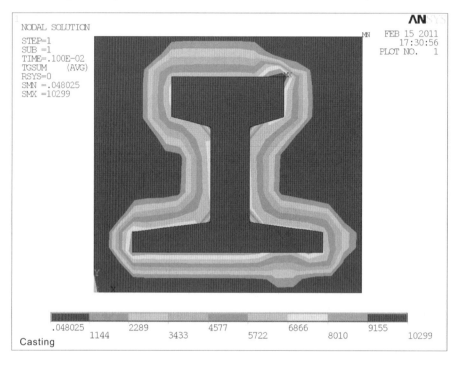

⏻ 圖 15-23　第 1 階段之熱梯度向量總合輸出之完成圖 (t=0.001hr, SMX=10299°F/in)

▶ **執行步驟 15.27**　如圖 15-24 所示，檢視第 1 階段之熱通量向量總合 (Thermal Flux Vector Sum)：General Postprocessor(一般後處理器)＞Read Results(閱讀結果)＞By Pick(透過精選)＞1(點選第 1 階段)＞Read(閱讀)＞Close(關閉)＞Plot Results(繪製所有結果)＞Contour Plot (輪廓繪製)＞Nodal Solu (節點的解答)＞Nodal Solution (節點的解答)＞Thermal Flux (熱梯度)＞Thermal Flux Vector Sum (熱通量向量總合)＞OK(完成第 1 階段之熱通量向量總合輸出)。

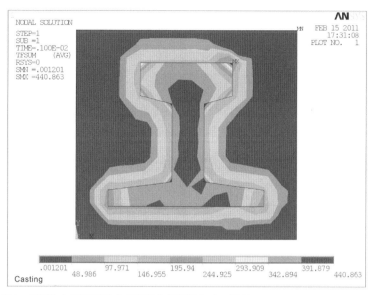

⏻ 圖 15-24　第 1 階段之熱通量向量總合輸出之完成圖 (t=0.001hr, SMX=440.863 Btu/in^2)

▶ **執行步驟 15.28**　如圖 15-25 所示，檢視第 11 階段節點溫度 (Nodal Temperature)：General Postprocessor(一般後處理器)＞Read Results(閱讀結果)＞By Pick(透過精選)＞11(點選第 11 階段)＞Read(閱讀)＞Close(關閉)＞Plot Results(繪製所有結果)＞Contour Plot(輪廓繪製)＞Nodal Solu(節點的解答)＞Nodal Solution(節點的解答)＞DOF Solution(自由度的解答)＞Nodal Temperature(節點溫度)＞OK(完成第 11 階段之節點溫度輸出)。

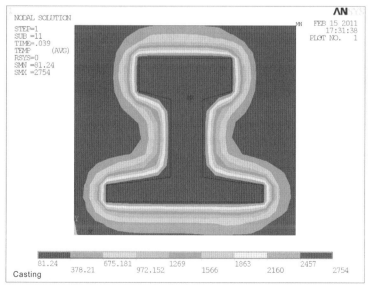

⏻ 圖 15-25　第 11 階段節點溫度輸出之完成圖 (t=0.039hr, SMX=2754°F)

▶ **執行步驟 15.29** 如圖 15-26 所示,檢視第 11 階段之熱梯度向量總合 (Thermal Gradient Vector Sum):General Postprocessor(一般後處理器)>Read Results(閱讀結果)>By Pick (透過精選)>11 (點選第 11 階段)>Read (閱讀)>Close (關閉)>Plot Results(繪製所有結果)>Contour Plot(輪廓繪製)>Nodal Solu(節點的解答)>Nodal Solution (節點的解答)>Thermal Gradient (熱梯度)>Thermal Gradient Vector Sum (熱梯度向量總合)>OK(完成第 11 階段之熱梯度向量總合輸出)。

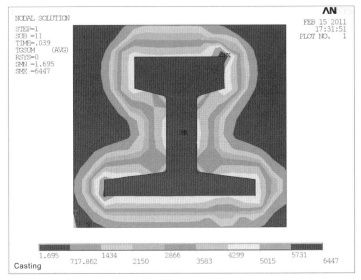

⏻ **圖 15-26** 第 11 階段之熱梯度向量總合輸出之完成圖 (t=0.039hr, SMX=6447°F/in)

▶ **執行步驟 15.30** 如圖 15-27 所示,檢視第 11 階段之熱通量向量總合 (Thermal Flux Vector Sum):General Postprocessor(一般後處理器)>Read Results(閱讀結果)>By Pick (透過精選)>11(點選第 11 階段)>Read (閱讀)>Close (關閉)>Plot Results (繪製所有結果)>Contour Plot (輪廓繪製)>Nodal Solu (節點的解答)>Nodal Solution(節點的解答)>Thermal Flux(熱梯度)>Thermal Flux Vector Sum(熱通量向量總合)>OK(完成第 11 階段之熱通量向量總合輸出)。

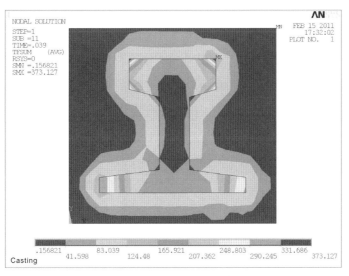

⏻ 圖 15-27　第 11 階段之熱通量向量總合輸出之完成圖
(t=0.039hr, SMX=373.127 Btu/in^2)

▶ **執行步驟 15.31**　如圖 15-28 所示，檢視第 21 階段節點溫度 (Nodal Temperature)：General Postprocessor(一般後處理器)＞Read Results(閱讀結果)＞By Pick(透過精選)＞21(點選第 21 階段)＞Read(閱讀)＞Close(關閉)＞Plot Results(繪製所有結果)＞Contour Plot(輪廓繪製)＞Nodal Solu(節點的解答)＞Nodal Solution(節點的解答)＞DOF Solution(自由度的解答)＞Nodal Temperature(節點溫度)＞OK(完成第 21 階段之節點溫度輸出)。

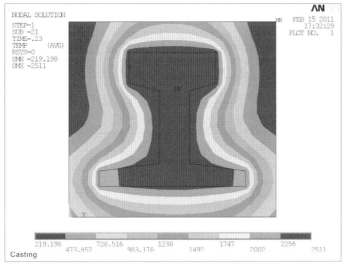

⏻ 圖 15-28　第 21 階段節點溫度輸出之完成圖 (t=0.23hr, SMX=2511°F)

▶ **執行步驟 15.32** 如圖15-29所示，檢視第21階段之熱梯度向量總合 (Thermal Gradient Vector Sum)：General Postprocessor(一般後處理器)＞Read Results(閱讀結果)＞By Pick (透過精選)＞21 (點選第 21 階段)＞Read (閱讀)＞Close (關閉)＞Plot Results(繪製所有結果)＞Contour Plot(輪廓繪製)＞Nodal Solu(節點的解答)＞Nodal Solution (節點的解答)＞Thermal Gradient (熱梯度)＞Thermal Gradient Vector Sum (熱梯度向量總合)＞OK(完成第 21 階段之熱梯度向量總合輸出)。

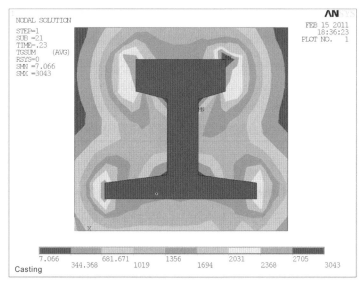

↻ 圖 15-29 第 21 階段之熱梯度向量總合輸出之完成圖 (t=0.23hr, SMX=3043°F/in)

▶ **執行步驟 15.33** 如圖15-30所示，檢視第21階段之熱通量向量總合 (Thermal Flux Vector Sum)：General Postprocessor(一般後處理器)＞Read Results(閱讀結果)＞By Pick (透過精選)＞21 (點選第 21 階段)＞Read (閱讀)＞Close (關閉)＞Plot Results (繪製所有結果)＞Contour Plot (輪廓繪製)＞Nodal Solu (節點的解答)＞Nodal Solution(節點的解答)＞Thermal Flux(熱梯度)＞Thermal Flux Vector Sum(熱通量向量總合)＞OK(完成第 1 階段之熱通量向量總合輸出)。

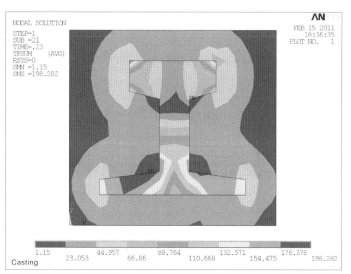

⏻ 圖 15-30　第 21 階段之熱通量向量總合輸出之完成圖
(t=0.23hr, SMX=198.282 Btu/in^2)

▶ **執行步驟 15.34**　如圖 15-31 所示，檢視第 31 階段節點溫度 (Nodal Temperature)：General Postprocessor(一般後處理器)＞Read Results(閱讀結果)＞By Pick(透過精選)＞31(點選第 31 階段)＞Read(閱讀)＞Close(關閉)＞Plot Results(繪製所有結果)＞Contour Plot(輪廓繪製)＞Nodal Solu(節點的解答)＞Nodal Solution(節點的解答)＞DOF Solution(自由度的解答)＞Nodal Temperature(節點溫度)＞OK(完成第 31 階段之節點溫度輸出)。

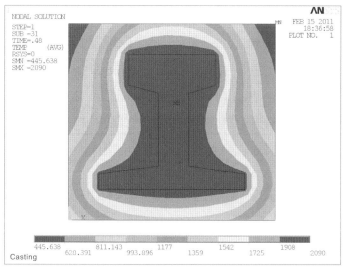

⏻ 圖 15-31　第 31 階段節點溫度輸出之完成圖 (t=0.48hr, SMX=2090°F)

▶ **執行步驟 15.35**　　如圖 15-32 所示,檢視第 31 階段之熱梯度向量總合 (Thermal Gradient Vector Sum):General Postprocessor(一般後處理器) > Read Results(閱讀結果) > By Pick (透過精選) > 31 (點選第 31 階段) > Read (閱讀) > Close (關閉) > Plot Results(繪製所有結果) > Contour Plot(輪廓繪製) > Nodal Solu(節點的解答) > Nodal Solution (節點的解答) > Thermal Gradient (熱梯度) > Thermal Gradient Vector Sum (熱梯度向量總合) > OK(完成第 31 階段之熱梯度向量總合輸出)。

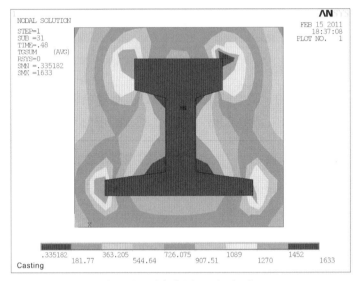

⏻ 圖 15-32　　第 31 階段之熱梯度向量總合輸出之完成圖 (t=0.48hr, SMX=1633°F/in)

▶ **執行步驟 15.36**　　如圖 15-33 所示,檢視第 31 階段之熱通量向量總合 (Thermal Flux Vector Sum):General Postprocessor(一般後處理器) > Read Results(閱讀結果) > By Pick (透過精選) > 31 (點選第 31 階段) > Read (閱讀) > Close (關閉) > Plot Results (繪製所有結果) > Contour Plot (輪廓繪製) > Nodal Solu (節點的解答) > Nodal Solution(節點的解答) > Thermal Flux(熱梯度) > Thermal Flux Vector Sum(熱通量向量總合) > OK(完成第 31 階段之熱通量向量總合輸出)。

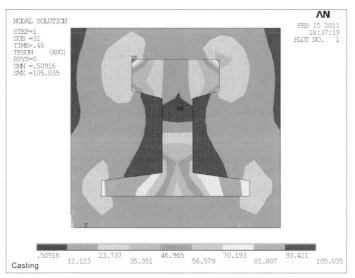

⏻ 圖 15-33　第 31 階段之熱通量向量總合輸出之完成圖 (t=0.48hr, SMX=105.035 Btu/in²)

▶ **執行步驟 15.37**　　如圖 15-34 所示，檢視第 41 階段節點溫度 (Nodal Temperature)：General Postprocessor(一般後處理器) > Read Results(閱讀結果) > By Pick(透過精選) > 41(點選第 41 階段) > Read(閱讀) > Close(關閉) > Plot Results(繪製所有結果) > Contour Plot(輪廓繪製) > Nodal Solu(節點的解答) > Nodal Solution(節點的解答) > DOF Solution(自由度的解答) > Nodal Temperature(節點溫度) > OK(完成第 41 階段之節點溫度輸出)。

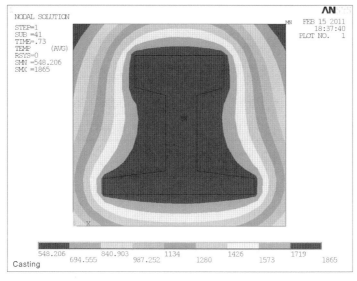

⏻ 圖 15-34　第 41 階段節點溫度輸出之完成圖 (t=0.73hr, SMX=1865°F)

▶ **執行步驟 15.38** 如圖 15-35所示，檢視第41階段之熱梯度向量總合 (Thermal Gradient Vector Sum)：General Postprocessor(一般後處理器)＞Read Results(閱讀結果)＞By Pick (透過精選)＞41 (點選第 41 階段)＞Read (閱讀)＞Close (關閉)＞Plot Results(繪製所有結果)＞Contour Plot(輪廓繪製)＞Nodal Solu(節點的解答)＞Nodal Solution (節點的解答)＞Thermal Gradient (熱梯度)＞Thermal Gradient Vector Sum (熱梯度向量總合)＞OK(完成第41階段之熱梯度向量總合輸出)。

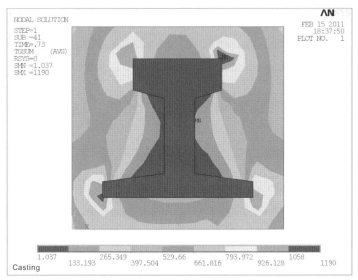

↻ 圖 15-35　第 41 階段之熱梯度向量總合輸出之完成圖 (t=0.73hr, SMX=1190°F/in)

▶ **執行步驟 15.39** 如圖 15-36所示，檢視第41階段之熱通量向量總合 (Thermal Flux Vector Sum)：General Postprocessor(一般後處理器)＞Read Results(閱讀結果)＞By Pick (透過精選)＞41 (點選第 41 階段)＞Read(閱讀)＞Close (關閉)＞Plot Results (繪製所有結果)＞Contour Plot (輪廓繪製)＞Nodal Solu (節點的解答)＞Nodal Solution(節點的解答)＞Thermal Flux(熱梯度)＞Thermal Flux Vector Sum(熱通量向量總合)＞OK(完成第 41 階段之熱通量向量總合輸出)。

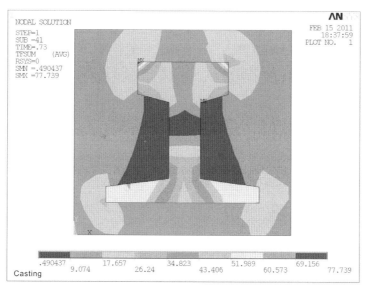

🔥 圖 15-36　第 41 階段之熱通量向量總合輸出之完成圖 (t=0.73hr, SMX=77.739 Btu/in²)

▶ 執行步驟 15.40　如圖 15-37 所示，檢視第 50 階段節點溫度 (Nodal Temperature)：General Postprocessor(一般後處理器)＞Read Results(閱讀結果)＞By Pick(透過精選)＞50(點選第 50 階段)＞Read(閱讀)＞Close(關閉)＞Plot Results(繪製所有結果)＞Contour Plot(輪廓繪製)＞Nodal Solu(節點的解答)＞Nodal Solution(節點的解答)＞DOF Solution(自由度的解答)＞Nodal Temperature(節點溫度)＞OK(完成第 50 階段之節點溫度輸出)。

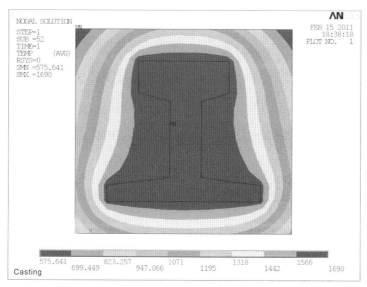

🔥 圖 15-37　第 50 階段節點溫度輸出之完成圖 (t=1.0hr, SMX=1690°F)

▶ **執行步驟 15.41** 如圖15-38所示，檢視第50階段之熱梯度向量總合(Thermal Gradient Vector Sum)：General Postprocessor(一般後處理器)>Read Results(閱讀結果)>By Pick(透過精選)>50(點選第 50 階段)>Read(閱讀)>Close(關閉)>Plot Results(繪製所有結果)>Contour Plot(輪廓繪製)>Nodal Solu(節點的解答)>Nodal Solution(節點的解答)>Thermal Gradient(熱梯度)>Thermal Gradient Vector Sum(熱梯度向量總合)>OK(完成第 50 階段之熱梯度向量總合輸出)。

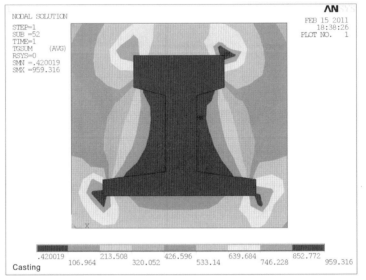

↻ 圖 15-38　第 50 階段之熱梯度向量總合輸出之完成圖 (t=1.0hr, SMX=959.316°F/in)

▶ **執行步驟 15.42** 如圖15-39所示，檢視第50階段之熱通量向量總合(Thermal Flux Vector Sum)：General Postprocessor(一般後處理器)>Read Results(閱讀結果)>By Pick(透過精選)>50(點選第 50 階段)>Read(閱讀)>Close(關閉)>Plot Results(繪製所有結果)>Contour Plot(輪廓繪製)>Nodal Solu(節點的解答)>Nodal Solution(節點的解答)>Thermal Flux(熱梯度)>Thermal Flux Vector Sum(熱通量向量總合)>OK(完成第 50 階段之熱通量向量總合輸出)。

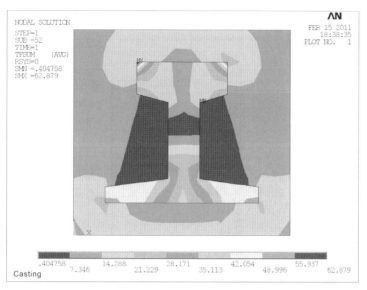

⏻ 圖 15-39　第 50 階段之熱通量向量總合輸出之完成圖 (t=1.0hr SMX=62.879Btu/in^2)

▶️ **執行步驟 15.43**　如圖 15-40 所示，檢視鑄鐵中心點之溫度歷程 (TimeHist)：TimeHist Postpro (時間履歷之後處理器)>Variable Viewer (變數觀察者)>T_296 (在 Calculator 欄位下方左側輸入垂直位移代號 T_296)>nsol (296,Temp)(在 Calculator 欄位下方右側輸入節點 Node296 之溫度指令 nsol (296,Temp)，其中 296 為節點代號，Temp 代表溫度)>ENTER (輸入)>1689.75～2850.62 (在 Variable List 欄位下方顯示節點 Node296 之最小與最大溫度 1689.75～2850.62°F)>X (檢視完成後關閉視窗)。

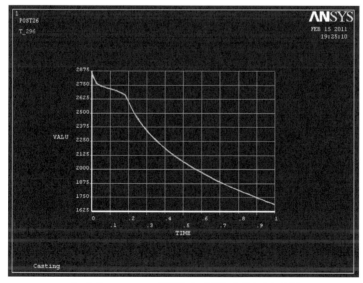

⏻ 圖 15-40　鑄鐵中心點之溫度歷程

【結果與討論】

1. 如圖 15-2 所示，係為砂模材料性質 (熱傳導係數、比熱與密度) 之設定。

2. 如圖 15-3 所示，係為鑄鐵熱傳導係數 (Conductivity) 之設定程序與溫度之關係圖。

3. 如圖 15-4 所示，係為鑄鐵焓 (Enthalpy) 之設定程序與溫度之關係圖。

4. 如圖 15-7～15-8 所示，由於鑄鐵被砂模所包圍，所以砂模之面積必須分開建構，再利用合成 (Add) 方式將砂模之面積合成起來。

5. 如圖 15-9～15-10 所示，係為砂模與鑄鐵網格化之執行步驟，其中必須注意砂模與鑄鐵材料之選定。

6. 如圖 15-12 所示，係為砂模外圍線段邊界條件之設定，其中砂模外圍之對流係數為 0.014Btu/(hr-in^2-$^\circ$F)，而砂模外圍之溫度為 80°F。

7. 如圖 15-13 所示，係為本例題暫態 (Transient) 分析型態之設有程序。

8. 如圖 15-14～15-17 所示，係為砂模與鑄鐵起始溫度之設定程序，其中砂模之起始溫度為 80°F，而鑄鐵之起始溫度為 2,875°F。

9. 如圖 15-19 所示，係為暫態分析型態之求解負載階段之設定，暫態分析設定時間為 1 小時，共 50 個階段，每一階段為 0.001 小時。

10. 如圖 15-21 所示，係為求解過程圖。

11. 如圖 15-22～15-39 所示，係為砂模與鑄鐵各階段之節點溫度、溫度梯度與熱通量分佈概況。

12. 如圖 15-40 所示，係為鑄鐵中心點之溫度歷程圖，該鑄鐵之起始溫度為 2,875°F，而 1 小時後之終止溫度則為 1,690°F。

【結論與建議】

1. 本例題在 1 小時的鑄造過程中，該鑄鐵之中心溫度從 2,875°F降低到 1,690°F。其中在 0.001 小時階段中，該鑄鐵之最高溫度為 2,875°F；0.039 小時階段中，該鑄鐵之最高溫度為 2,754°F；在 0.23 小時階段中，該鑄鐵之最高溫度為 2,511°F；在 0.48 小時階段中，該鑄鐵之最高溫度為 2,090°F；在 0.73 小時階段中，該鑄鐵之最高溫度為 1,865°F；在 1.0 小時階段中，該鑄鐵之最高溫度為 1,690°F。

2. 本例題在 1 小時的鑄造過程中，該鑄鐵之溫度梯度從 10,299°F/in 降低到 959°F/in。其中在 0.001 小時階段中，該鑄鐵之最高溫度梯度為 10,299°F/in；0.039 小時階段中，該鑄鐵之最高溫度梯度為 6,447°F/in；在 0.23 小時階段中，該鑄鐵之最高溫度梯度為 3,043°F/in；在 0.48 小時階段中，該鑄鐵之最高溫度梯度為 1,633°F/in；在 0.73 小時階段中，該鑄鐵之最高溫度梯度為 1,190°F/in；在 1.0 小時階段中，該鑄鐵之最高溫度梯度 959°F/in。

3. 本例題在 1 小時的鑄造過程中，該鑄鐵之熱通量從 440.863Btu/in² 降低到 62.879Btu/in²。其中在 0.001 小時階段中，該鑄鐵之最高熱通量為 440.863 Btu/in²；0.039 小時階段中，該鑄鐵之最高熱通量為 373.127 Btu/in²；在 0.23 小時階段中，該鑄鐵之最高熱通量為 198.282Btu/in²；在 0.48 小時階段中，該鑄鐵之最高熱通量為 105.035Btu/in²；在 0.73 小時階段中，該鑄鐵之最高熱通量為 77.739Btu/in²；在 1.0 小時階段中，該鑄鐵之最高熱通量 62.879Btu/in²。

電腦輔助工程分析實務

習題 ⊙ Exercise

Ex15-1：如例題十五所述，在相同條件之下，當該砂模起始與環境溫度依序從60°F上升到100°F時，試分析 1 小時後該砂模與鑄鐵之最大節點溫度、溫度梯度與熱通量為何？

砂模起始與環境溫度 (°F)	60	70	80	90	100
節點溫度 (°F)			1,690		
溫度梯度 (°F/in)			959		
熱通量 (Btu/in²)			62.879		

Ex15-2：如例題十五所述，在相同條件之下，當該砂模外圍的對流係數依序從0.014Btu/ (hr-in²-°F) 上升到 0.054Btu/ (hr-in²-°F)時，試分析 1 小時後該砂模與鑄鐵之最大節點溫度、溫度梯度與熱通量為何？

對流係數 (Btu/(hr-in²-°F))	0.014	0.024	0.034	0.044	0.054
節點溫度 (°F)	1,690				
溫度梯度 (°F/in)	959				
熱通量 (Btu/in²)	62.879				

Ex15-3：如例題十五所述，在相同條件之下，當該砂模的熱傳導係數依序從 0.025 Btu/ (hr-in-°F) 上升到 0.065Btu/ (hr-in-°F) 時，試分析 1 小時後該砂模與鑄鐵之最大節點溫度、溫度梯度與熱通量為何？

熱傳導係數 (Btu/(hr-in-°F))	0.025	0.035	0.045	0.055	0.065
節點溫度 (°F)	1,690				
溫度梯度 (°F/in)	959				
熱通量 (Btu/in²)	62.879				

Ex15-4：如例題十五所述，在相同條件之下，當該砂模比熱依序從 0.28Btu/(lb$_m$-°F) 上升到 0.68Btu/(lb$_m$-°F) 時，試分析 1 小時後該砂模與鑄鐵之最大節點溫度、溫度梯度與熱通量為何？

比熱 (Btu/(lb$_m$-°F))	0.28	0.38	0.48	0.58	0.68
節點溫度 (°F)	1,690				
溫度梯度 (°F/in)	959				
熱通量 (Btu/in^2)	62.879				

Ex15-5：如例題十五所述，在相同條件之下，當該砂模密度依序從 0.054 lb$_m$/in^3 上升到 0.094 lb$_m$/in^3 時，試分析 1 小時後該砂模與鑄鐵之最大節點溫度、溫度梯度與熱通量為何？

密度 (lb$_m$/in^3)	0.054	0.064	0.074	0.084	0.094
節點溫度 (°F)	1,690				
溫度梯度 (°F/in)	959				
熱通量 (Btu/in^2)	62.879				

例題十六

如圖 16-1 所示，係為一由隔熱材 (Mat.1_熱傳導係數 KXX=1.1W/m-℃) 與導熱材 (Mat.2_熱傳導係數 KXX=210W/m-℃) 所構成之披薩窯。當該披薩窯外圍受到強制對流 h=20W/m²-℃ 且溫度為 T_0=25℃，其中底部之對流係數為 h=0.0W/m²-℃ 且溫度為 T_0=18℃。其中，中間隔板上放置一堆龍眼木 (Mat.3_熱傳導係數 KXX=0.13W/m-℃) 且龍眼木底部溫度高達 1500℃，試分析披薩窯受熱後之熱場分佈概況 (其中包括節點溫度、熱梯度與熱流通量之分佈概況)？ (Element Type：SOLID87, Mesh Tool：Smart Size 6, Shape：Tex _ Free)

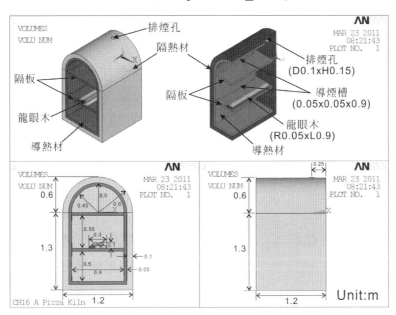

⟳ 圖 16-1　披薩窯之三視圖與剖面圖

【學習重點】

1.　熟悉如何從各執行步驟中來瞭解披薩窯之溫度分佈概況。

2.　熟悉如何運用複製法來設定隔熱材、導熱材與龍眼木的熱傳導係數。

3.　熟悉如何運用各種技法來建構隔熱材、導熱材與龍眼木之體積 (Volume)。

4.　熟悉如何運用合成 (Add)、減除 (Subtract) 與區隔 (Partition) 等布林運算法 (Booleans) 來完成各式體積之建構。

5.　熟悉如何運用移動 (Move) 與複製 (Copy) 法來建構導熱材之隔板。

6.　熟悉如何將隔熱材、導熱材與龍眼木等三種不同材料網格化。

7.　熟悉如何設定隔熱材與導熱材之邊界條件 (包括對流係數與溫度之設定)。

8.　熟悉如何運用選擇實體 (Entities) 之方法來方便設定龍眼木之邊界條件 (溫度之設定)。

9.　熟悉如何檢視披薩窯之節點溫度、溫度梯度與熱通量等輸出結果。

▶ **執行步驟 16.1**　　請參考第 1 章執行步驟 1.1 與圖 1-2，更改作業名稱 (Change Jobname)：Utility Menu (功能選單) > File (檔案) > Change Jobname (更改作業名稱) > CH16_APizzaKiln (作業名稱) > Yes (是否為新的記錄或錯誤檔) > OK (完成作業名稱之更改或設定)。

▶ **執行步驟 16.2**　　請參考第 1 章執行步驟 1.2 與圖 1-3，更改標題 (Change Title)：Utility Menu(功能選單或畫面) > File(檔案) > 更改標題 (Change Title) > CH16 A Pizza Kiln(標題名稱) > OK(完成標題之更改或設定)。

▶ **執行步驟 16.3**　　請參考第 1 章執行步驟 1.3 與圖 1-4，Preferences(偏好選擇)：ANSYS Main Menu(ANSYS 主要選單) > Preferences (偏好選擇) > Thermal (熱學的) > OK(完成偏好之選擇)。

▶ **執行步驟 16.4**　　請參考第1章執行步驟 1.4 與圖 1-5，選擇元素型態 (Element Type)：Preprocessor (前處理器) > Element Type (元素型態) > Add/Edit/Delete (增加/編輯/刪除) > Add(增加) > Solid(立體元素) > Tet 10node 87(四角形 10 個節點之立體元素) > Close(關閉元素型態_Element Types 之視窗)。

▶ **執行步驟 16.5** 如圖 16-2 所示，設定披薩窯隔熱材的材料性質 (Material Props)：Preprocessor(前處理器) > Material Props(材料性質) > Material Models(材料模式) > Material Model Number 1 (隔熱材_第一筆材料模式) > Thermal (熱學的) > Conductivity(熱傳導係數) > Isotropic(等向性的) > 1.1(在 KXX 欄位內輸入隔熱材的熱傳導係數 1.1W/m-℃) > OK(完成隔熱材熱傳導係數之設定)。

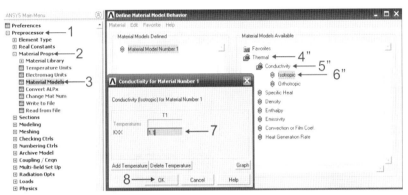

⬆ 圖 16-2　執行步驟 16.5-1～8 設定隔熱材之熱傳導係數

▶ **執行步驟 16.6** 如圖 16-3 所示，複製披薩窯隔熱材的材料性質 (Material Props)：Edit (編輯) > Copy (複製) > OK (完成隔熱材熱傳導係數之複製) > Material Model Number 2(雙擊編號 2 之材料模式) > Thermal conduct. [iso](雙擊等向性熱傳導) > 210 (在 KXX 欄位內輸入導熱材的熱傳導係數 210W/m-℃) > OK (完成導熱材熱傳導係數之設定，重覆上述動作直到完成龍眼木 (KXX=0.13W/m-℃) 熱傳導係數之設定為止)。

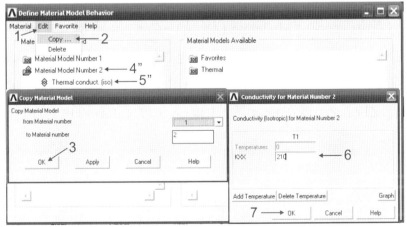

⬆ 圖 16-3　執行步驟 16.6-1～7 複製披薩窯隔熱材的材料性質與設定導熱材之熱傳導係數

▶ **執行步驟 16.7** 如圖 16-4 所示，建構披薩窯圓頂之體積 (Volumes)：
Preprocessor(前處理器)＞Modeling(建模)＞Create(建構)＞Volumes(體積)＞Cylinder
(圓柱形)＞By Dimensions(透過維度)＞0.6(在 RAD1 Outer radius 欄位內輸入半徑
0.6m)＞1.2(在 Z1Z2 Z-coordinates 欄位內輸入深度 1.2m)＞0(在 THETA1 Starting
angle[degrees]輸入起始角度 0)＞180(在 THETA2 Ending angle[degrees]輸入終止角
度 180)＞OK(完成披薩窯圓頂體積之建構)。

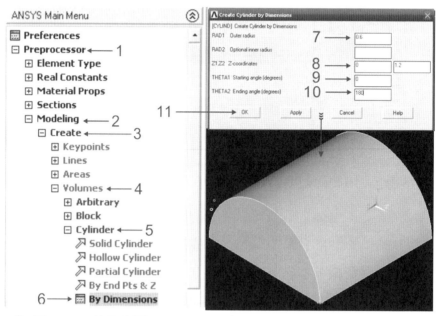

↻ 圖 16-4　執行步驟 16.7-1～11 與披薩窯圓頂體積建構之完成圖

▶ **執行步驟 16.8** 如圖 16-5 所示，建構披薩窯主體之體積 (Volumes)：
Preprocessor (前處理器)＞Modeling (建模)＞Create (建構)＞Volumes (體積)＞
Rectangle(方形)＞By Dimensions(透過維度)＞(－0.6, 0.6)(在 X1X2 X-coordinates 欄
位內輸入長度範圍(－0.6, 0.6))＞－1.3(在 Y1Y2 Y-coordinates 欄位內輸入高度－
1.3m)＞1.2(在 Z1Z2 Z-coordinates 欄位內輸入深度 1.2m)＞OK(完成披薩窯主體體
積之建構)。

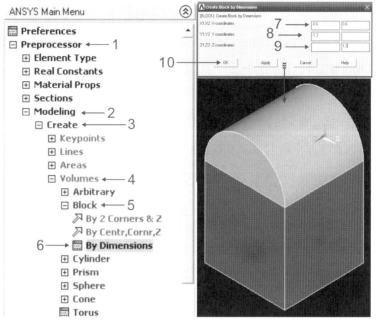

🔘 圖 16-5　執行步驟 16.8-1～10 與披薩窯主體體積建構之完成圖

執行步驟 16.9　如圖 16-6 所示，披薩窯主體與圓頂體積之合成 (Add)：
Preprocessor (前處理器) > Modeling (建模) > Operate (操作) > Booleans (布林運算) >
Add(合成)>Volumes(體積)>Pick ALL(全選，完成披薩窯主體與圓頂體積之合成)。

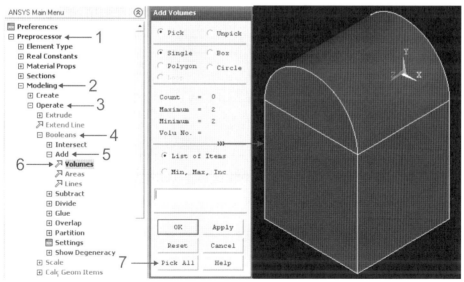

🔘 圖 16-6　執行步驟 16.9-1~7 以及披薩窯主體與圓頂體積合成之完成圖

▶ **執行步驟 16.10** 如圖 16-7 所示，建構欲挖除之半圓形體積(Volumes)：
Preprocessor(前處理器)>Modeling(建模)>Create(建構)>Volumes(體積)>Cylinder
(圓柱形)>By Dimensions(透過維度)>0.5(在 RAD1 Outer radius 欄位內輸入外半徑
0.5m)>(0.1,1.2)(在 Z1Z2 Z-coordinates 欄位內輸入深度範圍(0.1,1.2)m)>0(在
THETA1 Starting angle[degrees]輸入起始角度 0)>180(在 THETA2 Ending
angle[degrees]輸入終止角度 180)>OK(完成欲挖除之半圓形體積之建構)。

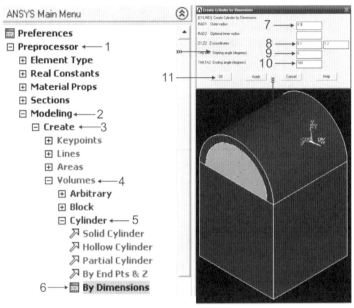

⟳ 圖 16-7 執行步驟 16.10-1～11 與欲挖除之半圓形體積建構之完成圖

▶ **執行步驟 16.11** 如圖 16-8 所示，建構欲挖除之方形體積(Volumes)：
Preprocessor(前處理器)>Modeling(建模)>Create(建構)>Volumes(體積)>
Rectangle(方形)>By Dimensions(透過維度)>(-0.5, 0.5)(在 X1X2 X-coordinates 欄
位內輸入長度範圍(-0.5, 0.5))>-1.2(在 Y1Y2 Y-coordinates 欄位內輸入高度-
1.2m)>(0.1,1.2)(在 Z1Z2 Z-coordinates 欄位內輸入深度範圍(0.1,1.2)m)>OK(完成
欲挖除方形體積之建構)。

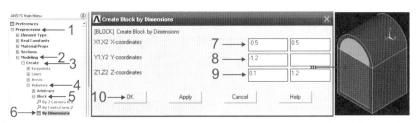

⏻ 圖 16-8　執行步驟 16.11-1～10 與欲挖除方形體積建構之完成圖

▶ **執行步驟 16.12**　如圖 16-9 所示，披薩窯隔熱材多餘體積之減除 (Subtract)：
Preprocessor (前處理器) ＞ Modeling (建模) ＞ Operate (運算) ＞ Booleans (布林運算) ＞
Subtract (減除) ＞ Volumes (體積) ＞ V3 (點選體積 V3) ＞ Apply (施用，繼續進行下一個
步驟) ＞ V1&V2 (點選欲挖除之半圓形與方形體積 V1&V2) ＞ OK (完成披薩窯隔熱材
多餘體積之減除)。

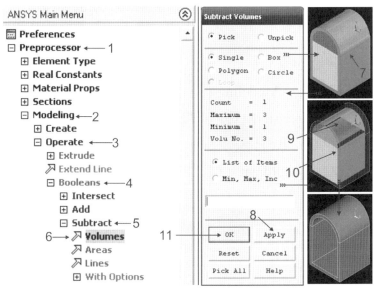

⏻ 圖 16-9　執行步驟 16.12-1～11 與披薩窯隔熱材多餘體積減除之完成圖

▶ **執行步驟 16.13**　如圖 16-10 所示，建構導熱材圓頂之體積 (Volumes)：
Preprocessor (前處理器) ＞ Modeling (建模) ＞ Create (建構) ＞ Volumes (體積) ＞ Cylinder
(圓柱形) ＞ By Dimensions (透過維度) ＞ 0.5 (在 RAD1 Outer radius 欄位內輸入外半徑
0.5m) ＞ 0.45 (在 RAD2 Optional inner radius 欄位內輸入內半徑 0.45m) ＞ -1.1 (在
Z1Z2 Z-coordinates 欄位內輸入深度 -1.1m) ＞ 0 (在 THETA1 Starting angle[degrees]
輸入起始角度 0) ＞ 180 (在 THETA2 Ending angle[degrees] 輸入終止角度 180) ＞ OK
(完成導熱材圓頂體積之建構)。

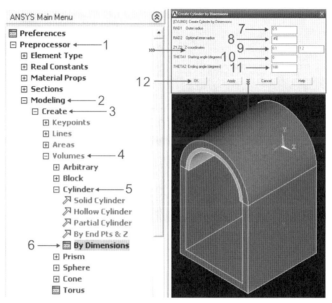

⏻ 圖 16-10　執行步驟 16.13-1～12 與導熱材多餘體積減除之完成圖

▶ **執行步驟 16.14**　如圖 16-11 所示，建構導熱材主體之體積 (Volumes)：
Preprocessor (前處理器)＞Modeling (建模)＞Create (建構)＞Volumes (體積)＞
Rectangle(方形)＞By Dimensions(透過維度)＞(-0.5, 0.5)(在 X1X2 X-coordinates 欄
位內輸入長度範圍 (-0.5, 0.5))＞-1.2 (在 Y1Y2 Y-coordinates 欄位內輸入高度-
1.2m)＞-1.1 (在 Z1Z2 Z-coordinates 欄位內輸入深度-1.1m)＞OK (完成導熱材主體
體積之建構)。

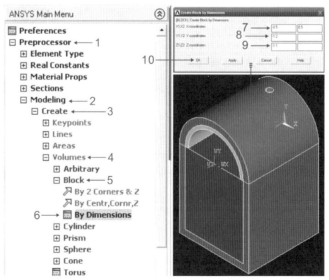

⏻ 圖 16-11　執行步驟 16.14-1～10 與導熱材主體體積建構之完成圖

執行步驟 16.15 如圖 16-12 所示，建構欲刪除之體積 (Volumes)：
Preprocessor (前處理器) > Modeling (建模) > Create (建構) > Volumes (體積) >
Rectangle(方形) > By Dimensions(透過維度) > (−0.5, 0.5)(在 X1X2 X-coordinates 欄
位內輸入欲刪除體積的長度範圍(−0.45, 0.45))) > −1.15(在 Y1Y2 Y-coordinates 欄位
內輸入欲刪除體積的高度−1.15m) > −1.1(在 Z1Z2 Z-coordinates 欄位內輸入欲刪除
體積的深度−1.1m) > OK(完成欲刪除體積之建構)。

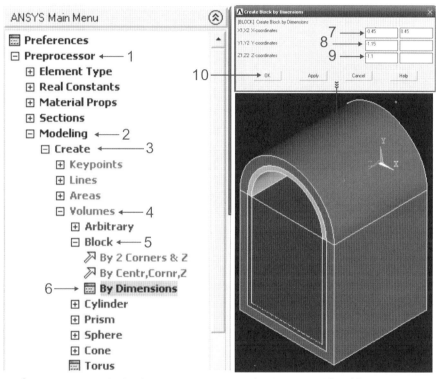

⏻ 圖 16-12 執行步驟 16.15-1～10 與欲刪除體積建構之完成圖

▶ **執行步驟 16.16** 如圖 16-13 所示，導熱材多餘體積之減除 (Subtract)：
Preprocessor (前處理器) > Modeling (建模) > Operate (操作) > Booleans (布林運算) >
Subtract(減除) > Volumes(體積) > V5(點選導熱材主體體積 V5) > Apply(完成導熱材
主體體積點選，繼續執行下一個步驟) > V3(點選多餘體積 V3) > OK(完成導熱材多
餘體積之減除)。

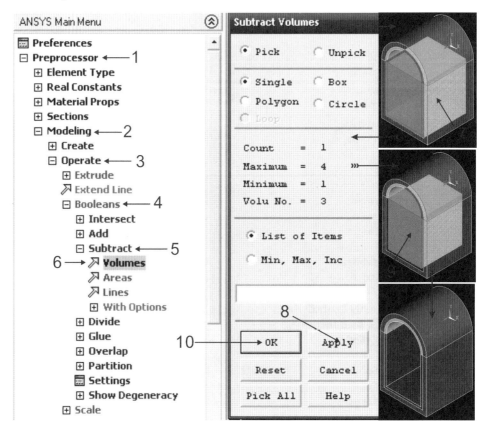

⏻ 圖 16-13　執行步驟 16.16-1～10 與導熱材多餘體積減除之完成圖

▶ **執行步驟 16.17** 如圖 16-14 所示，建構隔板體積 (Volumes)：Preprocessor(前
處理器) > Modeling (建模) > Create (建構) > Volumes (體積) > Rectangle (方形) > By
Dimensions(透過維度) > (−0.45, 0.45) (在 X1X2 X-coordinates 欄位內輸入長度範圍
(−0.45, 0.45)) > −0.05 (在 Y1Y2 Y-coordinates 欄位內輸入高度−0.05m) > (0.1,1.2)
(在 Z1Z2 Z-coordinates 欄位內輸入深度範圍 (0.1,1.2)m) > OK (完成隔板體積之
建構)。

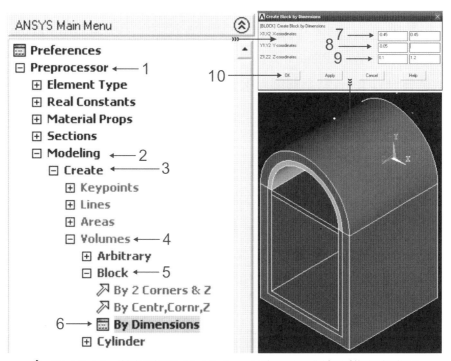

⏻ 圖 16-14　執行步驟 16.17-1～10 與隔板體積建構之完成圖

▶ **執行步驟 16.18**　如圖 16-15 所示，隔板之移動 (Move)：Preprocessor(前處理器) > Modeling (建模) > Move/Modify (移動/修正) > Volumes (體積) > V3 (點選隔板 V3) > OK (完成隔板之點選) > 2 (在 DZ Z-offset in active CS 欄位內輸入移動距離 2m) > OK (完成隔板之移動)。

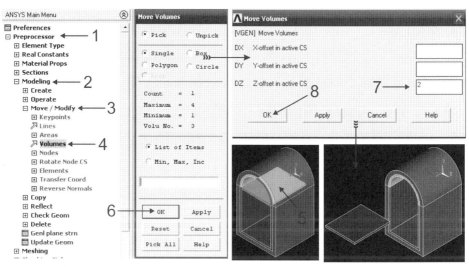

⏻ 圖 16-15　執行步驟 16.18-1～8 與隔板移動之完成圖

▶ **執行步驟 16.19**　　如圖 16-16 所示，啓動&設定工作平面 (WorkPlane)：Utility Menu (功能選單) > WorkPlane (工作平面) > Offset WP to (補償工作平面到) > Keypoints(關鍵點) > K11(點選關鍵點 K11) > OK(完成工作平面之啓動&設定)。

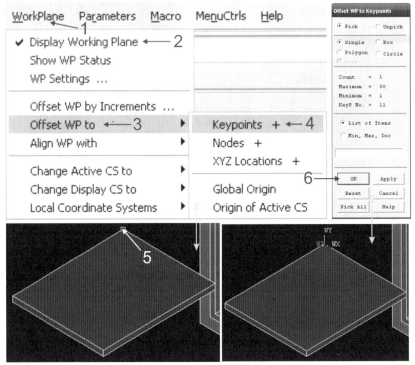

↻ **圖 16-16**　執行步驟 16.19-1〜6 與工作平面啓動&設定之完成圖

▶ **執行步驟 16.20**　　如圖 16-17 所示，建構導煙槽體積 (Volumes)：Preprocessor (前處理器) > Modeling (建模) > Create (建構) > Volumes (體積) > Rectangle (方形) > By Dimensions(透過維度)>0.05 (在 X1X2 X-coordinates 欄位內輸入長度範圍 0.05)> −0.05(在 Y1Y2 Y-coordinates 欄位內輸入高度−0.05m)>(0.1,1)(在 Z1Z2 Z-coordinates 欄位內輸入深度範圍 (0.1,1) m) > OK(完成導煙槽體積之建構)。

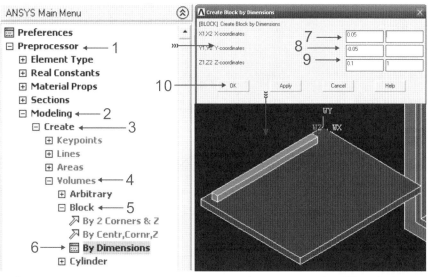

🔅 圖 16-17　執行步驟 16.20-1～10 與導煙槽體積建構之完成圖

▶ **執行步驟 16.21**　如圖 16-18 所示，導煙槽體積之複製 (Copy)：Preprocessor (前處理器) > Modeling (建模) > Copy (複製) > Volumes (體積) > V4 (點選導煙槽體積 V4) > OK (完成導煙槽體積之點選) > 2 (在 ITIME Number of copies – including original 欄位內輸入複製數量 2) > 0.85(在 DX X-offset in active CS 欄位內輸入欲複製之位置 0.85m) > OK(完成導煙槽體積之複製)。

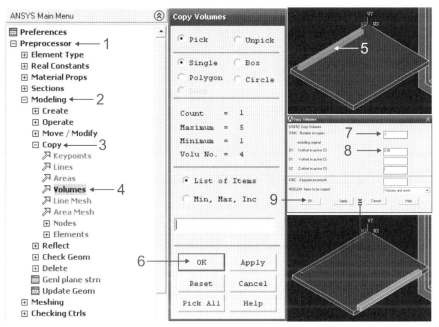

🔅 圖 16-18　執行步驟 16.21-1～9 與導煙槽體積複製之完成圖

▶ **執行步驟 16.22** 如圖 16-19 所示，導煙槽體積之減除 (Subtract)：Preprocessor (前處理器)>Modeling (建模)>Operate (操作)>Booleans (布林運算)>Subtract (減除)> Volumes (體積)>V3(點選隔板體積 V3)>Apply(施用，繼續進行下一個步驟)>V4 & V6(點選導煙槽體積 V4 & V6)>OK(完成導煙槽體積之減除)>Utility Menu(功能選單)>Plot(繪製)>Volumes(體積)。

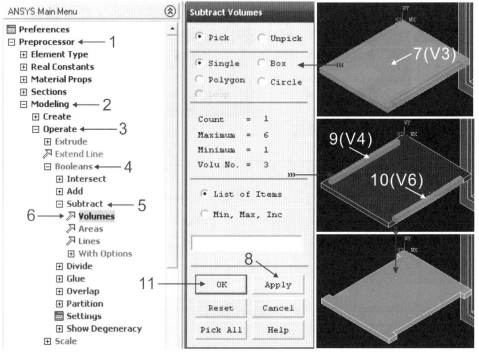

↻ 圖 16-19　執行步驟 16.22-1～11 與導煙槽體積減除之完成圖

▶ **執行步驟 16.23** 如圖 16-20 所示，隔板之複製 (Copy)：Preprocessor(前處理器)>Modeling(建模)>Copy(複製)>Volumes(體積)>V7(點選隔板 V7)>OK(完成隔板之點選)>2(在 ITIME Number of copies – including original 欄位內輸入複製數量 2)>−0.6(在 DY Y-offset in active CS 欄位內輸入欲複製之位置−0.6m)>OK(完成隔板之複製)。

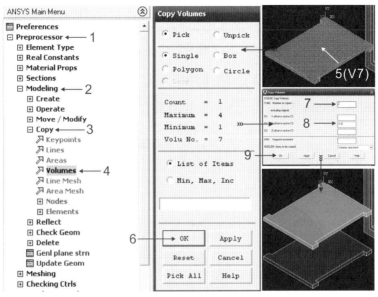

⏻ 圖 16-20　執行步驟 16.23-1～9 與導煙槽體積複製之完成圖

▶ **執行步驟 16.24**　如圖 16-21 所示，雙隔板之移動 (Move)：Preprocessor(前處理器) > Modeling(建模) > Move/Modify(移動/修正) > Volumes(體積) > V3 & V7(點選隔板 V3 & V7) > OK(完成隔板之點選) > −2(在 DZ Z-offset in active CS 欄位內輸入移動距離−2m) > OK(完成隔板之移動) > Utility Menu(功能選單) > Plot(繪製 > Volumes(體積)。

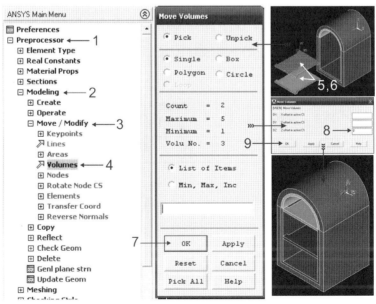

⏻ 圖 16-21　執行步驟 16.24-1～9 與隔板移動之完成圖

▶ **執行步驟 16.25**　如圖 16-22 所示，導熱材體積之合成 (Add)：Preprocessor(前處理器) > Modeling (建模) > Operate (操作) > Booleans (布林運算) > Add (合成) > Volumes(體積) > V1, V3, V5 & V7(點選體積 V1, V3, V5 & V7) > OK(完成導熱材體積之合成) > Utility Menu(功能選單) > Plot(繪製) > Volumes(體積)。

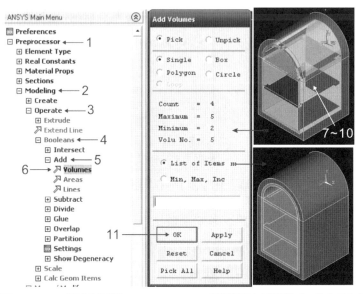

⏻ 圖 16-22　執行步驟 16.25-1～11 與導熱材體積合成之完成圖

▶ **執行步驟 16.26**　如圖 16-23 所示，啟動&設定工作平面 (WorkPlane)：Utility Menu(功能選單) > WorkPlane(工作平面) > Offset WP by Increments(透過增量補償工作平面到) > +Z(按壓+Z 鍵 5 次) > X-0 (按壓 X-0 鍵 3 次) > OK(完成工作平面之啟動 & 設定)。

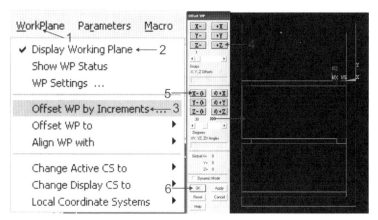

⏻ 圖 16-23　執行步驟 16.26-1～11 與工作平面之啟動&設定之完成圖

▶ **執行步驟 16.27**　如圖 16-24 所示，建構排煙孔之體積 (Volumes)：
Preprocessor(前處理器)＞Modeling(建模)＞Create(建構)＞Volumes(體積)＞Cylinder
(圓柱形)＞Solid Cylinder(實心圓柱)＞0.05(在 Radius 欄位內輸入半徑 0.05m)＞0.7
(在 Depth 欄位內輸入深度 0.7m)＞OK(完成排煙孔體積之建構)。

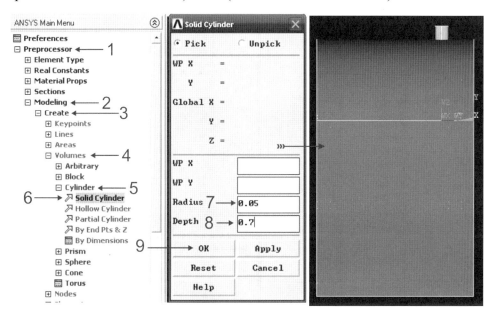

⟳ 圖 16-24　執行步驟 16.27-1～9 與排煙孔體積建構之完成圖

▶ **執行步驟 16.28**　如圖 16-25 所示，排煙孔體積之減除 (Subtract)：Preprocessor
(前處理器)＞Modeling (建模)＞Operate (操作)＞Booleans (布林運算)＞Subtract (減除)＞
Volumes(體積)＞V2 & V4(點選披薩窯與導熱材之體積 V2 & V4)＞Apply(施用，繼
續進行下一個步驟)＞V1(點選排煙孔體積 V1)＞OK(完成排煙孔體積之減除)。

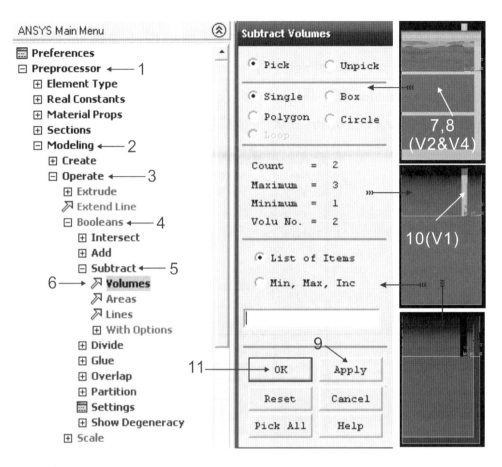

⏻ 圖 16-25　執行步驟 16.28-1～11 與排煙孔體積減除之完成圖

▶ **執行步驟 16.29**　如圖 16-26 所示，啟動&設定工作平面 (WorkPlane)：Utility Menu(功能選單) > WorkPlane(工作平面) > Display Working Plane(顯示工作平面) > Offset WP to(補償工作平面到) > Keypoints(關鍵點) > K82 & K83(點選關鍵點 K82 & K83) > OK(完成工作平面之啟動 & 設定)。

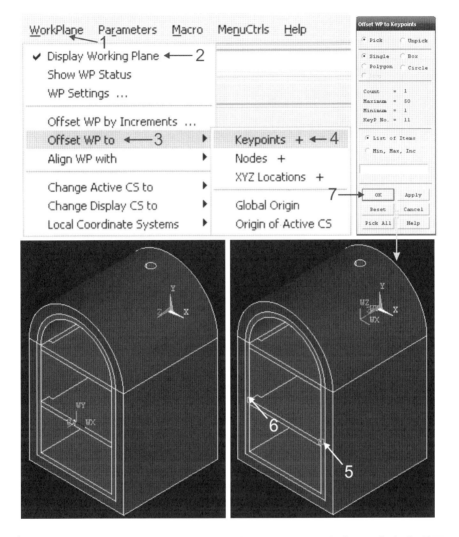

⏻ 圖 16-26 執行步驟 16.29-1～7 與工作平面之啟動&設定之完成圖

▶ **執行步驟 16.30** 如圖 16-27 所示，建構龍眼木之體積 (Volumes)：
Preprocessor(前處理器)＞Modeling(建模)＞Create(建構)＞Volumes(體積)＞Cylinder(圓柱形)＞By Dimensions(透過維度)＞0.05(在 RAD1 Outer radius 欄位內輸入半徑0.05m)＞-1 (在 Z1Z2 Z-coordinates 欄位內輸入深度-1m)＞0 (在 THETA1 Starting angle[degrees]輸入起始角度 0)＞180(在 THETA2 Ending angle[degrees]輸入終止角度 180)＞OK(完成龍眼木體積之建構)。

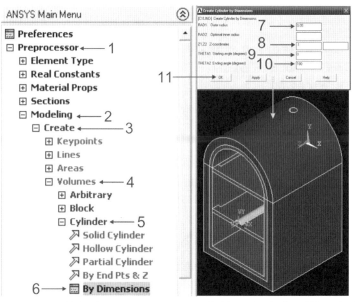

⏻ 圖 16-27　執行步驟 16.30-1～11 與龍眼木體積建構之完成圖

▶ **執行步驟 16.31**　如圖 16-28 所示，龍眼木之複製 (Copy)：Preprocessor(前處理器) > Modeling (建模) > Copy (複製) > Volumes (體積) > V1 (點選龍眼木 V1) > OK (完成龍眼木之點選) > 2(在 ITIME Number of copies–including original 欄位內輸入複製數量 2) > –0.1(在 DX X-offset in active CS 欄位內輸入欲複製之位置–0.1m) > OK(完成龍眼木之複製)。

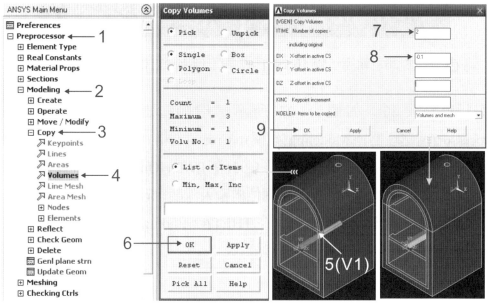

⏻ 圖 16-28　執行步驟 16.31-1～9 與龍眼木複製之完成圖

▶ **執行步驟 16.32**　如圖 16-29 所示,龍眼木之複製 (Copy):Preprocessor(前處理器)>Modeling (建模)>Copy (複製)>Volumes (體積)>V1 (點選龍眼木 V1)>OK (完成龍眼木之點選)>2(在 ITIME Number of copies–including original 欄位內輸入複製數量 2)>0.1(在 DX X-offset in active CS 欄位內輸入欲複製之位置 0.1m)>OK (完成龍眼木之複製)。

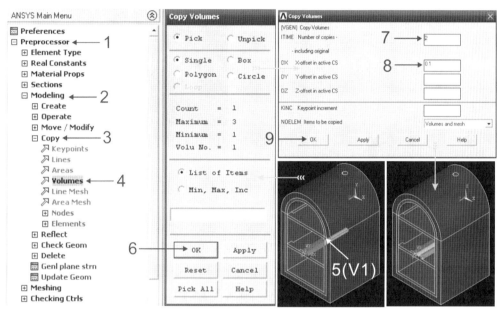

⏻ 圖 16-29　執行步驟 16.32-1〜9 與龍眼木複製之完成圖

▶ **執行步驟 16.33**　如圖 16-30 所示,龍眼木之複製 (Copy):Preprocessor(前處理器)>Modeling (建模)>Copy (複製)>Volumes (體積)>V1 (點選龍眼木 V1)>OK (完成龍眼木之點選)>2(在 ITIME Number of copies–including original 欄位內輸入複製數量 2)>−0.05(在 DX X-offset in active CS 欄位內輸入欲複製之位置−0.05m)>0.05 (在 DY Y-offset in active CS 欄位內輸入欲複製之位置 0.05m)>OK(完成龍眼木之複製)。

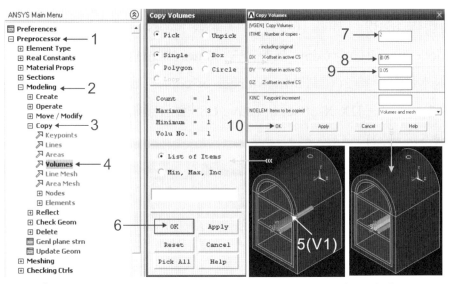

🔄 圖 16-30　執行步驟 16.33-1～10 與龍眼木複製之完成圖

▶ **執行步驟 16.34**　如圖 16-31 所示，龍眼木之複製 (Copy)：Preprocessor(前處理器) > Modeling(建模) > Copy (複製) > Volumes (體積) > V1 (點選龍眼木 V1) > OK (完成龍眼木之點選) > 2(在 ITIME Number of copies–including original 欄位內輸入複製數量 2) > 0.05 (在 DX X-offset in active CS 欄位內輸入欲複製之位置 0.05m) > 0.05(在 DY Y-offset in active CS 欄位內輸入欲複製之位置 0.05m) > OK(完成龍眼木之複製)。

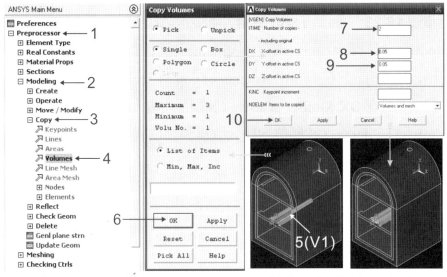

🔄 圖 16-31　執行步驟 16.34-1～10 與龍眼木複製之完成圖

▶ **執行步驟 16.35**　如圖 16-32 所示，所有體積之區隔 (Partition)：Preprocessor (前處理器)>Modeling (建模)>Operate (操作)>Booleans (布林運算)>Partition (區隔)> Volumes(體積) > Pick All(全選，所有體積之區隔)。

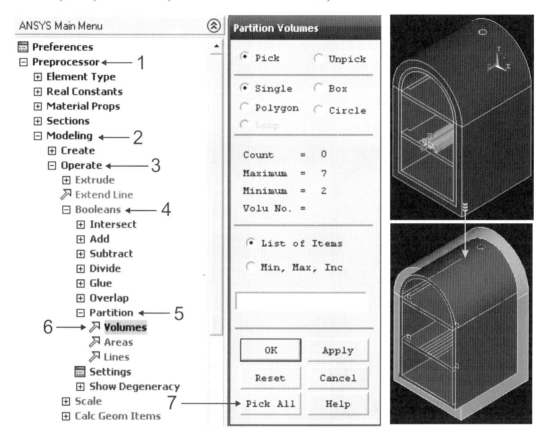

⟳ 圖 16-32　執行步驟 16.35-1～7 與所有體積區隔之完成圖

▶ **執行步驟 16.36**　如圖 16-33 所示，披薩窯之隔熱材網格化：Preprocessor(前處理器)>Meshing (網格化)>Mesh Tool (網格工具)>Smart Size 6(點選精明尺寸 6)> Set(設定)>1 (在[MAT] Material number 欄位點選材料編號 1)>OK(完成材料選擇)> Mesh(網格) > V12(點選披薩窯之隔熱材) > OK(完成披薩窯之隔熱材網格化)。

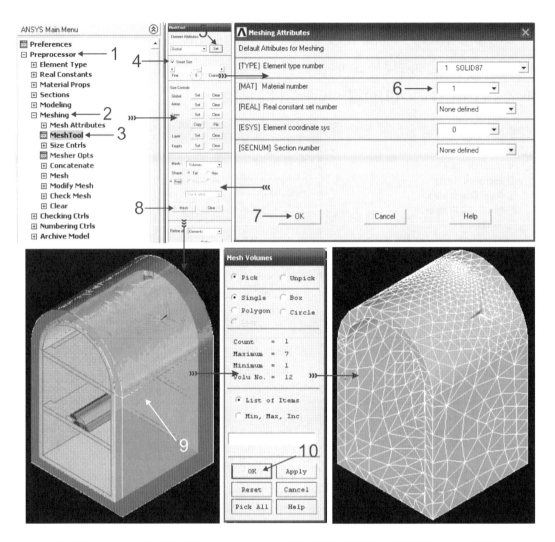

⏻ 圖 16-33　執行步驟 16.36-1～10 與披薩窯之隔熱材網格化之完成圖

▶ **執行步驟 16.37**　如圖 16-34 所示，披薩窯之導熱材網格化：Preprocessor(前處理器)>Meshing(網格化)>Mesh Tool(網格工具)>Smart Size 6(點選精明尺寸 6)>Set(設定)>2(在[MAT] Material number 欄位點選材料編號 2)>OK(完成材料選擇)>Mesh(網格)＞V13(點選披薩窯之導熱材)＞OK(完成披薩窯之導熱材網格化)。

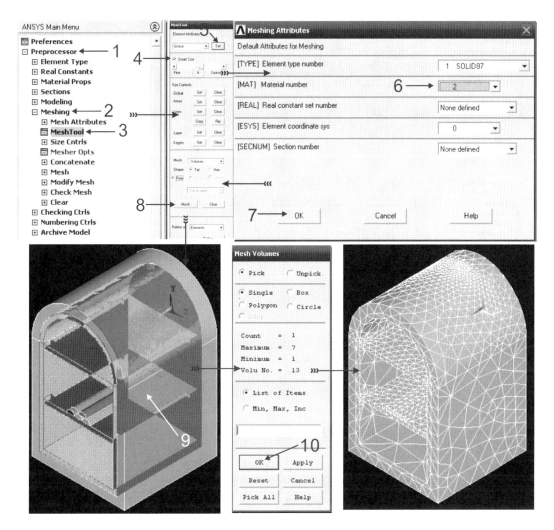

⟲ 圖 16-34　執行步驟 16.37-1～10 與披薩窯之導熱材網格化之完成圖

▶ **執行步驟 16.38**　如圖 16-35 所示，所有龍眼木網格化：Preprocessor(前處理器)＞Meshing(網格化)＞Mesh Tool(網格工具)＞Smart Size 6(點選精明尺寸 6)＞Set(設定)＞3(在[MAT] Material number 欄位點選材料編號 3)＞OK(完成材料選擇)＞Mesh (網格)＞V6, V8, V9, V10 & V11(點選所有龍眼木)＞OK(完成所有龍眼木網格化)。

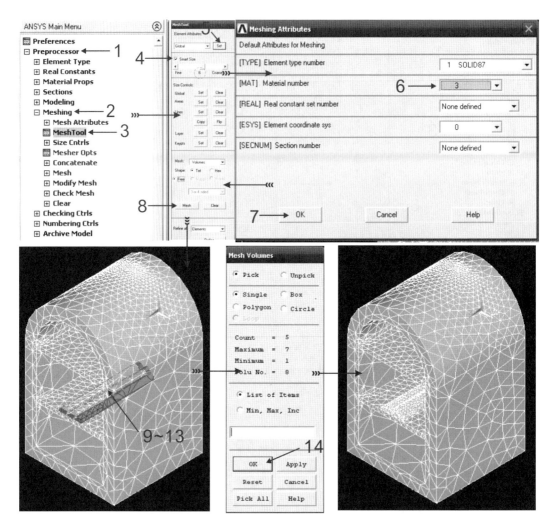

⏻ 圖 16-35　執行步驟 16.38-1～14 與所有龍眼木網格化之完成圖

▶ **執行步驟 16.39**　如圖 16-36 所示，設定披薩窯外圍之對流 (Convection) 邊界條件：Solution (求解的方法) > Define Loads (定義負載) > Apply (提供) > Convection (對流) > On Areas (在面積上) > A4, A5, A14, A15, A16 & A25 (點選披薩窯之外圍面積) > OK (完成披薩窯外圍面積之點選) > 20 (在 VAL1 film coefficient 欄位內輸入對流係數 $20W/m^2\text{-}°C$) > 25 (在 VAL21 Bulk temperature 欄位內輸入環境溫度 $25°C$) > OK (完成披薩窯外圍對流邊界條件之設定)。

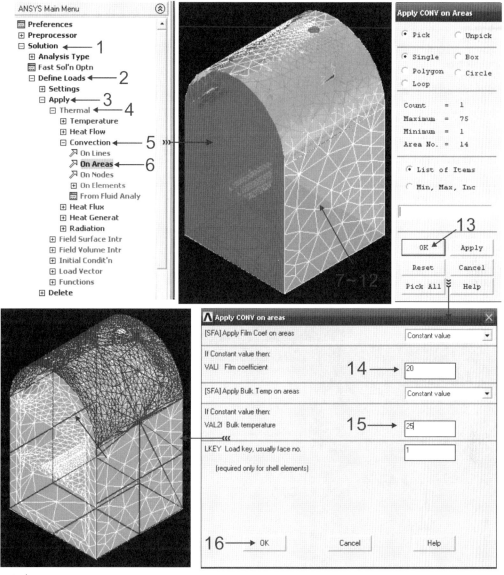

🔘 圖 16-36　執行步驟 16.39-1～16 與披薩窯外圍對流邊界條件設定之完成圖

▶️ **執行步驟 16.40**　如圖 16-37 所示，設定披薩窯底部之對流 (Convection) 邊界條件：Solution (求解的方法) > Define Loads (定義負載) > Apply (施用，繼續進行下一個步驟) > Convection (對流) > On Areas (在面積上) > A13 (點選披薩窯之底部面積) > OK (完成披薩窯底部面積之點選) > 0 (在 VAL1 film coefficient 欄位內輸入對流係數 0W/m²-℃) > 18 (在 VAL21 Bulk temperature 欄位內輸入環境溫度 18℃) > OK (完成披薩窯底部對流邊界條件之設定)。

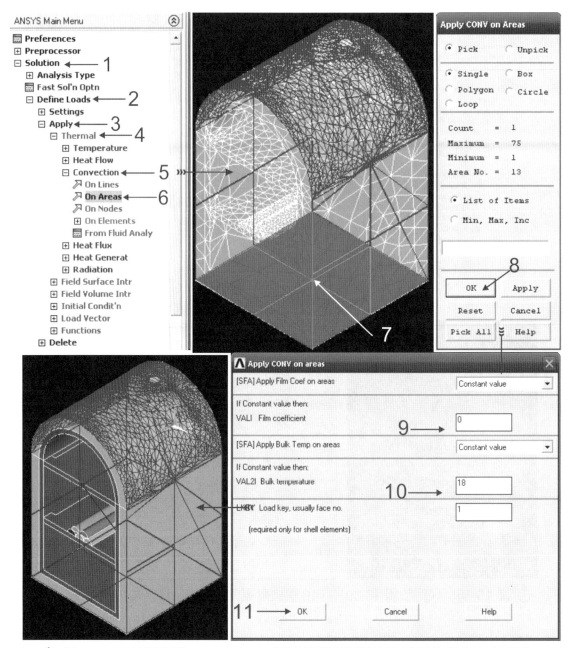

⟳ 圖 16-37　執行步驟 16.40-1～11 與披薩窯底部對流邊界條件設定之完成圖

執行步驟 16.41 如圖 16-38 所示，選擇實體 (Entities)：Utility Menu(功能選單) > Select(選擇) > Entities(實體) > Volumes(點選體積) > By Num/Pick(透過編號或點選) > Unselect(不選擇) > OK(完成實體選擇設定) > V12 & V13(點選體積 V12 & V13) > OK(完成體積點選) > Plot(繪製) > Volumes(體積)。

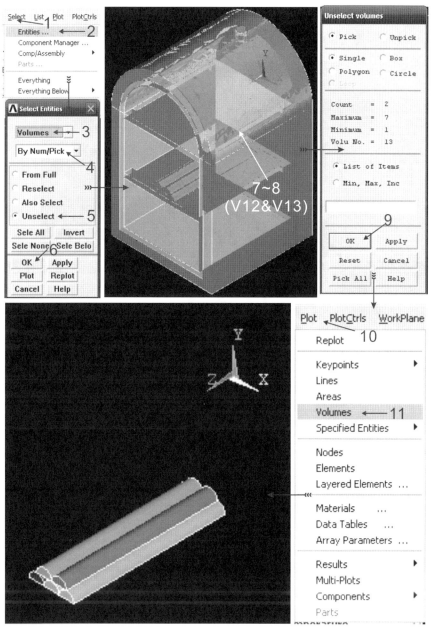

⟳ 圖 16-38　執行步驟 16.41-1～11 與實體選擇設定之完成圖

▶ **執行步驟 16.42** 如圖 16-39 所示,設定龍眼木之溫度 (Temperature) 條件:
Solution (求解的方法) > Define Loads (定義負載) > Apply (施用,繼續進行下一個步驟) > Thermal (熱學的) > Temperature (溫度) > On Areas (在面積上) > A11, A12, A49, A53, A84 & A89 (點選龍眼木最下層之面積) > OK (完成面積之點選) > Temp (在 Lab2 DOFs to be constrained 欄位內點選 Temp) > 1500 (在 VALUE Load TEMP valu 欄位內輸入環境溫度 1500℃) > OK (完成龍眼木之最下層溫度條件之設定)。

⟳ 圖 16-39 執行步驟 16.42-1～16 與龍眼木之溫度條件設定之完成圖

▶ **執行步驟 16.43**　　如圖 16-40 所示，選擇實體 (Entities)：Utility Menu(功能選單) > Select(選擇) > Entities(實體) > Volumes(點選體積) > By Num/Pick(透過編號或點選) > From Full(從全部) > Select All(選擇全部) > OK(完成實體選擇設定) > Pick All(全選) > Plot(繪製) > Volumes(體積)。

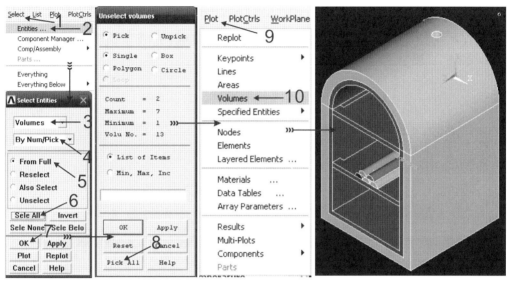

⏻ 圖 16-40　執行步驟 16.43-1～10 與實體選擇設定之完成圖

▶ **執行步驟 16.44**　　請參考第 1 章執行步驟 1.17 與圖 1-19，以及如圖 15-21 所示，(Solve) 求解：Solution(解法) > Solve(求解) > Current LS or Current Load Step(目前的負載步驟) > OK(完成執行步驟開始求解) > Yes(執行求解) > Close(求解完成關閉視窗)。

▶ **執行步驟 16.45** 　請參考第 1 章執行步驟 1.18 & 1.21 與圖 1-20 & 1-23，以及如圖 16-41 所示，檢視最大變形 (DMX) 輸出：General Postprocessor (一般後處理器) > Plot Results (繪製所有結果) > Contour Plot (輪廓繪製) > Nodal Solution (節點的解答) > DOF Solution (自由度的解答) > Nodal Temperature (節點溫度) > OK (完成節點溫度之輸出) > PlotCtrls (繪圖控制) > Multi-Window Layout (多視窗之佈局) > Two (Top/Bot) (三視圖_上視窗 1 張圖/下視窗 1 張圖) > OK (完成多視窗之佈局)。

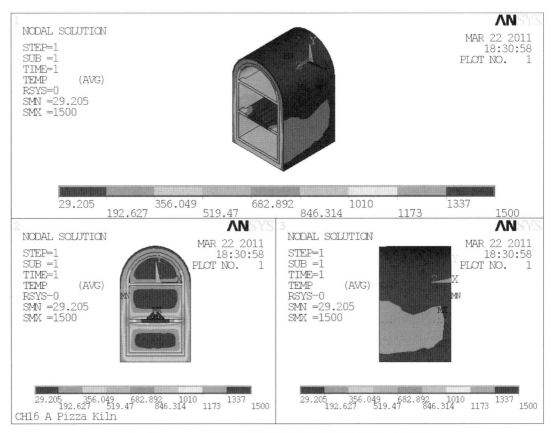

⟳ 圖 16-41　披薩窯節點溫度輸出結果之三視圖

▶ **執行步驟 16.46**　請參考第 1 章執行步驟 1.19 & 1.21 與圖 1-21 & 1-23，以及如圖 16-42 所示，檢視最大應力 (SMX) 輸出：General Postprocessor (一般後處理器) > Plot Results (繪製所有結果) > Contour Plot (輪廓繪製) > Nodal Solution (節點的解答) > Thermal Gradient (熱梯度) > Thermal gradient vector sum (熱梯度向量總合) > OK (完成熱梯度向量總合之輸出) > PlotCtrls (繪圖控制) > Multi-Window Layout (多視窗之佈局) > Two(Top/Bot) (三視圖＿上視窗 1 張圖/下視窗 1 張圖) > OK (完成多視窗之佈局)。

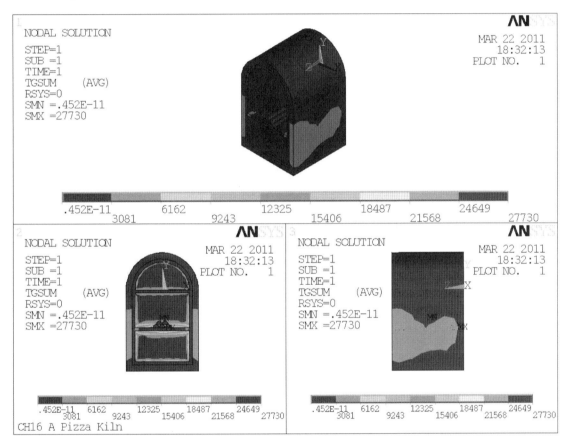

↻ 圖 16-42　披薩窯熱梯度輸出結果之三視圖

▶ **執行步驟 16.47** 請參考第 1 章執行步驟 1.20 & 1.21 與圖 1-22 & 1-23，以及如圖 16-43 所示，檢視最大應變 (SMX) 輸出：General Postprocessor (一般後處理器) > Plot Results (繪製所有結果) > Contour Plot (輪廓繪製) > Nodal Solution (節點的解答) > Thermal Flux (熱流通量) > Thermal flux vector sum (熱流通量總合輸出) > OK (完成最大變形之輸出) > PlotCtrls (繪圖控制) > Multi-Window Layout (多視窗之佈局) > Two (Top/Bot) (三視圖_上視窗 1 張圖/下視窗 1 張圖) > OK (完成多視窗之佈局)。

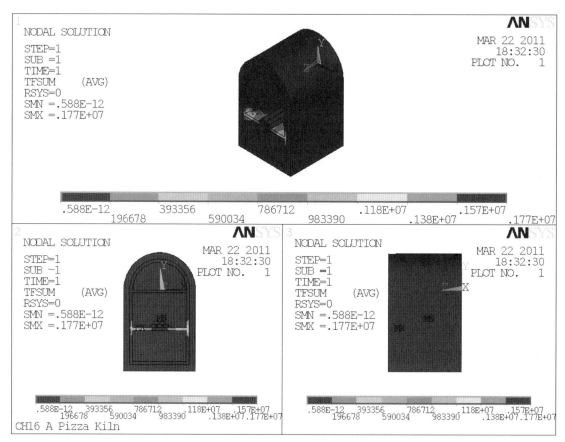

⟳ 圖 16-43　披薩窯熱流通量輸出結果之三視圖

【結果與討論】

1. 如圖 16-17～20 所示，建構導煙槽的目的，係希望龍眼木的熱量與煙塵可以順暢的往上飄散。

2. 如圖 16-38～40 所示，披薩窯實體的選擇，可以簡化邊界條件設定的程序與困難度。

3. 如圖 16-41 所示，最低溫度為 29.205℃ 出現在披薩窯的外圍與內側壁緣上，而最高溫度為 1,500℃ 則出在龍眼木堆上。此代表龍眼木堆的最高溫度透過熱傳導的方式，將熱傳導至導熱材與隔熱材上，藉此改變原先之邊界條件。

4. 如圖 16-41 所示，披薩窯最底層中間點之溫度大約是 487℃，披薩窯最上層中間點前緣之溫度大約是 385℃，而最下層中間點前緣之溫度大約是 506℃。因為該接觸地面之隔熱材並無對流現象，所以具有聚熱效果，因此該處之溫度遠高於受到強制對流之外圍。

5. 如圖 16-42 所示，最高溫度梯度為 27,730℃/m 發生在披薩窯中間層之內壁中間位置上。該處為熱源之所在，亦即為龍眼木點燃之處，所以該處之溫度梯度最高。

6. 如圖 16-43 所示，最高熱流通量為 1.77E+06W/mm^2 發生在披薩窯中間隔板與導煙槽四個角落的交界處。

【結論與建議】

1. 本範例所示步驟中,只要讀者熟悉披薩窯之幾何結構與尺寸,則利用透過維度 (By Dimensions) 的方式來建構披薩窯之隔熱材或導熱材以及其欲減除之體積,會比使用工作平面 (Working Plane) 來得方便。如果讀者並不熟悉披薩窯的幾何結構與尺寸,則建議直接採用工作平面 (Working Plane) 來建構披薩窯之幾何結構。

2. 當結構過於複雜時,可以善用功能選單中之選擇實體 (Select Entities) 來簡化圖式之輸出,以方便後續比較複製之邊界條件的設定。

3. 本範例所示之披薩窯其係由隔熱材與導熱材所構成,其中該隔熱材與導熱材之熱傳導係數係參考耐火磚與鋁材之熱傳導係數,而龍眼木之熱傳導係數則與一般木塊一致。其中,導熱材部分暫時忽略其可能造成融化的熔點溫度。反之,如果導熱材考慮可能被高溫所熔解,則可以考慮使用耐高溫之導熱材,如鑄鐵 (熱傳導係數為 KXX = 55W/m-℃)。

4. 本範例所示之披薩窯係利用龍眼木或其他果木來加熱,其被加熱或烘焙後之披薩或麵包的風味或口感特別好。所以,目前仍然有許多業者採用披薩窯來烘焙披薩或麵包。惟有比較麻煩的是,披薩窯容易產生煙害、污染與二氧化碳,以及溫度不容易控制,非常容易讓披薩或麵包烤焦等問題。

5. 一般而言,烘烤披薩所需之溫度大約在 250℃〜300℃,而根據本範例所示之導熱板溫度已超過烘烤披薩或麵包所需之溫度。而且一般導熱板的傳熱速度非常快,既使導熱板之溫度完全符合烘烤披薩所需之溫度;依然會受到導熱板的傳熱過快的影響,將披薩或麵包烤焦。所以建議在披薩或麵包下面以及導熱板之隔板上面可以加鋪一層隔熱材或耐火磚,藉此來避免溫度傳遞過快或過高之問題。另外,龍眼木下方也可以鋪設隔熱材或耐火磚,以避免傳熱過快而造成不易點燃龍眼木之問題。

6. 再者,披薩窯之導煙孔可以加設導煙管來分析其溫度分佈概況。

7. 最後是,本範例中空部分可以重新建構新體積,並且讓該新體積部分設定為空氣,其中空氣之熱傳導係數為 KXX = 0.024〜0.026W/m-℃。

習題　　　　　　　　○ Exercise

Ex16-1：如例題十六所述，在相同條件之下，如果導熱材的熱傳遞係數 KXX=210W/mm-℃ 依序降低至 170W/m-℃，試分析披薩窯之最大節點溫度差、熱梯度與熱流通量為何？

熱傳遞係數 KXX (W/m-℃)	210	200	190	180	170
最大節點溫度差 ΔT (℃)	1,471				
最大熱梯度 Thermal Gradient (℃/m)	27,730				
最大熱流通量 Thermal Flux (E+06W/m²)	1.77				

Ex16-2：如例題十六所述，在相同條件之下，如果隔熱材的熱傳遞係數 KXX=0.9W/mm-℃ 依序降低至 1.3W/m-℃，試分析披薩窯之最大節點溫度差、熱梯度與熱流通量為何？

熱傳遞係數 KXX (W/m-℃)	0.9	1.0	1.1	1.2	1.3
最大節點溫度差 ΔT (℃)			1,471		
最大熱梯度 Thermal Gradient (℃/m)			27,730		
最大熱流通量 Thermal Flux (E+06W/m²)			1.77		

Ex16-3：如例題十六所述，在相同條件之下，如果龍眼木的熱傳遞係數 KXX=0.13W/mm-℃ 依序降低至 0.17W/m-℃，試分析披薩窯之最大節點溫度差、熱梯度與熱流通量為何？

熱傳遞係數 KXX (W/m-℃)	0.13	0.14	0.15	0.16	0.17
最大節點溫度差 ΔT (℃)	1,471				
最大熱梯度 Thermal Gradient (℃/m)	27,730				
最大熱流通量 Thermal Flux (E+06W/m²)	1.77				

Ex16-4：如例題十六所述，在相同條件之下，如果披薩窯的強制對流係數 (Convention Coefficient) h=20W/m²-℃依序增加至 60W/m²-℃，試分析披薩窯之最大節點溫度差、熱梯度與熱流通量為何？

熱對流係數 Convention Coefficient (W/m²-℃)	20	30	40	50	60
最大節點溫度差 ΔT (℃)	1,471				
最大熱梯度 Thermal Gradient (℃/m)	27,730				
最大熱流通量 Thermal Flux (E+06W/m²)	1.77				

Ex16-5：如例題十六所述，在相同條件之下，如果龍眼木堆底部面積受到溫度 T_B=1,500℃依序降低至 1,100℃，試分析披薩窯之最大節點溫度差、熱梯度與熱流通量為何？

底部面積溫度 T_B (℃)	1,500	1,400	1,300	1,200	1,100
最大節點溫度差 ΔT (℃)	1,471				
最大熱梯度 Thermal Gradient (℃/m)	27,730				
最大熱流通量 Thermal Flux (E+06W/m²)	1.77				

附錄一　常用材料物理性質表

【附錄 1.1_常用材料之物理性質表】

材料名稱/ 專有名詞	楊氏係數 (GPa)	帕松比 (N.A.)	熱膨脹係數 (e-6/°C)	密度 (kg/m³)	熱傳導係數 (W/m-K)	比熱 (J/kg-K)	電阻率
銀 (Ag)	83[1]	0.37[1]	19.8[1]	10,490[1]	429[1]	233[1]	15.87nΩm[1]
鋁 (Al)	70[1]	0.35[1]	23.1[1]	2,700[1]	237[1]	897[1]	28.2nΩm[1]
金 (Au)	79[1]	0.44[1]	14.2[1]	19,300[1]	318[1]	129[1]	22.14nΩm[1]
銅 (Cu)	110~128[1]	0.34[1]	16.5[1]	8,940[1]	401[1]	385[1]	16.78nΩm[1]
鉑 (Pt)	168[1]	0.38[1]	8.8[1]	21,450[1]	71.6[1]	130[2]	105nΩm[1]
不銹鋼 (Steel)	200[1]	0.27~0.30[1]	11~13	7,750~8,050	16.2~21.5[4]	500[4]	72e-6Ωm[3]
鈦 (Ti)	116[1]	0.32[1]	8.6[1]	4,056[1]	21.9[1]	523[1]	420nΩm[1]
玻璃 (Glass)	50~90[1]	0.18~0.3[1]	8.5[1]	2,400~2,800[3]	1.1[1]	840[1]	10^{10}~10^{14}Ωm[3]
多晶矽 (Polysilicon)	150[5]~ 169[6]	0.22[6]	2.7[5]	2,330[7]	125[8]	753[8]	$1.1×10^{-3}$Ωm[5]
矽 (Si)	185[1]	0.28[1]	2.6[1]	2,329[1]	149[1]	700[9]	10^3Ωm[1]
碳化矽 (SiC)	410[10]	0.14[10]	4.0[10]	3,100[10]	120[10]	703[1]	10^2~10^6Ωm[10]
二氧化矽 (SiO₂)	73[10]	0.17[10]	0.55[10]	2,200[10]	1.38[10]	740[10]	10^4~10^{16}Ωm[11]

【附錄 1.1_附註】

1. 取得楊氏係數(Young's modulus)、帕松比(Poisson Ratio)、密度(Density)與電阻率(Resistivity)係在標準溫度氣壓(STP_20℃ & 1atm)條件之下。

2. 取得熱膨脹係數(Coefficient of Thermal Expansion)與比熱(Specific Heat)之參考溫度為 25℃(298K)。

3. 取得熱傳導係數(Thermal Conductivity)之參考溫度為 27℃(300K)。

【附錄 1.2_常見材料之熱擴散係數表[1]】

項次	材料名稱	熱擴散係數×10^{-6} (m^2/s)
1	熱解石墨	1220
2	銀	165.63
3	金	127
4	銅	112.34
5	鋁	84.18
6	鋁合金 (6061-T6)	64
7	水蒸氣 (1atm, 400K)	23.38
8	空氣 (1atm, 300K)	22.16
9	碳鋼 (1%C)	11.72
10	不銹鋼 (304A)	4.2
11	鐵	23
12	矽	88

【附錄 1.3_常用材料之相對導磁係數表[1]】

項次	材料名稱	相對導磁係數 (μ_r)
1	空氣	1.000037
2	鋁	1.000022
3	銅	0.999994

項次	材料名稱	相對導磁係數 (μᵣ)
4	鑄鐵	200～400
5	鋼	500～2,200
6	純鐵	18,000
7	鐵氧體(鎳鋅)	16～640
8	鐵氧體(錳鋅)	＞600
9	鎳	100～600
10	電工鋼	4,000

【附錄 1.4_空氣隨溫度變化之物理性質表[2]】

溫度 (℃)	密度 (kg/m³)	比熱 (kJ/kg.K)	熱傳導係數 (W/m.K)	動力黏度×10⁻⁶ (m²/s)	熱膨脹係數 ×10⁻³ (1/K)
−150	2.793	1.026	0.0116	3.08	8.21
−100	1.980	1.009	0.0160	5.95	5.82
−50	1.534	1.005	0.0204	9.55	4.51
0	1.293	1.005	0.0243	13.30	3.67
20	1.205	1.005	0.0257	15.11	3.43
40	1.127	1.005	0.0271	16.97	3.20
60	1.067	1.009	0.0285	18.90	3.00
80	1.000	1.009	0.0299	20.94	2.83
100	0.946	1.009	0.0314	23.06	2.68
120	0.898	1.013	0.0328	25.23	2.55
140	0.854	1.013	0.0343	27.55	2.43
160	0.815	1.017	0.0358	29.85	2.32
180	0.779	1.022	0.0372	32.29	2.21
200	0.746	1.026	0.0386	34.63	2.11
250	0.675	1.034	0.0421	41.17	1.91
300	0.616	1.047	0.0454	47.85	1.75
350	0.566	1.055	0.0485	55.05	1.61
400	0.524	1.068	0.0515	62.53	1.49

【附錄 1.5_空氣與水之熱對流係數表[1]】

項次	介質	熱對流係數 h (W/m²-K)
1	空氣 (自然對流)	5～25
2	水 (自然對流)	20～100
3	空氣 (強制對流)	10～200
4	水 (強制對流)	50～10,000
5	水 (沸騰)	3,000～100,000
6	水蒸汽 (凝結)	5,000～100,000

【附錄 1.6_空氣的物理現象與熱通量之比較表[2]】

項次	物理現象	熱通量 Heat Flux (W/m²)
1	自由對流	0.5
2	強制對流	5
3	自由對流沉浸	10
4	強制對流沉浸	500
5	強制對流沸騰	1000
6	空氣衝擊	10
7	噴氣浸泡，單相	400
8	噴氣浸泡，煮沸	900

【附錄 1.7_不同風速、熱通量與溫差 (℃) 之比較表[12]】

熱通量 (W/m²)	風速 (m/s)					
	5	10	15	20	25	30
77.5	6	5	4	3	2	1
155	12	10	8	6	4	2
465	20	15	10	8	8	8
775	32	20	16	12	12	12
1,550	52	36	25	20	16	14
2,326	75	50	38	28	23	21

【附錄一：常用材料物理性質表_參考資料】

[1]　http：//en.wikipedia.org.

[2]　http：//www.engineeringtoolbox.com.

[3]　http：//hypertextbook.com.

[4]　http：//www.azom.com.

[5]　http：//repository.ust.hk.

[6]　http：//clifton.mech.northwestern.edu.

[7]　http：//www.electrochem.org.

[8]　http：//www.memsnet.org.

[9]　http：//www.ioffe.rssi.ru.

[10] http：//accuratus.com.

[11] http：//www.siliconfareast.com.

[12] http：//www.kson.com.tw.

附錄二　單位換算表

【附錄 2.1_長度[1]】

單位/單位	公尺 (m)	毫米 (mm)	微米 (µm)	奈米 (nm)	英呎 (ft)	英吋 (in)
公尺 (m)	1	1×10^3	1×10^6	1×10^9	2.281	39.37
毫米 (mm)	1×10^{-3}	1	1×10^3	1×10^6	2.281×10^{-3}	39.37×10^{-3}
微米 (µm)	1×10^{-6}	1×10^{-3}	1	1×10^3	2.281×10^{-6}	39.37×10^{-6}
奈米 (nm)	1×10^{-9}	1×10^{-6}	1×10^{-3}	1	2.281×10^{-9}	39.37×10^{-9}
英呎 (ft)	304.8×10^{-3}	304.8	304.8×10^3	304.8×10^6	1	12
英吋 (in)	25.4×10^{-3}	25.4	25.4×10^3	25.4×10^6	8.33×10^{-2}	1

【附錄 2.2_面積[1]】

單位/單位	平方公尺 (m²)	平方毫米 (mm²)	平方微米 (µm²)	平方奈米 (nm²)	平方英呎 (ft²)	平方英吋 (in²)
平方公尺 (m²)	1	1×10^6	1×10^{12}	1×10^{18}	10.76	2.55×10^3
平方毫米 (mm²)	1×10^{-6}	1	1×110^6	1×10^{12}	10.76×10^{-6}	2.55×10^{-3}
平方微米 (µm²)	1×10^{-12}	1×10^{-6}	1	1×10^6	10.76×10^{-12}	2.55×10^{-9}
平方奈米 (nm²)	1×10^{-18}	1×10^{-12}	1×10^{-6}	1	10.76×10^{-18}	2.55×10^{-15}
平方英呎 (ft²)	9.29×10^{-2}	9.29×10^4	9.29×10^{10}	9.29×10^{16}	1	144
平方英吋 (in²)	6.452×10^{-4}	6.452×10^2	6.452×10^8	6.452×10^{14}	6.944×10^{-3}	1

● 【附錄 2.3_體積[1]】

單位/單位	立方公尺 (m^3)	立方毫米 (mm^3)	立方微米 (μm^3)	立方奈米 (nm^3)	立方英呎 (ft^3)	立方英吋 (in^3)
立方公尺 (m^3)	1	1×10^9	1×10^{18}	1×10^{27}	35.32	6.1×10^4
立方毫米 (mm^3)	1×10^{-9}	1	1×10^9	1×10^{18}	35.32×10^{-9}	6.1×10^{-9}
立方微米 (μm^3)	1×10^{-18}	1×10^{-9}	1	1×10^9	35.32×10^{-18}	6.1×10^{-18}
立方奈米 (nm^3)	1×10^{-27}	1×10^{-18}	1×10^{-9}	1	35.32×10^{-27}	6.1×10^{-27}
立方英呎 (ft^3)	2.83×10^{-2}	2.83×10^7	2.83×10^{16}	2.83×10^{25}	1	1728
立方英吋 (in^3)	2.639×10^{-5}	2.639×10^4	2.639×10^{13}	2.639×10^{22}	5.787×10^{-4}	1

● 【附錄 2.4_質量[1]】

單位/單位	公克 (g)	公斤 (kg)	盎斯 (oz)	磅 (lb_m)
公克 (g)	1	1×10^{-3}	2.527×10^{-3}	2.205×10^{-3}
公斤 (kg)	1×10^3	1	2.527	2.205
盎斯 (oz)	28.35	28.35×10^{-3}	1	6.25×10^{-2}
磅 (lb_m)	452.6	452.6×10^{-3}	16	1

● 【附錄 2.5_密度[1]】

單位/單位	公克/立方公分 $(g/cm3)$	公斤/立方公尺 $(kg/m3)$	磅/立方英呎 $(lbm/ft3)$	磅/立方英吋 $(lbm/in3)$
公克/立方公分 (g/cm^3)	1	1×10^3	62.43	2.613×10^{-3}
公斤/立方公尺 (kg/m^3)	1×10^{-3}	1	62.43×10^{-3}	2.613×10^{-5}
磅/立方英呎 (lb_m/ft^3)	$16.02\times\times10^{-2}$	16.02	1	5.787×10^{-2}
磅/立方英吋 (lb_m/in^3)	27.68	27.68×10^3	1728	1

【附錄 2.6_速率[1]】

單位/單位	公分/秒 (cm/s)	公尺/秒 (m/s)	英呎/秒 (ft/s)	英吋/秒 (in/s)
公分/秒 (cm/s)	1	1×10^{-2}	2.281×10^{-2}	2.94×10^{-1}
公尺/秒 (m/s)	1×10^{2}	1	2.281	39.37
英呎/秒 (ft/s)	30.48	0.3048	1	12
英吋/秒 (in/s)	2.54	2.54×10^{-2}	0.083	1

【附錄 2.7_力[1]】

單位/單位	達因 (dyne)	牛頓 (N)	公斤重或公斤力 (kgw or kgf)	磅力 (lbf)
達因 (dyne)	1	1×10^{-5}	2.020×10^{-3}	2.248×10^{-6}
牛頓 (N)	1×10^{5}	1	0.1020	0.2248
公斤重或公斤力 (kg_w or kg_f)	9.807×10^{5}	9.807	1	2.205
磅力 (lb_f)	4.448×10^{5}	4.448	0.4536	1

【附錄 2.8_壓力[1]】

單位/單位	達因/平方公分 (dyne/cm^2)	帕斯卡或帕 (Pa=N/m^2)	磅力/平方英呎 (lb_f/ft^2)	磅力/平方英吋 (lb_f/in^2)
達因/平方公分 (dyne/cm^2)	1	0.1	2.089×10^{-3}	2.405×10^{-5}
帕斯卡或帕 (Pa=N/m^2)	10	1	2.089×10^{-2}	2.405×10^{-4}
磅力/平方英呎 (lb_f/ft^2)	478.8	47.88	1	6.944×10^{-3}
磅力/平方英吋 (lb_f/in^2)	6.895×10^{4}	6.895×10^{3}	144	1

● 【附錄 2.9_能量、功或熱量[1]】

單位/單位	焦耳 (Joule=N • m)	卡 (Cal)	英制熱量 (Btu)	仟瓦小時
焦耳 (Joul=N • m)	1	0.2389	9.481×10^{-4}	2.778×10^{-7}
卡 (Cal)	4.186	1	2.969×10^{-3}	2.136×10^{-6}
英制熱量 (Btu)	1,055	252	1	2.93×10^{-4}
仟瓦小時	2.6×10^{6}	8.6×10^{5}	3413	1

● 【附錄 2.10_功率[1]】

單位/單位	瓦特 (Watt=N • m/s)	卡/秒 (Cal/s)	英制熱量/小時 (Btu/hr)	馬力 (hp)
瓦特 (Watt=N • m/s)	1	0.2389	2.413	2.341×10^{-3}
卡/秒 (Cal/s)	4.186	1	2.969×10^{-3}	14.29
英制熱量/小時 (Btu/hr)	0.293	6.998×10^{-2}	1	2.929×10^{-4}
馬力 (hp)	745.7	178.1	2545	1

● 【附錄 2.11_磁場[1]】

單位/單位	高斯 (Gauss)	特斯拉 (Tesla)	毫高斯 (Gauss)
高斯 (Gauss)	1	1×10^{-4}	1×10^{3}
特斯拉 (Tesla)	1×10^{4}	1	1×10^{7}
毫高斯 (Gauss)	1×10^{-3}	1×10^{-7}	1

1. 特斯拉 (Tesla)=1 韋伯/平方公尺 (Weber/m²)

● 【附錄 2.12_磁通量[1]】

單位/單位	馬克斯威 (Ma×well)	韋伯 (Weber)
馬克斯威 (Maxwell)	1	1×10^{-8}
韋伯 (Weber)	1×10^{8}	1

1. 韋伯=1 特斯拉 • 平方公尺 (Tesla • m²)

【附錄二　單位換算表_參考資料】

[1]　姚柏宏等，"物理 (下)"，全華圖書股份有限公司，ISBN：957-21-3688-7 (2005/04)。

國家圖書館出版品預行編目資料

電腦輔助工程分析實務 / 周卓明編著.
-- 初版. -- 新北市：全華圖書, 2011.06
  面 ； 公分
  ISBN 978-957-21-8167-6(平裝)

1. 電腦輔助設計 2. 電腦輔助製造

440.029   100011150

電腦輔助工程分析實務

作者 / 周卓明

執行編輯 / 陳姍姍

發行人 / 陳本源

出版者 / 全華圖書股份有限公司

郵政帳號 / 0100836-1 號

印刷者 / 宏懋打字印刷股份有限公司

圖書編號 / 06165

初版一刷 / 2011 年 7 月

定價 / 新台幣 520 元

ISBN / 978-957-21-8167-6　(平裝)

全華圖書 / www.chwa.com.tw

全華網路書店 Open Tech / www.opentech.com.tw

若您對書籍內容、排版印刷有任何問題，歡迎來信指導 book@chwa.com.tw

臺北總公司(北區營業處)
地址：23671 新北市土城區忠義路 21 號
電話：(02) 2262-5666
傳真：(02) 6637-3695、6637-3696

中區營業處
地址：40256 臺中市南區樹義一巷 26-1 號
電話：(04) 2261-8485
傳真：(04) 3600-9806

南區營業處
地址：80769 高雄市三民區應安街 12 號
電話：(07) 862-9123
傳真：(07) 862-5562

歡迎加入

全華會員

● 會員獨享

會員享購書折扣、紅利積點、生日禮金、不定期優惠活動⋯等。

● 如何加入會員

填妥讀者回函卡直接傳真 (02) 2262-0900 或寄回，將由專人協助登入會員資料，待收到 E-MAIL 通知後即可成為會員。

如何購買　全華書籍

1. 網路購書

全華網路書店「http://www.opentech.com.tw」，加入會員購書更便利，並享有紅利積點回饋等各式優惠。

2. 全華門市、全省書局

歡迎至全華門市（新北市土城區忠義路 21 號）或全省各大書局、連鎖書店選購。

3. 來電訂購

(1) 訂購專線：(02) 2262-5666 轉 321-324
(2) 傳真專線：(02) 6637-3696
(3) 郵局劃撥（帳號：0100836-1 戶名：全華圖書股份有限公司）

※ 購書未滿一千元者，酌收運費 70 元。

OpenTech.com.tw 全華網路書店

全華網路書店 www.opentech.com.tw
E-mail: service@chwa.com.tw